全国中等职业学校机械类专业通用教材
全国技工院校机械类专业通用教材（中级技能层级）

铣工技能训练

（第五版）

人力资源社会保障部教材办公室组织编写

中国劳动社会保障出版社

简介

本书主要内容包括铣削的基本技能，平面和连接面的铣削，台阶、沟槽、键槽的铣削和切断，分度方法及应用，外花键和牙嵌离合器的铣削，在铣床上加工孔，简单特形面和球面的铣削，螺旋槽和凸轮的铣削，齿轮、齿条和链轮的铣削，刀具齿槽的铣削，铣床的常规调整与一级保养，综合技能训练与职业技能鉴定试题等。

本书由李素兰任主编，马苍平任副主编，孙宾、张宝华、马勇、孟庆祥、王波、洪善慧、杨波、王文华参加编写，崔兆华任主审。

图书在版编目（CIP）数据

铣工技能训练／人力资源社会保障部教材办公室组织编写. -- 5 版. -- 北京：中国劳动社会保障出版社，2020

全国中等职业学校机械类专业通用教材　全国技工院校机械类专业通用教材. 中级技能层级

ISBN 978－7－5167－4633－2

Ⅰ. ①铣…　Ⅱ. ①人…　Ⅲ. ①铣削-中等专业学校-教材　Ⅳ. ①TG54

中国版本图书馆 CIP 数据核字（2020）第 239489 号

中国劳动社会保障出版社出版发行

（北京市惠新东街 1 号　邮政编码：100029）

*

三河市华骏印务包装有限公司印刷装订　新华书店经销

787 毫米×1092 毫米　16 开本　16 印张　376 千字

2020 年 12 月第 5 版　　2025 年 1 月第 7 次印刷

定价：32.00 元

营销中心电话：400-606-6496

出版社网址：http://www.class.com.cn

http://jg.class.com.cn

前　言

为了更好地适应全国技工院校机械类专业的教学要求，全面提升教学质量，人力资源社会保障部教材办公室组织有关学校的一线教师和行业、企业专家，在充分调研企业生产和学校教学情况、广泛听取教师对教材使用反馈意见的基础上，对全国技工院校机械类专业通用教材中所包含的车工、钳工、机修钳工、铣工、焊工、冷作工、机床加工等工艺学、技能训练教材进行了修订。

本次教材修订工作的重点主要体现在以下几个方面：

第一，合理更新教材内容。

根据机械类专业毕业生所从事岗位的实际需要和教学实际情况的变化，合理确定学生应具备的能力与知识结构，对部分教材内容及其深度、难度做了适当调整；根据相关专业领域的最新发展，在教材中充实新知识、新技术、新设备、新材料等方面的内容，体现教材的先进性；采用最新国家技术标准，使教材更加科学和规范。

第二，紧密衔接国家职业技能标准要求。

教材编写以国家职业技能标准《车工（2018 年版）》《钳工（2020 年版）》《铣工（2018 年版）》《焊工（2018 年版）》等为依据，涵盖国家职业技能标准（中级）的知识和技能要求，并在与教材配套的习题册、技能训练图册中增加了针对相关职业技能鉴定考试的练习题。

第三，精心设计教材形式。

在教材内容的呈现形式上，尽可能使用图片、实物照片和表格等形式将知识点生动地展示出来，力求让学生更直观地理解和掌握所学内容。针对不同的知识点，设计了许多贴近实际的互动栏目，在激发学生学习兴趣和自主学习积极性的同时，使教材“易教易学，易懂易用”。在教材插图的制作中采用了立体造型技术，同时部分教材在印刷工艺上采用了四色印刷，增强了教材的表现力。

第四，引入“互联网+”技术，进一步做好教学服务工作。

在《车工工艺学（第六版）》《车工技能训练（第六版）》《钳工工艺学（第六版）》等教材中使用了增强现实（AR）技术。学生在移动终端上安装App，扫描教材中带有AR图标的页面，可以对呈现的立体模型进行缩放、旋转、剖切等操作，以及观察模型的运动和拆分动画，便于更直观、细致地探究机构的内部结构和工作原理，还可以浏览相关视频、图片、文本等拓展资料。在部分教材中使用了二维码技术，针对教材中的教学重点和难点制作了动画、视频、微课等多媒体资源，学生使用移动终端扫描二维码即可在线观看相应内容。

本套教材中的工艺学教材配有习题册，技能训练教材配有技能训练图册。另外，还配有方便教师上课使用的电子课件，电子课件和习题册答案可通过中国技工教育网（http://jg.class.com.cn）下载。

本次教材的修订工作得到了辽宁、江苏、浙江、山东、河南等省人力资源和社会保障厅及有关学校的大力支持，在此我们表示诚挚的谢意。

人力资源社会保障部教材办公室

2020年8月

目录

绪　论

在科学技术迅速发展的今天，新技术、新工艺不断涌现，但金属切削加工在机械制造业中仍占有极其重要的地位。在实际生产中，绝大多数的机械零件需要通过切削加工来达到规定的尺寸精度及几何精度，以满足产品的性能和使用要求。在车削、铣削、镗削、刨削、磨削、钳加工、制齿等诸多切削加工中，铣削加工是一种应用极为广泛的切削加工方法，铣工也是机械加工操作最基本的职业之一。

一、课程的任务和要求

铣工技能训练课程的任务，是使学生掌握中级铣工应具备的专业操作技能，培养学生理论联系实际、分析和解决生产中一般问题的能力。

《铣工技能训练》是一本以实践为主导的教材。学习时，结合《铣工工艺学》上的理论知识，可以更好地指导技能训练，并通过技能训练，加深对理论知识的理解、消化、巩固和提高。通过学习，应达到以下具体要求：

1. 掌握典型铣床的主要结构、传动系统、操作方法和维护保养方法。
2. 能合理选择和使用夹具、刀具和量具，掌握其使用、维护和保养方法。
3. 熟练掌握中级铣工的各种操作技能，并能对工件进行质量分析。
4. 能独立制定中等复杂程度工件的铣削加工工艺，并注意吸收、引进较先进的工艺和技术。
5. 能合理选用切削用量和切削液。
6. 掌握铣削加工中相关的计算方法，学会查阅有关的技术手册和资料。
7. 养成安全生产和文明生产的习惯。

二、铣削的基本内容

铣削是以铣刀的旋转运动为主运动，以铣刀或工件的移动为进给运动的一种切削加工方法。铣削的主要特点是通常采用多刃刀具加工，因刀齿轮替切削，所以刀具冷却效果好，耐用度高，生产效率高，加工范围广。在铣床上使用各种不同的铣刀可以加工平面（平行面、垂直面、斜面）、台阶、沟槽（直角沟槽和 V 形槽、T 形槽、燕尾槽等特形槽）、特形面和切断材料等。若配合分度装置的使用，还可加工需周向等分的花键、齿轮、牙嵌离合器、螺旋槽等。此外，在铣床上还可以进行钻孔、铰孔和镗孔等工作。铣削的基本内容如图 0－1 所示。

铣削有较高的加工精度，其经济加工精度一般为 IT9 ~ IT7，表面粗糙度 Ra 值一般为 12.5 ~ 1.6 μm。精细铣削精度可达到 IT5，表面粗糙度 Ra 值可达到 0.20 μm。

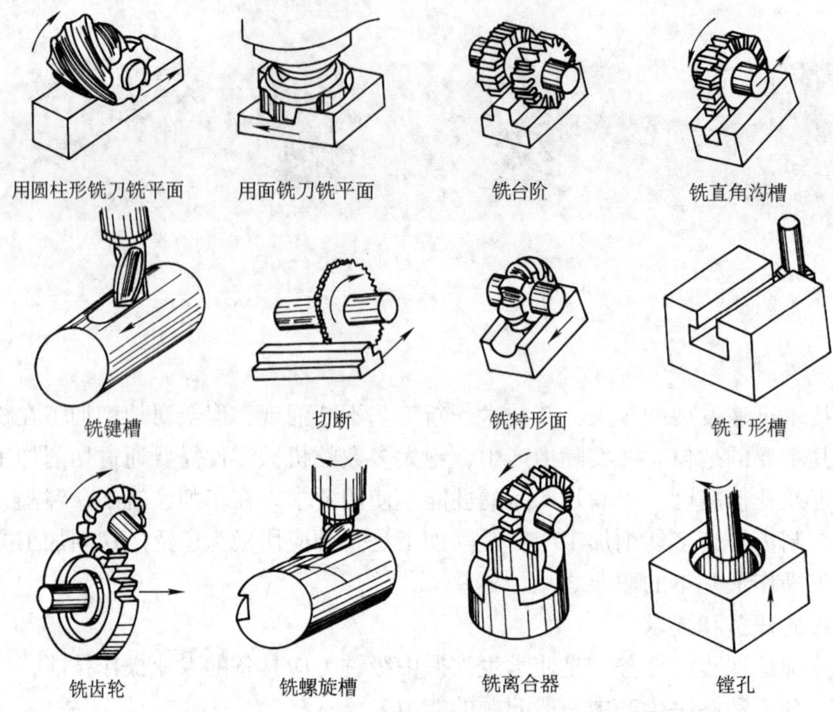

图 0－1　铣削的基本内容

三、安全生产和文明生产

安全生产和文明生产是搞好生产经营管理的重要内容之一，是有效防止人员或设备事故的根本保障。它直接涉及人身安全、产品质量和经济效益，影响设备和工具、夹具、量具的使用寿命，以及生产工人技术水平的正常发挥。在学习及掌握操作技能的同时，务必养成良好的安全、文明生产习惯，对于长期生产活动中总结出的实践经验，必须严格执行，为将来走向生产岗位打下良好的基础。

1. 安全生产注意事项

（1）工作时应穿好工作服。女生应戴工作帽，若留有长发，应将其盘起并塞入帽内。

（2）禁止戴围巾及穿背心、裙子、短裤、拖鞋、高跟鞋进入生产实习车间。

（3）遵守实习纪律，团结互助，不准在车间内追逐、嬉闹。

（4）严格遵守操作规程，避免出现人身或设备事故。

（5）注意防火，安全用电。一旦出现电气故障，应立即切断电源，并报告实习指导教师。不得擅自进行处理。

2. 文明生产要求

（1）量具、工具和刀具应正确使用，放置稳妥、整齐、合理，并有固定位置，便于操作时取用，用后放回原位。

（2）工具箱内的物件应分类、合理地摆放。

（3）保持量具的清洁。使用时应轻拿轻放，使用后应擦净、涂油后放入盒内，并及时归还。使用的量具必须是定期检验并合格的。

（4）爱护机床和车间其他设施。不准在工作台面和导轨面上放置毛坯工件或工具，更不允许在上面敲击工件。

（5）装卸较重的机床附件时必须有他人协助。安装前，应先擦净机床工作台面和附件的基准面。

（6）图纸、工艺卡片应放置在便于阅读的位置，并注意保持清洁和完整。

（7）毛坯、半成品和成品应分开放置，并堆放整齐。半成品和成品应轻拿轻放，不得碰伤工件。

（8）工作场所应保持清洁、整齐，避免堆放杂物，并经常清扫。产品和毛坯应放置在指定区域内，以随时保持安全通道的畅通。工作结束后应先关闭机床电源，再擦拭机床、工具、量具和其他附件，使各物归位，并清扫工作场地。

3. 铣床安全操作规程要点

（1）技能训练前检查机床

1）检查各手柄的位置是否正常。

2）手摇进给手柄，检查进给运动和进给方向是否正常。

3）检查各机动进给的限位挡铁是否紧固并在限位范围内。

4）进行机床主轴和进给系统的变速检查，检查主轴和工作台由低速到高速运动是否正常。

5）开动机床使主轴回转，检查油窗是否甩油。

6）各项检查完毕，若无异常，对机床各部位注油润滑。

（2）不准戴手套操作机床。

（3）装卸工件、刀具，变换转速和进给速度，测量工件，配置交换齿轮等操作必须在停车状态下进行。

（4）铣削时严禁离开工作岗位，不准做与操作内容无关的事情。

（5）工作台机动进给时，应脱开手动进给离合器，以防手柄随轴转动伤人。不准两个进给方向同时启动机动进给。

（6）装夹工件、工具必须牢固可靠，不得有松动现象，所用的扳手必须符合标准规格。

（7）高速铣削或刃磨刀具时必须戴好防护眼镜。

（8）切削过程中严禁用手摸或用棉纱擦拭正在转动的刀具和机床的转动部位。清除切屑时，只允许用毛刷清除，禁止用嘴吹。

（9）操作中出现异常现象应及时停车检查，停车时，应先停止进给再停止主轴旋转；出现故障、事故应立即切断电源，第一时间上报，请专业人员检修，未经修复不得使用。

（10）机床不使用时，各手柄应置于空挡位置；各方向进给的紧固手柄应松开；工作台应处于各方向进给的中间位置；导轨面应适当涂抹润滑油。

第一单元

铣削的基本技能

在学习铣削加工技术前，先要掌握一些基本技能，以更好地学习、提高铣削技能。下面分别对铣削加工中经常用到的铣床的操作和维护、铣刀和工件的安装以及正确使用量具检测工件的方法进行学习。

课题一　铣床的操作

铣床是机械制造业中的重要设备之一。在铣床上用铣刀对工件进行切削的加工方法称为铣削。铣床的种类有很多，常用的铣床有卧式升降台铣床、立式升降台铣床、万能工具铣床和龙门铣床等。下面主要介绍最常用的 X6132 型卧式万能升降台铣床的操作方法。

一、X6132 型卧式万能升降台铣床的操作方法

1. X6132 型卧式万能升降台铣床的主要部件及其功用（图 1 – 1）

（1）主轴变速机构　主轴变速机构安装在床身左侧。该机构将主电动机的额定转速（1 450 r/min）通过齿轮变速，变换成 18 种不同的转速传递给主轴，以适应铣削的需求。

（2）床身　床身是机床的主体，用来安装和连接机床的其他部件。床身正面有燕尾形垂直导轨，可引导升降台上下移动。床身顶部有燕尾形水平导轨，用以安装悬梁并按需要引导悬梁做水平移动。

（3）悬梁　悬梁可沿床身顶部燕尾形导轨移动，按工作需要调节其伸出长度。悬梁上主要用于安装刀杆支架。

（4）主轴　主轴的前端是带有锥孔的空心轴，锥孔锥度为 7∶24，用来安装铣刀刀杆和铣刀。主电动机输出的回转运动，经主轴变速机构驱动主轴连同铣刀一起回转，实现铣削的主运动。

（5）刀杆支架　刀杆支架安装在悬梁上，用以支承刀杆的外端，增强刀杆的刚度。

（6）工作台　工作台用以安装需用的铣床夹具和工件，铣削时带动工件实现纵向进给运动。

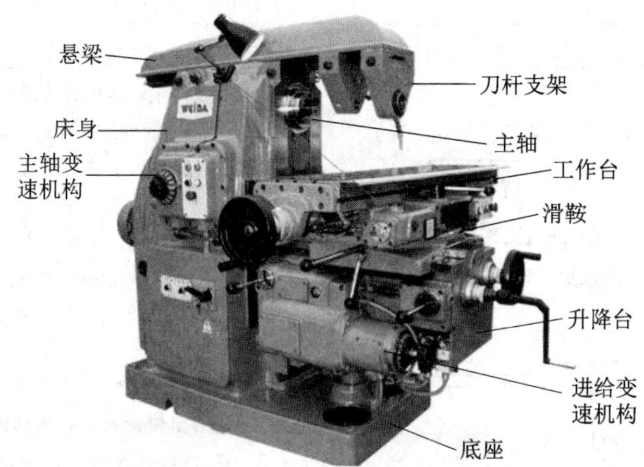

图 1－1　X6132 型卧式万能升降台铣床

（7）滑鞍　铣削时滑鞍可以带动工作台实现横向进给运动。在滑鞍与工作台之间设有回转盘，可以使工作台在水平面内做 ±45°范围内的转动。

（8）升降台　升降台用以支承滑鞍和工作台，带动工作台上下移动。升降台内部装有进给电动机和进给变速机构，用来实现工件在纵向、横向和垂直方向的进给运动。

（9）进给变速机构　进给变速机构用来调整和变换工作台的进给速度，以适应铣削的要求。

（10）底座　底座用来支承床身，承受铣床全部质量和盛储切削液。

2. X6132 型卧式万能升降台铣床的基本操作（表 1－1）

表 1－1　　X6132 型卧式万能升降台铣床的基本操作

内容	简图及说明
工作台进给手柄的操作	纵向、横向手动进给手柄　　垂直方向手动进给手柄 操作时将手柄分别嵌合其手动进给离合器。摇动工作台任何一个进给手柄，就能带动工作台做相应的进给运动。顺时针摇动手柄，即可使工作台前进（或上升）；逆时针摇动手柄，则工作台后退（或下降） 在进给手柄刻度盘上刻有“1 格＝0.05 mm”，说明进给手柄每转过 1 格，工作台移动 0.05 mm。摇动各手柄，通过刻度盘控制工作台在各进给方向的移动距离。若手柄摇过了尺寸值位置，不能直接摇回，必须将其退回 1 转后，再重新摇到要求的尺寸值位置

续表

内容	简图及说明
主轴变速的操作	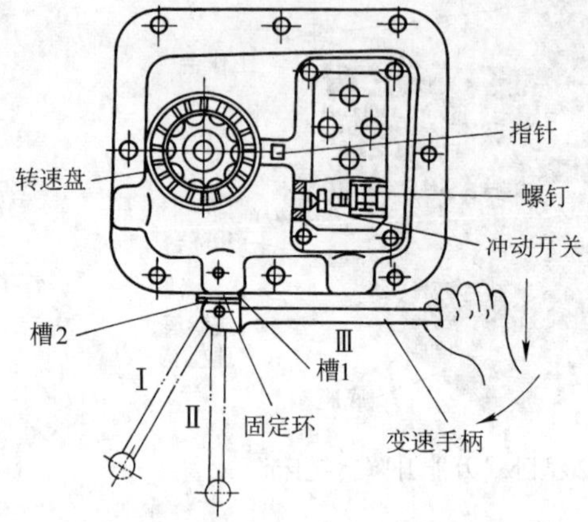 变换主轴转速时按以下步骤进行： 1. 手握变速手柄球部向下压，使其定位的榫块脱出固定环的槽 1 位置 2. 将手柄向左推出，使其定位的榫块送入固定环的槽 2 内。手柄处于脱开的位置Ⅰ 3. 转动转速盘，将所选择的转速对准指针 4. 下压变速手柄，并快速将其推至位置Ⅱ。此时，冲动开关瞬时接通，电动机转动，带动变速齿轮转动，便于齿轮啮合。随后，变速手柄继续向右至位置Ⅲ，并将其榫块送入固定环的槽 1 位置，电动机失电，主轴箱内齿轮停止转动 由于电动机启动电流很大，最好不要频繁变速。即使需要变速，中间的间隔时间应不少于5 min。主轴未停止转动时严禁变速
进给变速的操作	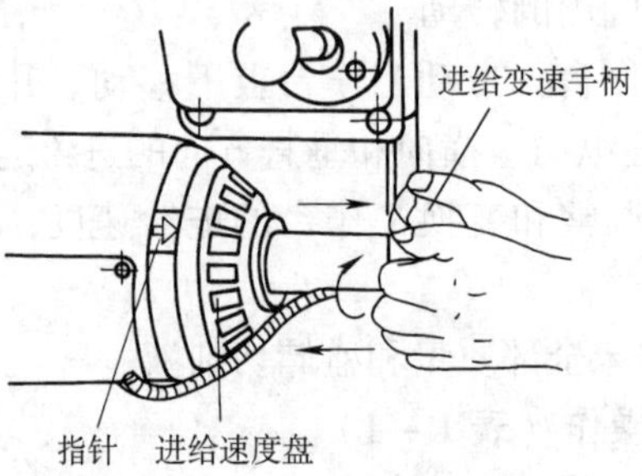 铣床上进给变速机构的操作非常方便，按以下步骤进行： 1. 向外拉出进给变速手柄 2. 转动进给变速手柄，带动进给速度盘转动。将进给速度盘上选择好的进给速度值对准指针位置 3. 将变速手柄推回原位，即可完成进给变速的操作
工作台机动进给的操作	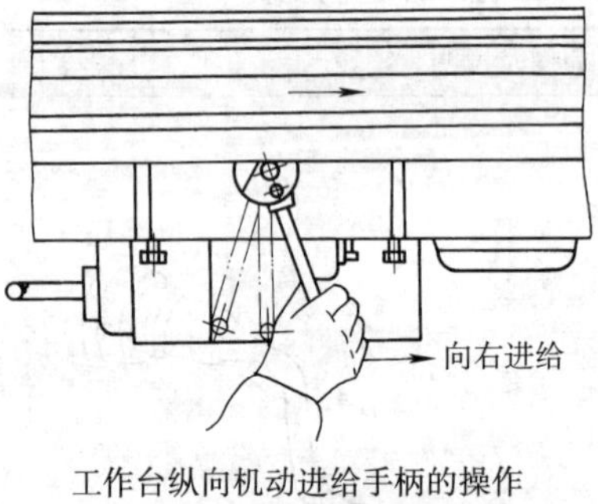 工作台纵向机动进给手柄的操作 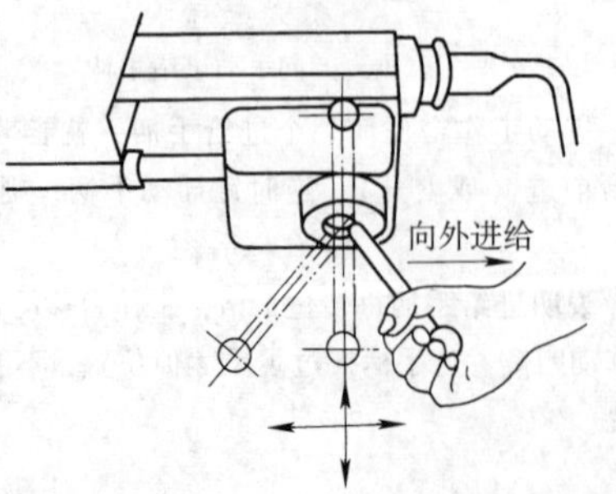 工作台横向和垂直方向机动进给手柄的操作 X6132 型卧式万能升降台铣床的工作台在各个方向的机动进给手柄都有两副，是联动的复式操纵机构，使操作更加便利。三个进给方向各由两块限位挡铁实现安全限位。若非工作需要，不得将其随意拆除，否则会发生工作超程现象 纵向机动进给手柄有三个位置，即“向左进给”“向右进给”和“停止”。横向和垂直方向机动进给手柄有五个位置，即“向里进给”“向外进给”“向上进给”“向下进给”和“停止”。机动进给手柄的设置使操作非常形象化。当机动进给手柄与进给方向处于垂直状态（零位）时，机动进给是停止的。当机动进给手柄处于倾斜状态时，则该方向的机动进给被接通。在主轴转动时，手柄向哪个方向倾斜，即向哪个方向进行机动进给；如果同时按下快速移动按钮，工作台即向该方向快速移动

二、铣床的润滑

铣床的润滑方法见表 1－2。

表 1－2 **铣床的润滑方法**

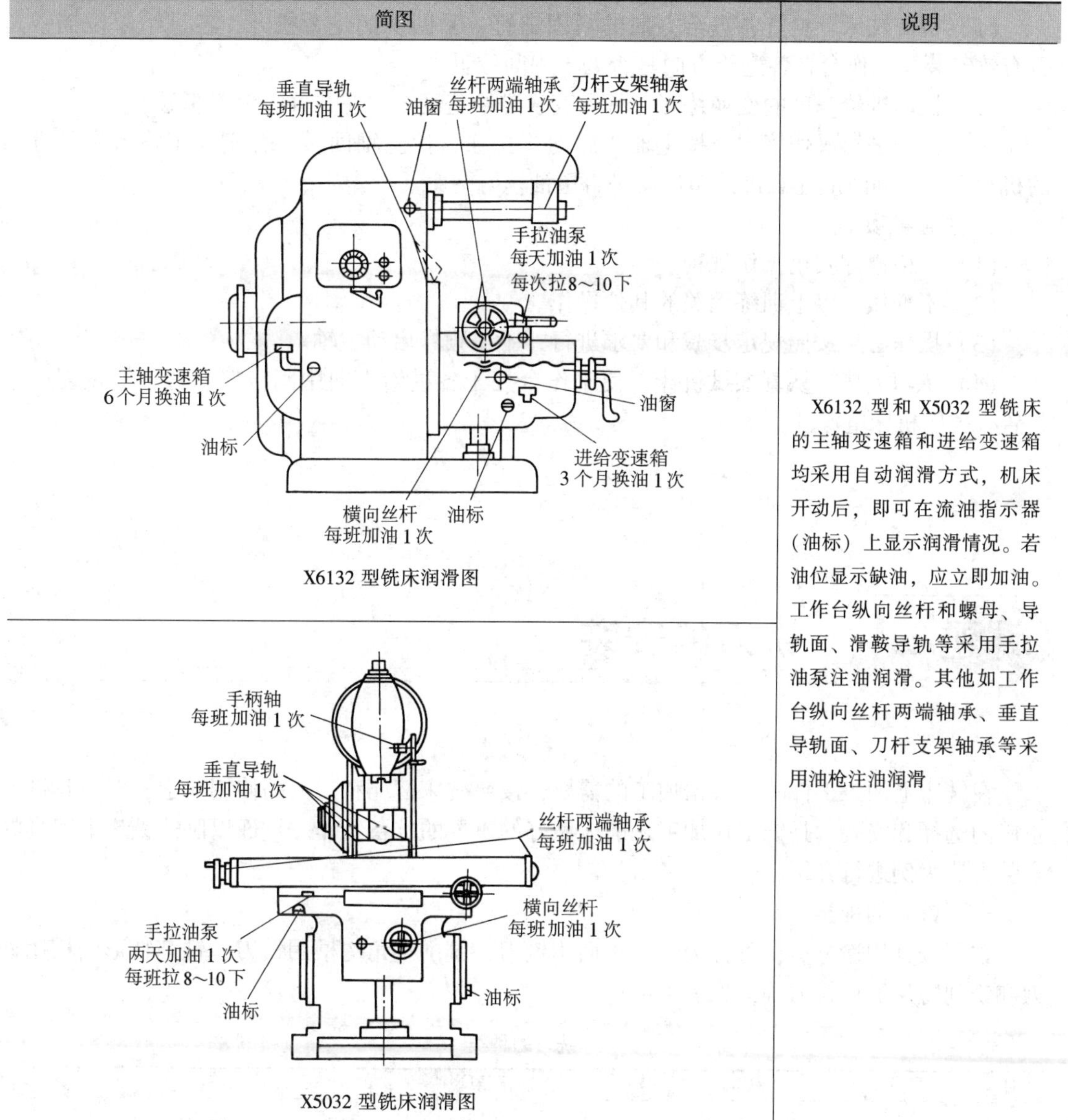

简图	说明
X6132 型铣床润滑图 X5032 型铣床润滑图	X6132 型和 X5032 型铣床的主轴变速箱和进给变速箱均采用自动润滑方式，机床开动后，即可在流油指示器（油标）上显示润滑情况。若油位显示缺油，应立即加油。工作台纵向丝杆和螺母、导轨面、滑鞍导轨等采用手拉油泵注油润滑。其他如工作台纵向丝杆两端轴承、垂直导轨面、刀杆支架轴承等采用油枪注油润滑

三、技能训练——在教师指导下进行 X6132 型铣床的基本操作训练

1. 认识机床和手动进给操作练习

（1）熟悉机床各操作手柄的名称、工作位置和作用。

（2）熟悉机床各润滑点的位置，对铣床进行注油润滑。

（3）进行工作台各方向的手动匀速进给练习，使工作台在纵向、横向和垂直方向移动规定的距离，并能熟练消除因丝杆间隙形成的空行程对工作台移动的影响。

2. 铣床主轴变速和空运转练习

（1）接通电源，按“启动”按钮，使主轴转动 3 ~ 5 min，并检查油窗是否甩油。

（2）主轴停转以后，练习变换主轴转速 3 次左右（控制在低速）。

3. 工作台机动进给操作练习

（1）检查铣床　检查各进给方向的紧固螺钉、紧固手柄是否松开，各进给限位挡铁是否有效安装，工作台在各进给方向是否处于中间位置。

（2）机动进给速度的变换练习　练习变换进给速度 3 次左右（控制在低速）。

（3）机动进给操作练习　按主轴“启动”按钮，使主轴回转。分别让工作台做各方向的机动进给，同时应注意进给箱油窗是否甩油。

4. 注意事项

（1）严格遵守安全操作规程。

（2）不准做与以上训练无关的其他操作。

（3）操作必须按照规定步骤和要求进行，不得频繁启动主轴。

（4）练习完毕，认真擦拭机床，使工作台处于各进给方向中间位置，各手柄恢复原来位置，关闭机床电源开关。

课题二　铣刀的安装

在铣床上加工工件时，根据加工的需要，按照铣床情况和刀具的使用要求，对刀具进行正确的选择和安装，是铣工在加工之前应做好的重要的准备工作。下面以卧式铣床上刀具的安装方法为例进行介绍。

一、铣刀的种类

铣刀按其用途分类，可分为铣削平面用铣刀、铣削直角沟槽用铣刀、铣削特形沟槽用铣刀和铣削特形面用铣刀等，见表 1 - 3。

表 1 - 3　　铣刀的种类

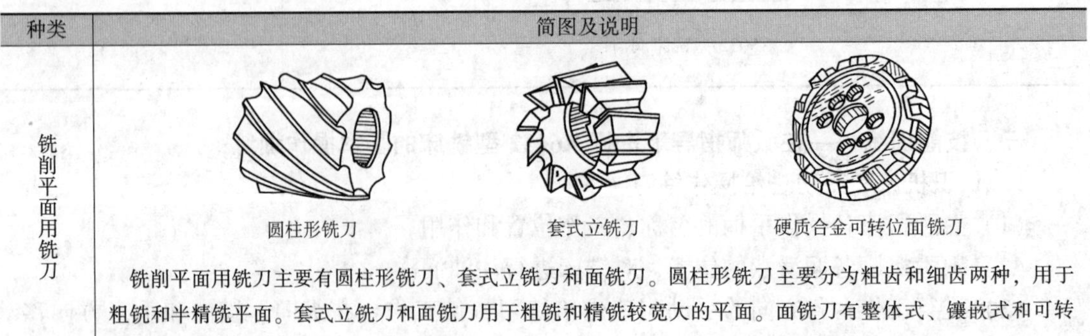

种类	简图及说明
铣削平面用铣刀	圆柱形铣刀　　套式立铣刀　　硬质合金可转位面铣刀 铣削平面用铣刀主要有圆柱形铣刀、套式立铣刀和面铣刀。圆柱形铣刀主要分为粗齿和细齿两种，用于粗铣和半精铣平面。套式立铣刀和面铣刀用于粗铣和精铣较宽大的平面。面铣刀有整体式、镶嵌式和可转位（机械夹固）式三种

续表

种类	简图及说明
铣削直角沟槽用铣刀	 立铣刀 　直齿三面刃铣刀 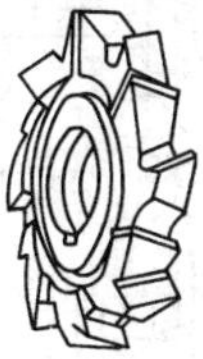　错齿三面刃铣刀 　镶齿三面刃铣刀  键槽铣刀 　盘形槽铣刀 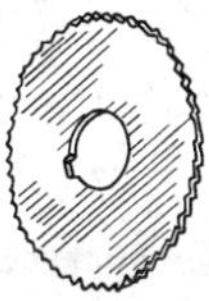　锯片铣刀 立铣刀的用途较为广泛，可以用来铣削各种形状的沟槽、孔、台阶平面和侧面、各种盘形凸轮与圆柱凸轮、曲面。三面刃铣刀分直齿、错齿和镶齿等几种，用于铣削各种槽、台阶平面、工件的侧面及凸台平面。键槽铣刀主要用于铣削键槽。盘形槽铣刀用于铣削直角沟槽。锯片铣刀用于铣削各种窄槽，以及切断板料或型材
铣削特形沟槽用铣刀	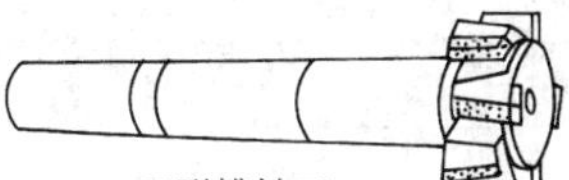 T形槽铣刀 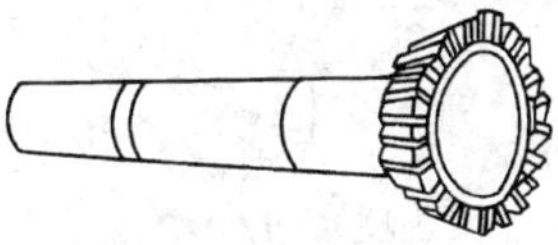　燕尾槽铣刀 　单角铣刀 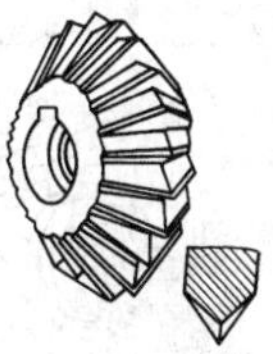　对称双角铣刀 　不对称双角铣刀 T形槽铣刀用于铣削T形槽。燕尾槽铣刀用于铣削燕尾槽和燕尾。角度铣刀分为单角铣刀、对称双角铣刀和不对称双角铣刀三种，用于铣削窄的斜面、V形槽、尖齿形齿离合器、锯齿形齿离合器等
铣削特形面用铣刀	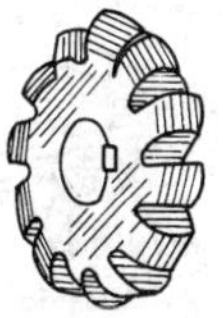 凸半圆铣刀 　凹半圆铣刀 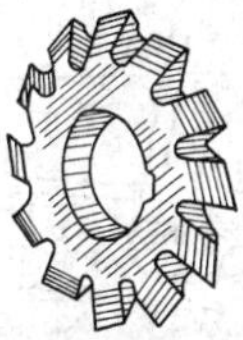　齿轮铣刀 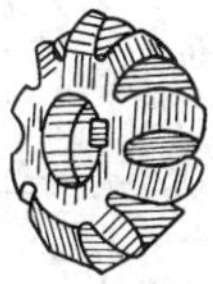　叶片内弧成形铣刀

二、铣刀杆的安装

1. 铣刀杆的结构与规格

圆柱形铣刀、三面刃铣刀、锯片铣刀等带孔铣刀是借助于铣刀杆（图1－2）安装在铣床主轴上的。铣刀杆的左端是7∶24的圆锥，用来与铣床主轴锥孔配合。锥体尾端有内螺纹孔，通过拉紧螺杆将铣刀杆拉紧在主轴锥孔内。锥体前端有一带两缺口的凸缘，与主轴轴端的凸键配合。铣刀杆中部是长度为 l 的光轴，用来安装铣刀和垫圈。光轴上有键槽，可以安装定位键，以便将转矩传给铣刀。铣刀杆的右端是螺纹和支承轴颈。螺纹用来安装紧刀螺母，紧固铣刀。支承轴颈用来与刀杆支架轴承孔配合，支承铣刀杆右端。

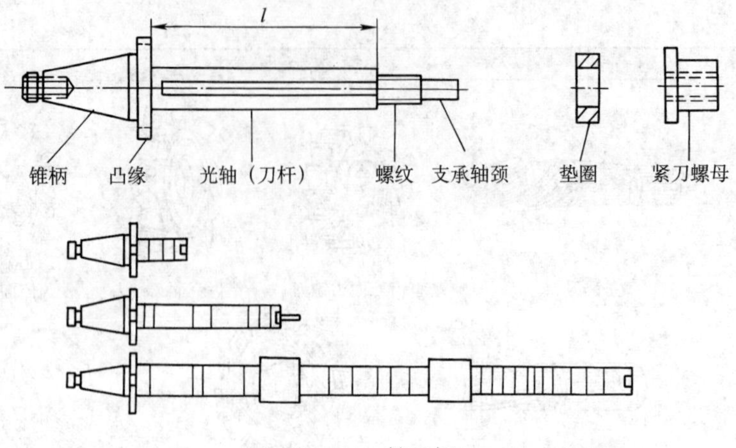

图 1－2　铣刀杆

铣刀杆光轴的直径与带孔铣刀的孔径相对应有多种规格，常用的有 22 mm、27 mm 和 32 mm 三种。铣刀杆的光轴长度 l 也有多种规格，可按工作需要选用。

2．铣刀杆的安装步骤（表 1－4）

表 1－4　　**铣刀杆的安装步骤**

<table>
<tr><th>内容</th><th colspan="2">简图及说明</th></tr>
<tr><td rowspan="3">铣刀杆的安装</td><td colspan="2"> 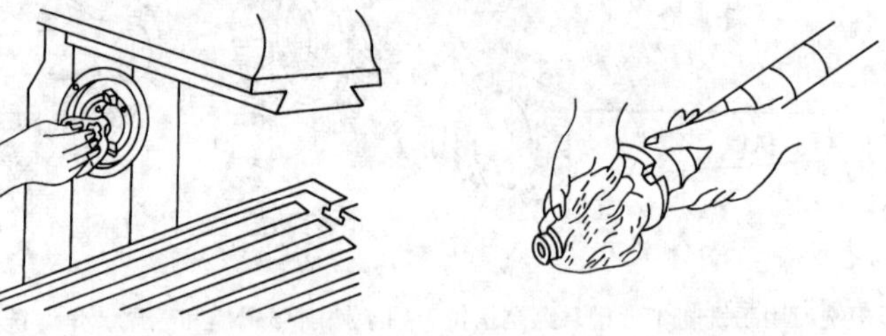用棉纱擦净主轴锥孔和铣刀杆锥柄</td></tr>
<tr><td> 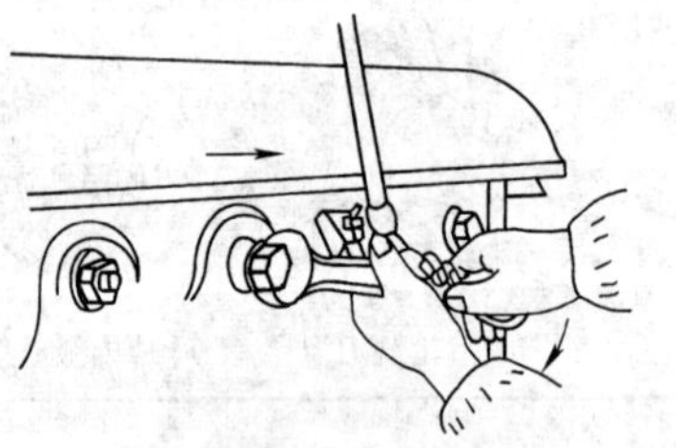调整悬梁伸出长度</td><td> 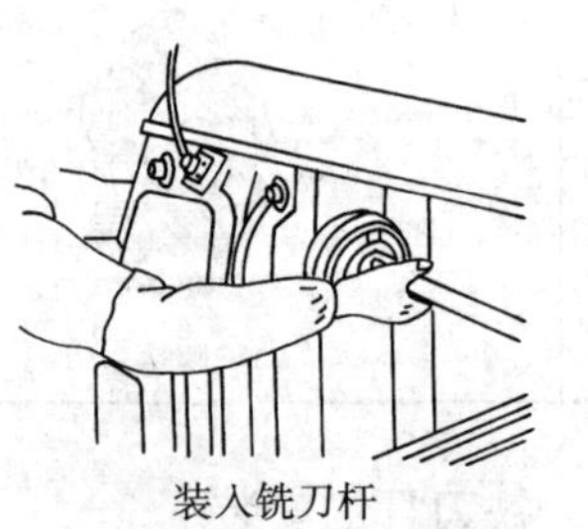装入铣刀杆</td></tr>
<tr><td> 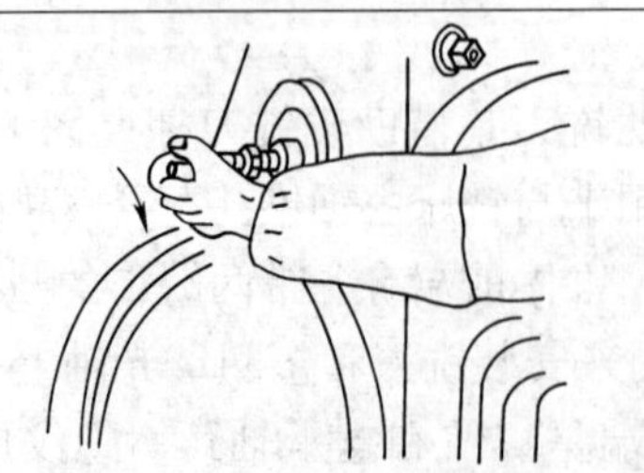旋入拉紧螺杆 6～7 周</td><td> 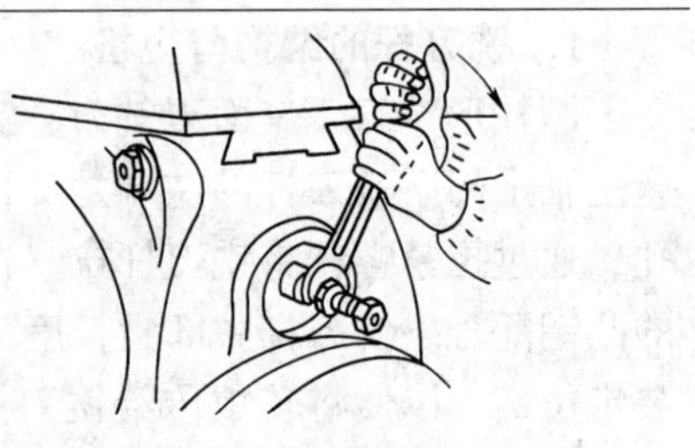旋紧铣刀杆的背紧螺母</td></tr>
</table>

（1）根据铣刀孔径选择相应直径的铣刀杆，在不影响正常铣削的前提下，铣刀杆长度应尽量选择短一些的，以提高铣刀的强度。

（2）将主轴转速调整到最低，或将主轴锁紧。

（3）擦净铣床主轴锥孔和铣刀杆的锥柄，以免脏物影响铣刀杆的安装精度。

（4）松开铣床悬梁的紧固螺母，适当调整悬梁的伸出长度，使其与铣刀杆长度相适应，然后将悬梁紧固。

（5）安装铣刀杆。右手将铣刀杆的锥柄装入主轴锥孔，此时铣刀杆凸缘上的缺口（槽）应对准主轴端部的凸键。左手转动主轴孔中的拉紧螺杆，使其前端的螺纹部分旋入铣刀杆的螺纹孔 6 ~ 7 周。最后，用扳手旋紧拉紧螺杆上的背紧螺母，将铣刀杆拉紧在主轴锥孔内。

三、带孔铣刀的装卸

1. 带孔铣刀的安装（表 1 – 5）

表 1 – 5　　带孔铣刀的安装

内容	简图及说明
带孔铣刀的安装	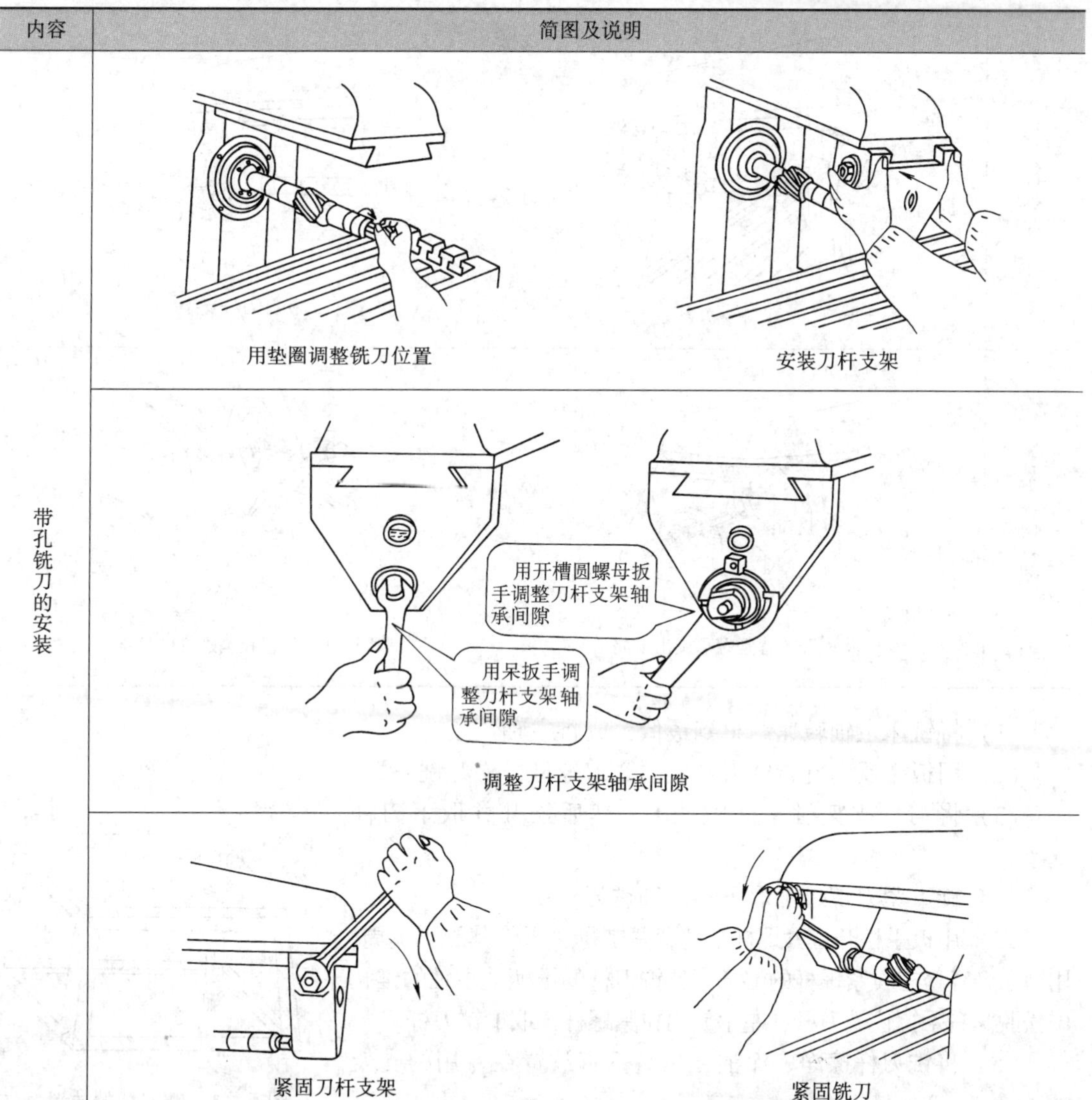

（1）擦净铣刀杆、垫圈和铣刀。确定铣刀在铣刀杆上的位置。

（2）将垫圈和铣刀装入铣刀杆，并用适当分布的垫圈确定铣刀在铣刀杆上的位置。用手旋入紧刀螺母。

（3）擦净刀杆支架轴承孔和铣刀杆的支承轴颈，将刀杆支架装在悬梁导轨上，并注入适量的润滑油。适当调整刀杆支架轴承孔与铣刀杆支承轴颈的间隙，然后用扳手将刀杆支架紧固。使用小刀杆支架时，用呆扳手调整刀杆支架轴承间隙；使用大刀杆支架时，用开槽圆螺母扳手调整刀杆支架轴承间隙。

（4）将铣床主轴锁紧或调整在最低的转速上，用扳手将铣刀杆紧刀螺母旋紧，使铣刀被夹紧在铣刀杆上。

2. 铣刀和铣刀杆的拆卸（表1－6）

表1－6　　铣刀和铣刀杆的拆卸

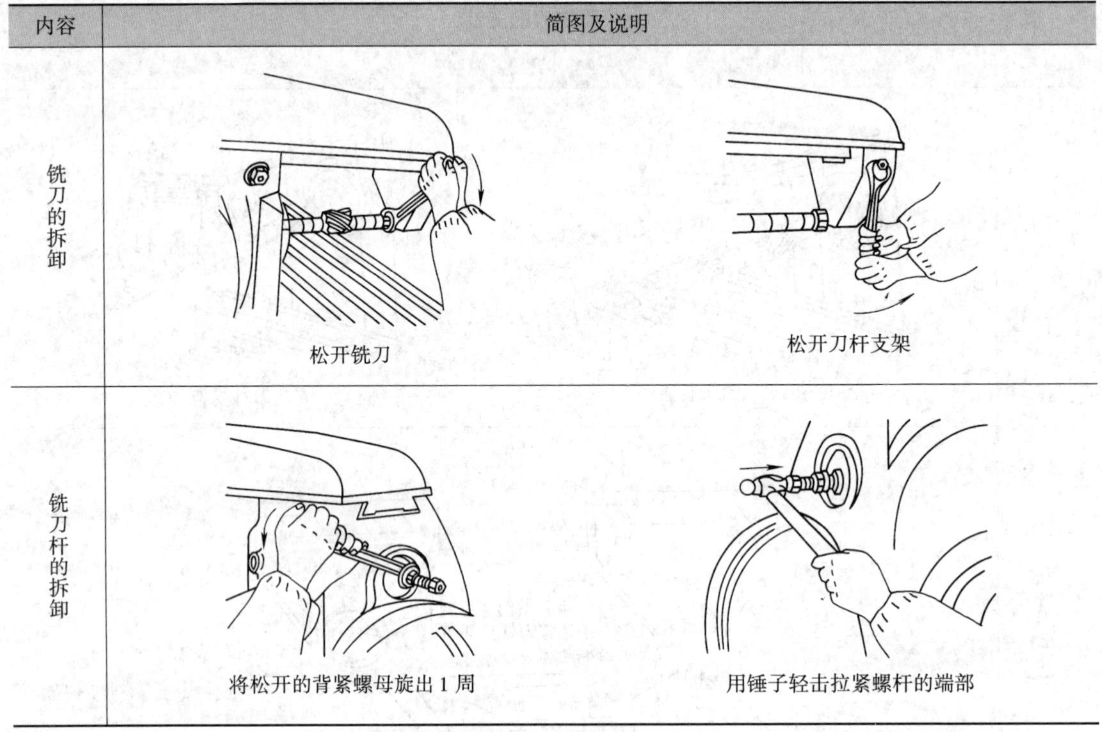

内容	简图及说明	
铣刀的拆卸	松开铣刀	松开刀杆支架
铣刀杆的拆卸	将松开的背紧螺母旋出1周	用锤子轻击拉紧螺杆的端部

（1）将铣床主轴转速调整到最低，或将主轴锁紧。

（2）用扳手反向旋转铣刀杆上的紧刀螺母，松开铣刀。

（3）将刀杆支架轴承间隙调大，然后松开并取下刀杆支架。

（4）旋下紧刀螺母，取下垫圈和铣刀。

（5）用扳手松开拉紧螺杆上的背紧螺母，再将其旋出1周。用锤子轻轻敲击拉紧螺杆的端部，使铣刀杆的锥柄从主轴的锥孔中松脱。右手握住铣刀杆，左手旋出拉紧螺杆，取下铣刀杆。

（6）将铣刀杆擦净、涂油，然后垂直放置在专用的支架上（图1－3）。

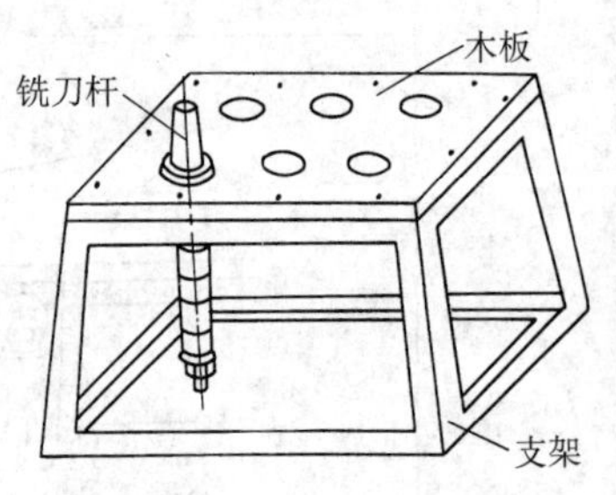

图1－3　铣刀杆的放置

四、套式立铣刀和套式面铣刀的安装

套式立铣刀和套式面铣刀有内孔带键槽和端面带槽两种结构形式，安装时分别采用带纵键的铣刀杆和带端键的铣刀杆，其安装方法见表 1－7。铣刀杆的安装方法与前面相同。安装铣刀时，先擦净铣刀内孔、端面和铣刀杆圆柱面。若是内孔带键槽的铣刀，将铣刀内孔的键槽对准铣刀杆上的键；若是端面带槽铣刀，则将铣刀端面上的槽对准铣刀杆上凸缘端面上的凸键，装入铣刀。然后旋入紧刀螺钉，用叉形扳手将铣刀紧固。

表 1－7　　套式立铣刀和套式面铣刀的安装

类型	简图及说明
内孔带键槽式	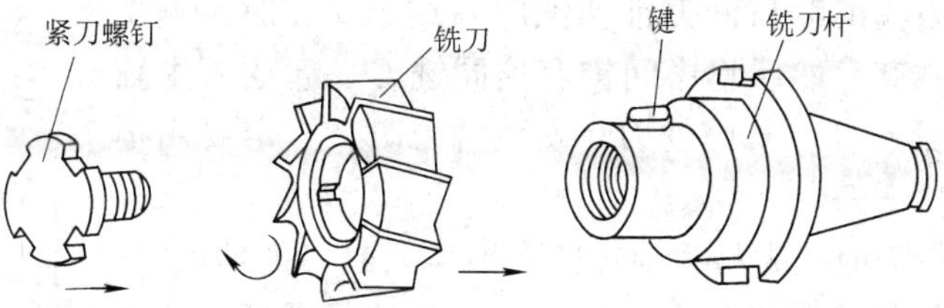 紧刀螺钉　铣刀　键　铣刀杆
端面带槽式	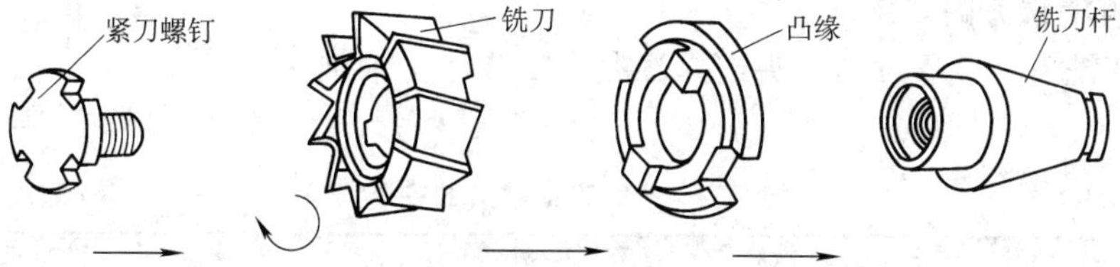 紧刀螺钉　铣刀　凸缘　铣刀杆

五、带柄铣刀的装卸

带柄铣刀有锥柄和直柄两种。直柄铣刀的柄部为圆柱形。锥柄铣刀的柄部一般采用莫氏锥度，有莫氏 1 号、2 号、3 号、4 号、5 号五种。

1. 锥柄铣刀的装卸（表 1－8）

当锥柄铣刀柄部的锥度与铣床主轴锥孔的锥度相同时，将铣刀锥柄直接放入主轴锥孔中，然后旋入拉紧螺杆，用专用的拉杆扳手将铣刀拉紧（图 1－4）。此时，只能握在铣刀锥柄外露的端部，以防铣刀伤手。当铣刀柄部的锥度与铣床主轴锥孔的锥度不同时，需要借

表 1－8　　锥柄铣刀的装卸

内容	简图
锥柄铣刀的安装	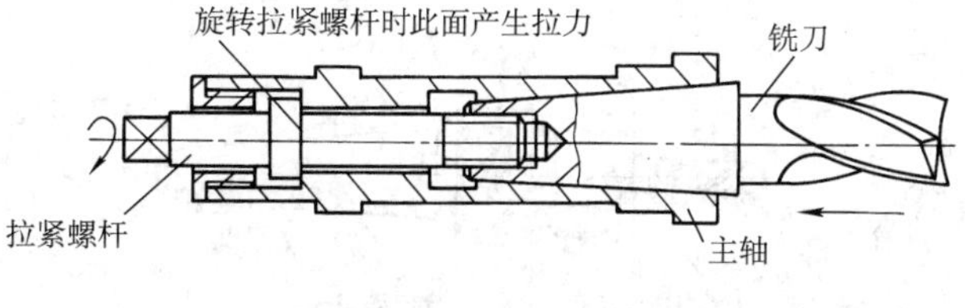 旋转拉紧螺杆时此面产生拉力　铣刀　拉紧螺杆　主轴

续表

内容	简图
锥柄铣刀的拆卸	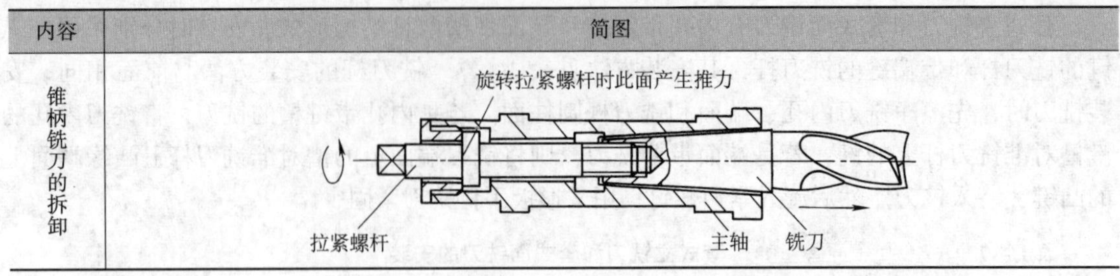

助中间锥套安装铣刀。中间锥套的外圆锥度与铣床主轴锥孔锥度相同，而内孔锥度与铣刀锥柄锥度一致。安装时，先将铣刀插入中间锥套，然后将中间锥套连同铣刀一起放入主轴锥孔，旋紧拉紧螺杆，紧固铣刀。安装铣刀时，一定要用棉纱将各部位擦拭干净。

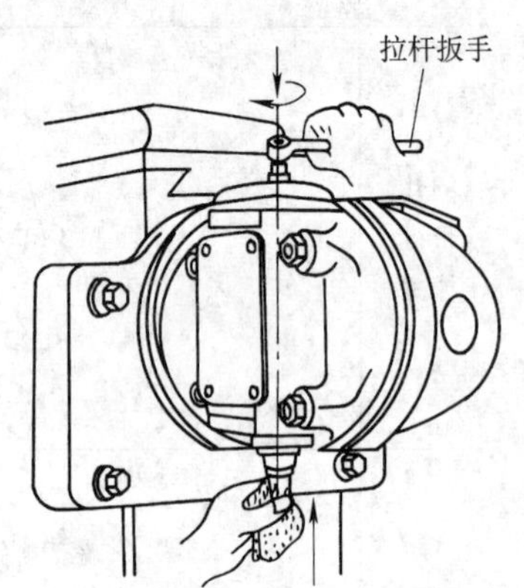

图 1－4　安装锥柄铣刀

拆卸锥柄铣刀时，先将主轴转速降到最低或将主轴锁紧，然后用拉杆扳手将拉紧螺杆松开，继续旋转拉紧螺杆，即可取下铣刀。

2. 直柄铣刀的安装

直柄铣刀一般通过钻夹头或弹簧夹头安装在主轴锥孔内，见表 1－9。

表 1－9　　直柄铣刀的安装

内容	简图	说明
用钻夹头安装直柄铣刀		将直柄铣刀插入钻夹头内，用专用扳手将铣刀旋紧
用弹簧夹头安装直柄铣刀		用弹簧夹头安装直柄铣刀时，应按铣刀直径选择相同尺寸的卡簧。将铣刀柄插入卡簧内，再一起装入弹簧夹头的圆锥孔内，用扳手将螺母旋紧，即可将铣刀紧固

六、铣刀安装后的检查

铣刀安装后，应做以下几个方面的检查：

1. 检查铣刀装夹是否牢固。

2. 检查刀杆支架轴承孔与铣刀杆支承轴颈的配合间隙是否合适。间隙过大，铣削时会产生振动；间隙过小，则铣削时刀杆支架轴承会发热。

3. 检查铣刀回转方向是否正确。铣刀应向着刀齿前面的方向回转。

4. 检查铣刀刀齿的径向圆跳动和轴向圆跳动，其误差一般不超过0.06 mm。

七、技能训练——铣刀的装卸

1. 训练内容

分别完成圆柱形铣刀、立铣刀的装卸训练。

2. 注意事项

（1）在铣刀杆上安装带孔铣刀时，一般应先紧固刀杆支架，然后紧固铣刀。拆卸铣刀时应先松开铣刀，再松开刀杆支架。

（2）应保证刀杆支架轴承孔与铣刀杆支承轴颈有足够的配合长度，并提供充足的润滑油。

（3）拉紧螺杆的螺纹应与铣刀的螺孔有足够的旋合长度。

（4）装卸铣刀时，对于圆柱形铣刀，应以手持两端面；对于立铣刀应垫棉纱握住刀柄露出的端部，以防铣刀刃口划伤手。

（5）安装铣刀前，应先擦净各接合表面，防止因附有污物而影响铣刀的安装精度。

课题三　工件的装夹

在铣床上装夹工件时，最常用的两种方法是用机床用平口虎钳（下简称机用虎钳）和压板装夹工件。对于小型的工件，一般采用机用虎钳装夹；对大、中型工件，则多是在铣床工作台上用压板来装夹。

一、机用虎钳

机用虎钳是铣床上常用的机床附件。常用的机用虎钳主要有回转型和固定型两种。回转型机用虎钳（图1－5）主要由固定钳口、活动钳口、底座等组成。固定型机用虎钳与回转

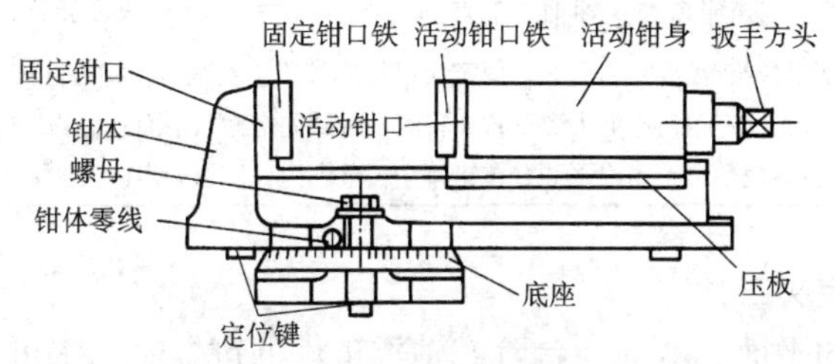

图1－5　回转型机用虎钳

型机用虎钳结构基本相同，只是底座没有转盘，钳体不能回转，但刚度好。回转型机用虎钳可以在水平方向扳转任意角度，其适应性很强。

二、机用虎钳的安装和校正

1. 机用虎钳的安装

机用虎钳的安装非常方便，首先擦净钳体底座表面和铣床工作台表面；然后将底座上的定位键放入工作台中央的T形槽内，即可对机用虎钳进行初步的定位；最后旋紧T形螺栓上的螺母即可。

2. 机用虎钳的校正

当工件的加工精度较高时，就需要钳口平面与铣床主轴轴线有较高的垂直度或平行度精度，应对固定钳口进行校正。校正固定钳口常用的方法有用划针校正、用直角尺校正和用百分表校正，见表1－10。校正机用虎钳时，应先松开机用虎钳的紧固螺母，校正后将紧固螺母旋紧。

表1－10　　固定钳口的校正

方法	简图及说明	
用划针校正	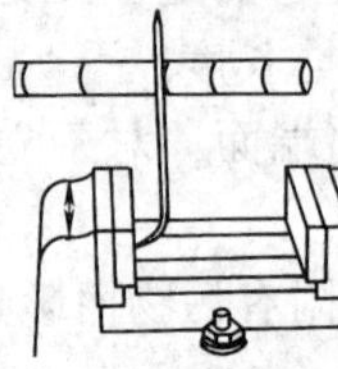 用划针校正固定钳口与铣床主轴轴线垂直	校正时，将划针夹持在铣刀杆垫圈间。调整工作台位置，使划针靠近固定钳口平面。然后移动工作台，观察并调整钳口平面与划针针尖的距离，使之在钳口全长范围内一致，即可将机用虎钳的固定螺母紧固。使用划针校正固定钳口的方法精度较低
用直角尺校正	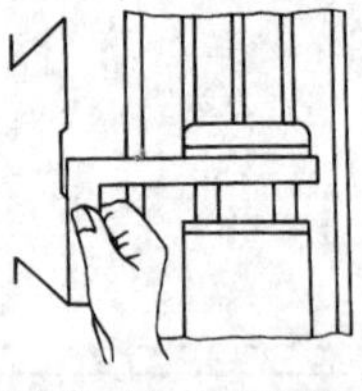 用直角尺校正固定钳口	用直角尺校正固定钳口与主轴轴线平行时，先松开机用虎钳紧固螺母，使固定钳口平面与主轴轴线大致平行；再将直角尺的尺座底面紧靠在床身的垂直导轨面上，调整钳体，使固定钳口平面与直角尺长边的外测量面密合；然后紧固钳体，再进行一次复验，以免紧固钳体时发生偏转
用百分表校正	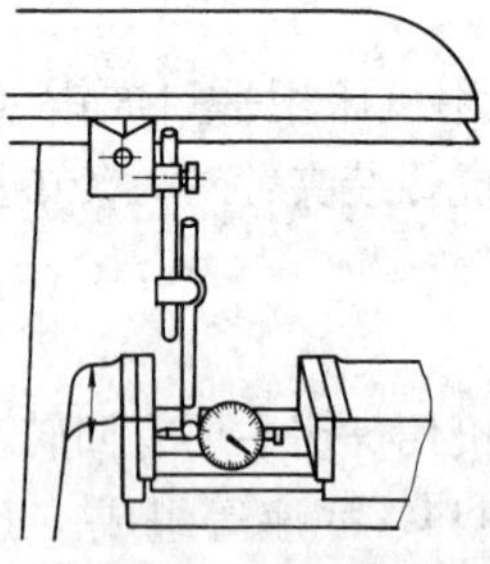 校正固定钳口与主轴轴线垂直	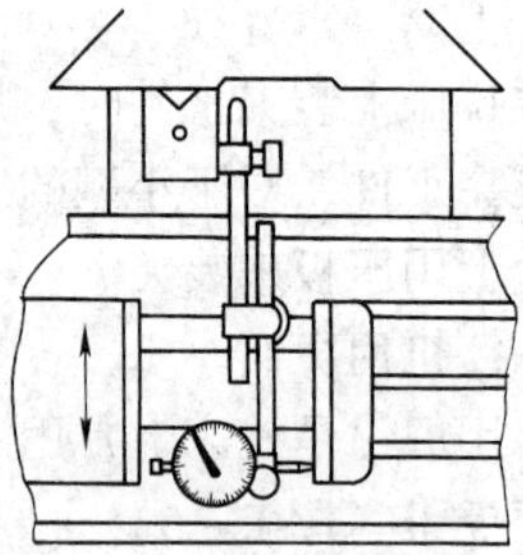 校正固定钳口与主轴轴线平行
	加工较高精度的工件时，需要用百分表对固定钳口精确校正。校正时，将磁性表座吸在铣床悬梁导轨面上。安装百分表，使测量杆与固定钳口平面大致垂直。将测头触到固定钳口平面上，测量杆压缩量调整到1 mm左右。移动工作台，参照百分表读数调整钳口平面。在钳口全长范围内，使百分表读数的差值符合规定的要求	

三、用机用虎钳装夹工件

铣削长方体工件的平面、斜面、台阶或轴类工件的键槽时，都可以用机用虎钳来进行装夹，见表1－11。

表 1－11　　用机用虎钳装夹工件

内容	简图及说明
加垫铜皮装夹毛坯件	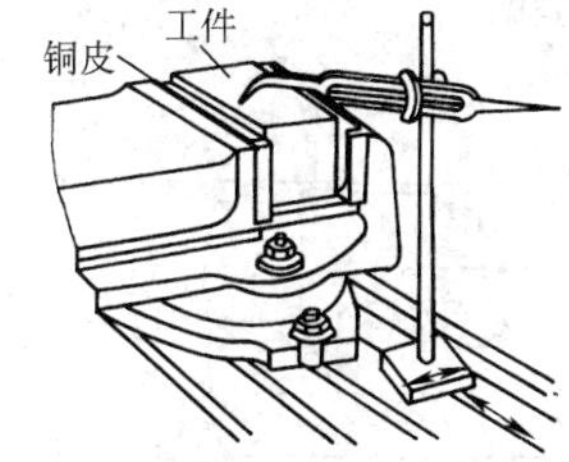 选择毛坯件上一个大而平整的毛坯面作为粗基准，将其靠在固定钳口上。最好在钳口与工件之间垫上铜皮，以防损伤钳口。用划线盘校正毛坯上平面，直到符合要求后夹紧工件。校正时，工件不宜夹得太紧
加垫圆棒装夹工件	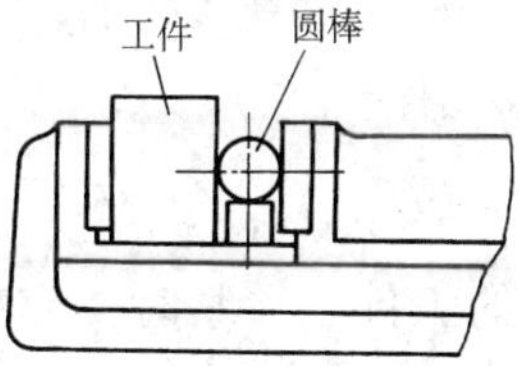 以机用虎钳固定钳口作为定位基准时，应将工件的基准面靠向固定钳口，并在活动钳口与工件间放置一圆棒。圆棒要与钳口的上平面平行，其位置应在工件被夹持部分高度的中间偏上。通过圆棒夹紧工件，能保证工件的基准面与固定钳口密合
加垫平行垫铁装夹工件	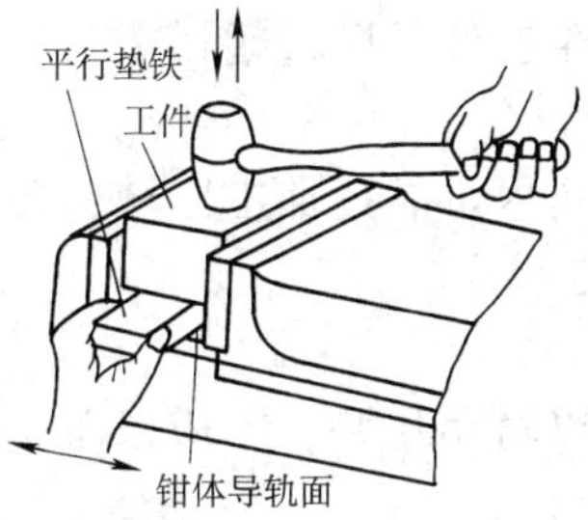 以钳体导轨面作为定位基准时，将工件的基准面靠向钳体导轨面。在工件与导轨面之间有时要加垫平行垫铁（视工件大小和高度而定）。为了使工件基准面与导轨面平行，工件夹紧后，可用铝棒或纯铜棒轻击工件上平面，并用手试移垫铁。当垫铁不再松动时，表明垫铁与工件、垫铁与水平导轨面三者密合较好。敲击工件时，用力要适当，并逐渐减小。用力过大，会因产生的反作用力而影响三者的密合
装夹要求	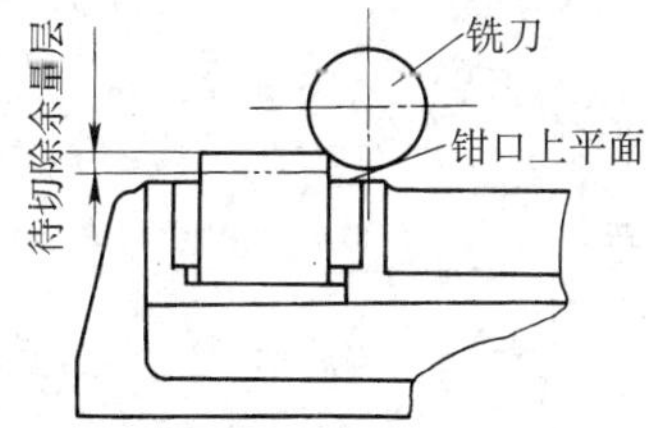 余量层应高出钳口上平面 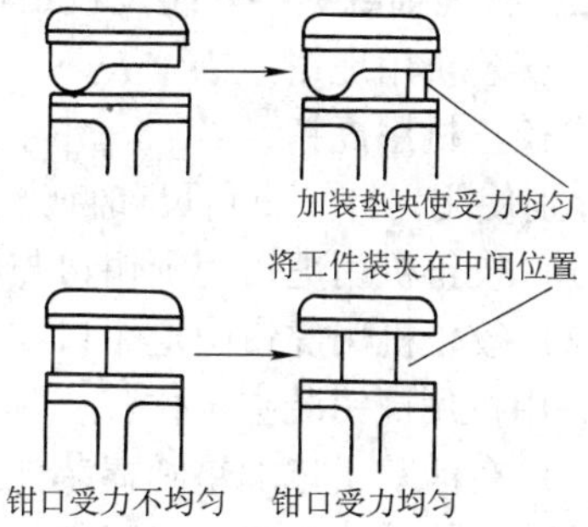　　钳口受力情况 1. 安装工件时应将各接合面擦净 2. 工件的装夹高度以铣削时铣刀不接触钳口上平面为宜 3. 工件的装夹位置应尽量使机用虎钳钳口受力均匀。必要时可以加垫块进行平衡 4. 用平行垫铁装夹工件时，所选垫铁的平面度、平行度和垂直度应符合要求，并使垫铁表面具有一定硬度 5. 机用虎钳装夹精度降低时，应注意活动钳口下面压板的紧固螺钉是否松动。若松动太大，会使活动钳口受力后上翘。此时，应将紧固螺钉适当调紧 6. 严禁采用砸扳手的方法紧固工件。这样会使丝杆变形，造成机用虎钳运行不畅，使夹紧力减小，甚至损坏机用虎钳

四、用压板装夹工件（图 1－6）

1. 用压板装夹工件的方法

对于外形尺寸较大或不便用机用虎钳装夹的工件，常用压板将其压紧在铣床工作台面上。用压板装夹工件时，应选择两块以上的压板。压板的一端搭在垫铁上，另一端搭在工件上。垫铁的高度应等于或略高于工件被压紧部位的高度。T形螺栓略接近工件一侧，并使压板尽量接近加工位置。在螺母与压板之间必须加垫垫圈。

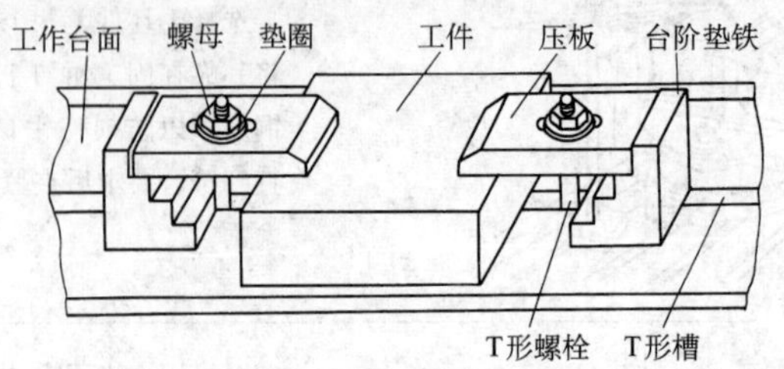

图1－6　用压板装夹工件

2. 注意事项

（1）在铣床工作台面上，不允许拖拉表面粗糙的工件。夹紧时，应在毛坯件与工作台面间衬垫铜皮，以免损伤工作台表面。

（2）用压板在工件已加工表面上夹紧时，应在工件与压板间衬垫铜皮，以免损伤工件已加工表面。

（3）正确选择压板在工件上的夹紧位置，使其尽量靠近加工区域，并处于工件刚度最好的位置。若夹紧部位有悬空现象，应将工件垫实。

（4）拧紧螺栓时尽量不使用活扳手。

（5）每个压板的夹紧力应大小均匀，并逐步以对角压紧，不应以单边重力紧固，防止压板的夹紧力偏移而使工件倾斜。

五、技能训练——安装及校正机用虎钳，装夹工件

1. 安装机用虎钳。

2. 校正机用虎钳

分别使用划针、直角尺和百分表进行校正。

（1）校正机用虎钳固定钳口与铣床主轴轴线平行。

（2）校正机用虎钳固定钳口与铣床主轴轴线垂直。

3. 用机用虎钳装夹工件

（1）在活动钳口加垫圆棒装夹工件。

（2）加垫平行垫铁装夹工件。

4. 用压板装夹工件。

课题四　常用量具的使用

在机械制造行业中常用的量具有很多，其中使用较为普遍的主要有游标量具、千分尺、百分表、正弦规、直角尺、刀口尺和塞尺等。这里主要介绍它们的使用方法。

一、游标量具

游标量具是利用尺身和游标尺刻线间长度之差的原理工作的。常用的游标量具有游标卡尺、游标高度卡尺、游标深度卡尺、游标齿厚卡尺和游标万能角度尺等。

1. 游标卡尺

游标卡尺可用来测量工件的长度、厚度、深度、内径、外径和中心距等，其应用极为广泛。游标卡尺的测量精度有 0.1 mm、0.05 mm 和 0.02 mm 三种。游标卡尺的测量范围较大，常用的有 150 mm 和 300 mm 等。游标卡尺的外形如图 1－7 所示，其使用方法见表 1－12。

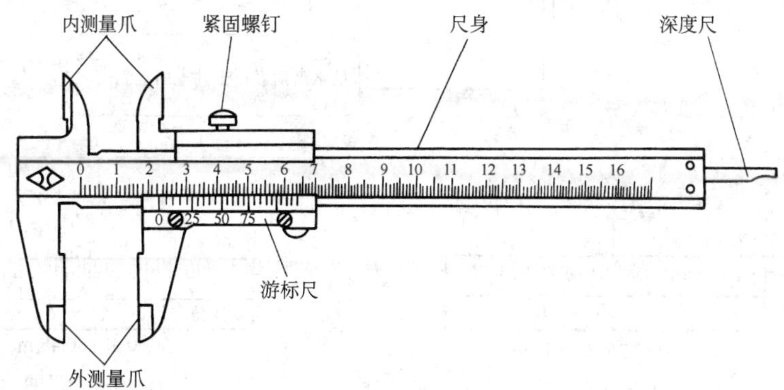

图 1－7　游标卡尺

表 1－12　**游标卡尺的使用方法**

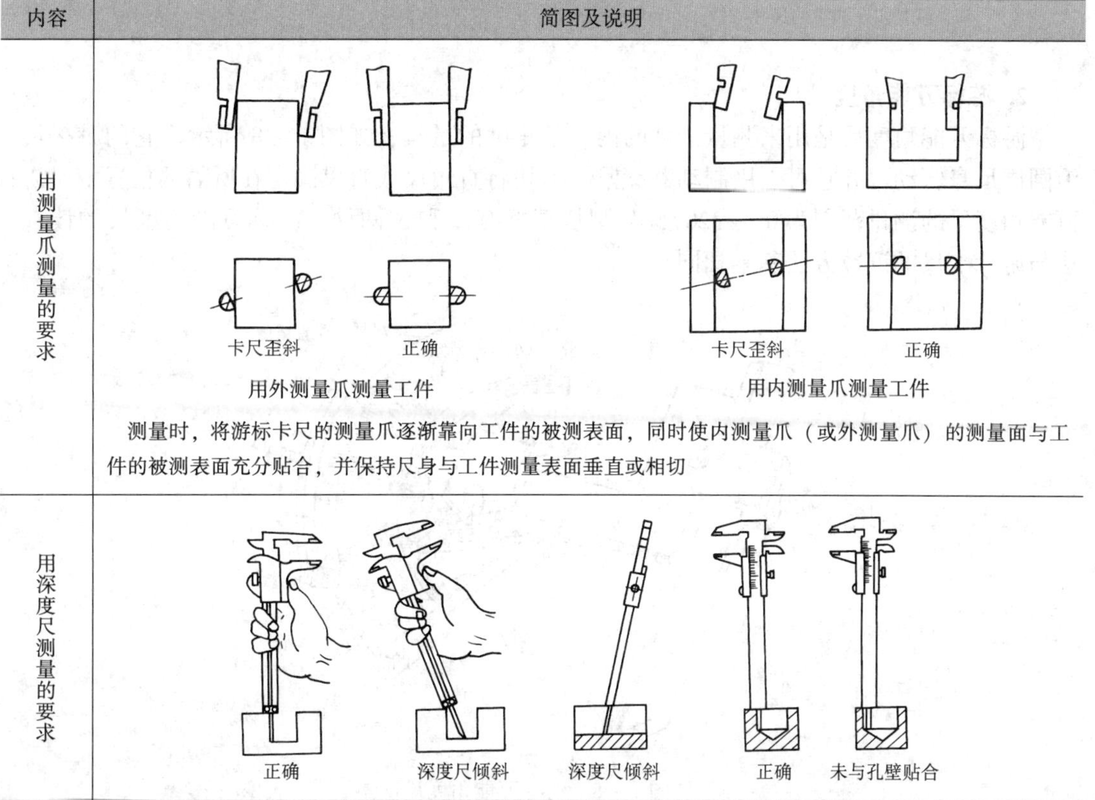

内容	简图及说明
用测量爪测量的要求	卡尺歪斜　正确　用外测量爪测量工件；卡尺歪斜　正确　用内测量爪测量工件 测量时，将游标卡尺的测量爪逐渐靠向工件的被测表面，同时使内测量爪（或外测量爪）的测量面与工件的被测表面充分贴合，并保持尺身与工件测量表面垂直或相切
用深度尺测量的要求	正确　深度尺倾斜　深度尺倾斜　正确　未与孔壁贴合

续表

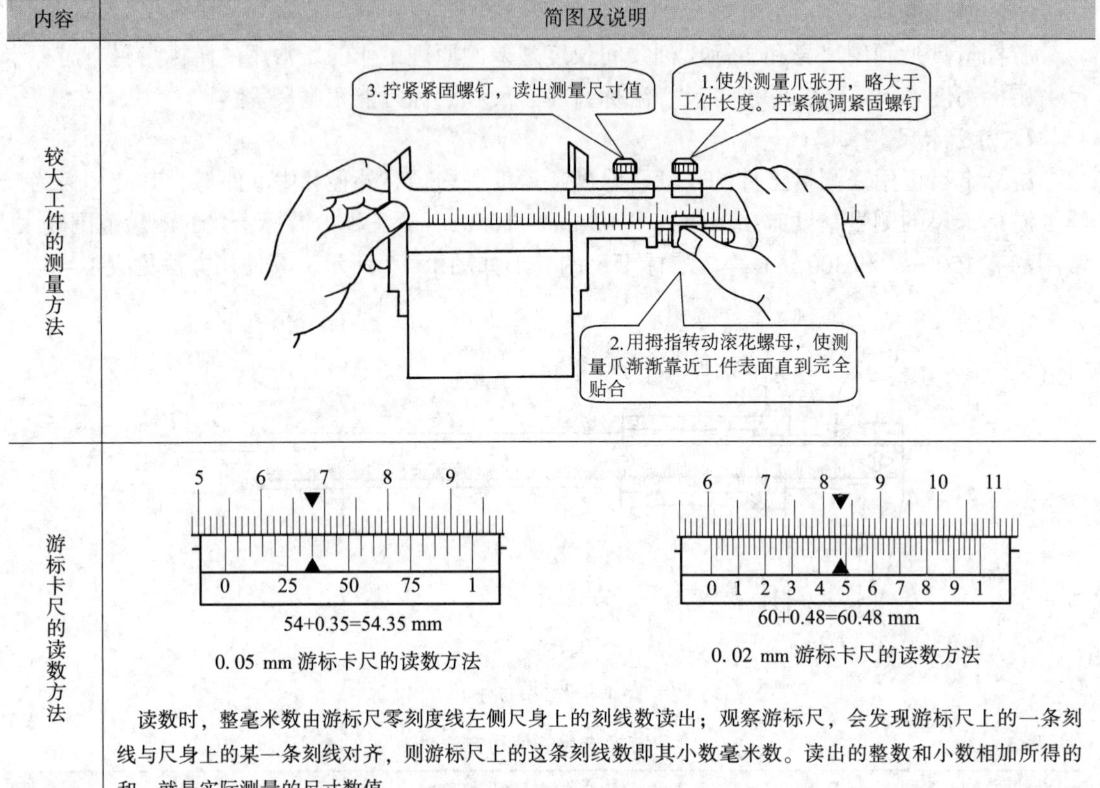

内容	简图及说明
较大工件的测量方法	1.使外测量爪张开，略大于工件长度。拧紧微调紧固螺钉 2.用拇指转动滚花螺母，使测量爪渐渐靠近工件表面直到完全贴合 3.拧紧紧固螺钉，读出测量尺寸值
游标卡尺的读数方法	54+0.35=54.35 mm 0.05 mm 游标卡尺的读数方法 60+0.48=60.48 mm 0.02 mm 游标卡尺的读数方法 读数时，整毫米数由游标尺零刻度线左侧尺身上的刻线数读出；观察游标尺，会发现游标尺上的一条刻线与尺身上的某一条刻线对齐，则游标尺上的这条刻线数即其小数毫米数。读出的整数和小数相加所得的和，就是实际测量的尺寸数值

2. 游标万能角度尺

游标万能角度尺是用来测量工件的内、外角度的量具，如图 1 – 8 所示。它的游标尺可沿圆周尺身转动，并且可以用制动器锁紧，卡块将直角尺或直尺固定在所需的位置上。游标万能角度尺的测量范围为 0°～320°，其测量精度有 2′和 5′两种。游标万能角度尺的读数方法与游标卡尺的读数方法基本相同。

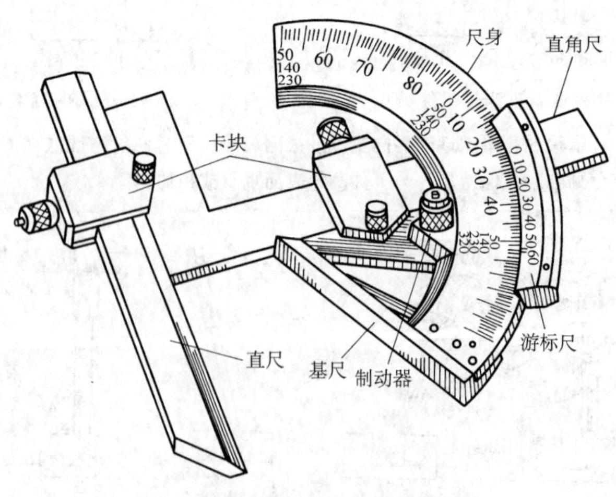

图 1 – 8　游标万能角度尺

游标万能角度尺测量工件的角度时，其测量范围从0°～320°共分为四段：0°～50°、50°～140°、140°～230°、230°～320°。各个测量段的直尺和直角尺位置的配置和测量方法如图1－9所示。

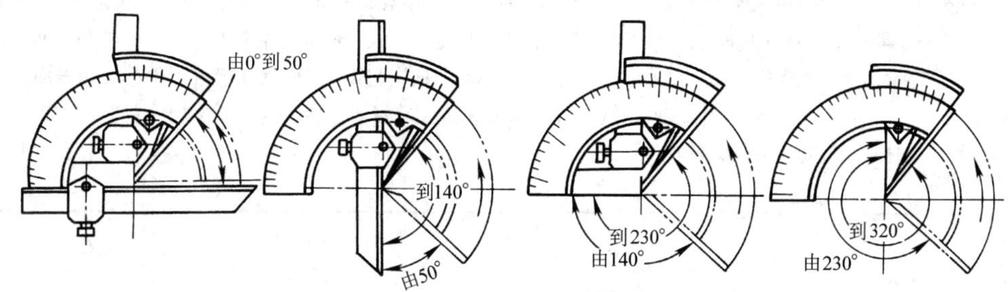

图1－9　游标万能角度尺的分段测量方法

二、千分尺

千分尺的种类较多，按其用途可分为外径千分尺、内径千分尺、深度千分尺、壁厚千分尺、公法线千分尺等。千分尺的测量精度一般为0.01 mm。

1. 外径千分尺的结构

常用的0.01 mm精度外径千分尺的结构如图1－10所示。

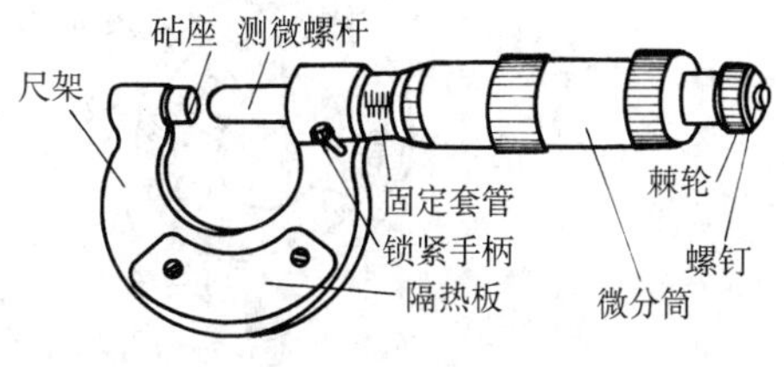

图1－10　外径千分尺

2. 外径千分尺的使用

外径千分尺是一种常用的精密量具，使用时主要掌握两个方面，一是读数方法，二是测量方法，见表1－13。

表1－13　外径千分尺的使用方法

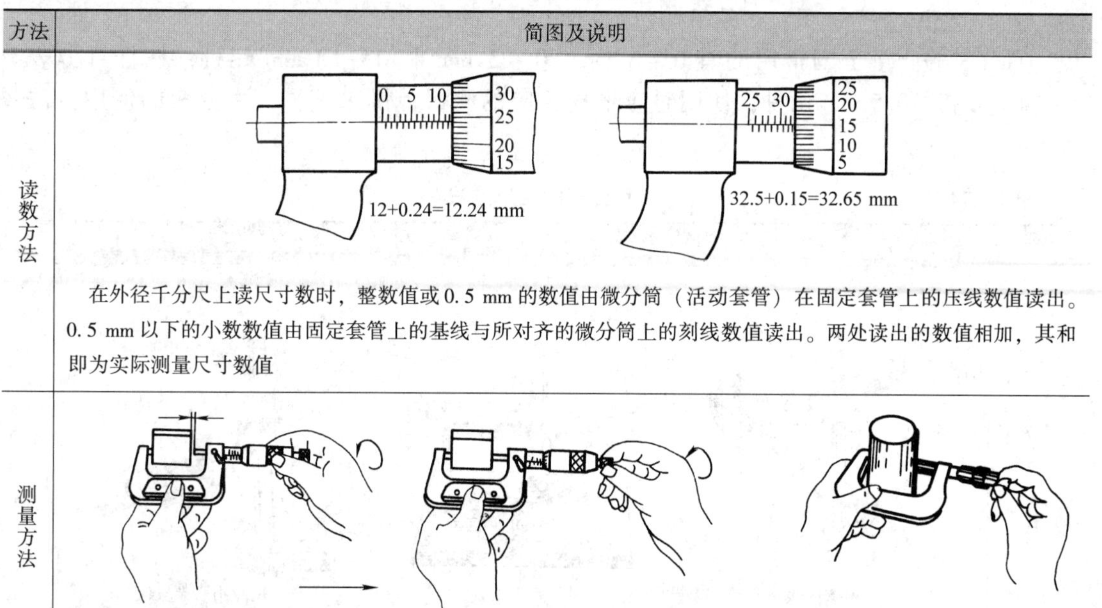

方法	简图及说明
读数方法	12+0.24=12.24 mm　　32.5+0.15=32.65 mm 在外径千分尺上读尺寸数时，整数值或0.5 mm的数值由微分筒（活动套管）在固定套管上的压线数值读出。0.5 mm以下的小数数值由固定套管上的基线与所对齐的微分筒上的刻线数值读出。两处读出的数值相加，其和即为实际测量尺寸数值
测量方法	转动微分筒　　转动棘轮测出尺寸　　测量工件外径

续表

方法	简图及说明
测量方法	外径千分尺的测量范围通常是按 25 mm 进行划分的，其常用规格有 0 ~ 25 mm、25 ~ 50 mm、50 ~ 75 mm 和 75 ~ 100 mm 等。使用时应根据工件被测尺寸选择相应测量范围的千分尺。测量前要擦净工件被测表面，以及千分尺的砧座端面和测微螺杆端面。测量时，先转动微分筒，使测微螺杆端面逐渐接近工件的被测表面，再转动棘轮，直到棘轮打滑并发出响声，表明两端面与工件刚好贴合或相切，然后读出测量尺寸数值。测量工件外径时，测微螺杆轴线应基本通过工件轴线

三、指示表

指示表是指示式的测量器具，常用的是测量精度为 0.01mm 的百分表（图 1 - 11）、杠杆百分表（图 1 - 12）和内径百分表（图 1 - 13）。当测量精度为 0.005 mm 或 0.001 mm 时，则称为千分表。

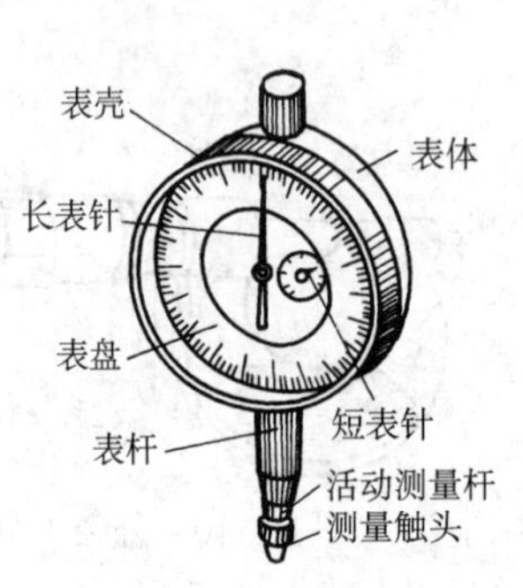

图 1 - 11　百分表

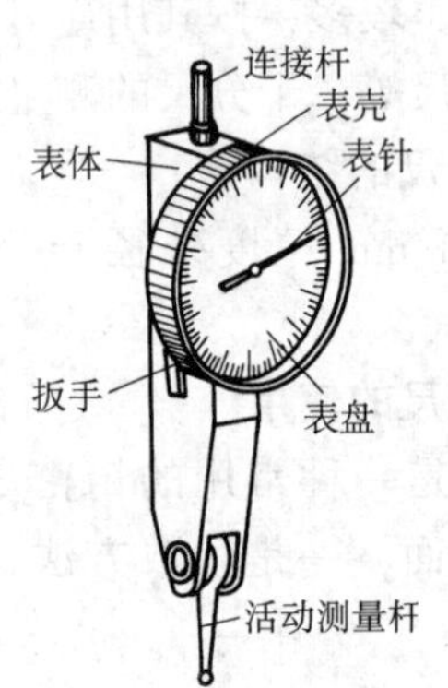

图 1 - 12　杠杆百分表

百分表的测量范围常用的有 0 ~ 3 mm、0 ~ 5 mm 和 0 ~ 10 mm 三种，杠杆百分表有 ±0.4 mm 和 ±0.5 mm 两种，使用时应根据相应的测量范围来选择。百分表的使用方法见表 1 - 14。

表 1 - 14　　百分表的使用方法

内容	简图及说明
百分表的安装	磁性开关 用磁性表架安装　　用万能表架安装　　用专用表架安装

续表

内容	简图及说明
百分表的使用	用量块确定工件尺寸　　确定尺寸后检测工件 在平板上放置与工件尺寸相同的量块，调整百分表的测头对量块有 0.5 mm 的压缩量。转动表盘，使其零刻度对准长指针。检测前，对测量杆轻提轻放，若指针数值不变，即可对工件进行检测。检测时，轻提测量杆，放入被测工件。平移工件，观察指针的变化情况
	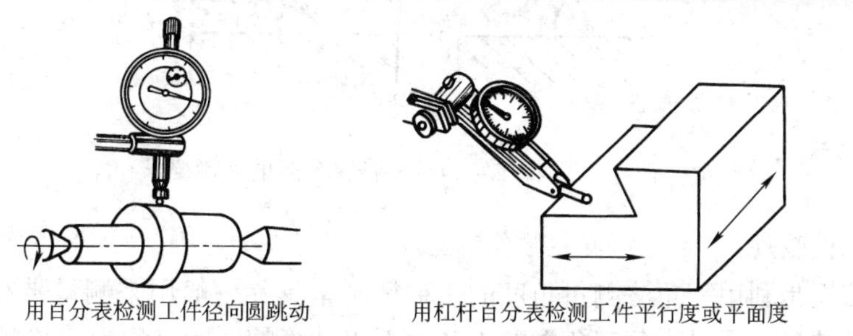 用百分表检测工件径向圆跳动　　用杠杆百分表检测工件平行度或平面度

使用百分表检测时，应保证测量杆轴线与工件被测表面基本垂直。

内径百分表的结构如图 1 – 13 所示，测量时，测头通过摆块使顶杆上移，使百分表指针转动而指出读数。测量完毕，在弹簧的作用下，测头自动回位。通过更换固定的测头可改变百分表的测量范围。内径百分表的示值误差较大，一般为 0.015 mm。因此，在每次测量前最好用千分尺进行校对。

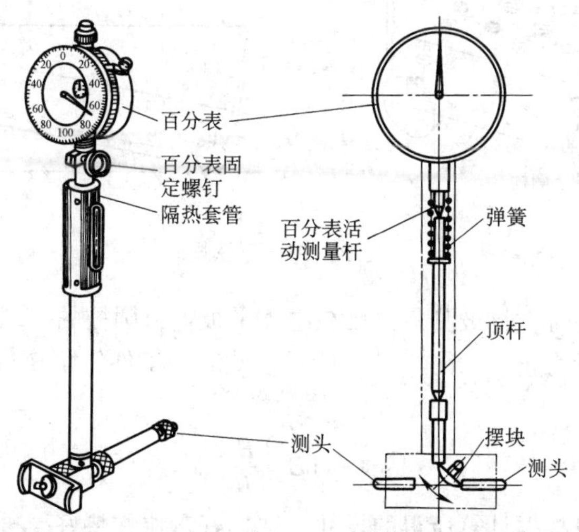

图 1 – 13　内径百分表

使用杠杆百分表检测时，最好使其活动测量杆轴线与工件被测平面平行。若无法做到平行，也不能让活动测量杆轴线与被测平面的夹角 α 大于15°，如图 1 – 14 所示。

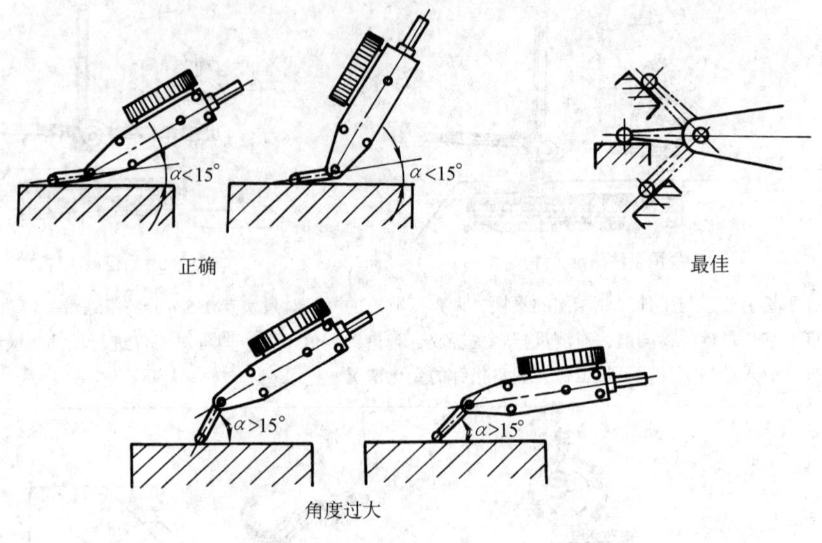

图 1 – 14　杠杆百分表的使用要求

四、正弦规

正弦规是利用三角法测量角度的一种精密量具，一般用来测量带有锥度或角度的零件。因其测量结果是通过直角三角形的正弦关系来计算的，所以称为正弦规。

正弦规主要由一准确长方体（主体）和两个精密圆柱组成，如图 1 – 15 所示。两个圆柱的直径相同。正弦规的中心距要求很准确，一般有 100 mm 和 200 mm 两种。工作时，两圆柱轴线与主体严格平行，且与主体相切。

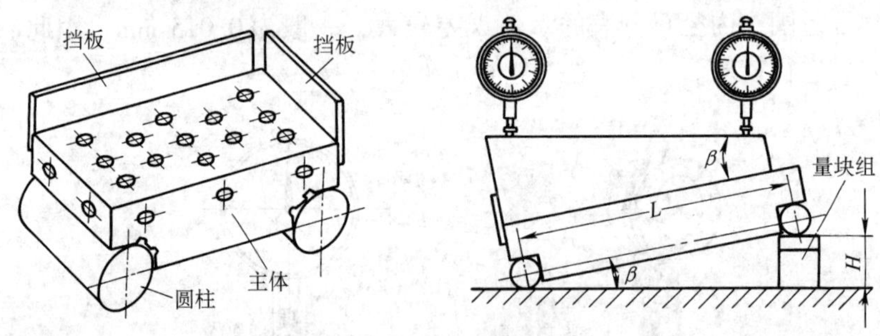

图 1 – 15　正弦规

用正弦规检测零件时，将被测零件放在主体平板上，圆柱的一端用量块垫高，一直垫到被测表面与水平面平行为止，如图 1 – 15 所示。此时，工件斜角 β 与量块的高度 H、正弦规中心距 L 的计算式为：

$$\sin\beta = \frac{H}{L}$$

在实际工作中，可根据计算所得的尺寸，选择好量块并垫好。再用百分表测量出工件两端的高度差，以判断其斜度是否符合要求。

五、其他量具（表 1－15）

表 1－15　　其他量具

类型	简图及说明	
宽座直角尺	宽座直角尺	直角尺是一种用来检测直角和垂直度误差的定值量具。常用的宽座直角尺结构简单，可以检测工件的内角和外角，结合塞尺使用还可以检测工件被测表面与基准面间的垂直度误差，并可用于划线和基准的校正等，在生产中应用最为广泛
刀口尺	刀口尺	刀口尺用来检测平面的直线度和平面度。刀口尺的制造较精确，其刀口的圆弧半径为 0.1～0.2mm。检测时，刀口紧贴工件被测表面，从透光缝隙的大小或塞入的塞尺厚度来判断平面的直线度或平面度误差的大小
塞尺	0.03 0.04 0.05 0.06 0.07 0.08 0.09 塞尺 0.03 0.04 用宽座直角尺和塞尺检测工件垂直度	塞尺是由不同厚度的薄钢片组成一套的测量量具，每一片上都标明了厚度尺寸。塞尺主要用来检测接合面间的间隙大小。测量时根据接合面间的间隙大小，选择 1～3 片擦净的塞尺重叠在一起，塞入间隙内，即可间接测量出间隙的大小 塞尺也可以配合宽座直角尺测量工件相邻面之间的垂直度误差。检测工件时，塞尺塞入不可用力过大，以免塞尺折断

六、量具使用的注意事项

1. 量具必须定期校验，使用前应检查合格证确认在允许的使用期内，以保证其度量准确。

2. 使用量具时应注意爱护量具，掌握正确的测量方法。用前应擦净其工作表面，不准测量毛坯表面。

3. 不准随便拆卸量具的零部件。

4. 不准将量具靠近磁场、热源，更不准将其与其他工具、工件堆放在一起。

5. 使用量具应做到轻拿轻放，用后应仔细擦拭、涂油，放入盒内妥善保管。

6. 使用游标卡尺的注意事项

（1）用前应擦净测量爪的测量面，将测量爪合拢，检查游标尺零线是否与尺身零线对齐。

（2）不准将游标卡尺固定住再卡入工件（相当于用作卡规）进行测量。

（3）严禁用卡尺测量爪的尖部划线。

7. 使用外径千分尺的注意事项

（1）测量前应校正零位。

（2）测量时，当测微螺杆端面接近工件被测表面时，必须用棘轮转动使其接触。退出时则反转微分筒。

8. 使用百分表的注意事项

（1）表架要放稳，并使其安装妥当，以免百分表落地摔坏。

（2）避免使百分表受到剧烈振动和碰撞，不要敲打表的任何部位，更不能使其测头突然与被测表面冲击接触。

（3）检测时，测量杆的移动距离不能超出表的测量范围，以免损坏表内零件。

（4）测头与被测表面接触后，使测量杆压缩 0.5 mm 左右，以保持一定的初始测量力。测量中，测头不能松动。

七、技能训练——量具的使用

由教师根据实习情况，组织学生使用各种量具对实习工件进行检测练习，同时要学习掌握各种量具的维护和保养方法。

第二单元

平面和连接面的铣削

用铣削方法加工工件平面的方法称为铣平面。平面可构成机械零件的基本表面。铣平面是铣工最重要的工作之一，也是进一步掌握铣削其他各种复杂表面的基础技能。根据工件上平面与其基准面的位置关系，平面分为平行面、垂直面和斜面三种。

课题一 平面的铣削

铣平面是铣工最常见的工作，既可以在卧式铣床上铣削，也可以在立式铣床上铣削。平面质量的好坏，主要从它的平整程度和表面粗糙度两个方面来衡量，分别用形状公差项目的平面度和表面粗糙度值来考核。平面的铣削方法主要有周边铣削和端面铣削两种。

一、平面的铣削方法

1. 周边铣削

（1）周边铣削的概念　周边铣削（简称周铣）是用铣刀周边齿刃进行的铣削，如图 2－1 所示。

由于圆柱形铣刀是由若干个切削刃组成的，因此铣出的平面上会有微小的波纹。要使被加工表面获得较小的表面粗糙度值，工件的进给速度应慢一些，而铣刀的旋转速度应适当快一些。

（2）圆柱形铣刀的选择与安装见表 2－1。

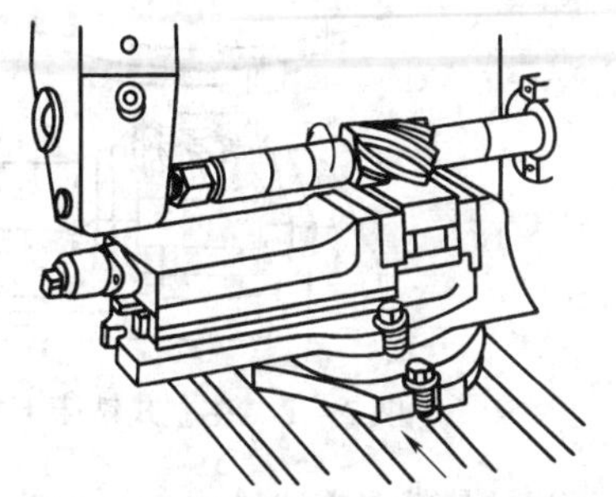

图 2－1　在卧式铣床上采用周铣铣平面

2. 端面铣削

（1）端面铣削的概念　端面铣削（简称端铣）是用铣刀端面齿刃进行的铣削。端铣时，铣刀的旋转轴线与工件被加工表面相垂直。在立式铣床上端铣平面，铣出的平面与铣床工作台面平行（图 2－2）；在卧式铣床上端铣平面，铣出的平面与铣床工作台面垂直（图 2－3）。

表 2－1　　圆柱形铣刀的选择与安装

内容	简图及说明
圆柱形铣刀的选择	右旋刀齿　圆柱形铣刀　工件 用圆柱形铣刀铣平面 所选圆柱形铣刀的宽度应大于被加工工件平面的宽度 圆柱形铣刀有左旋和右旋两种。将铣刀直立放置观察刀齿，若铣刀刀齿向右倾斜，称为右旋铣刀；若铣刀刀齿向左倾斜，则称为左旋铣刀
圆柱形铣刀的安装	键　铣刀　铣刀杆 在铣刀和铣刀杆之间安装定位键 为了增加铣刀的刚度，铣刀应尽量靠近主轴端部或刀杆支架安装。若铣削的切削力大，切削的工件强度高或切削面较宽，应在铣刀和铣刀杆之间安装定位键，防止铣刀在铣削过程中产生松动
	视线　视线 圆柱形铣刀旋转方向的确定 圆柱形铣刀有正装、反装之分。装刀时从刀杆支架一端观察，使右旋铣刀按顺时针方向旋转切削，左旋铣刀按逆时针方向旋转切削即为正装，反之则为反装。安装后主轴的旋转方向应保证铣刀刀齿在切入工件时前面朝向工件方能正常切削。为了使铣刀切削时所产生的轴向力朝向主轴，铣刀应采用正装

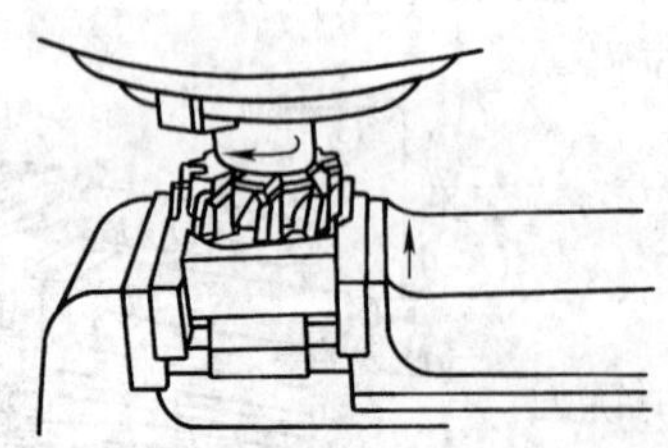
图 2－2　在立式铣床上端铣平面

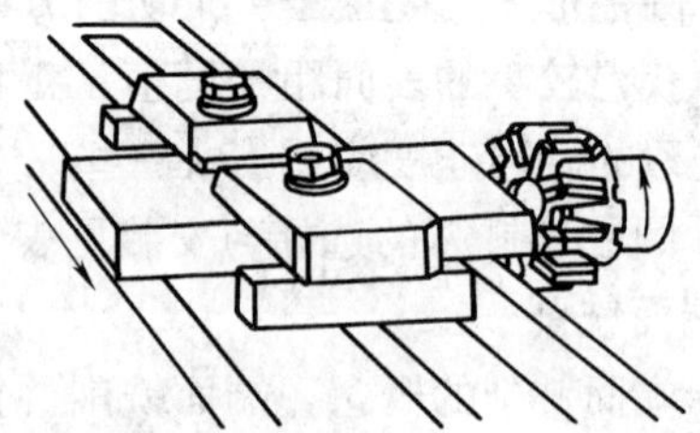
图 2－3　在卧式铣床上端铣平面

用端铣方法铣出的平面也有一条条刀纹，刀纹的粗细（影响表面粗糙度值的大小）同样与工件进给速度的快慢和铣刀转速的高低等诸多因素有关。

（2）铣床主轴的校正　用端铣方法铣出的平面，其平面度精度的高低主要取决于铣床主轴轴线与进给方向的垂直度。若主轴轴线与进给方向垂直，铣刀刀尖会在工件表面铣出网状的弧形刀纹，工件表面是一平面（图2－4）。若主轴轴线与进给方向不垂直，铣刀刀尖会在工件表面铣出单向的弧形刀纹，并将工件表面铣成一个凹面（图2－5）。因此，采用端铣方法铣削平面时，应校正铣床主轴轴线与进给方向垂直，见表2－2。

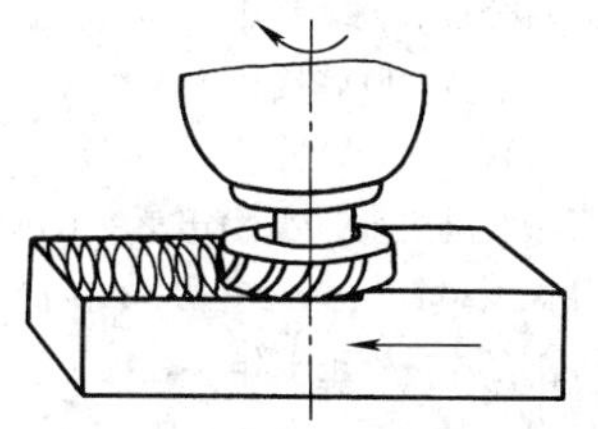

图2－4　主轴轴线与进给方向垂直时铣平面

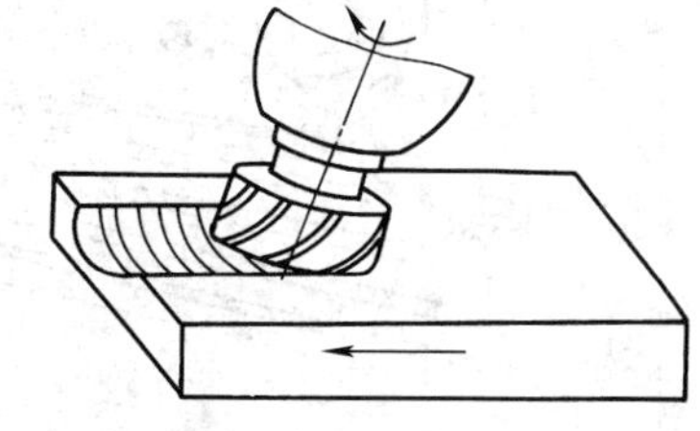

图2－5　主轴轴线与进给方向不垂直时铣平面

表2－2　　**铣床主轴的校正**

内容		简图及说明
立铣头主轴轴线与工作台进给方向垂直度的校正	用直角尺和锥度心轴进行校正	立铣头主轴 锥柄心轴 将心轴插入主轴锥孔 锥柄心轴 直角尺 工作台 与纵向进给方向平行方向的检测 与纵向进给方向垂直方向的检测 选用与主轴锥孔相同锥度的锥柄心轴，擦净接合面后，轻轻将心轴插入主轴锥孔。将直角尺尺座底面贴在工作台面上，用长边外侧测量面靠向心轴圆柱表面，观察两者之间是否密合或上下间隙均匀，以确定立铣头主轴轴线与工作台面是否垂直。注意，应在工作台进给方向的平行和垂直两个方向上进行检测
	用百分表进行校正	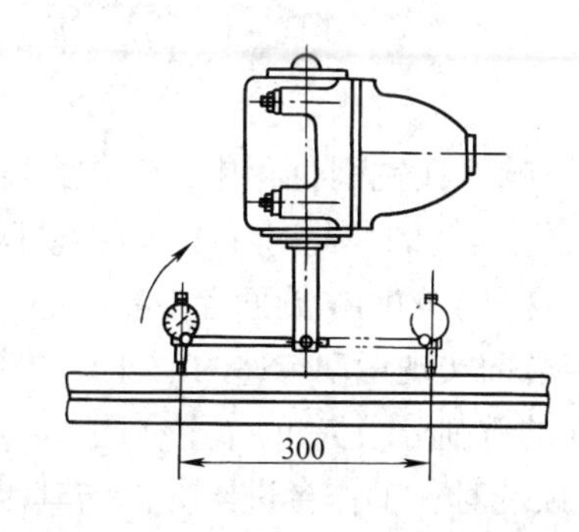 用百分表校正立铣头时，先将主轴转速调至最高，以使主轴转动灵活，断开主轴电源 将角形表杆固定在立铣头主轴上。安装百分表，使百分表测量杆与工作台面垂直。升起工作台，使测头与工作台面接触，并将测量杆压缩0.5 mm左右。将百分表的指针调至“0”位。然后将立铣头扳转180°，观察百分表的读数。若百分表的读数差值在300 mm范围内大于0.02 mm，就需要对立铣头进行校正。校正时，先松开立铣头紧固螺母，用木锤敲击立铣头端部。校正完毕，将螺母紧固，并复检一次

续表

内容	简图及说明	
卧式铣床主轴轴线与工作台纵向进给方向垂直度的校正	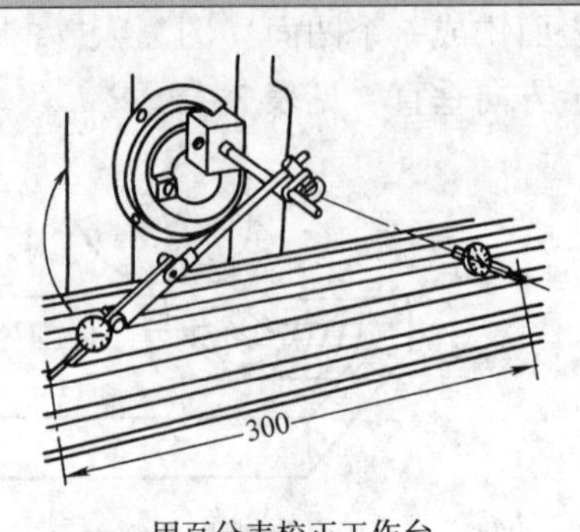用百分表校正工作台	将主轴转速调至最高，以便于灵活转动主轴，断开主轴电源。将磁性表座吸在铣床主轴端面上，安装杠杆式百分表。调整铣床工作台位置，使百分表活动测量杆的测头刚好接触到工作台中央T形槽的侧面上，将百分表指针置于“0”位 用手慢慢转动主轴，若百分表在工作台中央T形槽同一侧面上指针的变化量在300 mm范围内超过0.02 mm，就需要校正工作台。校正时，先松开工作台回转盘锁紧螺母，用木锤敲击工作台端部。校正完毕，紧固锁紧螺母，并进行一次复检

3. 周铣与端铣的优点

周铣与端铣的优点见表2－3。

表2－3　　周铣与端铣的优点

周铣	端铣
能一次切除较大的铣削层深度（铣削宽度 a_e），即铣刀在圆周上的进刀量很大 在相同的铣削层深度、铣削层宽度和每齿进给量的条件下，用周铣加工的工件表面比用端铣加工的表面粗糙度值要小	铣刀的刀杆短，刚度好，所以振动小，铣削平稳，效率高 铣刀直径可以做得很大，能铣出较宽的工件表面 铣刀刀片装夹方便、刚度好，可进行高速铣削和强力铣削，并可有效提高加工的表面质量 参与切削的刀齿数较多，切屑厚度变化较小，因此铣削力变化较小

二、顺铣与逆铣

铣削有顺铣和逆铣两种方式（图2－6）。

顺铣是铣削时，在铣刀与工件已加工表面的切点处，铣刀旋转切削刃的运动方向与工件进给方向相同的铣削。

逆铣是铣削时，在铣刀与工件已加工表面的切点处，铣刀旋转切削刃的运动方向与工件进给方向相反的铣削。

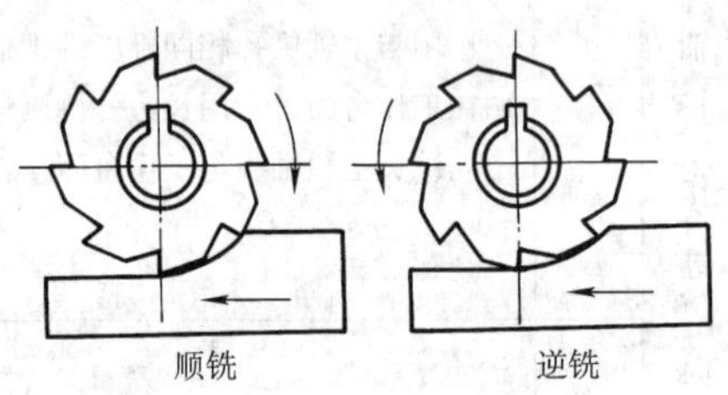

图2－6　周铣时的顺铣和逆铣

1. 周铣时的顺铣和逆铣

（1）周铣时的顺铣和逆铣对工作台运动的影响　在铣削过程中，工作台的进给运动是由工作台丝杆的旋转运动驱动丝杆螺母做直线运动而实现的。此时在工作台丝杆螺母副的一侧，两螺旋面紧密贴合在一起；在其另一侧，丝杆与螺母上的两螺旋面存在着间隙。也就是说，工作台的进给运动是工作台丝杆与丝杆螺母在其接合面实现运动传递的，进给的作用力来自工作台丝杆。同时丝杆螺母也受到了铣刀在水平方向的铣削分力 F_f 的作用（图2－7）。

工作台丝杆与丝杆螺母总是存有间隙的。顺铣时，工作台进给方向与其水平方向的铣削分力 F_f 方向相同，F_f 作用在丝杆和螺母的间隙处。当 F_f 大于工作台滑动的摩擦力时，F_f 将工作台推动一段距离，使工作台发生间歇性窜动，便会啃伤工件，损坏刀具，甚至破坏机床。

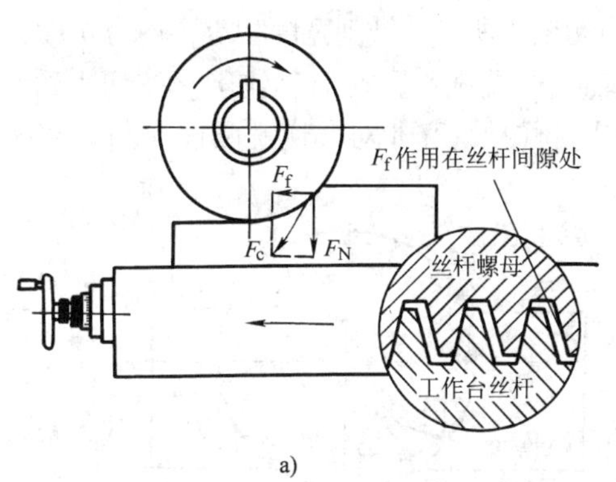

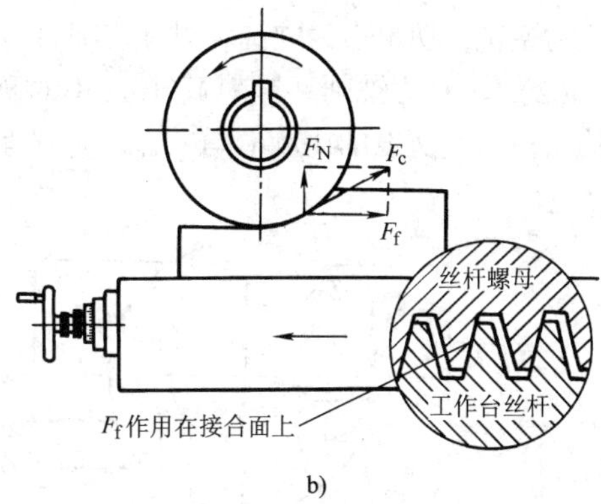

图 2－7　周铣时的切削力对工作台的影响

a）顺铣　b）逆铣

逆铣时，工作台进给方向与其水平方向上的铣削分力 F_f 方向相反，两种作用力同时作用在丝杆与螺母的接合面上，工作台在进给运动中不会发生窜动现象，即水平方向上的铣削分力 F_f 不会拉动工作台。因此，一般情况下最好采用逆铣。

（2）周铣时顺铣和逆铣的特点见表 2－4。

表 2－4　周铣时顺铣和逆铣的特点

类型	优点	缺点
顺铣	铣刀对工件的作用力 F_c 在垂直方向的分力 F_N 始终向下，对工件起压紧的作用，因此铣削平稳，对不易夹紧的工件及细长的薄板形工件的铣削尤为合适 铣刀切削刃切入工件时的切屑厚度最大，并逐渐减小为零。切削刃切入容易，故工件的被加工表面质量较高 顺铣在进给运动方面消耗的功率较小	铣刀对工件的作用力 F_c 在水平方向上的分力 F_f 作用在工作台丝杆与螺母的间隙处，会拉动工作台，使工作台发生间歇性窜动，导致铣刀刀齿折断，铣刀杆弯曲，工件与夹具产生位移，甚至导致严重的事故 铣刀切削刃从工件外表面切入工件，当工件表面有硬皮或杂质时，容易磨损或损坏铣刀
逆铣	在铣刀中心进入工件端面后，铣刀切削刃沿已加工表面切入工件，工件表面有硬皮或杂质时，对铣刀切削刃损坏的影响小 铣刀对工件的作用力 F_c 在水平方向上的分力 F_f 作用在工作台丝杆与螺母的接合面上，不会拉动工作台	铣刀对工件的作用力 F_c 在垂直方向的分力 F_N 始终向上，将工件向上铲起，因此工件需要使用较大的夹紧力 铣刀切削刃切入工件时的切屑厚度为零，并逐渐增到最大，使铣刀与工件的摩擦、挤压严重，加速刀具磨损，降低工件表面质量 在进给运动方面消耗的功率较大

2. 端铣时的顺铣和逆铣

端铣时，根据铣刀与工件之间相对位置的不同，分为对称铣削和非对称铣削两种。

（1）对称铣削　铣削宽度 a_e 对称于铣刀轴线的端铣称为对称铣削（图 2－8）。

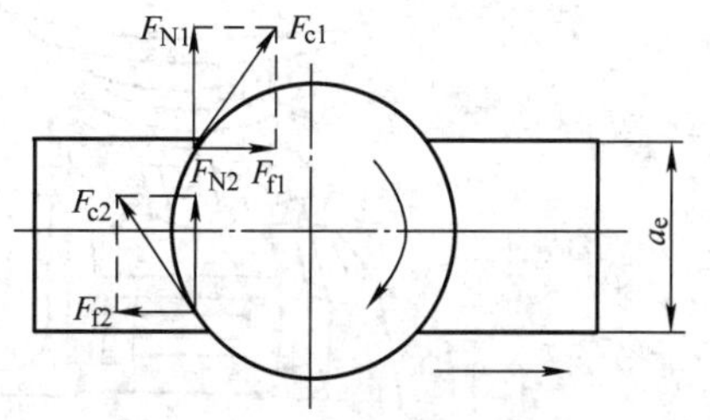

图 2－8　端铣时的对称铣削

在铣削宽度上以铣刀轴线为界，铣刀先切入工件的一边称为切入边；铣刀切出工件的一边称为切出边。切入边为逆铣，切出边为顺铣。对称铣削时，切入边与切出边所占的铣削宽度相等，均为 $a_e/2$。

（2）非对称铣削　铣削宽度 a_e 不对称于铣刀轴线的端铣称为非对称铣削。按切入边和切出边所占铣削宽度的比例不同，非对称铣削又分为非对称顺铣和非对称逆铣两种（图 2－9）。

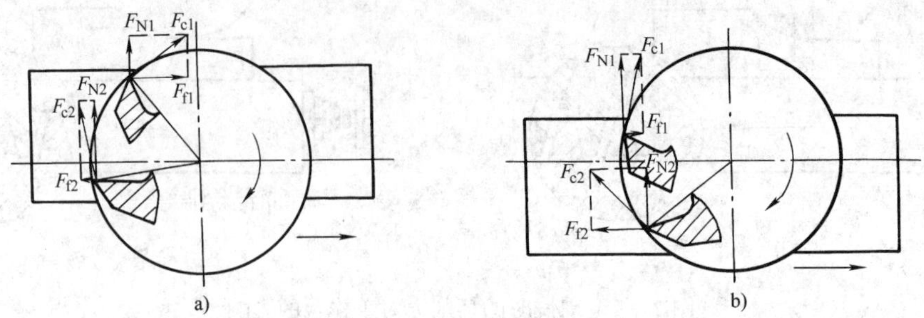

图 2－9　端铣时的非对称铣削

a）非对称顺铣　b）非对称逆铣

1）非对称顺铣。它是顺铣部分（切出边的宽度）所占的比例较大的端铣。

与周铣的顺铣一样，非对称顺铣也容易拉动工作台，因此很少采用非对称顺铣。只是在铣削塑性和韧性好、加工硬化严重的材料（如不锈钢、耐热合金等）时采用非对称顺铣，以减少切屑黏附和延长刀具寿命。此时，必须调整好铣床工作台的丝杆螺母副的传动间隙。

2）非对称逆铣。它是逆铣部分（切入边的宽度）所占的比例较大的端铣。

采用非对称逆铣，铣刀对工件的作用力在进给方向上的两个分力的合力 F_f 作用在工作台丝杆及其螺母的接合面上，不会拉动工作台。此时铣刀切削刃切出工件时，切屑由薄到厚，因而冲击小，振动较小，切削平稳，因此非对称逆铣得到普遍应用。

三、硬质合金可转位铣刀

随着机械工业的迅猛发展，为提高生产效率和加工质量，降低生产过程中刀具消耗的成本，以及适应数控机床、自动化生产线加工的需要，对刀具提出了更新、更高的要求。不仅要求刀具有更高的耐用度，保证加工的高效率，还要求能迅速地换刀和对刀（将铣刀准确调整到铣削位置的过程称为对刀），同时能始终保持加工工件的尺寸精度和切削刃的位置精度。显然，传统的焊接式硬质合金刀具难以满足这些要求。因此，硬质合金可转位铣刀的开发使用，成为今后刀具结构改革的发展方向。

硬质合金可转位铣刀（图 2－10）是将压制成具有合理的几何参数和形状的成形硬质合金刀片，用机械夹紧的方法安装在标准的刀体上。使用时，不需刃磨刀具，刀片上一个切削刃用钝后，只需要松开夹紧机构，把刀片转过一个位置，或换上新刀片再夹紧，即可用新切削刃重新进行铣削。目前，这类刀具已系列化和标准化。

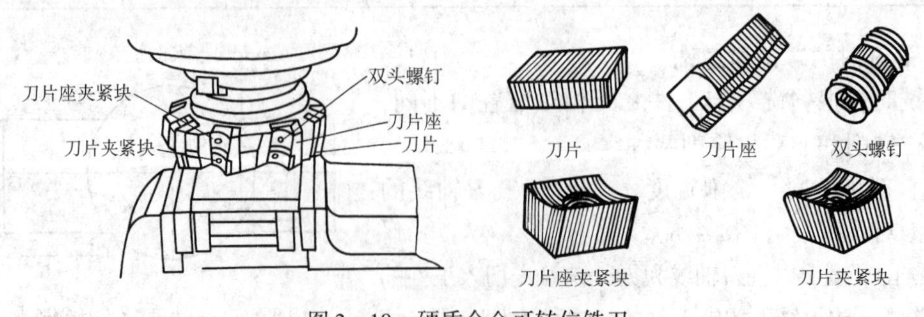

图 2－10　硬质合金可转位铣刀

四、技能训练——铣削平面（图 2－11）

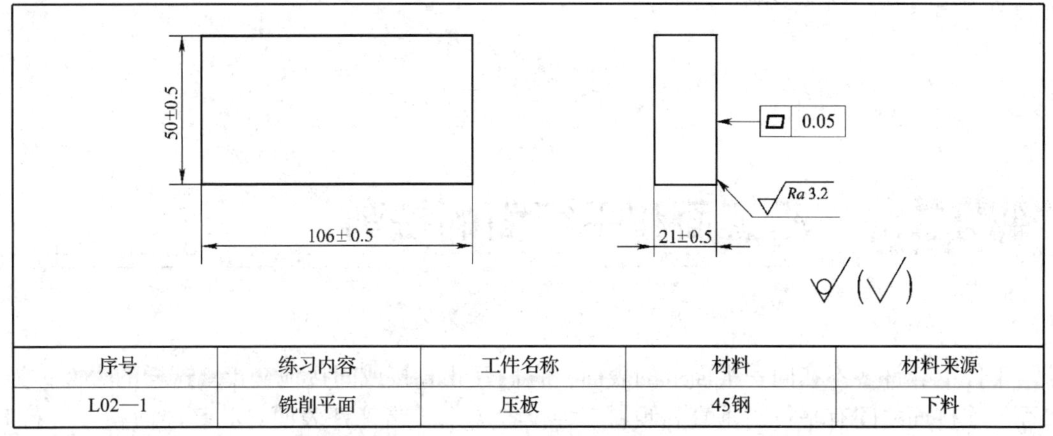

序号	练习内容	工件名称	材料	材料来源
L02—1	铣削平面	压板	45钢	下料

图 2－11　铣削平面

1. 加工步骤

（1）安装并校正机用虎钳。

（2）选择并安装铣刀（圆柱形铣刀尺寸为 80 mm×63 mm×32 mm）。

（3）调整切削用量。

（4）选用高度合适的平行垫铁，将工件装夹在机用虎钳上，最好在两侧加垫铜皮。

（5）对刀，具体步骤如图 2－12 所示。

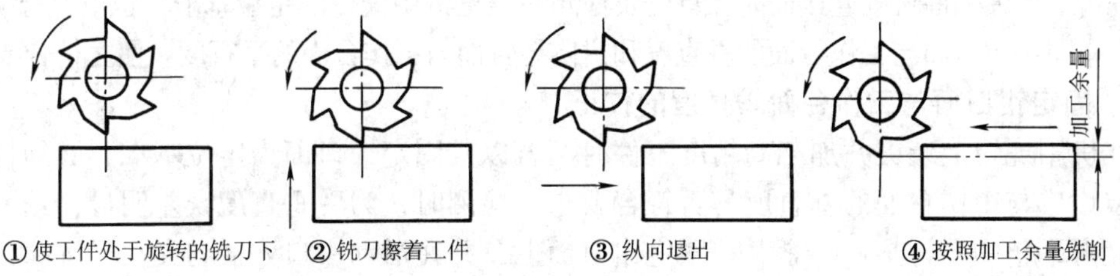

图 2－12　周铣时的对刀过程

（6）对刀后，采用逆铣的方式对工件进行机动进给，铣削平面。

（7）加工完毕先停车，再退出工件。

（8）检查工件合格后，卸下工件，锉修毛刺。

建议采用端铣方法再铣一个工件。

2. 注意事项

（1）装夹工件时，应尽量使水平方向的铣削分力 F_f 指向机用虎钳的固定钳口。

（2）用机用虎钳装夹工件完毕，应取下机用虎钳扳手，方能进行铣削。

（3）铣削时不使用的进给机构应紧固，工作完毕再松开。

（4）铣削中不准用手触摸工件和铣刀，不准测量工件，不准变换主轴转速。

（5）铣削中不准任意停止铣刀旋转和自动进给，以免损坏刀具或啃伤工件。当必须停止时，则应先降落工作台，使铣刀与工件脱离接触。

（6）调整工作台控制工件尺寸时，若手柄摇过了头，应注意消除丝杆与螺母之间的间隙造成的空行程，以免影响工件的加工尺寸。

课题二　垂直面和平行面的铣削

工件上有许多不在同一平面上的表面，它们互相直接或间接地交接，这样的表面称为连接面。连接面之间有平行、垂直和倾斜三种位置关系。当工件表面与其基准面相互平行时，称为平行面；当工件表面与其基准面相互垂直时，称为垂直面；当工件表面与其基准面相互倾斜时，称为斜面。因此，连接面的铣削分为平行面、垂直面和斜面的铣削。下面主要介绍垂直面（图 2－13）和平行面的铣削方法。

垂直面和平行面的铣削除了像平面铣削那样需要保证其平面度和表面粗糙度的要求外，还需要保证相对其基准面的位置精度（垂直度、平行度和倾斜度等），以及与基准面间的尺寸精度要求。

一、机用虎钳的校正

保证连接面加工精度的关键，是对工件正确定位和装夹。为保证工件正确定位和装夹，在机用虎钳上装夹工件铣削连接面时，首先要检测并校正机用虎钳的定位基准，也就是检测和校正机用虎钳固定钳口面与工作台面的垂直度和钳体导轨面与工作台面的平行度，使之符合要求。

1. 固定钳口面与工作台面垂直度的校正

在机用虎钳上装夹并加工高精度工件时，若以其固定钳口面为定位基准，必须检测并校正固定钳口与工作台面的垂直度是否符合要求。检测时，为使垂直度误差明显，选一块表面磨得光滑平整的平行垫铁，紧贴在固定钳口面上，并在活动钳口处横向夹一根圆棒，将平行垫铁夹牢。在百分表上下 200 mm 的垂直移动中，若其读数的变动量在 0. 03 mm 以内为合适（图 2－14）。否则，就要修整固定钳口面或在平面磨床上修磨固定钳口平面。

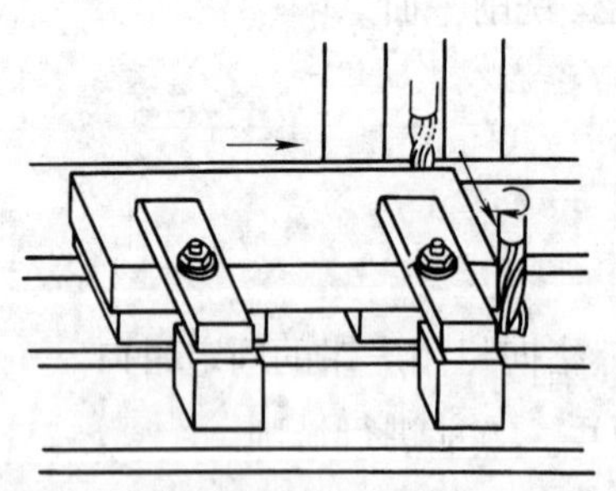

图 2－13　用立铣刀铣削相互垂直的平面

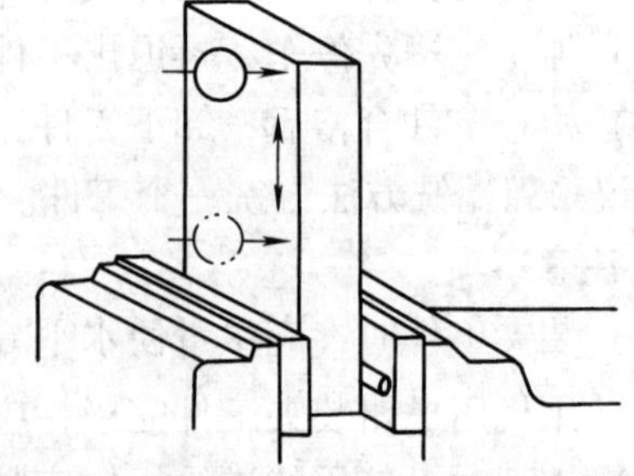

图 2－14　机用虎钳固定钳口面与工作台面的垂直度

2. 钳体导轨面与工作台面平行度的校正

在机用虎钳上装夹工件铣削平面，若以其钳体导轨面为定位基准，就先要检测钳体导轨面与工作台面的平行度是否符合要求。检测时，将一块表面光滑平整的平行垫铁擦净后放在钳体导轨面上，观察百分表检测平行垫铁平面时的读数是否符合要求。如有必要，可在平面磨床上修磨钳体导轨面。

二、在机用虎钳上装夹工件铣削垂直面和平行面

1. 工件的装夹

中、小型工件可以在机用虎钳上装夹进行铣削（表2－5）。

表2－5　工件在机用虎钳上的定位与装夹

类型	简图及说明	
以固定钳口面定位	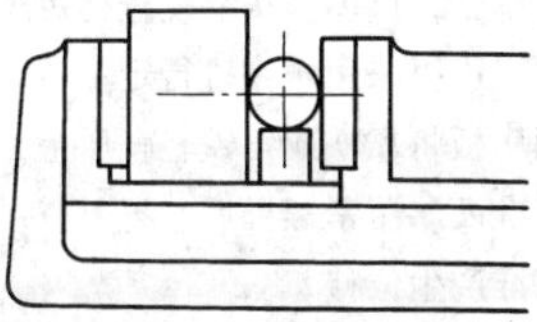 加垫圆棒使工件与固定钳口密合	影响固定钳口面定位精度的主要因素如下： (1)固定钳口面磨损严重 (2)安装机用虎钳或工件时，接合面上有杂物 (3)夹紧力过大，使固定钳口面向外倾斜 (4)工件基准面的平面度误差过大，工件上有毛刺
以钳体导轨面定位	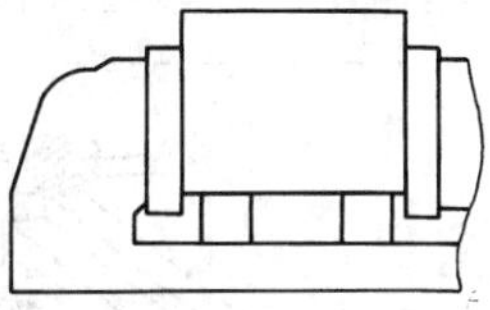 使工件基准面与钳体导轨平行	影响钳体导轨面定位精度的主要因素如下： (1)平行垫铁厚度不等或已变形 (2)平行垫铁上、下表面有污物 (3)工件上与固定钳口贴合的表面与其基准面不垂直 (4)夹紧工件时，使活动钳口受力上翘，将工件斜向上抬起。工件夹紧后，要用铜质或木质锤轻轻敲击工件顶面，以消除间隙

2. 工件的铣削

用机用虎钳装夹工件铣削垂直面和平行面，既可以在卧式铣床上铣削，又可以在立式铣床上铣削（表2－6）。

表2－6　用机用虎钳装夹工件铣削连接面

类型	简图及说明	
垂直面的铣削	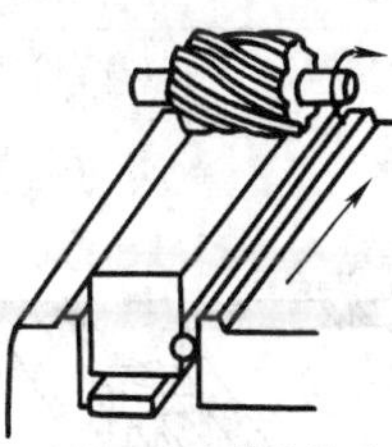 固定钳口与主轴轴线垂直 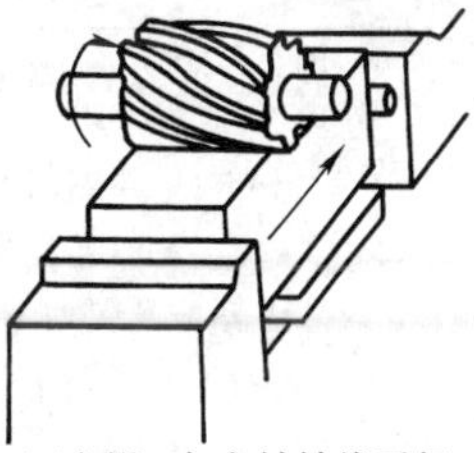　固定钳口与主轴轴线平行 在卧式铣床上采用周铣铣削垂直面	使用机用虎钳装夹工件铣削垂直面时，将工件基准面靠向固定钳口面装夹，使其基准面与进给方向平行或垂直。在卧式铣床上可采用周铣对较长的平面进行铣削，采用端铣对其端面进行铣削。在立式铣床上可采用端铣来铣削其上平面，用立铣刀铣削其端面
平行面的铣削	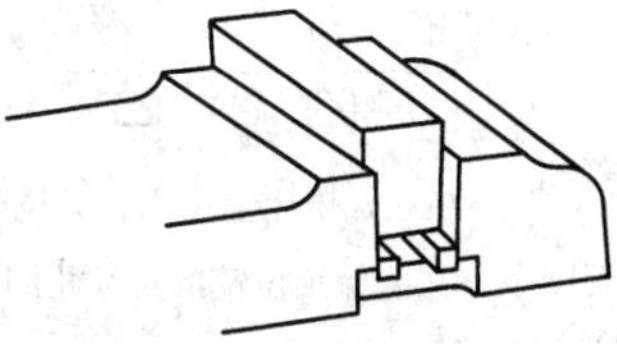 用平行垫铁装夹工件铣削平行面	用机用虎钳装夹工件铣削平行面时，主要是使其基准面与工作台面平行。与铣削垂直面一样，无论是在卧式铣床还是在立式铣床上，既可以采用周铣也可以采用端铣进行铣削。同时更需要注意的是工件尺寸的控制

三、在工作台上装夹工件铣削垂直面和平行面

对于大、中型或无法在机用虎钳上装夹的工件，可以在工作台上直接装夹进行铣削，即采用压板或角铁装夹工件（表2－7）。除用靠铁外，还可用工作台中央T形槽加装定位键或直角尺的外侧面为基准等方法，将工件靠正加工。

表2－7　　用压板或角铁装夹工件

内容	简图及说明
定位基准面的校正	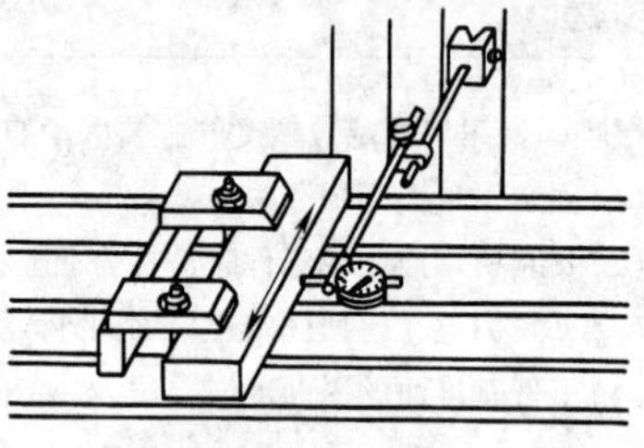 用百分表校正定位靠铁 当工件不以工作台面作为定位基准时，若工件的基准面窄长，可以采用靠铁进行定位；若工件的基准面宽大，可以采用角铁进行定位 用压板将靠铁或角铁轻轻压上，再用百分表校正定位基准面。压紧螺母后，再复查一遍，以防压紧螺母时基准产生位移 选用的靠铁或角铁必须具有足够的硬度和刚度及较高的制造精度
垂直面的铣削	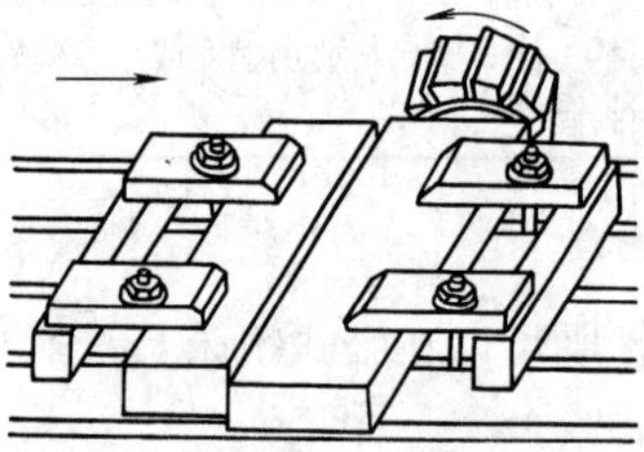 用靠铁定位装夹工件铣削垂直面 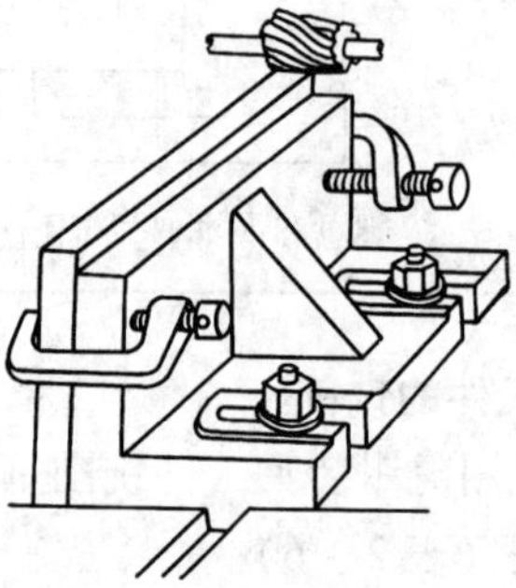　　在角铁上装夹工件铣削垂直面 装卸工件时，不准敲打工件或定位元件，并注意观察铣削过程中是否可能破坏定位
平行面的铣削	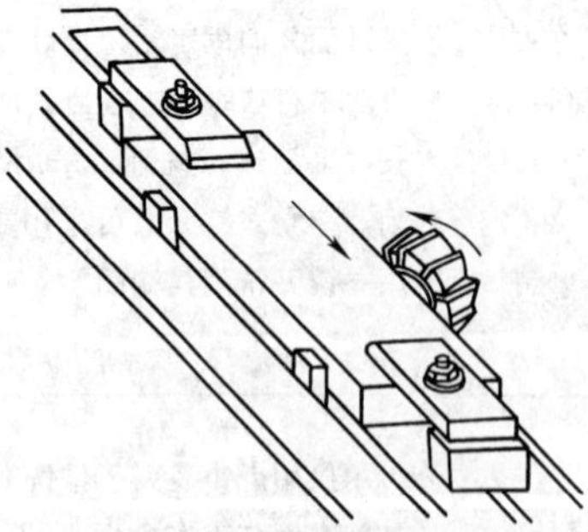 在T形槽内加装定位键定位铣削平行面 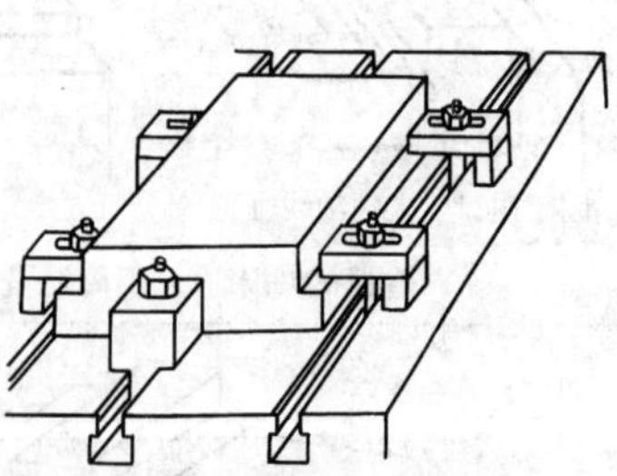　　在立式铣床上用面铣刀铣削平行面 安装工件时，必须将工作台面和工件上的各个表面擦净，并确保定位键的尺寸相同

四、连接面的检测

工件加工完毕，需要对工件进行检测，以确定加工精度是否符合要求。带有连接面工件的检测工作主要是检测其平面度、垂直度、平行度以及尺寸误差等是否符合要求（表2－8）。

表2－8　　　　工件连接面的检测

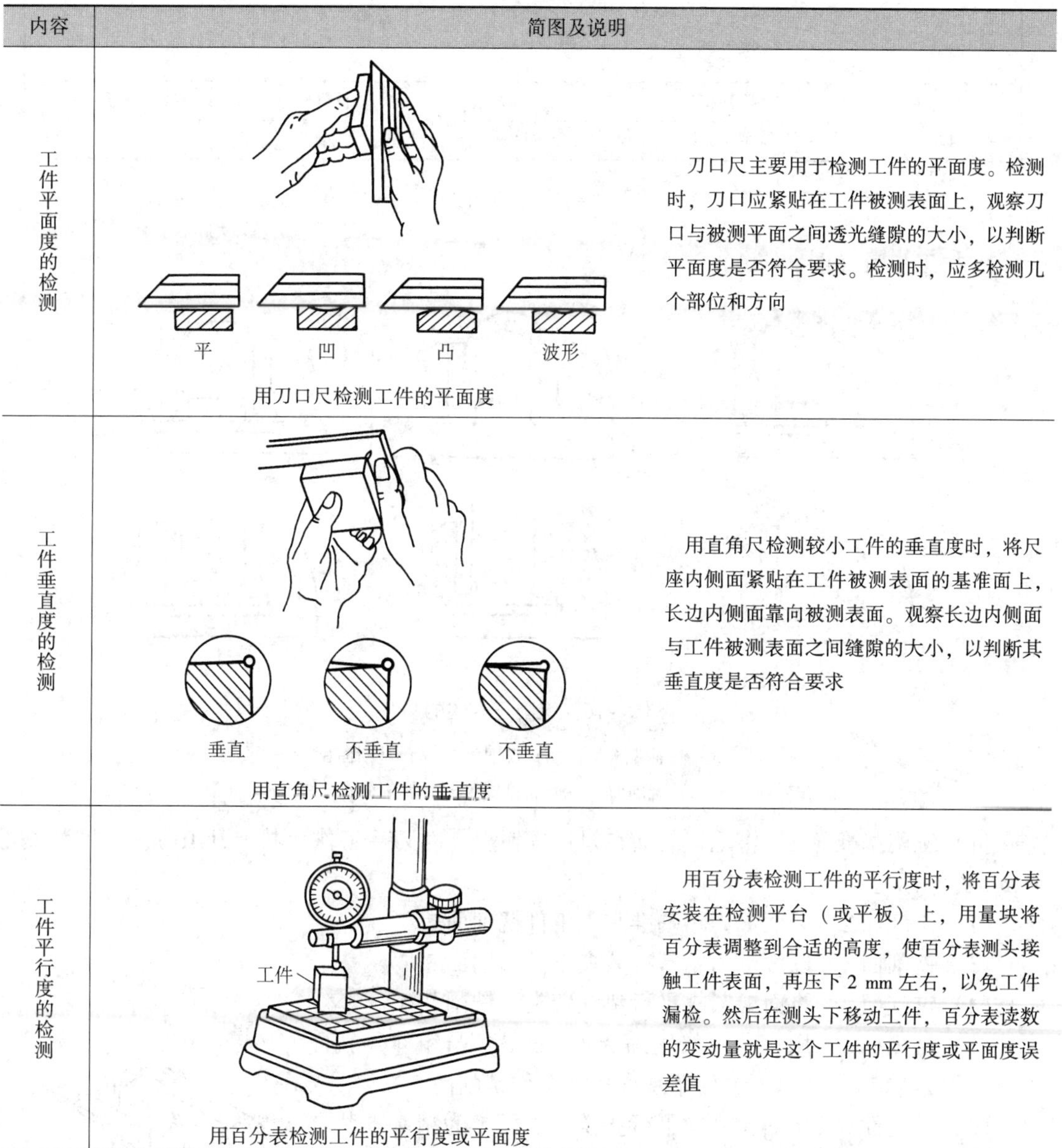

内容	简图及说明
工件平面度的检测	平　凹　凸　波形 用刀口尺检测工件的平面度 刀口尺主要用于检测工件的平面度。检测时，刀口应紧贴在工件被测表面上，观察刀口与被测平面之间透光缝隙的大小，以判断平面度是否符合要求。检测时，应多检测几个部位和方向
工件垂直度的检测	垂直　不垂直　不垂直 用直角尺检测工件的垂直度 用直角尺检测较小工件的垂直度时，将尺座内侧面紧贴在工件被测表面的基准面上，长边内侧面靠向被测表面。观察长边内侧面与工件被测表面之间缝隙的大小，以判断其垂直度是否符合要求
工件平行度的检测	工件 用百分表检测工件的平行度或平面度 用百分表检测工件的平行度时，将百分表安装在检测平台（或平板）上，用量块将百分表调整到合适的高度，使百分表测头接触工件表面，再压下2 mm左右，以免工件漏检。然后在测头下移动工件，百分表读数的变动量就是这个工件的平行度或平面度误差值

五、技能训练——铣削连接面（举例铣削正方体，见图2－15）

1. 读图，检查毛坯，确定加工方法和基准面

（1）读图　看懂工件图样，了解图样上各加工部位的尺寸标注、精度要求等。

（2）检查毛坯　对照零件图样检查 $\phi60$ mm×45 mm的圆棒料，确定工件的加工余量。

（3）确定基准面　建议准备一支记号笔或粉笔，用来在工件基准面上做标记。

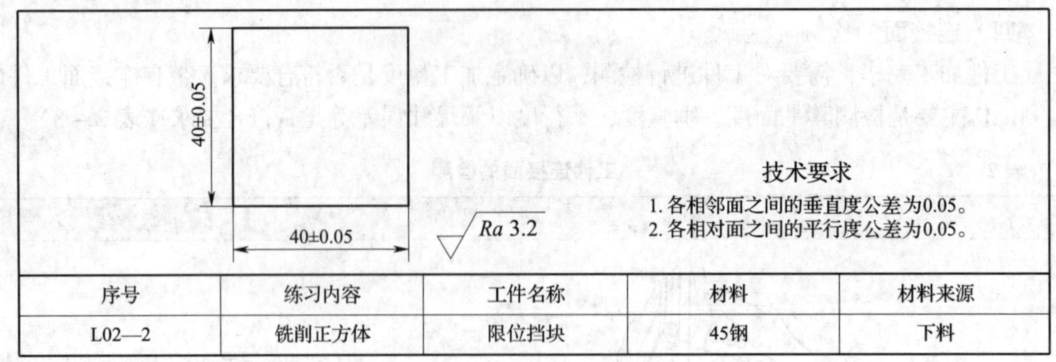

序号	练习内容	工件名称	材料	材料来源
L02—2	铣削正方体	限位挡块	45钢	下料

图 2－15　铣削正方体

2. 加工步骤（图 2－16）

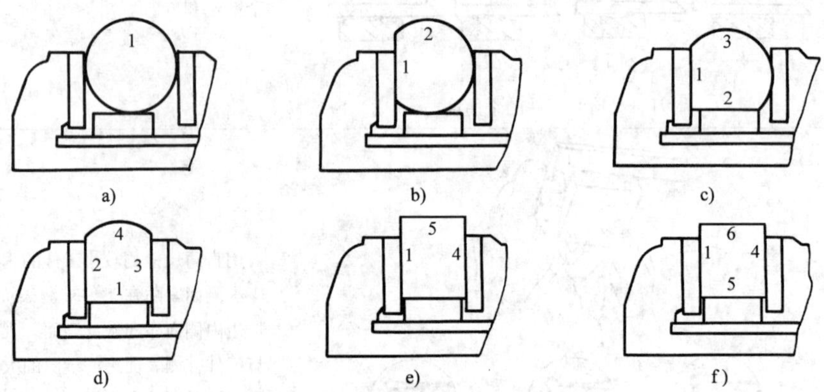

图 2－16　铣削正方体的步骤

a）铣削基准面 1　b）铣削面 2　c）铣削面 3
d）铣削面 4　e）铣削面 5　f）铣削面 6

（1）铣削基准面 1　将毛坯装夹在机用虎钳上。对刀后工作台共上升 10 mm，铣削基准面 1，做好标记。

（2）铣削面 2　以面 1 为精基准装夹工件铣削面 2。

（3）铣削面 3　以面 1 为精基准装夹工件铣削面 3。

（4）铣削面 4　将面 1 紧靠平行垫铁装夹，铣削面 4。

（5）铣削面 5　用直角尺校正面 2（或面 3）与钳体导轨面垂直（图 2－17），并以面 1 为精基准装夹工件铣削面 5。

（6）铣削面 6　将面 5 靠向平行垫铁，以面 1 为精基准装夹工件铣削面 6。

（7）检查合格后卸下工件，锉修毛刺，并使各棱边宽度均匀。

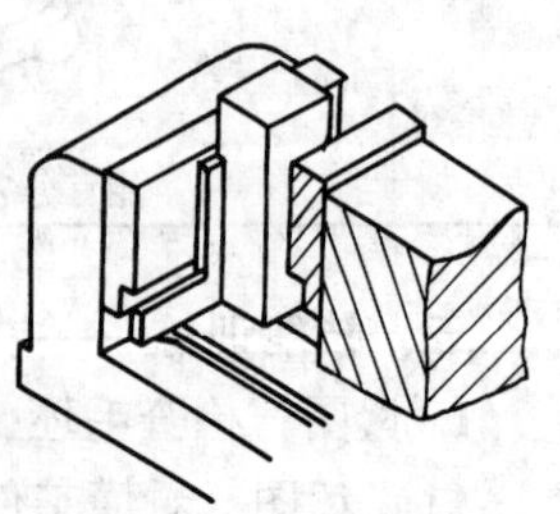

图 2－17　用直角尺校正工件

3. 注意事项

（1）铣削面 3、面 4 和面 6 时，应注意严格控制工件尺寸。

（2）每一个平面铣削完毕，都要将毛刺锉去，而且不能伤及工件的被加工表面。

课题三　斜面的铣削

铣削斜面（图2－18），必须使工件的待加工表面与其基准面以及铣刀之间满足两个条件：一是工件的斜面平行于铣削时工作台的进给方向；二是工件的斜面与铣刀的切削位置相吻合，即采用周铣时斜面与铣刀旋转表面相切，采用端铣时，斜面与铣床主轴轴线垂直。

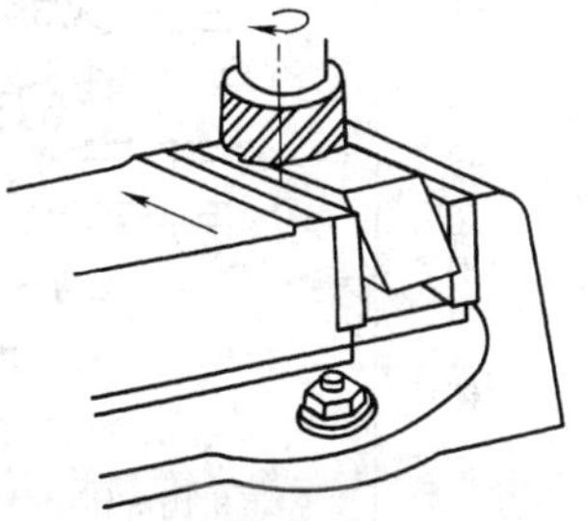

图2－18　铣削斜面

常用的铣削斜面的方法有倾斜工件铣削斜面、倾斜铣刀铣削斜面和用角度铣刀铣削斜面等。

一、倾斜工件铣削斜面

将工件倾斜所需的角度安装进行斜面的铣削，适合于在主轴不能扳转角度的铣床上铣削斜面。常用的铣削方法有按划线装夹工件铣削斜面、用倾斜垫铁或靠铁定位装夹工件铣削斜面和偏转机用虎钳钳体装夹工件铣削斜面等，见表2－9。

表2－9　倾斜工件铣削斜面的方法

方法	简图及说明
按划线装夹工件	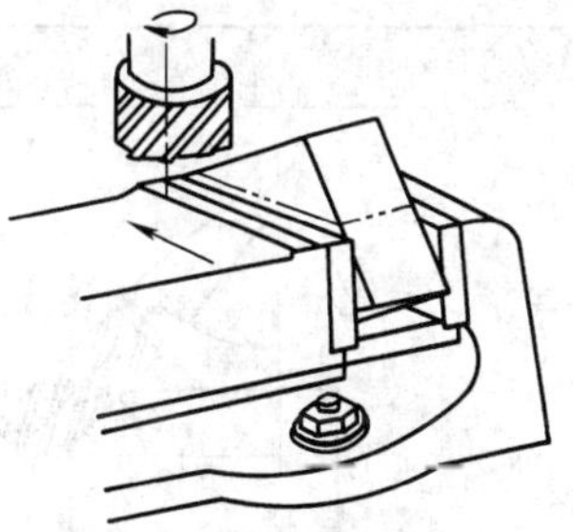 生产中经常采用按划线装夹工件铣削斜面的方法。先在工件上划出斜面的加工线，然后在机用虎钳上装夹工件，用划线盘校正工件上的加工线与工作台面平行，再将工件夹紧后即可对工件进行斜面铣削 此法操作简单，仅适合加工精度要求不高的单件小型工件的生产
用倾斜垫铁定位	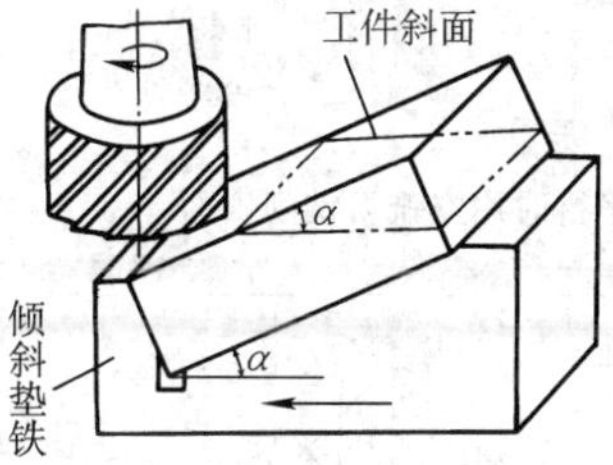 工件斜面　α　倾斜垫铁　α 所用倾斜垫铁的宽度应小于工件宽度，垫铁斜面的斜度应与工件相同。将倾斜垫铁垫在机用虎钳钳体导轨面上，用机用虎钳将工件夹紧 采用倾斜垫铁定位装夹工件可以一次完成对工件的校正和夹紧。在铣削一批工件时，铣刀的高度位置不需要因工件的更换而重新调整，故可大大提高批量工件的生产效率
用靠铁定位	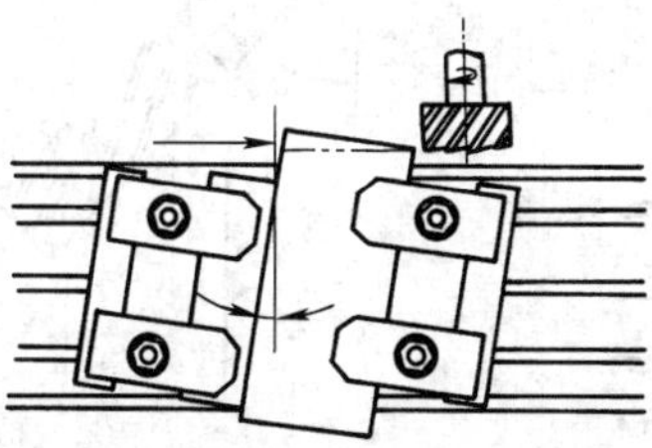 用靠铁定位装夹工件铣削斜面 对于外形尺寸较大的工件，在工作台上用压板进行装夹。应先在工作台面上安装一块倾斜的靠铁，用百分表校正其斜度，使其斜度符合规定要求。然后将工件的基准面靠向靠铁的定位表面，再用压板将工件压紧后进行铣削

续表

方法	简图及说明
偏转机用虎钳钳体	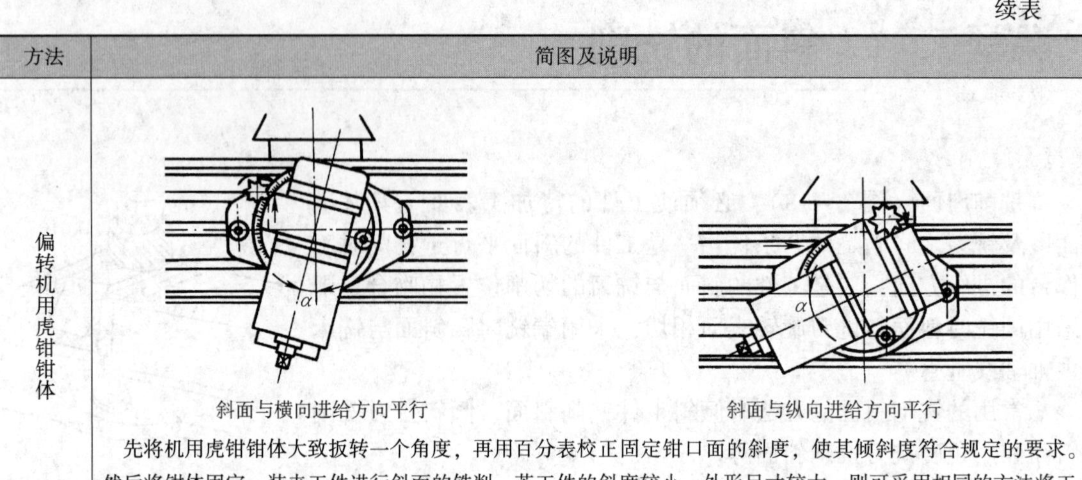 斜面与横向进给方向平行　　斜面与纵向进给方向平行 先将机用虎钳钳体大致扳转一个角度，再用百分表校正固定钳口面的斜度，使其倾斜度符合规定的要求。然后将钳体固定，装夹工件进行斜面的铣削。若工件的斜度较小，外形尺寸较大，则可采用相同的方法将工作台扳转一个角度进行斜面的铣削

二、倾斜铣刀铣削斜面

在主轴可扳转角度的立式铣床上，将安装的铣刀倾斜一个角度，就可以按要求铣削斜面。常用的方法有用立铣刀铣削斜面和用面铣刀铣削斜面（表 2 – 10）。

表 2 – 10　　倾斜铣刀铣削斜面的方法

方法	简图及说明
用立铣刀铣削斜面	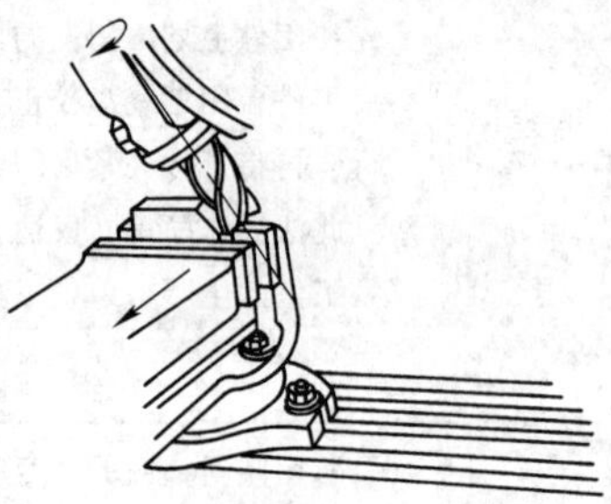 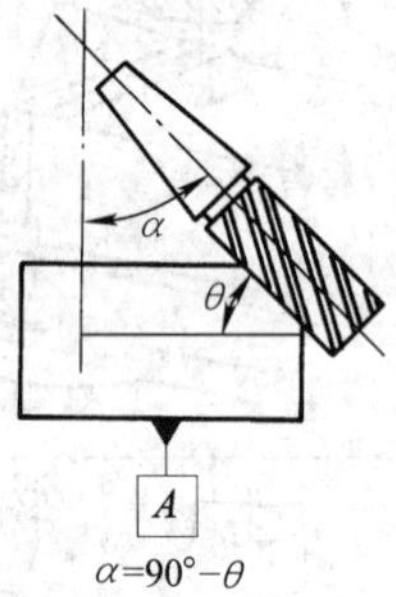 α　θ　A $\alpha=90°-\theta$ 工件基准面与工作台面平行时用立铣刀铣削斜面
	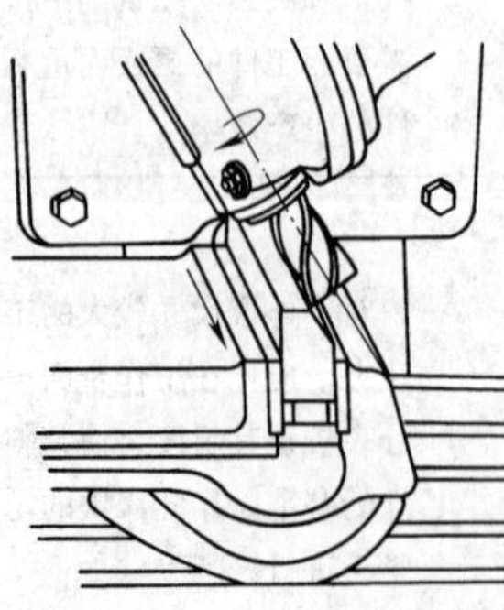 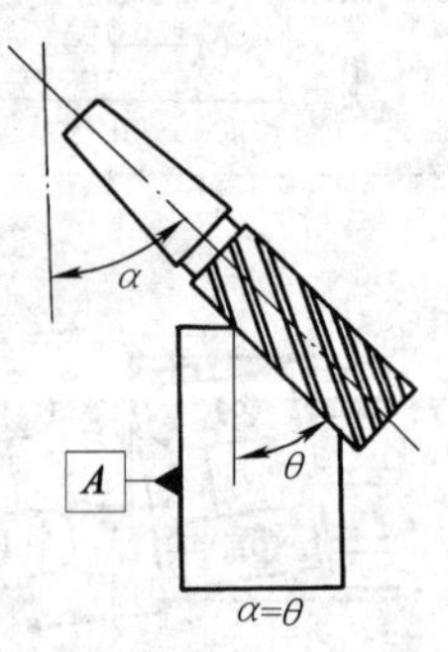 α　θ　A $\alpha=\theta$ 工件基准面与工作台面垂直时用立铣刀铣削斜面

续表

方法	简图及说明
用面铣刀铣削斜面	$\alpha=\theta$ 工件基准面与工作台面平行时用面铣刀铣削斜面
	$\alpha=90°-\theta$ 工件基准面与工作台面垂直时用面铣刀铣削斜面

三、用角度铣刀铣削斜面

角度铣刀就是切削刃与其轴线倾斜成一定角度的铣刀。角度铣刀的刀尖有 0.5 ~ 2 mm 的圆弧（具有后角），它可以提高刀尖强度。

斜面工件还可以用角度铣刀进行铣削，如图 2－19 所示。根据工件斜面的角度选择相应角度的角度铣刀，并注意角度铣刀切削刃的长度应大于工件斜面的宽度。

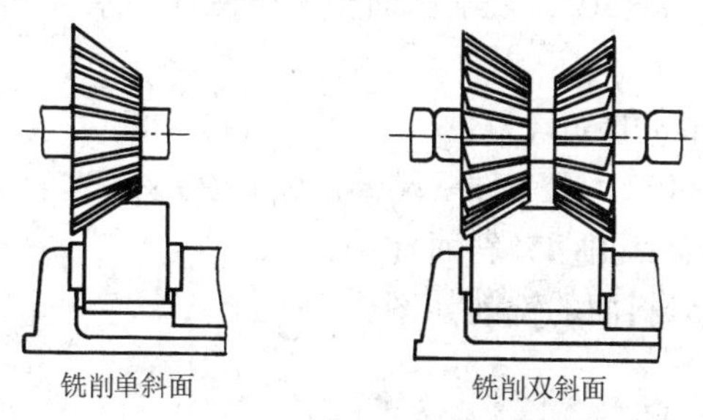

图 2－19　用角度铣刀铣削斜面

对于批量生产的窄长的斜面工件，比较适合使用角度铣刀进行铣削。铣削双斜面时，选用一对规格相同、刀齿刃口相反的角度铣刀。将两把铣刀的刀齿错开半齿，可以有效地减小铣削力和振动。由于角度铣刀的刀齿强度较低，刀齿排列较密，铣削时排屑较困难，使用角度铣刀铣削采用的铣削用量应比周铣低 20% 左右。铣削碳素钢工件时，应加注充足的切削液。

四、技能训练——铣削长方体和斜面（图 2－20）

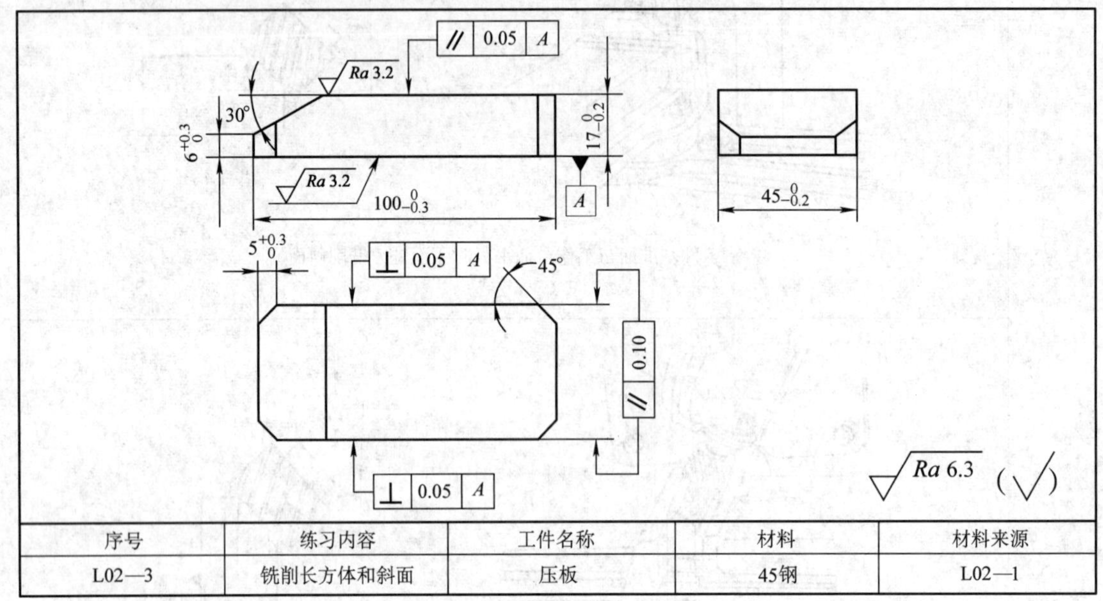

序号	练习内容	工件名称	材料	材料来源
L02—3	铣削长方体和斜面	压板	45钢	L02—1

图 2－20　铣削长方体和斜面

1. 铣削长方体

将毛坯装夹在机用虎钳上，用面铣刀将其加工成 $100_{-0.3}^{0}$ mm × $45_{-0.2}^{0}$ mm × $17_{-0.2}^{0}$ mm 的长方体（图 2－21a）。

2. 铣削 30°斜面

（1）安装并校正机用虎钳与纵向进给方向平行。

（2）装夹并校正工件（将工件 30°斜面一端伸出钳口 20 mm）。

（3）选择并安装直径为 80 mm 的面铣刀。

（4）偏转立铣头角度 $\alpha = 30°$，铣削斜面至符合图样要求（图 2－21b）。

3. 铣削 45°斜面

（1）换装直径为 20 mm 的立铣刀。

（2）将机用虎钳扳转 45°，把工件一端伸出钳口 20 mm 装夹。

（3）对刀调整铣削位置铣削 45°斜面（图 2－21c）。

（4）完成其余三个 45°斜面的铣削（图 2－21d）。

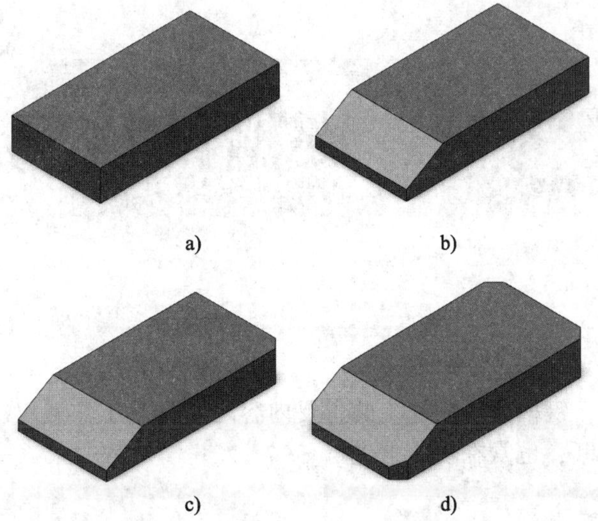

图 2－21　铣削过程

第三单元

台阶、沟槽、键槽的铣削和切断

铣削台阶、沟槽、键槽是铣削加工的主要内容之一，其工作量仅次于铣削平面。另外，小型或较薄工件的切断，也常在铣床上进行。

课题一 台阶的铣削

台阶主要由平面组成。这些平面除了具有较高的平面度精度和较小的表面粗糙度值以外，还具有较高的尺寸精度和位置精度。在卧式铣床上，台阶通常用三面刃铣刀进行铣削（图 3 – 1），在立式铣床上则可用套式立铣刀、立铣刀进行铣削。目前，在台阶的铣削中已广泛采用带有三角形或四边形硬质合金可转位刀片的直角面铣刀。

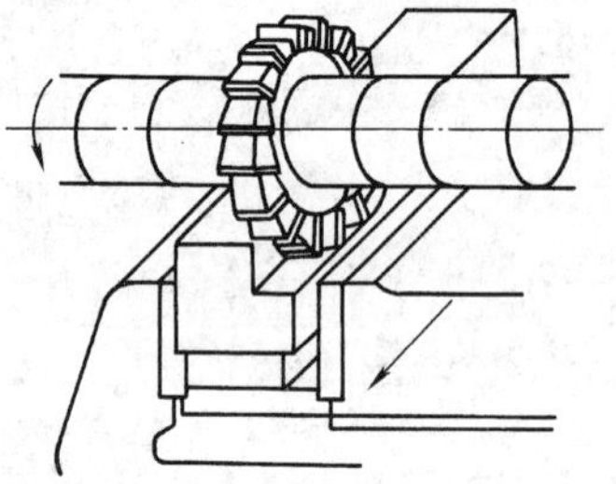

图 3 – 1　用三面刃铣刀铣台阶

一、用三面刃铣刀铣台阶

直齿三面刃铣刀的刀齿在圆柱面上与铣刀轴线平行，铣削时振动较大；错齿三面刃铣刀的刀齿在圆柱面上向两个相反的方向倾斜，具有螺旋齿铣刀铣削平稳的优点。大直径的错齿三面刃铣刀多为镶齿式结构，当某一刀齿损坏或用钝时，可随时对刀齿进行更换。

在卧式铣床上铣台阶时，三面刃铣刀的圆柱面切削刃起主要的铣削作用，两侧面切削刃起修光的作用。三面刃铣刀的直径、刀齿和容屑槽都比较大，所以刀齿的强度高，冷却和排屑效果好，生产效率高。因此，在铣削宽度不太大（受三面刃铣刀规格的限制，一般刀齿宽度 $B \leqslant 25$ mm）的台阶时基本上都采用三面刃铣刀。

1. 三面刃铣刀的选择

使用三面刃铣刀铣削台阶，主要是选择铣刀的宽度 L 及其直径 D。应尽量选用错齿三面刃铣刀。铣刀宽度应大于工件的台阶宽度 B，即 $L > B$。为保证在铣削中台阶的上平面能在直径为 d 的铣刀杆下通过（图 3 – 2），三面刃铣刀的直径 D 应根据台阶高度 t 来确定：

$$D > d + 2t$$

在满足上式条件下，应选用直径较小的三面刃铣刀。

2. 工件的装夹与校正

在装夹工件前，必须先校正机床和夹具。采用机用虎钳装夹工件时，应检查并校正其固定钳口面（夹具上的定位面）与主轴轴线垂直，同时要与工作台纵向进给方向平行。否则，就会影响台阶的加工质量。

装夹工件时，应使工件的侧面（基准面）靠向固定钳口面，工件的底面靠向钳体导轨面，并使待铣削的台阶底面略高出钳口上平面一些（图 3－3），以免钳口被铣伤。

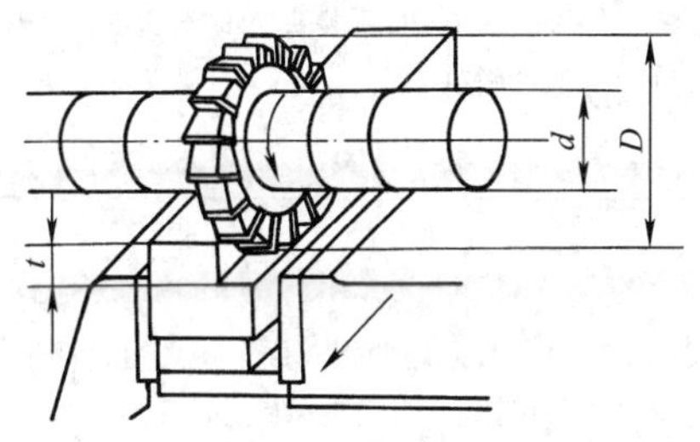

图 3－2　用三面刃铣刀铣台阶

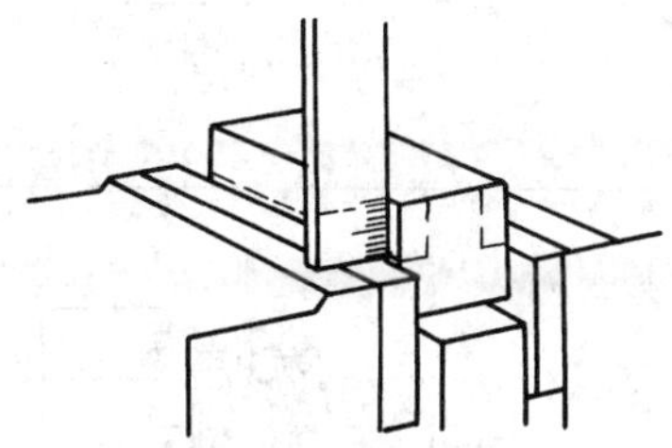
图 3－3　用钢直尺检查工件的装夹高度

3. 铣削方法

用三面刃铣刀铣台阶见表 3－1。

表 3－1　　用三面刃铣刀铣台阶

内容		简图及说明
用一把三面刃铣刀铣台阶	对刀方法	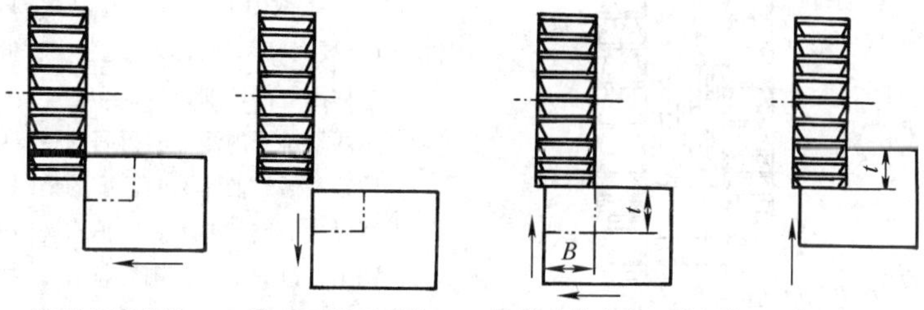 t　B ① 让旋转的铣刀侧刃擦着工件侧面　② 垂直降下工件　③ 按台阶宽度 B 横向移动工作台，并正面对刀　④ 纵向退出工件，然后上升工作台至 t 距离
	铣一个台阶	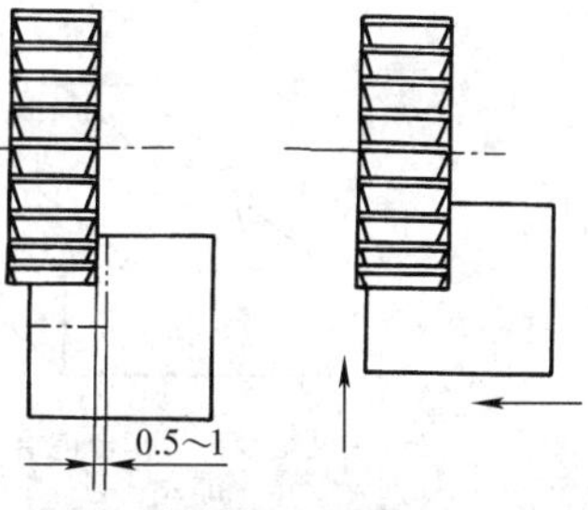 0.5～1 铣削较深的台阶 用三面刃铣刀铣台阶时只有圆柱面切削刃和一个侧面切削刃参加铣削，铣刀的一个侧面受力，就会使铣刀向不受力一侧偏让而产生“让刀”现象。尤其是较深的窄台阶，发生的“让刀”现象更为严重。因此，可采用分层法铣削。即每次将台阶的侧面留 0.5～1 mm 余量，分次进给铣削台阶。最后一次进给时，将其底面和侧面同时铣削完成

内容		简图及说明	
用一把三面刃铣刀铣台阶	铣双面台阶	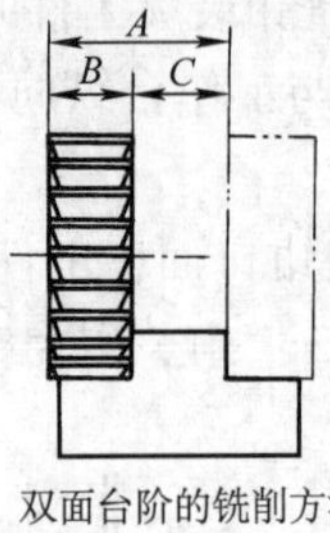 双面台阶的铣削方法	若铣削双面台阶，则先铣成一侧台阶，保证规定的尺寸要求。纵向退刀，将工作台横向移动一个距离 A，紧固横向进给机构，再铣出另一侧台阶。工作台横向移动距离 A 由台阶宽度 B 以及两台阶的距离 C 确定： $$A=B+C$$ 若铣削相互对称的双面台阶，也可在一侧的台阶铣好后，将工件调转 180° 重新装夹，再铣其另一侧面，可使台阶的对称性较好
用组合三面刃铣刀铣台阶	用组合铣刀铣台阶	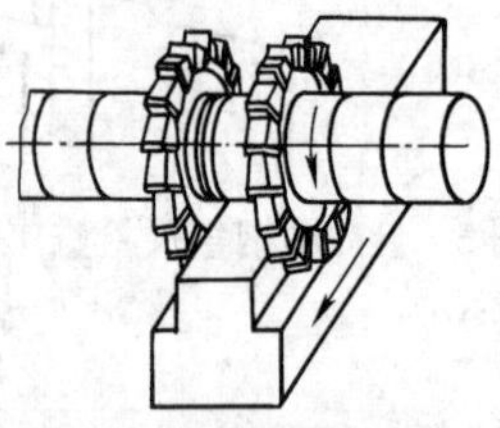 用组合铣刀铣双面台阶	成批生产时，常采用两把三面刃铣刀组合起来铣削双面台阶，不仅可以提高生产效率，而且操作简单，并能保证加工的质量要求 用组合铣刀铣台阶时，应注意仔细调整两把铣刀之间的距离，使其符合台阶凸台宽度尺寸的要求。同时，要调整好铣刀与工件的铣削位置
	铣刀的选择及调整	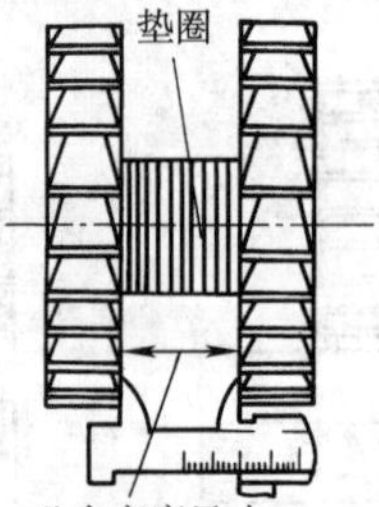 凸台宽度尺寸 用游标卡尺检查铣刀内侧切削刃的间距	选择铣刀时，两把铣刀必须规格一致，直径相同（必要时将两把铣刀一起装夹，同时在磨床上刃磨其外圆柱面上的切削刃） 两把铣刀内侧切削刃间的距离由多个铣刀杆垫圈进行调整。通过换装不同厚度的垫圈，使其符合台阶凸台宽度尺寸的铣削要求。在正式铣削前，应使用废料进行试铣削，以确定组合铣刀符合工件的加工要求。装刀时，两把铣刀应错开半个刀齿，以减轻铣削中的振动
	台阶的缺陷及注意事项	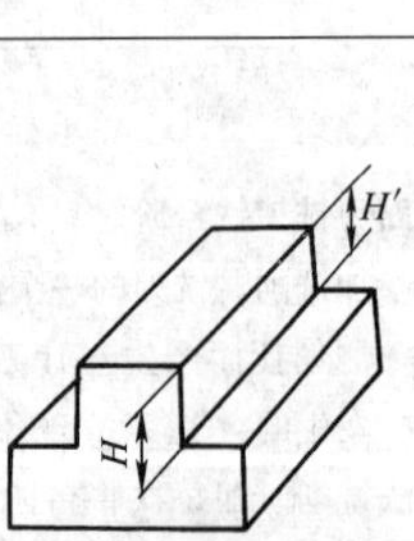 凸台平面与台阶平面不平行，会影响台阶高度尺寸 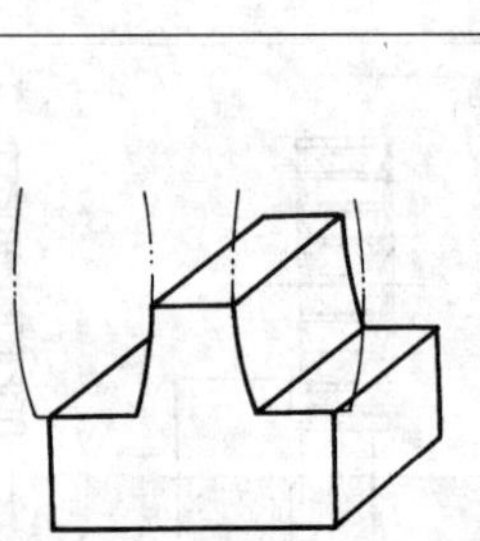	铣床主轴轴线、工作台进给方向和夹具的定位面未校正，都会影响台阶的形状精度

二、用套式立铣刀或立铣刀铣台阶（表 3－2）

表 3－2　　用套式立铣刀或立铣刀铣台阶

内容	简图及说明
工件的装夹与校正	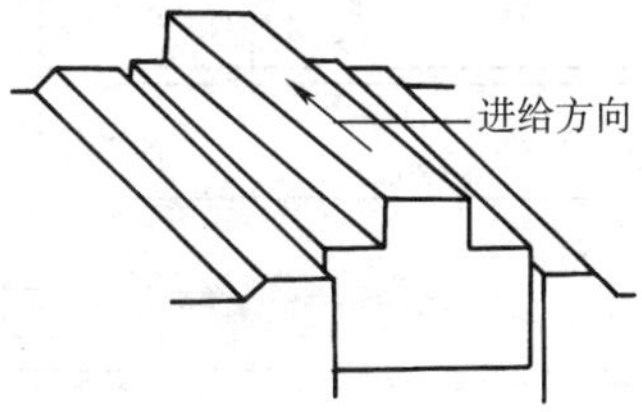 进给方向 用套式立铣刀、立铣刀或键槽铣刀铣台阶，在装夹工件时，应先校正工件的基准面与工作台进给方向平行或垂直。使用机用虎钳装夹工件时，先要校正固定钳口面与工作台进给方向平行或垂直；铣削倾斜的台阶时，则按其纵向倾斜角度校正固定钳口面与工作台进给方向倾斜
用套式立铣刀铣台阶	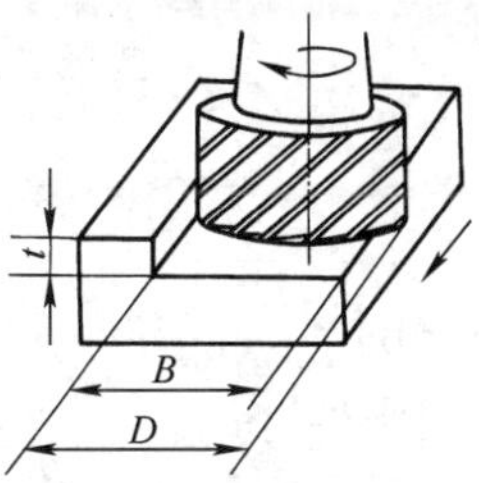 t　B　D 对于宽而浅的台阶工件，常用套式立铣刀在立式铣床上进行加工。套式立铣刀刀杆刚度强，切削平稳，加工质量好，生产效率高。套式立铣刀的直径 D 应按台阶宽度尺寸 B 选取： $D \approx 1.5B$
用立铣刀铣台阶	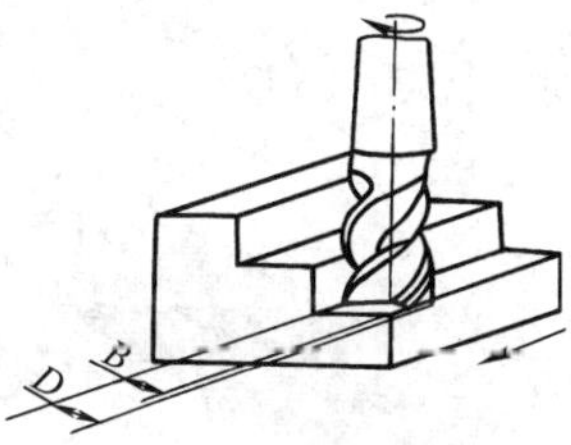 B　D 对于窄而深的台阶或内台阶工件，常用立铣刀在立式铣床上加工。由于立铣刀的刚度较差，铣削时，铣刀容易产生“让刀”现象，甚至折断。因此，一般分层次粗铣，最后将台阶的宽度和深度精铣至要求。在条件允许的情况下，应选用直径较大的立铣刀铣台阶，以提高铣削效率

三、台阶的检测

台阶的检测较为简单，其宽度和深度一般可用游标卡尺、游标深度卡尺或千分尺、深度千分尺进行检测。台阶深度较浅，不便使用千分尺检测时，可用极限量规检测，如图 3－4 所示。

使用极限量规检测工件时，以其能进入通端而止于止端（即通端通，止端止）为原则确定工件是否合格。

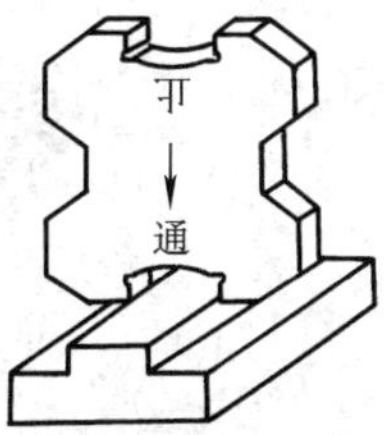

止

通

图 3－4　用极限量规检测台阶的宽度

四、技能训练——铣削台阶（图 3－5）

1. 加工步骤

（1）铣削长方体　将工件毛坯加工成 262 mm × $38_{-0.2}^{\ 0}$ mm × (32 ± 0.1) mm 的长方体（图 3－6a）。

（2）铣削台阶

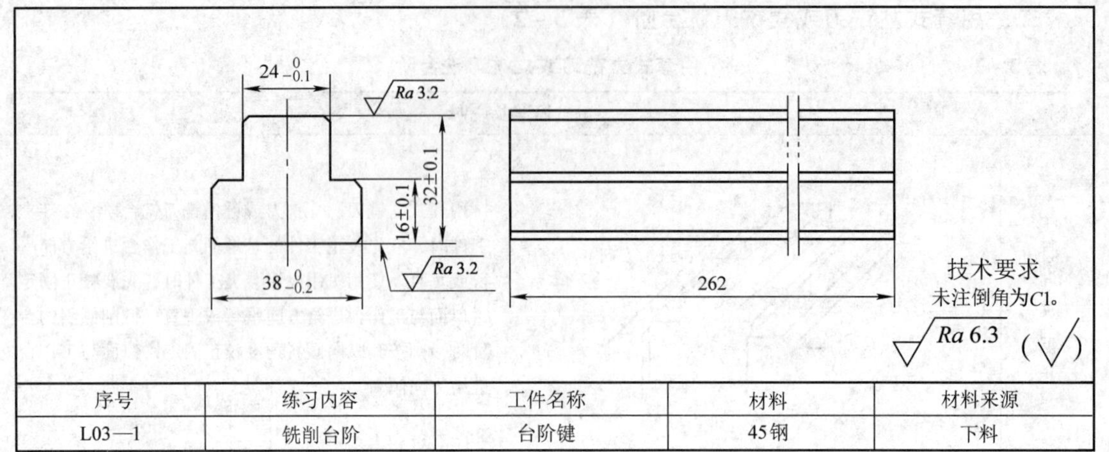

序号	练习内容	工件名称	材料	材料来源
L03—1	铣削台阶	台阶键	45钢	下料

图 3－5　铣削台阶

1）安装并校正机用虎钳与纵向进给方向平行。

2）装夹并校正工件。

3）选择并安装铣刀。

4）对刀，移距，纵向进给铣削一侧台阶（图 3－6b）。

5）移距，铣削另一侧台阶，使其符合图样要求（图 3－6c）。

（3）铣削 45°倒角

1）换装倒角用铣刀。

2）铣削台阶位置的四处 45°倒角。

3）将工件翻转装夹，完成剩余两处倒角的铣削（图 3－6d）。

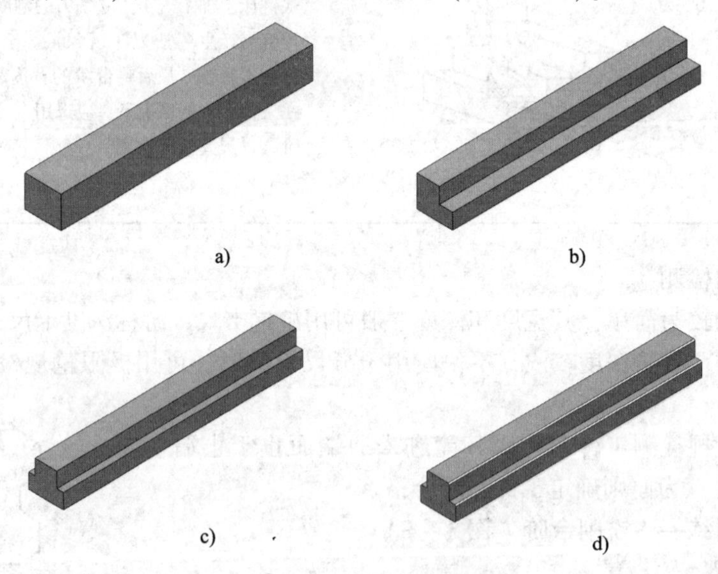

图 3－6　铣削过程

2. 注意事项

（1）铣刀安装后的轴向圆跳动量不宜过大。

（2）铣削之前，必须严格检测并校正铣床主轴轴线、夹具的定位面和工作台的进给方向垂直或平行。

（3）为避免工作台产生窜动现象，铣削时应紧固不使用的进给机构。

课题二　直角沟槽的铣削

直角沟槽有通槽、半通槽（又称半封闭槽）和封闭槽三种形式，如图 3－7 所示。直角通槽主要用三面刃铣刀铣削，也可以用立铣刀、合成铣刀来铣削。半通槽和封闭槽通常采用立铣刀或键槽铣刀进行铣削。目前，采用可转位刀片的三面刃铣刀进行高质量、高效率的沟槽铣削也较普遍。

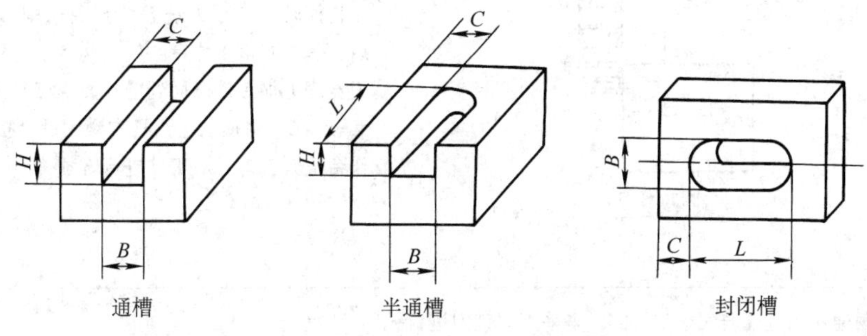

图 3－7　直角沟槽的种类

一、用三面刃铣刀铣削直角通槽（表 3－3）

表 3－3　　**用三面刃铣刀铣削直角通槽**

内容	简图及说明
铣刀的选择	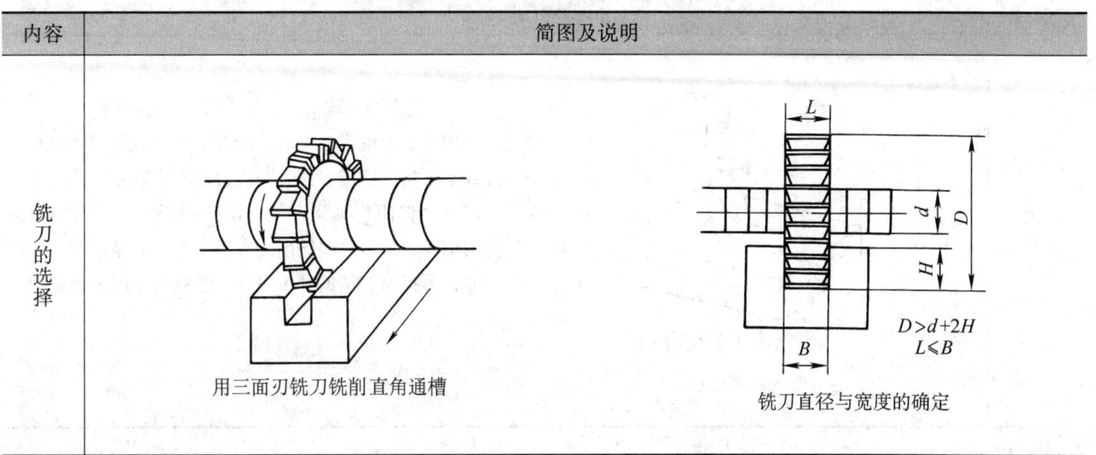

续表

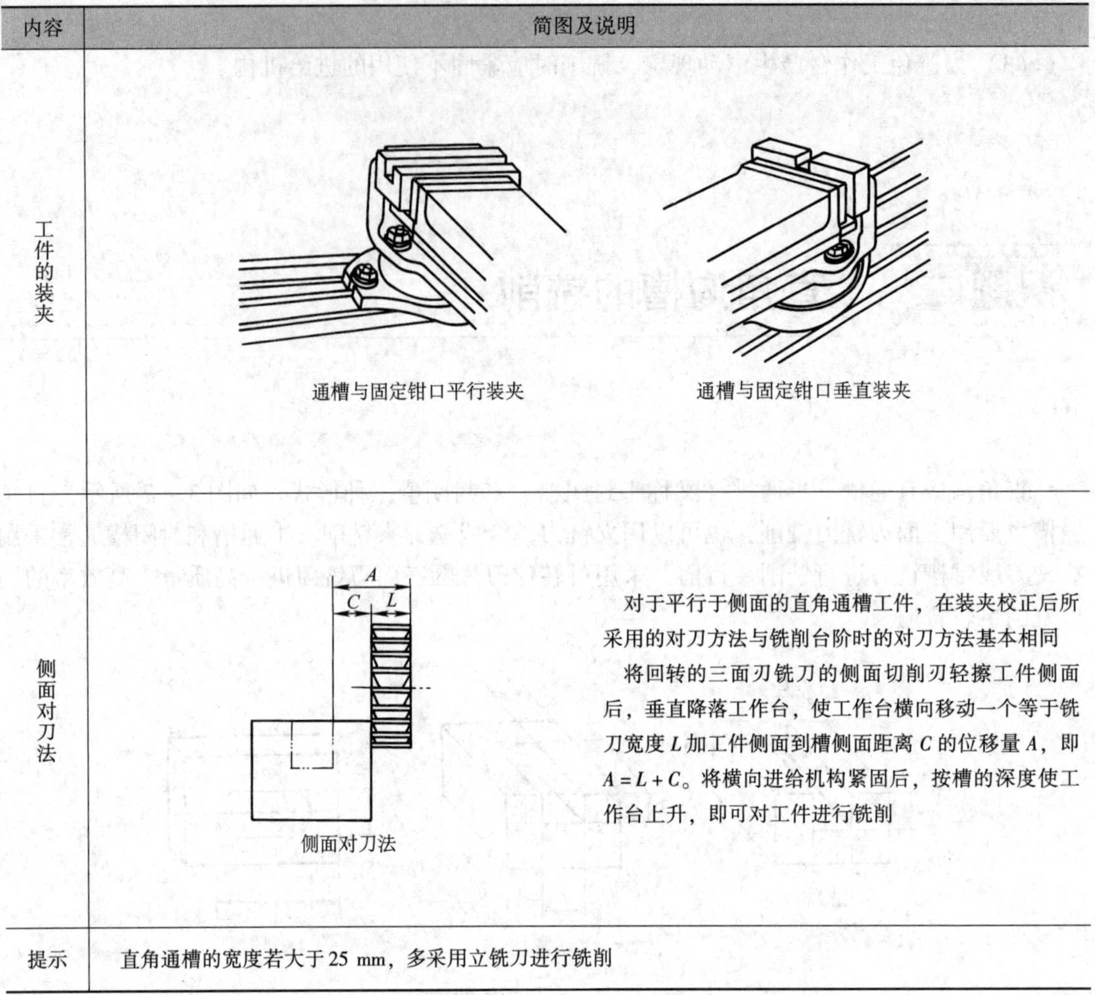

内容	简图及说明
工件的装夹	通槽与固定钳口平行装夹　　通槽与固定钳口垂直装夹
侧面对刀法	侧面对刀法 对于平行于侧面的直角通槽工件，在装夹校正后所采用的对刀方法与铣削台阶时的对刀方法基本相同 将回转的三面刃铣刀的侧面切削刃轻擦工件侧面后，垂直降落工作台，使工作台横向移动一个等于铣刀宽度 L 加工件侧面到槽侧面距离 C 的位移量 A，即 $A=L+C$。将横向进给机构紧固后，按槽的深度使工作台上升，即可对工件进行铣削
提示	直角通槽的宽度若大于 25 mm，多采用立铣刀进行铣削

二、用立铣刀铣削半通槽和封闭槽（表 3－4）

表 3－4　　用立铣刀铣削半通槽和封闭槽

内容	简图及说明
铣半通槽	用立铣刀铣半通槽 用立铣刀铣半通槽时，所选择的立铣刀直径应等于或小于槽的宽度。由于立铣刀的刚度较差，铣削时易产生“偏让”现象，甚至使铣刀折断。在铣削较深的槽时，可用分层铣削的方法，先粗铣至槽的深度尺寸，再扩铣至槽的宽度尺寸。扩铣时，应尽量避免顺铣

续表

内容	简图及说明
铣封闭槽	预钻落刀孔线　封闭槽加工线 划加工位置线　　在落刀孔位置开始铣削 立铣刀端面切削刃的中心部分不能垂直进给铣削工件。在加工封闭槽之前，应先在槽的一端预钻一个落刀孔（落刀孔的直径应略小于立铣刀直径），并由此落刀孔落下铣刀进行铣削

三、用键槽铣刀铣削封闭槽

采用键槽铣刀可以对工件进行垂直方向的进给，铣刀不需要落刀孔，即可直接落刀对工件进行铣削，常用于加工高精度的、较浅的半通槽和不穿通的封闭槽，如图 3－8 所示。

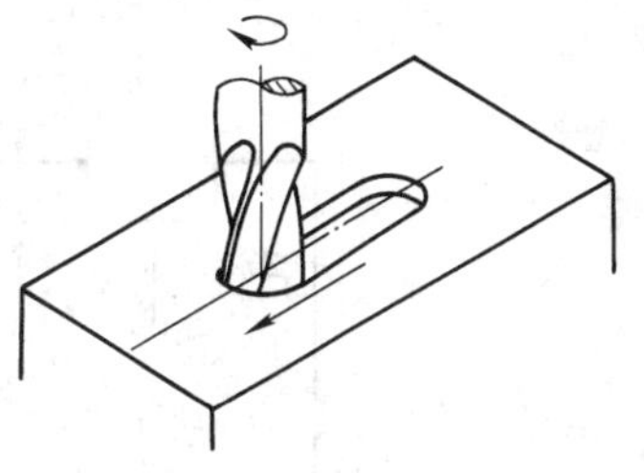

图 3－8　用键槽铣刀铣削封闭槽

四、盘形槽铣刀与合成铣刀

在铣床上加工直角沟槽时，有时会用到盘形槽铣刀与合成铣刀（表 3－5）。

表 3－5　盘形槽铣刀与合成铣刀

类型	简图及说明
盘形槽铣刀	盘形槽铣刀（简称槽铣刀）的切削刃是分布在其圆柱面上的齿刃，其刀齿两侧一般没有切削刃。因此，槽铣刀的切削效果不如三面刃铣刀。槽铣刀刀齿的背部大都做成铲齿形状。它的优点是，当刀齿需要刃磨时，只需刃磨其前面即可，刃磨后的刀齿形状和宽度都不会改变。这种铣刀适用于大批量加工尺寸相同的直角沟槽
合成铣刀	垫圈 合成铣刀是由两半部镶合而成的。当铣刀刀齿因刃磨后宽度变窄时，在其中间加垫圈或垫片即可保证铣削宽度 合成铣刀的切削性能比槽铣刀好，生产效率也较高，但是这种铣刀的制造很复杂

五、直角沟槽的检测

直角沟槽的长度、宽度和深度一般使用游标卡尺、游标深度卡尺检测。工件尺寸精度较高时，槽的宽度尺寸可用极限量规（塞规）检测。其对称度或平行度误差可用游标卡尺或杠杆百分表检测（图 3－9）。检测时，分别以工件侧面 A 和 B 为基准面靠在平板上，然后使百分表的测头触到工件的槽侧面上，平移工件进行检测，两次检测所得百分表的读数值之差，即其对称度（或平行度）误差值。

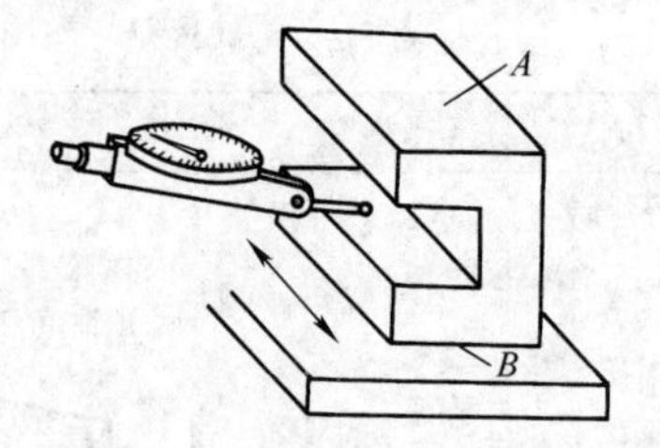

图 3－9　用杠杆百分表检测沟槽的平行度或对称度误差

六、技能训练——铣削直角通槽

1. 铣削直角通槽（图 3－10）

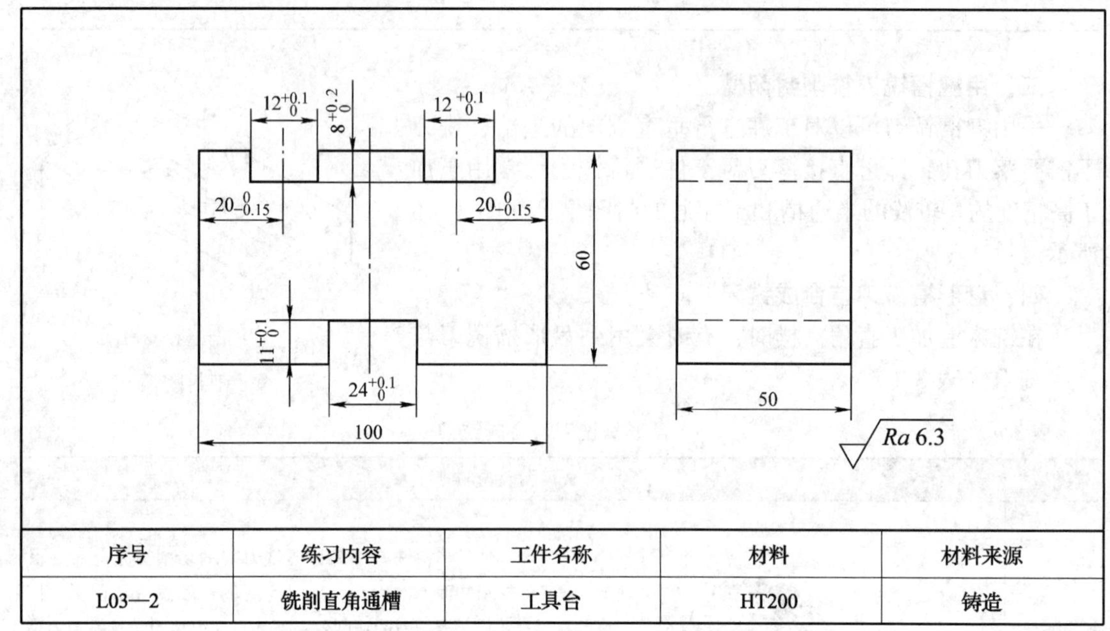

序号	练习内容	工件名称	材料	材料来源
L03—2	铣削直角通槽	工具台	HT200	铸造

图 3－10　铣削直角通槽

（1）铣削长方体　将工件的毛坯加工成尺寸为 100 mm × 60 mm × 50mm 的长方体（图 3－11a）。

（2）铣削通槽

1）安装并校正机用虎钳与纵向进给方向垂直。

2）装夹并校正工件。

3）选择并安装铣刀。

4）对刀、移距，纵向进给铣削一 $12^{+0.1}_{0}$ mm 通槽（图 3－11b）。

5）移距，纵向进给铣削另一 $12^{+0.1}_{0}$ mm 通槽（图 3－11c）。

6）将工件翻转装夹，对刀、移距，铣削 $24^{+0.1}_{0}$ mm 通槽，使其符合图样要求（图 3－11d）。

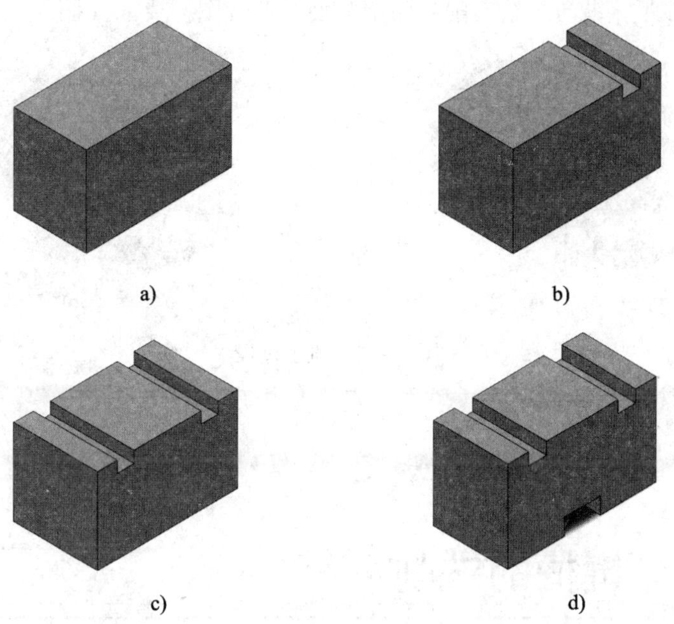

图 3 - 11　铣削过程

2. 铣削封闭槽（图 3 - 12）

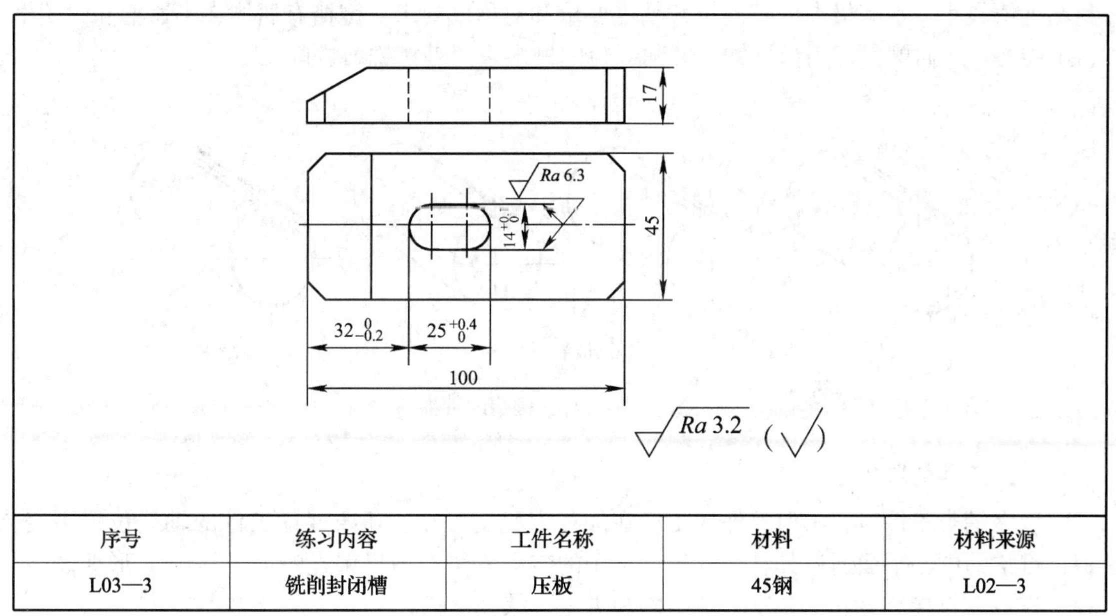

序号	练习内容	工件名称	材料	材料来源
L03—3	铣削封闭槽	压板	45钢	L02—3

图 3 - 12　铣削封闭槽

（1）对照图样，检查工件毛坯并划线（图 3 - 13a）。

（2）安装并校正机用虎钳与纵向进给方向平行。

（3）装夹并校正工件。

（4）选择并安装键槽铣刀。

（5）对刀、移距，纵向进给铣削封闭槽，使其符合图样要求（图 3－13b）。

图 3－13　铣削过程

课题三　键槽的铣削

在轴上安装平键的直角沟槽称为键槽，安装半圆键的槽称为半圆键槽。其两侧面的表面粗糙度值较小，都有极高的宽度尺寸精度要求和对称度要求。键槽有通槽、半通槽和封闭槽（图 3－14）。通槽大都用盘形铣刀铣削，封闭槽多采用键槽铣刀铣削。

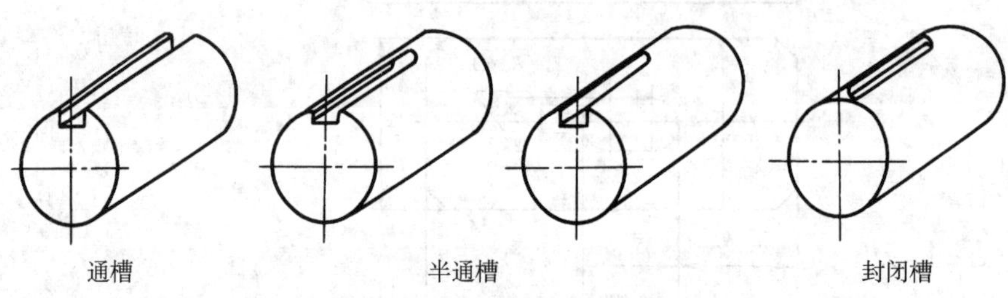

图 3－14　轴上键槽的种类

一、工件的装夹

装夹轴类工件时，不但要保证工件在加工中稳定可靠，还要保证工件的轴线位置不变，保证键槽的中心平面通过其轴线。工件常用的装夹方法有用机用虎钳装夹、用 V 形架装夹、在工作台上直接装夹和用分度头定中心装夹等（表 3－6）。

二、铣刀位置的调整

为保证轴上键槽对称于工件轴线，必须调整好铣刀的铣削位置，使键槽铣刀的轴线或盘形铣刀的对称平面通过工件轴线（即铣刀对中心）。常用的对中心方法有按切痕调整对中心、擦侧面调整对中心、用杠杆百分表调整对中心三种（表 3－7）。

表 3－6　　　　铣轴上键槽时工件的装夹

方法		简图及说明
用机用虎钳装夹		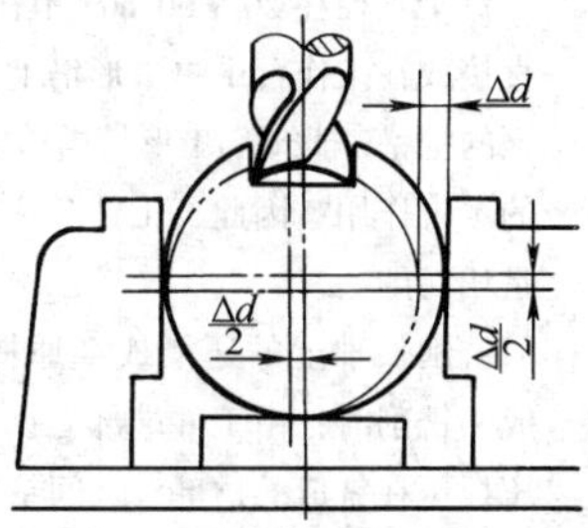 用机用虎钳装夹工件简便、稳固，但当工件直径发生变化时，工件轴线在左右（水平位置）和上下（垂直位置）方向都会产生移动。在采用定距切削时，会影响键槽的深度尺寸和对称度。此法常用于单件生产 若想成批地在机用虎钳上装夹工件铣键槽，必须是直径误差很小的、经过精加工的工件 在机用虎钳上装夹工件铣键槽，需要校正钳体的定位面，以保证工件的轴线与工作台进给方向平行，同时与工作台面平行
用V形架装夹	V形架的使用	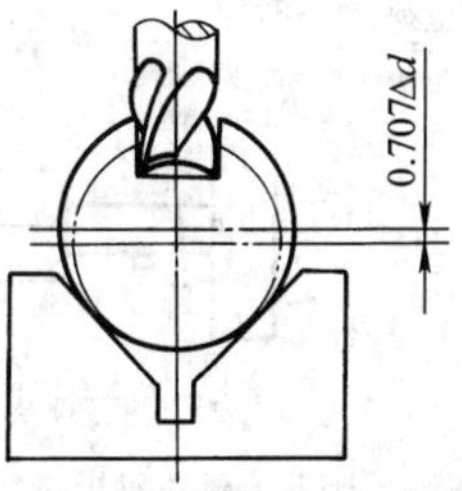 用V形架装夹工件 把圆柱形工件置于V形架内，并用压板进行紧固的装夹方法，是铣削轴上键槽常用的、比较精确的定位方法之一。该方法使工件的轴线只能沿V形的角平分面上下移动变化，虽然会影响槽的深度尺寸，但能保证其对称度不发生变化，因此适宜于大批量加工场合。在V形架上，当一批工件的直径因加工误差而发生变化时，虽然会对槽的深度有影响，但变化量一般不会超过槽深的尺寸公差
		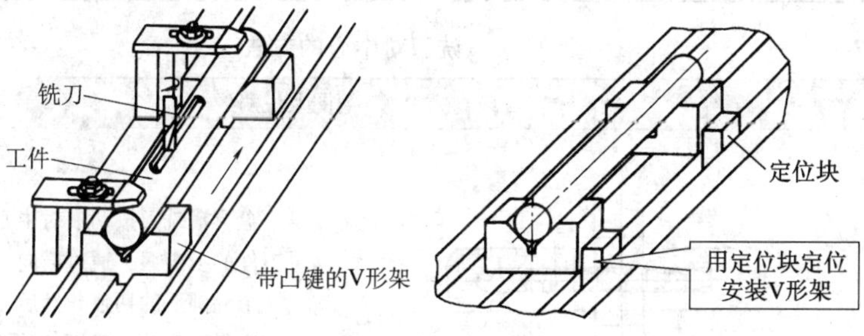 使用两个V形架装夹长轴时，这两个V形架最好是成对制造并刻有标记的
	V形架的校正	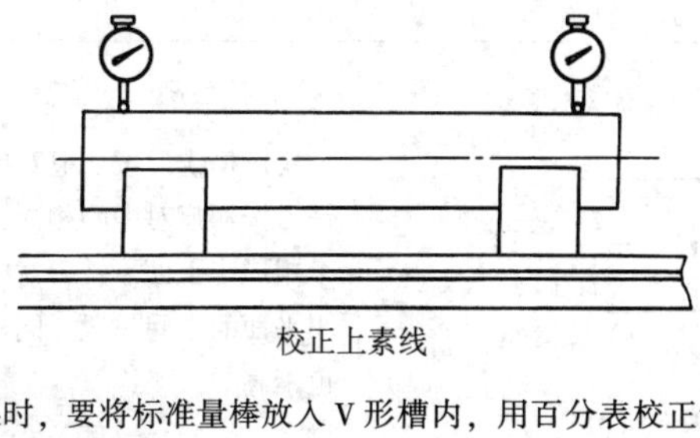 校正上素线 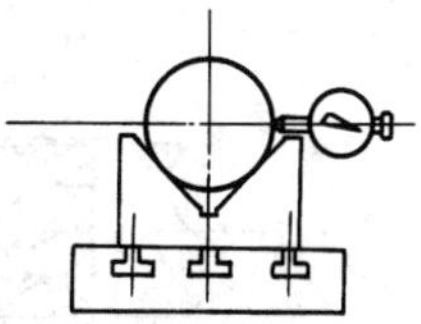　校正侧素线 安装V形架时，要将标准量棒放入V形槽内，用百分表校正量棒上素线与工作台面平行，其侧素线与工作台进给方向平行

续表

方法	简图及说明
在工作台上直接装夹	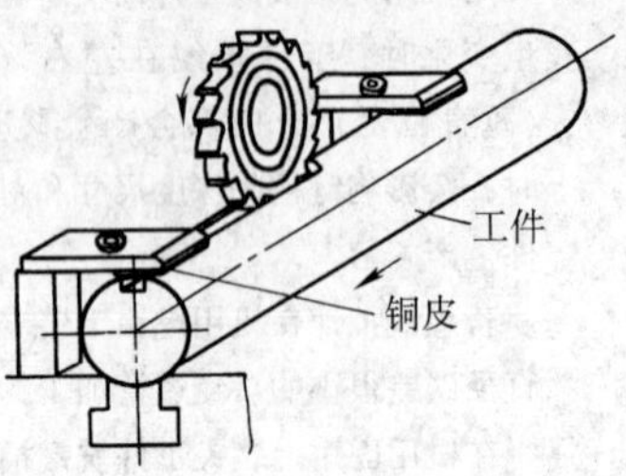 工件 铜皮 在工作台中央T形槽上装夹细长工件 对于直径在20～60 mm范围的长轴工件，可将其直接放在工作台中央T形槽上，用压板夹紧后铣削轴上的键槽。此时，T形槽槽口的倒角斜面起着V形槽的定位作用。因此，工件圆柱面与槽口倒角斜面必须是相切的 铣削长轴上的通槽或半通槽时，其深度可一次铣成。铣削时，由工件端部先铣入一段长度后停车，将压板压在铣成的槽部，之间垫铜皮后夹紧。观察铣刀碰不着压板，再开车继续铣削
用分度头定中心装夹	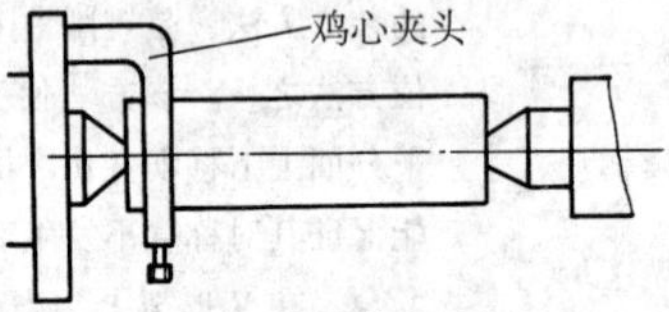 鸡心夹头 在两顶尖间装夹工件 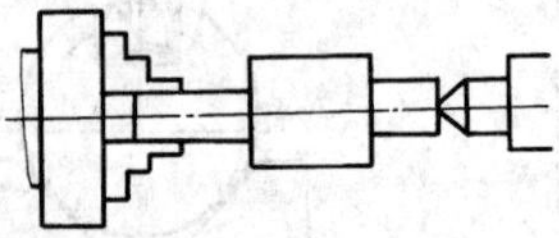 一夹一顶式装夹工件 这种装夹方法使工件轴线位置不受其直径变化的影响，因此，铣出轴上键槽的对称度也不受工件直径变化的影响。使用前，要用标准量棒校正上素线和侧素线

表3－7　　铣刀对中心的方法

方法	简图及说明
按切痕调整对中心	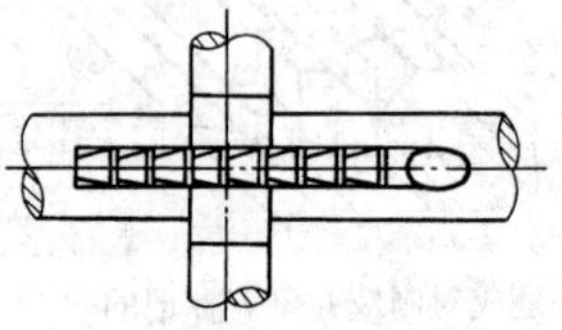 盘形槽铣刀按切痕对中心 盘形槽铣刀按切痕对中心时，先让旋转的铣刀接近工件的上表面，通过横向进给，铣刀在工件表面铣出一个椭圆形的切痕。然后，横向移动工作台，将铣刀宽度目测调整到椭圆的中心位置，完成铣刀对中心。这种方法对中心的准确性不高
	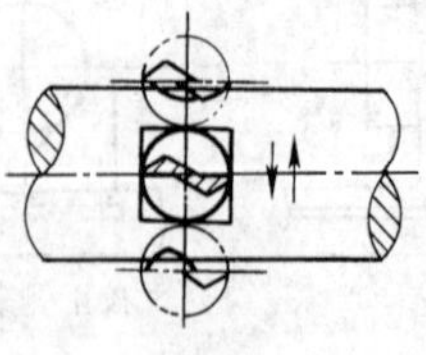 键槽铣刀按切痕对中心 用键槽铣刀按切痕对中心的原理和方法与用盘形槽铣刀按切痕对中心相同，只是键槽铣刀铣出的切痕是个矩形小平面。铣刀对中心时，将旋转的铣刀调整到小平面的中间位置。同样，这种方法对中心的准确性也不高

方法	简图及说明
擦侧面调整对中心	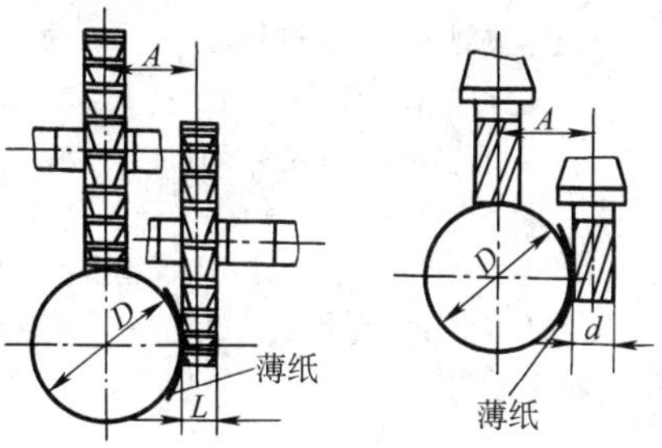 这种方法对中心的精度较高。调整时，先在直径为 D 的轴上贴一张厚度为 δ 的薄纸。将宽度为 L 的盘形槽铣刀（或直径为 d 的键槽铣刀）逐渐靠向工件，当回转的铣刀切削刃擦到薄纸后，垂直降下工作台，将工作台横向移动一个距离 A，实现对中心 使用盘形槽铣刀时：$A=\frac{D+L}{2}+\delta$ 使用键槽铣刀时：$A=\frac{D+d}{2}+\delta$
用杠杆百分表调整对中心	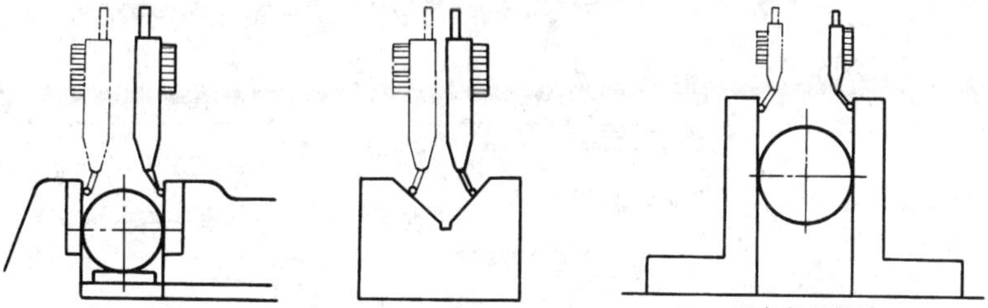 在平口钳上对中心　在V形架上对中心　用直角尺辅助定中心装夹工件 这种方法对中心精度最高，适合在立式铣床上采用。调整时，将杠杆百分表固定在铣床主轴上，用手转动主轴，参照杠杆百分表的读数，可以精确地移动工作台，实现精确对中心

三、轴上键槽的铣削

在铣削轴上键槽时，为避免铣削力使工件产生振动和弯曲，应在轴的切削位置下面用千斤顶进行支承。为了进一步校准对中心，在铣刀开始切削到工件时不浇注切削液。手动进给缓慢移动工作台，若轴的一侧先出现台阶，则说明铣刀还未对准中心。应将工件出现台阶一侧向着铣刀做微量横向调整，直至轴的两侧同时出现等高的小台阶（即铣刀对准中心）为止，如图 3－15 所示。

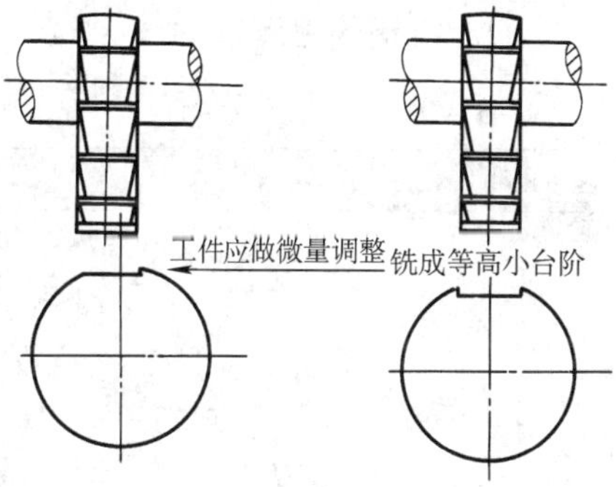

图 3－15　工件铣削位置的调整

1. 用盘形槽铣刀铣削轴上键槽

轴上键槽为通槽或一端为圆弧形的半通槽时，一般都采用三面刃铣刀或盘形槽铣刀进行铣削。

按照键槽的宽度尺寸选择盘形槽铣刀的宽度，工件装夹完毕并调整铣刀对中心后进行铣削。当旋转的铣刀主切削刃与工件圆柱表面（上素线）接触时，纵向退出工件，按键槽深度将工作台向上调整。然后，将横向进给机构锁紧，开始铣削键槽。

2. 用键槽铣刀铣削轴上键槽

轴上键槽为封闭槽或一端为直角的半通槽时，一般采用键槽铣刀进行铣削。使用键槽铣刀铣削轴上键槽时，经常采用的铣削方法有分层铣削法和扩刀铣削法两种（表 3－8）。

表 3 – 8　　　　　用键槽铣刀铣削轴上键槽

方法	简图及说明
分层铣削法	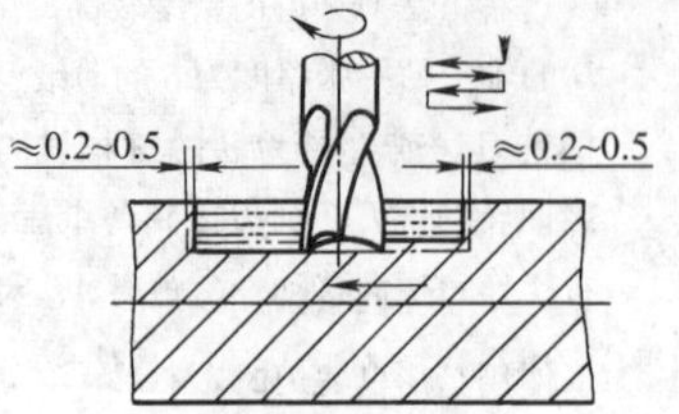 分层铣削轴上键槽 铣削时，每次的铣削深度 a_p 约为 0.5 ~ 1.0 mm，手动进给由键槽的一端铣向另一端。然后逐层向下进给，重复铣削。铣削时应注意键槽两端要各留长度方向的余量 0.2 ~ 0.5 mm。在逐次铣削达到键槽深度后，最后铣去两端的余量，使其符合长度要求。此法主要适用于键槽长度尺寸较短、生产数量不多的键槽的铣削
扩刀铣削法	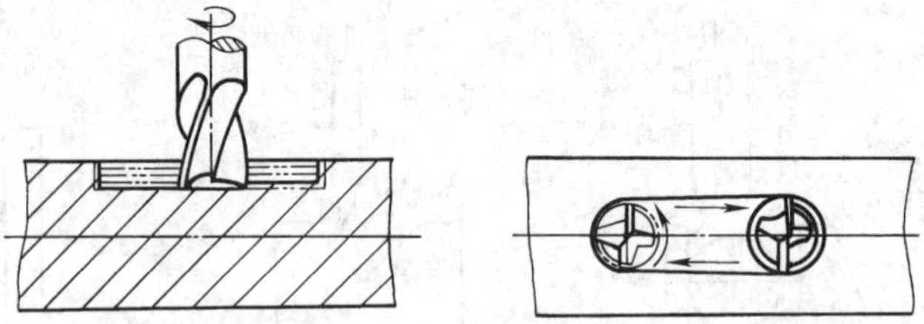 扩刀铣削轴上键槽 先用直径比槽宽尺寸略小的键槽铣刀分层往复地粗铣至槽深。槽深留余量 0.1 ~ 0.3 mm；槽长两端各留余量 0.2 ~ 0.5 mm。再用符合键槽宽度尺寸的键槽铣刀进行精铣

四、键槽的检测（表 3 – 9）

表 3 – 9　　　　　键槽的检测

内容	简图及说明
键槽宽度的检测	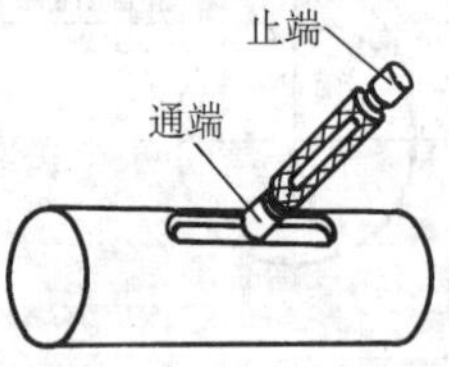 用塞规检测轴上键槽的宽度 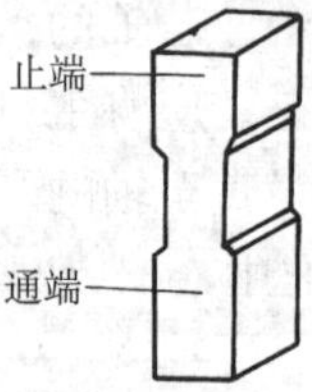　　塞块 用极限量规检测轴上键槽的宽度 键槽的宽度常用塞规或塞块来检测。键槽以塞规的“通端通，止端止”为合格
键槽深度的检测	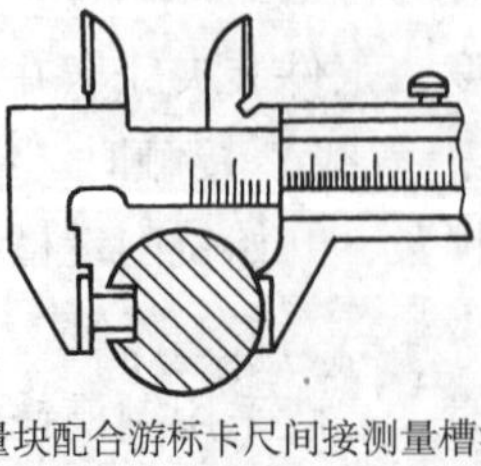 用量块配合游标卡尺间接测量槽深 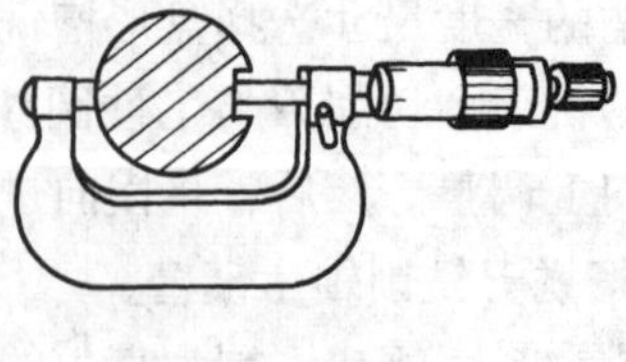　　用千分尺测量槽深

续表

内容	简图及说明
键槽对称度的检测	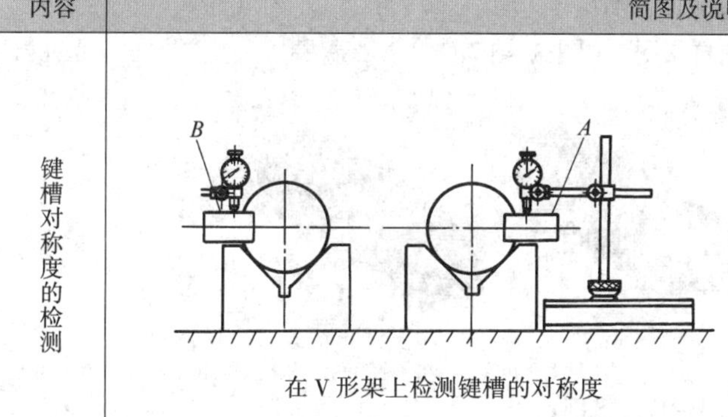 在V形架上检测键槽的对称度 将一块厚度与键槽宽度尺寸相同的平行塞块塞入键槽内，用百分表校正塞块的 A 平面与平板或工作台面平行并记下百分表读数。将工件转过180°，再用百分表校正塞块的 B 平面与平板或工作台面平行并记下百分表读数。两次读数的差值，即为键槽的对称度误差

五、技能训练——铣削轴上键槽（图3－16）

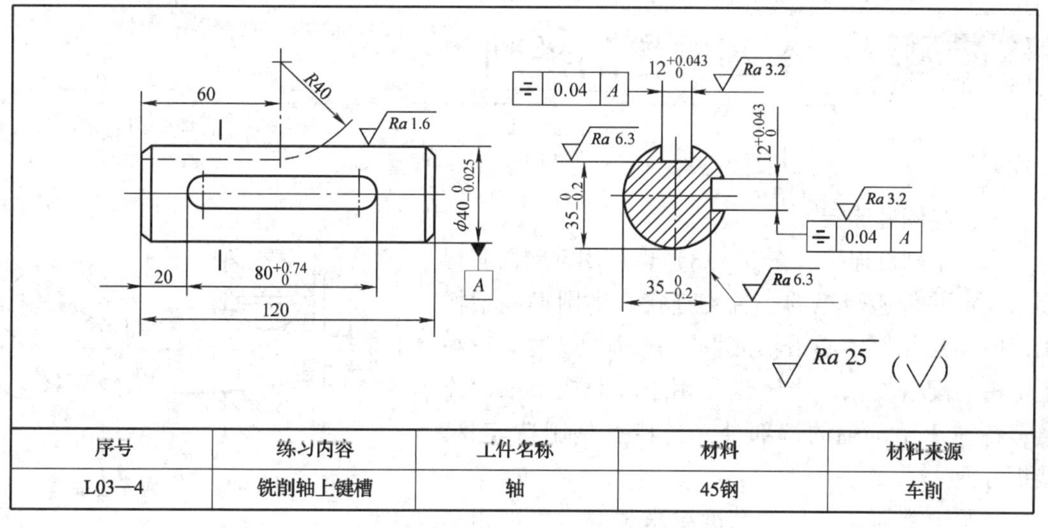

序号	练习内容	工件名称	材料	材料来源
L03—4	铣削轴上键槽	轴	45钢	车削

图3－16 铣削轴上键槽

1. 在立式铣床上铣削封闭键槽

（1）对照图样，检查工件毛坯尺寸：$\phi40_{-0.025}^{\ 0}$ mm×120 mm（图3－17a）。

（2）安装并校正机用虎钳与纵向进给方向平行。

（3）装夹并校正工件。

（4）选择并安装直径为10 mm的键槽铣刀。

（5）调整铣刀位置，对中心，紧固横向进给。

（6）对刀、移距，粗铣键槽。

（7）换装直径为12 mm的键槽铣刀或立铣刀，精铣键槽至符合图样要求（图3－17b）。

2. 在卧式铣床上铣削半通键槽

（1）安装并校正机用虎钳与纵向进给方向平行。

（2）在键槽中放入平键，并使平键靠向固定钳口面，校正并夹紧工件。

(3) 选择并安装 80 mm×12 mm×27 mm 的盘形槽铣刀或三面刃铣刀。

(4) 调整铣刀位置，对中心，紧固横向进给。

(5) 对刀，铣削半通键槽至符合图样要求（图 3－17c）。

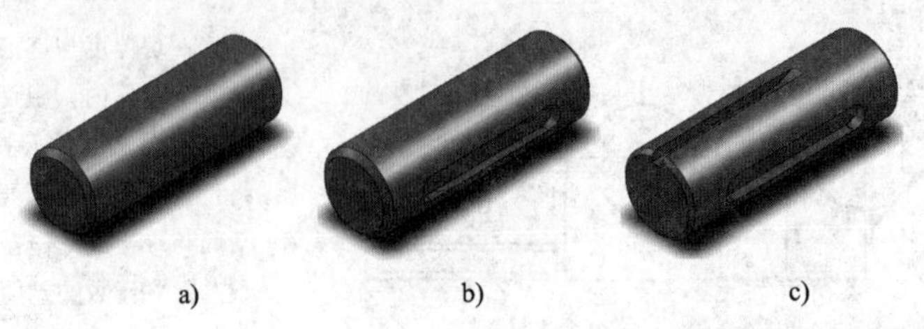

图 3－17　铣削过程

课题四　半圆键槽的铣削

一、半圆键连接

采用半圆键连接（图 3－18）也是用键侧面实现周向固定并传递转矩的一种键连接。半圆键在轴槽中能绕自身几何中心沿槽底圆弧摆动，以适应轮毂上键槽的配合要求。半圆键常用于轻载或辅助性连接，特别适用于轴的端部处，其特点是制造容易，装拆方便。

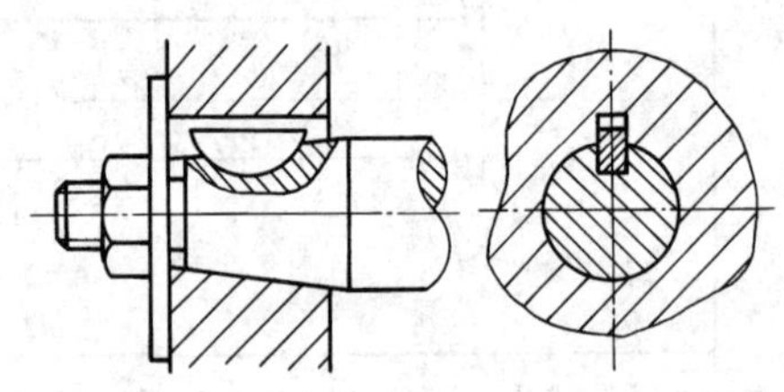

图 3－18　半圆键连接

半圆键槽的宽度尺寸精度要求较高，表面粗糙度值要求小，其两侧面对称并平行于工件的轴线。

二、半圆键槽的铣削

选择并安装铣刀后，最好先用一件废料进行试铣削，检测试件的槽的宽度尺寸符合要求后，再进行正式铣削（表 3－10），以确保加工质量。

表 3－10　　铣半圆键槽

内容	简图及说明	
半圆键槽铣刀的选择	半圆键槽铣刀	铣削半圆键槽采用专用的半圆键槽铣刀。铣刀按半圆键槽铣刀的基本尺寸（宽度×直径）选取 半圆键槽铣刀一般都做成直柄的整体铣刀。使用时，用钻夹头或弹簧夹头进行安装

续表

内容	简图及说明	
半圆键槽的铣削	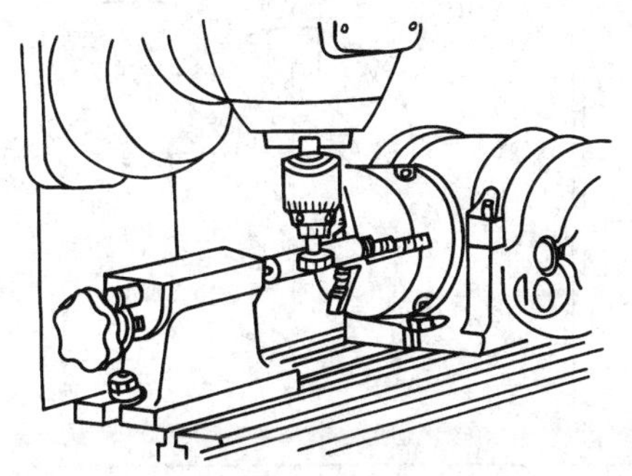 在立式铣床上铣半圆键槽	为保证铣出的键槽两侧面与其轴线平行，应使用标准心轴先校正分度头主轴与尾座顶尖间的公共轴线与工作台面和纵向进给方向平行。铣削时，先锁紧纵向进给手柄，以手动方式慢慢地进行横向进给，并逐渐减慢进给速度，以防止铣刀折断。为改善散热条件，要充分浇注切削液
	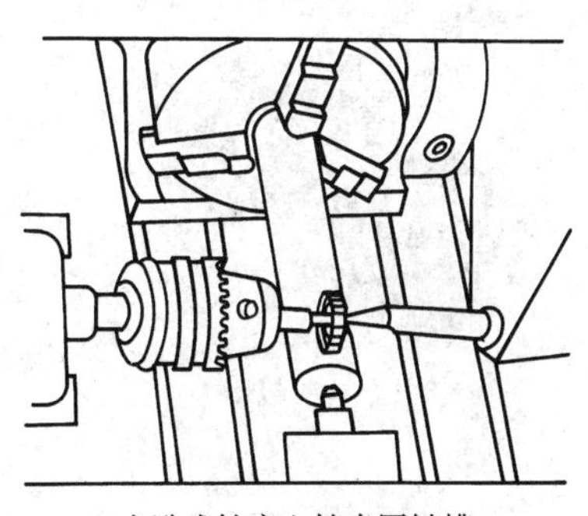 在卧式铣床上铣半圆键槽	为提高铣刀强度，在卧式铣床上，可将铣刀采用一夹一顶的方式安装。在刀杆支架轴承孔内安装顶尖，顶住半圆键槽铣刀端面的中心孔

三、半圆键槽的检测

1. 半圆键槽的宽度一般用塞规或塞块检测。

2. 半圆键槽的深度可选用一块厚度小于槽宽的样柱（直径为 d，d 小于半圆键槽直径），配合游标卡尺或千分尺进行间接测量，如图 3－19 所示。

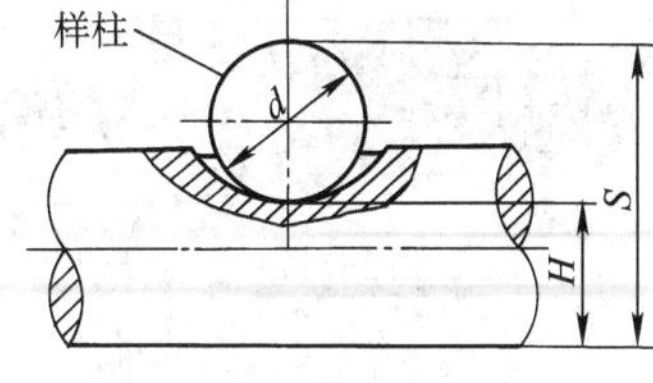

图 3－19　半圆键槽的检测

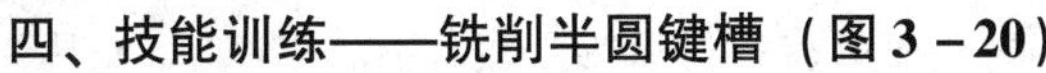

四、技能训练——铣削半圆键槽（图 3－20）

1. 对照图样，检查工件毛坯尺寸：ϕ40 mm×120 mm（图 3－21a）。
2. 安装并校正分度头，使分度头主轴轴线与纵向进给方向平行。
3. 装夹并校正工件。
4. 选择并安装 8 mm×28 mm 的半圆键槽铣刀。
5. 调整铣刀位置，对中心。
6. 对刀，紧固纵向进给手柄，铣削半圆键槽，使其符合图样要求（图 3－21b）。

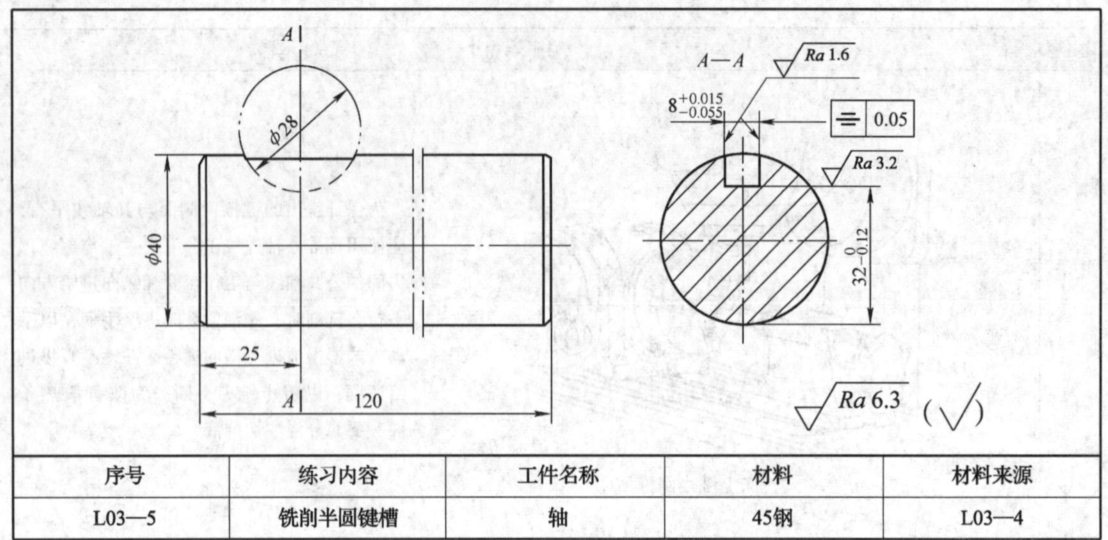

序号	练习内容	工件名称	材料	材料来源
L03—5	铣削半圆键槽	轴	45钢	L03—4

图 3－20　铣削半圆键槽

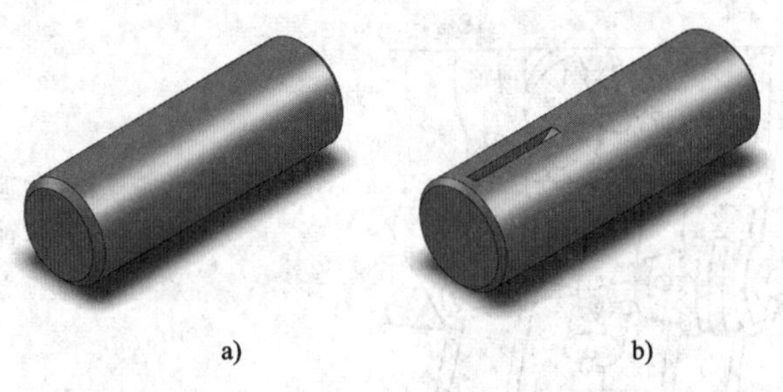

a)　　b)

图 3－21　毛坯和零件

课题五　V形槽的铣削

一、V 形槽

V 形槽广泛应用在机械制造行业中。V 形槽两侧面间的夹角（槽角）有 60°、90°和 120°等，其中以 90°的 V 形槽最为常用。其主要技术要求如下：

1. V 形槽的中心平面应垂直于工件的基准面（底平面）。

2. 工件的两侧面应对称于 V 形槽的中心平面。

3. V 形槽窄槽两侧面应对称于 V 形槽的中心平面。窄槽槽底应略超出 V 形槽两侧面延长线的交点。

二、V 形槽的铣削

铣削 V 形槽前，必须严格校正夹具的定位面。工件装夹后，先用锯片铣刀铣出一条工艺窄槽，然后铣削 V 形槽的槽面（表 3－11）。

表 3－11　　V 形槽的铣削方法

方法	简图及说明
用角度铣刀铣削	用锯片铣刀铣工艺窄槽　用双角铣刀铣削槽面 对于槽角小于或等于 90°的小型 V 形槽，可以采用与槽角角度相同的对称双角铣刀在卧式铣床上进行铣削；或组合两把刃口相反、规格相同的单角铣刀（铣刀之间应垫垫圈或铜皮）进行铣削 铣削时，先用锯片铣刀铣出工艺窄槽，再用角度铣刀对 V 形槽的槽面进行铣削
用立铣刀铣削	对于槽角大于或等于 90°且外形尺寸较大的 V 形槽，可按槽角角度的二分之一倾斜立铣头，用立铣刀对槽面进行铣削 工件装夹并校正后，用立铣刀对 V 形槽的槽面进行铣削。铣完一侧的槽面后，将工件调转 180°后夹紧，再铣另一侧槽面。也可将立铣头反方向偏转一个角度后再铣另一侧槽面
用盘形铣刀铣削	对于工件外形尺寸较小、精度要求不高的 V 形槽，可在卧式铣床上用盘形铣刀进行铣削 铣削时，先按图样在工件表面划线，再按划线校正 V 形槽的待加工槽面与工作台面垂直，然后用盘形铣刀（最好是错齿三面刃铣刀）对 V 形槽面进行铣削。铣完一侧槽面后，重新校正另一侧槽面并夹紧工件，将槽面铣削成形 对于槽角等于 90°且尺寸不大的 V 形槽，则可一次校正装夹铣削成形

三、V 形槽的检测

V 形槽的检测（表 3－12）项目主要包括 V 形槽的宽度 B、V 形槽的对称度和 V 形槽的槽角 α。

表 3－12　　V 形槽的检测

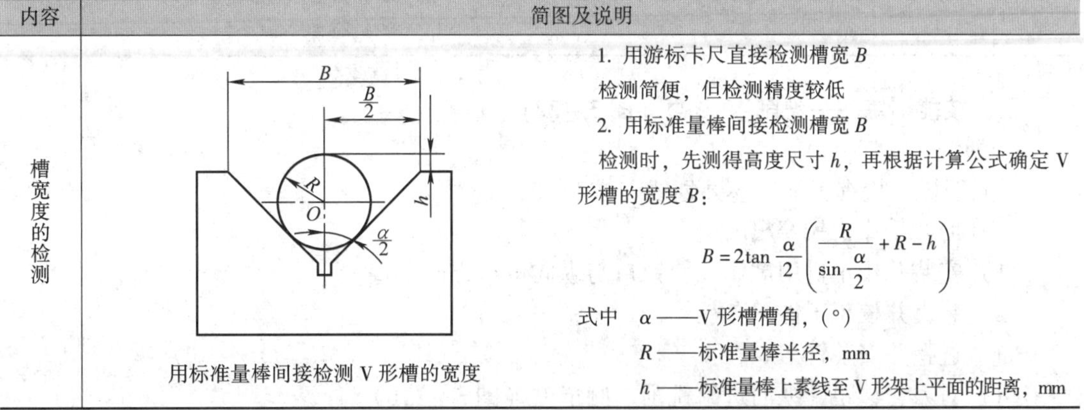

内容	简图及说明
槽宽度的检测	 用标准量棒间接检测 V 形槽的宽度 1. 用游标卡尺直接检测槽宽 B 检测简便，但检测精度较低 2. 用标准量棒间接检测槽宽 B 检测时，先测得高度尺寸 h，再根据计算公式确定 V 形槽的宽度 B： $$B = 2\tan\frac{\alpha}{2}\left(\frac{R}{\sin\frac{\alpha}{2}} + R - h\right)$$ 式中　α——V 形槽槽角，(°) R——标准量棒半径，mm h——标准量棒上素线至 V 形架上平面的距离，mm

内容		简图及说明	
槽对称度的检测		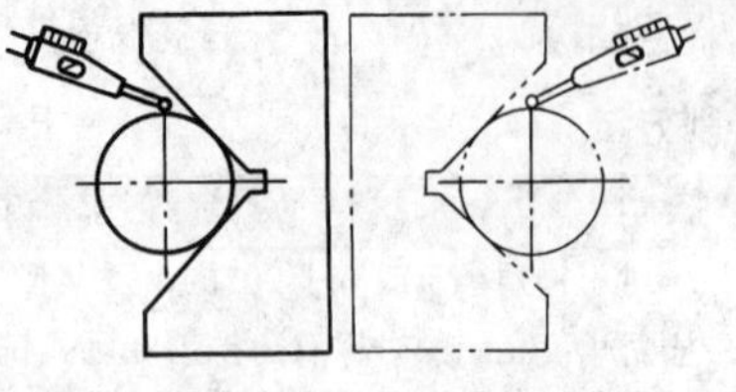 用杠杆百分表检测 V 形槽的对称度	检测时，在 V 形槽内放一标准量棒，分别以 V 形架的两个侧面为基准放在平板上，用杠杆百分表检测槽内量棒的最高点。两次检测的读数差即为 V 形槽对称度误差。此法可借助量块或使用游标高度卡尺测量量棒的最高点，可间接测量 V 形槽中心平面与 V 形架侧面的实际距离
槽角的检测	用游标万能角度尺检测	$\frac{\alpha}{2}$　β_1　β_2	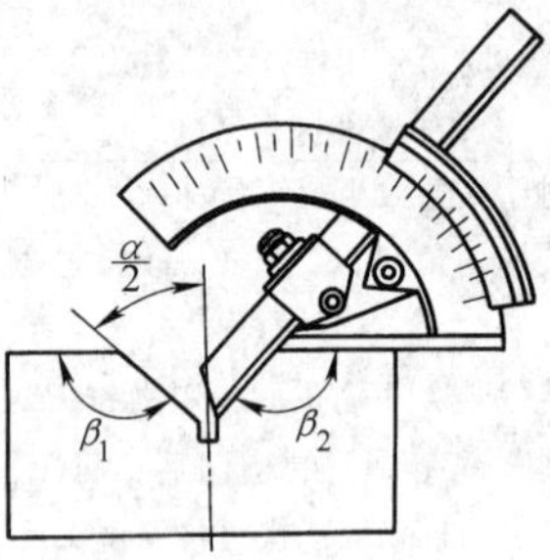 用游标万能角度尺检测槽半角 $\alpha/2$ 时，只要准确检测出角度 β_1 或 β_2，即可间接测出槽半角 $\alpha/2$ 即 $\frac{\alpha}{2}=\beta_1-90°$ 或 $\frac{\alpha}{2}=\beta_2-90°$
	用角度样板检测	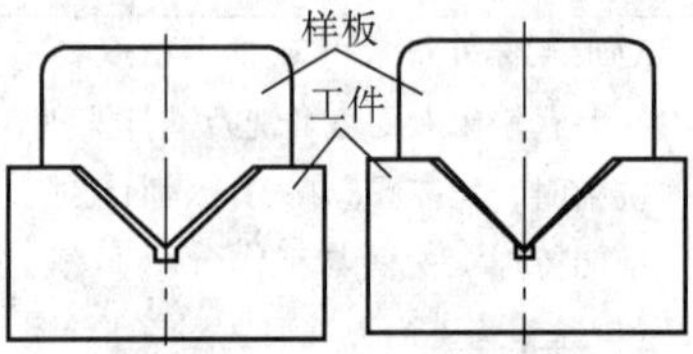 样板　工件　槽角合格　槽角不合格	用角度样板检测槽角 α 时，通过观察工件槽面与样板间缝隙的均匀程度判断槽角 α 是否合格，适用于批量生产中槽角的检查
	用标准量棒间接检测	α　$\frac{\alpha}{2}$　R　O_1　r　O　h　H	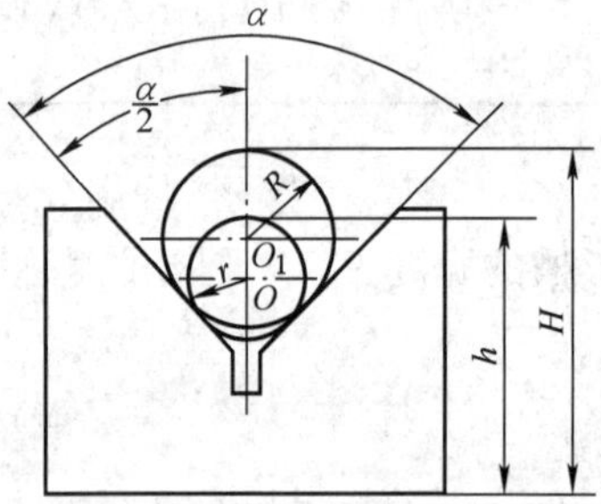 用标准量棒间接检测槽角 α 时，先后用两根不同直径的标准量棒进行间接检测，分别测得尺寸 H 和 h，根据公式计算槽半角 $\alpha/2$： $\sin\frac{\alpha}{2}=\frac{R-r}{(H-R)-(h-r)}$ $\frac{\alpha}{2}=\arcsin\frac{R-r}{(H-R)-(h-r)}$ 式中　R——较大标准量棒的半径，mm r——较小标准量棒的半径，mm H、h——两根标准量棒上素线至 V 形架底面的距离，mm

四、技能训练——铣削 V 形槽（图 3-22）

1. 划线

对照图样，检查工件毛坯并划线（图 3-23a）。

2. 在卧式铣床上铣窄槽

（1）安装并校正机用虎钳，使钳口与纵向进给方向垂直。

（2）装夹并校正工件。

（3）选择并安装铣刀。

（4）对刀、移距，纵向进给铣削一侧窄槽（图 3-23b）。

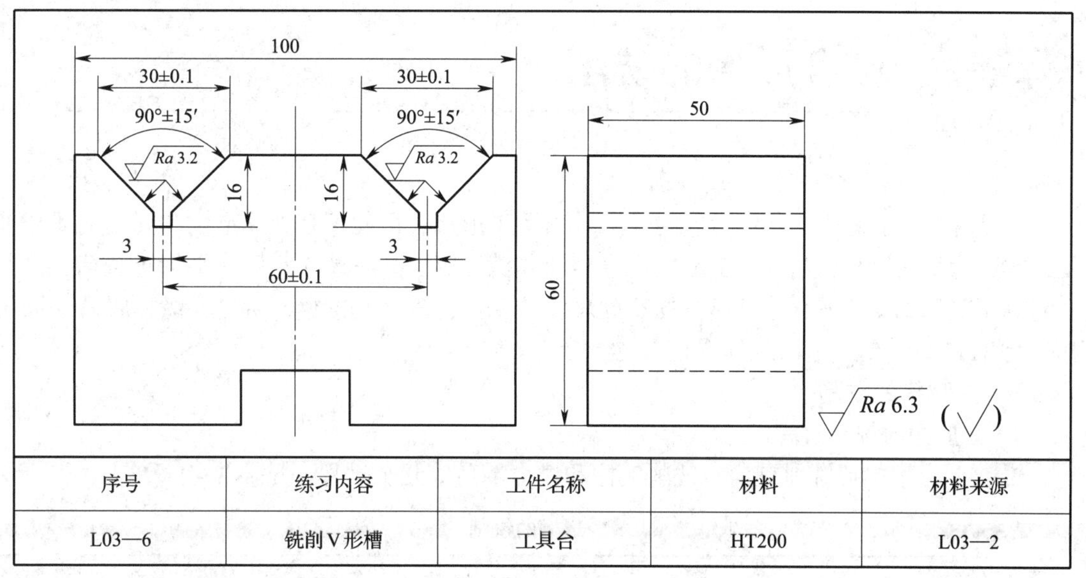

序号	练习内容	工件名称	材料	材料来源
L03—6	铣削V形槽	工具台	HT200	L03—2

图 3－22　铣削 V 形槽

（5）移距，铣削另一侧窄槽（图 3－23c），使其符合图样要求。

3. 在立式铣床上铣 V 形槽

（1）安装并校正机用虎钳，使钳口与纵向进给方向平行。

（2）装夹并校正工件。

（3）扳转立铣头，选择并安装铣刀。

（4）按划线粗铣 V 形槽槽面，留精铣余量约 1mm（图 3－23d）。

（5）根据测量得到的实际尺寸，调整工件精加工的铣削用量，完成 V 形槽的精加工（图 3－23e）。

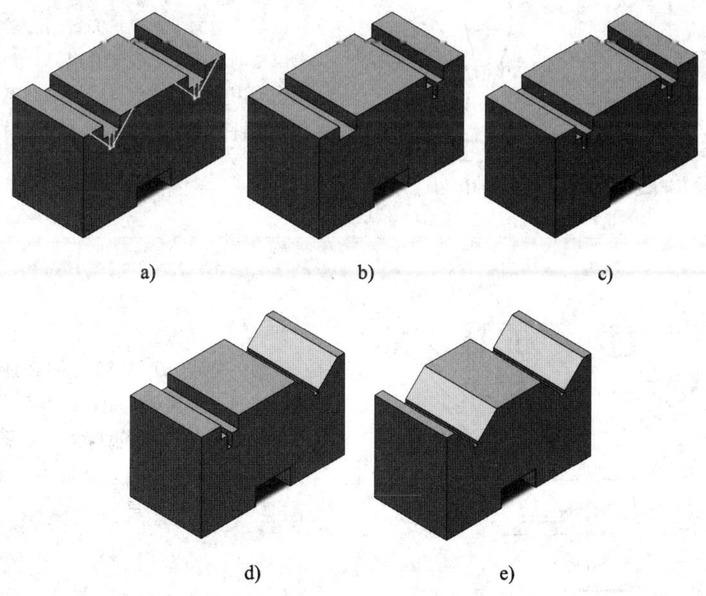

图 3－23　铣削过程

课题六　T形槽的铣削

T 形槽多用于机床的工作台或附件上。采用 T 形槽，可使配套夹具定位和固定的操作非常简单，因而得到广泛应用。T 形槽由直槽和底槽组成，其底槽的两侧面平行于直槽，且基本对称于直槽的中心平面。T 形槽的宽度尺寸精度：直槽（基准槽）为 IT8 级，底槽（固定槽）为 IT12 级。T 形槽已经标准化。

一、T 形槽的铣削

1. T 形槽的铣削过程

铣削 T 形槽包括铣削直槽、铣削底槽和槽口倒角等几个过程，见表 3－13。

表 3－13　　T 形槽的铣削

内容	简图及说明	
铣削直槽	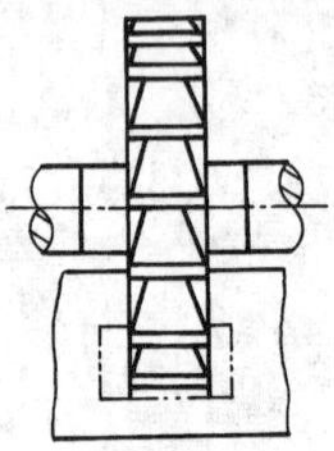 用三面刃铣刀铣削直槽 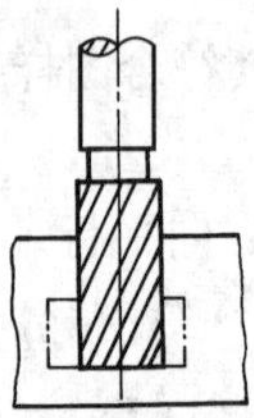　用立铣刀铣削直槽	选用合适的三面刃铣刀（或立铣刀），按照图样要求的宽度尺寸将直槽铣成。直槽的深度约留余量 0.5 mm
铣削底槽并倒角	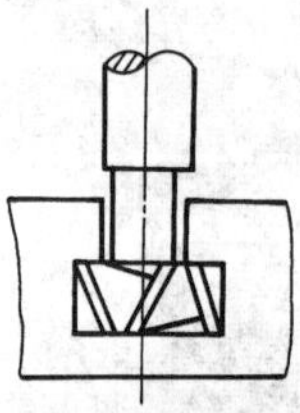 用T形槽铣刀铣削底槽 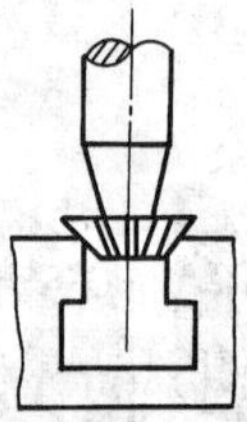　用角度铣刀铣削槽口倒角	选用合适的T形槽铣刀铣削底槽，使其符合规定的要求。铣削底槽时，要经常退刀，并及时清除切屑，选用的切削用量不宜过大，以防切削阻力过大而使铣刀折断 底槽铣削完毕，用角度铣刀为槽口倒角
铣削不穿通的T形槽	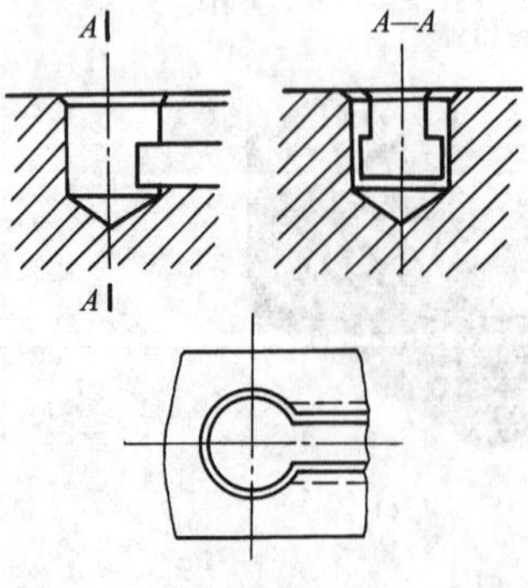 A　A—A　A	铣削不穿通的T形槽时，可在直槽铣成时，先在T形槽的端部（不穿通一端）钻落刀孔。孔的直径略大于T形槽铣刀的直径，深度应大于T形槽的深度。以使T形槽铣刀能够方便地进入或退出。然后铣成T形槽的底槽，最后为槽口倒角

2. T形槽铣刀使用的注意事项

（1）铣削时，铣刀的切削部分埋在工件内，产生的切屑容易将铣刀容屑槽塞满，从而使铣刀失去切削能力或折断。因此，应经常退刀并及时清除切屑。

（2）铣削时的切削热因排屑不畅而不易散发，使切削区域的温度不断升高，容易使铣刀受热退火而丧失切削能力。因此，在铣削钢件时应充分浇注切削液。

（3）T形槽铣刀刃口较长，承受的切削阻力也大，且铣刀的颈部直径较小，很容易因受力过大而折断。因此，应选用较低的进给速度，并注意随时观察铣削情况，及时进行调整。

二、T形槽的检测

T形槽的宽度、槽深以及底槽与直槽的对称度误差可用游标卡尺测量。其直槽对工件基准面的平行度误差可在平板上用杠杆百分表进行检测。

三、技能训练——铣削T形槽（图3-24）

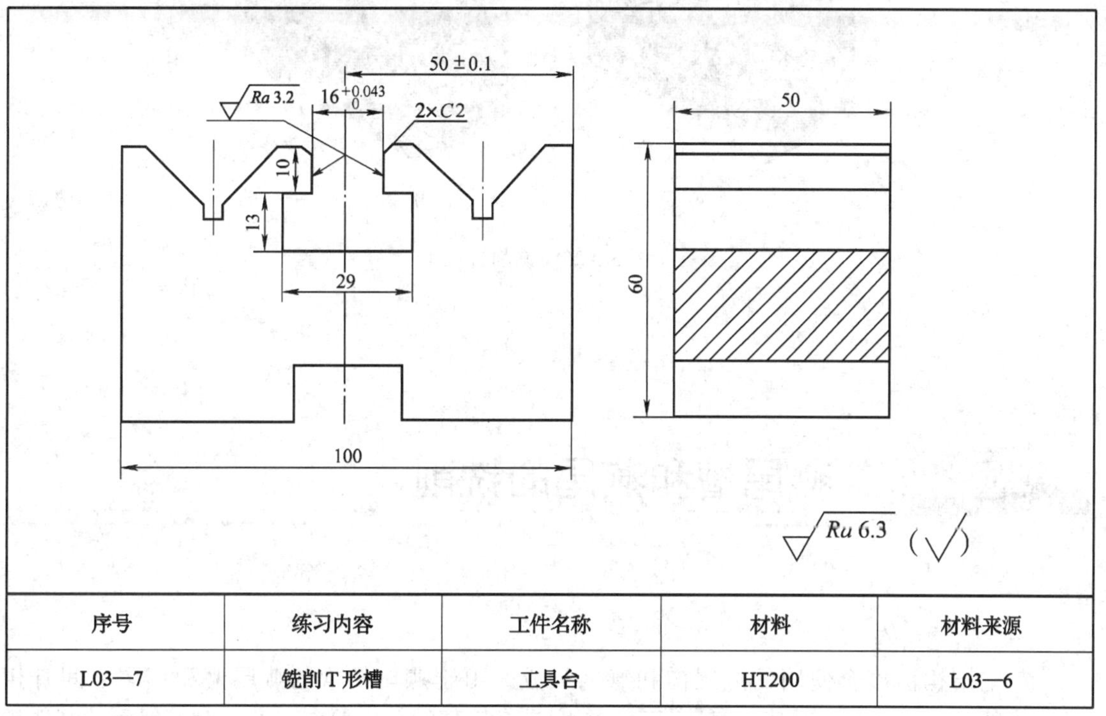

序号	练习内容	工件名称	材料	材料来源
L03—7	铣削T形槽	工具台	HT200	L03—6

图3-24 铣削T形槽

1. 对照图样，检查工件毛坯并划线（图3-25a）。
2. 安装并校正机用虎钳钳口与纵向进给方向平行。
3. 装夹并校正工件。
4. 选择铣刀：铣直槽用立铣刀，铣底槽用T形槽铣刀，铣槽口倒角用倒角铣刀。
5. 安装立铣刀，对刀，移距，纵向进给铣削$16^{+0.043}_{0}$ mm通槽（图3-25b）。
6. 换装T形槽铣刀，调整铣削位置，纵向进给，按图样要求完成底槽的铣削（图3-25c）。
7. 换装倒角铣刀，进行槽口倒角，使其符合图样要求（图3-25d）。

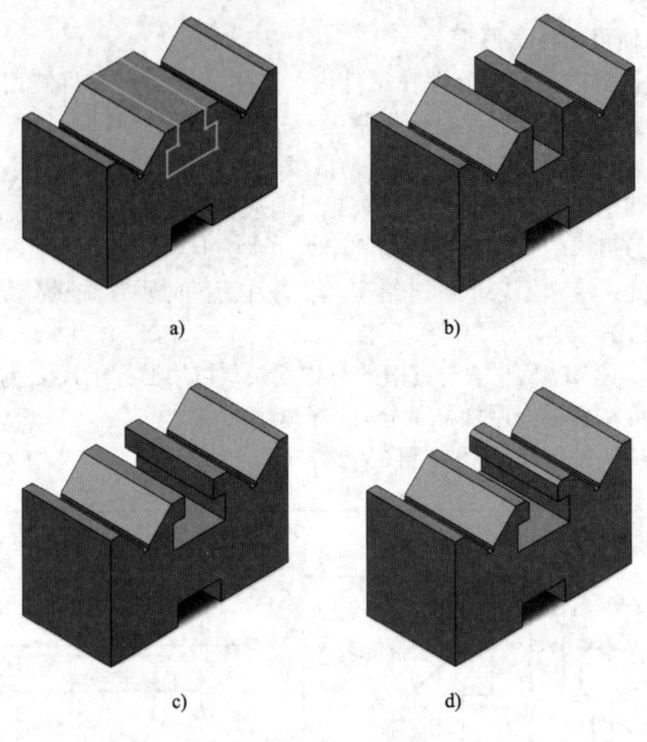

图 3－25　铣削过程

课题七　燕尾槽和燕尾的铣削

一、燕尾结构

燕尾结构由配合使用的燕尾槽和燕尾组成。由于燕尾结构的燕尾槽和燕尾之间有相对的直线运动，因此，对其角度、宽度、深度具有较高的精度要求，尤其对其斜面的制造精度要求更高，且表面粗糙度 *Ra* 值要小。燕尾的角度 α 有 45°、50°、55°、60°等多种，一般采用 55°。

高精度的燕尾结构将燕尾槽与燕尾同一侧的斜面制成与相对直线运动方向倾斜的，即带斜度的燕尾结构，配以带有斜度的镶条，可准确地调整间隙，如图 3－26 所示。

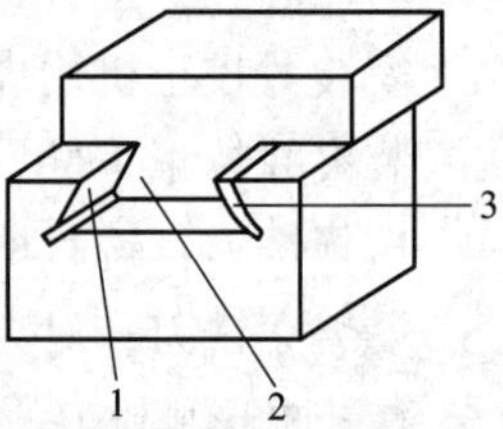

图 3－26　燕尾槽和燕尾
1—燕尾槽　2—燕尾　3—镶条

二、燕尾槽和燕尾的铣削

铣削时，选用的刀具为角度与燕尾槽角度相对应的燕尾槽铣刀，且铣刀锥面刀齿宽度应大于工件燕尾槽斜面的宽度。燕尾槽和燕尾的铣削方法见表 3－14。

表 3－14　　　　燕尾槽和燕尾的铣削方法

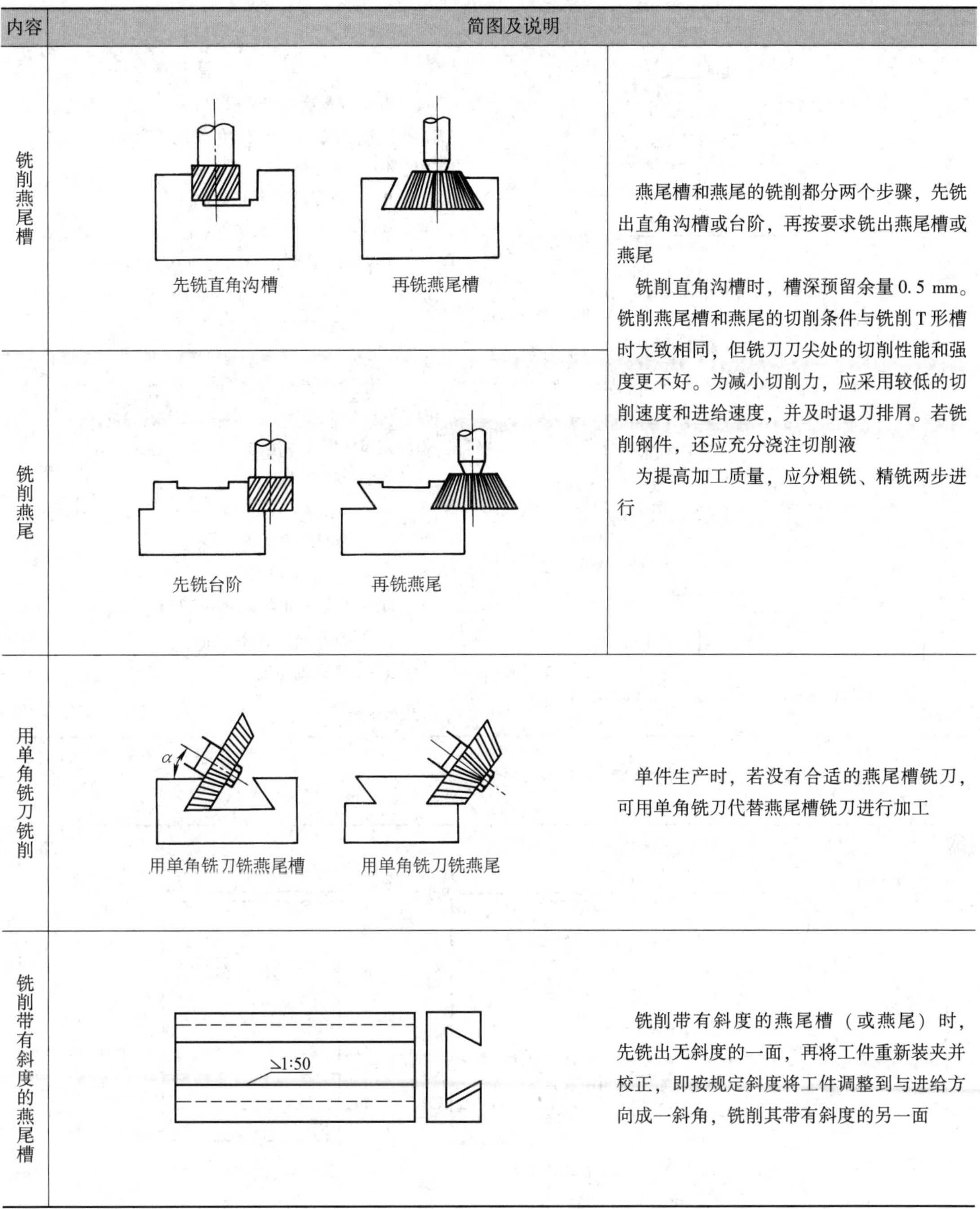

内容	简图及说明	
铣削燕尾槽	先铣直角沟槽　再铣燕尾槽	燕尾槽和燕尾的铣削都分两个步骤，先铣出直角沟槽或台阶，再按要求铣出燕尾槽或燕尾 铣削直角沟槽时，槽深预留余量 0.5 mm。铣削燕尾槽和燕尾的切削条件与铣削 T 形槽时大致相同，但铣刀刀尖处的切削性能和强度更不好。为减小切削力，应采用较低的切削速度和进给速度，并及时退刀排屑。若铣削钢件，还应充分浇注切削液 为提高加工质量，应分粗铣、精铣两步进行
铣削燕尾	先铣台阶　再铣燕尾	
用单角铣刀铣削	用单角铣刀铣燕尾槽　用单角铣刀铣燕尾	单件生产时，若没有合适的燕尾槽铣刀，可用单角铣刀代替燕尾槽铣刀进行加工
铣削带有斜度的燕尾槽		铣削带有斜度的燕尾槽（或燕尾）时，先铣出无斜度的一面，再将工件重新装夹并校正，即按规定斜度将工件调整到与进给方向成一斜角，铣削其带有斜度的另一面

三、燕尾槽和燕尾的检测

1. 燕尾槽和燕尾的槽角 α 可用游标万能角度尺或样板进行检测。

2. 燕尾槽的深度和燕尾的高度可用游标深度卡尺或游标高度卡尺进行检测。

3. 由于燕尾槽有空刀槽，燕尾有倒角，其宽度尺寸无法直接进行检测，通常采用标准量棒进行间接检测，见表 3－15。

表 3-15　　燕尾槽和燕尾宽度的检测

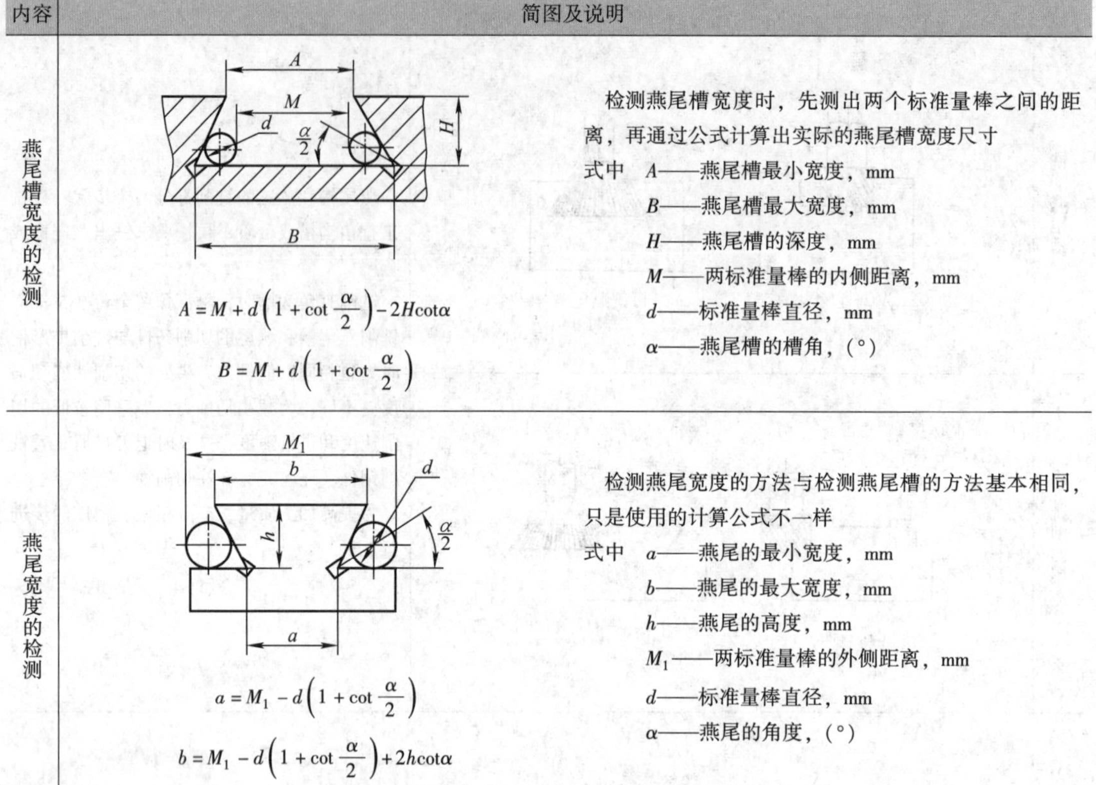

内容	简图及说明
燕尾槽宽度的检测	$A = M + d\left(1 + \cot\frac{\alpha}{2}\right) - 2H\cot\alpha$ $B = M + d\left(1 + \cot\frac{\alpha}{2}\right)$ 检测燕尾槽宽度时，先测出两个标准量棒之间的距离，再通过公式计算出实际的燕尾槽宽度尺寸 式中　A——燕尾槽最小宽度，mm B——燕尾槽最大宽度，mm H——燕尾槽的深度，mm M——两标准量棒的内侧距离，mm d——标准量棒直径，mm α——燕尾槽的槽角，(°)
燕尾宽度的检测	$a = M_1 - d\left(1 + \cot\frac{\alpha}{2}\right)$ $b = M_1 - d\left(1 + \cot\frac{\alpha}{2}\right) + 2h\cot\alpha$ 检测燕尾宽度的方法与检测燕尾槽的方法基本相同，只是使用的计算公式不一样 式中　a——燕尾的最小宽度，mm b——燕尾的最大宽度，mm h——燕尾的高度，mm M_1——两标准量棒的外侧距离，mm d——标准量棒直径，mm α——燕尾的角度，(°)

四、技能训练——铣削燕尾槽（图 3-27）

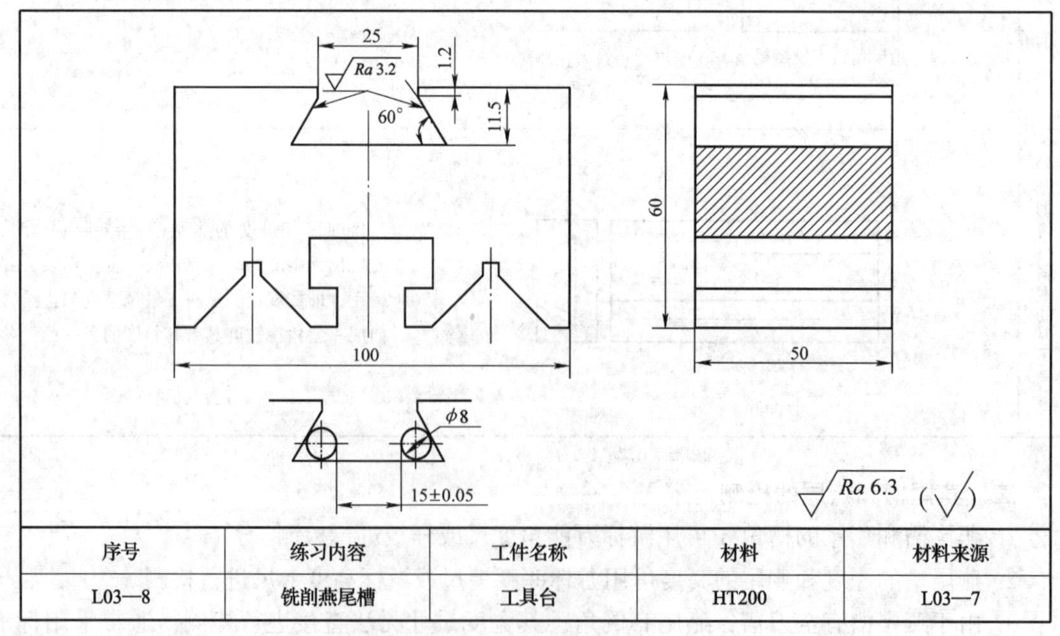

序号	练习内容	工件名称	材料	材料来源
L03—8	铣削燕尾槽	工具台	HT200	L03—7

图 3-27　铣削燕尾槽

1. 对照图样，检查工件毛坯并划线（图 3－28a）。

2. 安装并校正机用虎钳钳口与纵向进给方向平行。

3. 装夹并校正工件。

4. 选择并安装燕尾槽铣刀。

5. 按划线粗铣燕尾槽，约留精铣余量 1mm。

6. 根据测量得到的实际尺寸，调整精加工工件的铣削用量，完成燕尾槽的精加工（图 3－28b）。

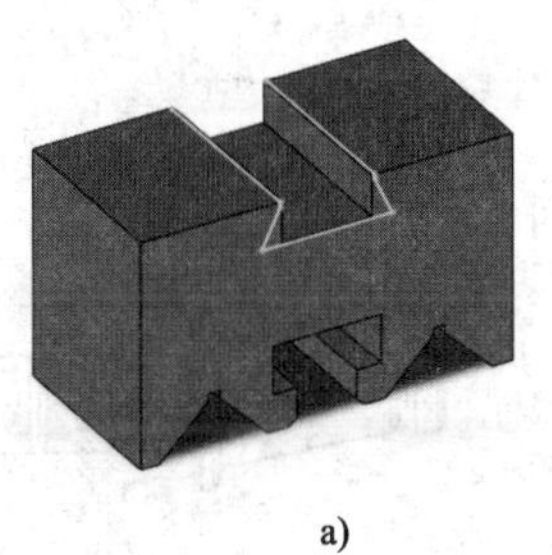
a)

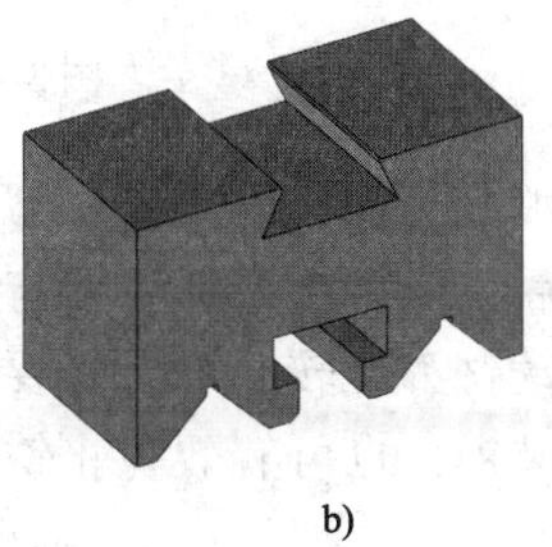
b)

图 3－28　铣削过程

课题八　切断和铣窄槽

一、锯片铣刀

1. 锯片铣刀

在铣床上经常使用锯片铣刀铣削窄槽或切断工件。锯片铣刀的刀齿有粗齿、中齿和细齿之分。粗齿锯片铣刀的齿数少，齿槽的容屑量大，主要用于切断工件。细齿锯片铣刀的齿数多，齿更细，排列更密，但齿槽的容屑量小。中齿和细齿锯片铣刀适用于切断较薄的工件，也常用于铣削窄槽。

用锯片铣刀切断时，主要选择锯片铣刀的直径和宽度。在能够将工件切断的前提下，尽量选择直径较小的锯片铣刀。铣刀直径 D 由铣刀杆直径 d 和工件切断厚度 t 确定：

$$D > d + 2t$$

用于切断的锯片铣刀的宽度应按其直径选用。铣刀直径大，铣刀的宽度选大一些；铣刀直径小，则铣刀的宽度就选小一些。

为了提高切断的工作效率，还可以使用疏齿的错齿锯片铣刀（图 3－29），可以进一步提高铣削的进给速度。

2. 锯片铣刀的安装

锯片铣刀的直径大而宽度小，刚度和强度较低，切断深度大，受力就大，铣刀容易折断。因此，安装锯片铣刀时应格外注意。

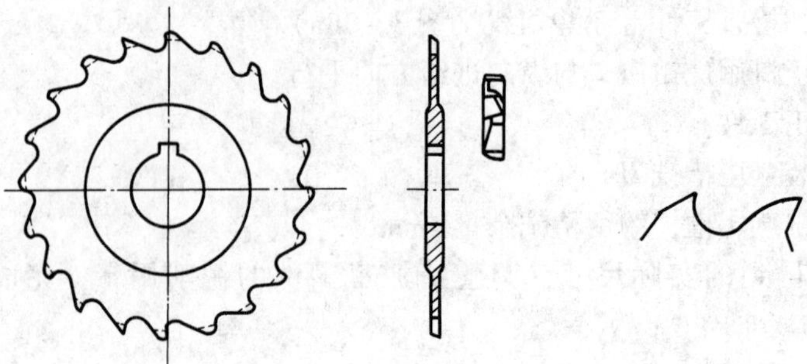

图 3－29　错齿锯片铣刀

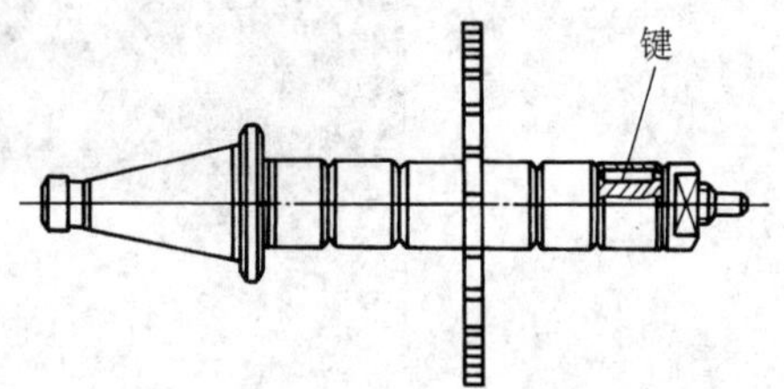

图 3－30　锯片铣刀的防松措施

（1）安装锯片铣刀时，不要在铣刀杆与铣刀间装键。铣刀紧固后，依靠铣刀杆垫圈与铣刀两侧端面间的摩擦力带动铣刀旋转。若有必要，在靠近紧刀螺母的垫圈内装键，也可有效防止铣刀松动，如图 3－30 所示。

（2）安装大直径锯片铣刀时，应在铣刀两端面采用大直径的垫圈，以提高其刚度和摩擦力，使铣刀工作更加平稳。

（3）为提高刀杆的刚度，安装锯片铣刀时应尽量靠近主轴端部或刀杆支架。

（4）锯片铣刀安装后，应保证刀齿的径向圆跳动量和轴向圆跳动量不超过规定的范围。

二、工件的装夹

工件的装夹必须牢固可靠，在切断工作中经常会因为工件的松动而使铣刀折断（俗称“打刀”）或工件报废，甚至发生安全事故。切断或切槽常用机用虎钳、压板或专用夹具等对工件进行装夹，见表 3－16。

表 3－16　　工件的装夹

内容	简图及说明
用机用虎钳装夹工件	v_f 小型工件经常在机用虎钳上装夹。其固定钳口一般与主轴轴线平行，切削力应朝向固定钳口。工件伸出的长度要尽量短些，以铣刀不会铣伤钳口为宜。这样，可以充分提高工件的装夹刚度，并减少切削中的振动
夹紧力方向	装夹错误，易夹刀　装夹正确，不夹刀 用机用虎钳装夹工件，无论是切断还是切槽，工件在钳口上的夹紧力方向应平行于进给方向，以避免工件夹刀

续表

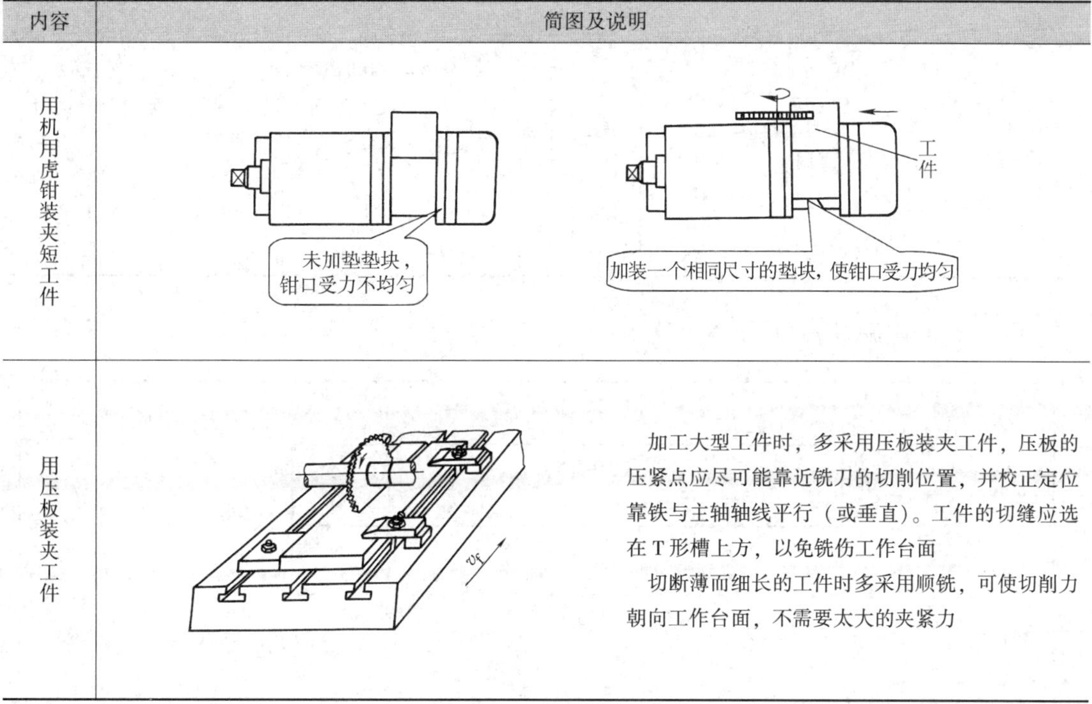

内容	简图及说明
用机用虎钳装夹短工件	
用压板装夹工件	加工大型工件时，多采用压板装夹工件，压板的压紧点应尽可能靠近铣刀的切削位置，并校正定位靠铁与主轴轴线平行（或垂直）。工件的切缝应选在T形槽上方，以免铣伤工作台面 切断薄而细长的工件时多采用顺铣，可使切削力朝向工作台面，不需要太大的夹紧力

三、工件的切断

工件在切断或切槽时应尽量采用手动进给，进给速度要均匀。若采用机动进给，铣刀切入或切出还需要手动进给，进给速度不宜太快，并将不使用的进给机构锁紧。切削钢件时应充分浇注切削液。工件的切断方法见表3－17。

表3－17　　工件的切断方法

内容	简图及说明
铣刀的位置	正确　错误 切断工件时，为防止铣刀将工件抬起引起“打刀”，应尽量使铣刀圆周切削刃刚好与工件底面相切，或稍高于底面，即铣刀刚刚切透工件即可
切断薄片	A　L　B 切断薄片时，一次装夹，可逐次切出几个工件。切断工件前，将工作台按其位移量 A 横向移动一段切削距离，并锁紧横向进给机构。工作台位移量 A 等于铣刀宽度 L 与工件厚度 B 之和，即 $A=L+B$

续表

内容	简图及说明
切断厚块	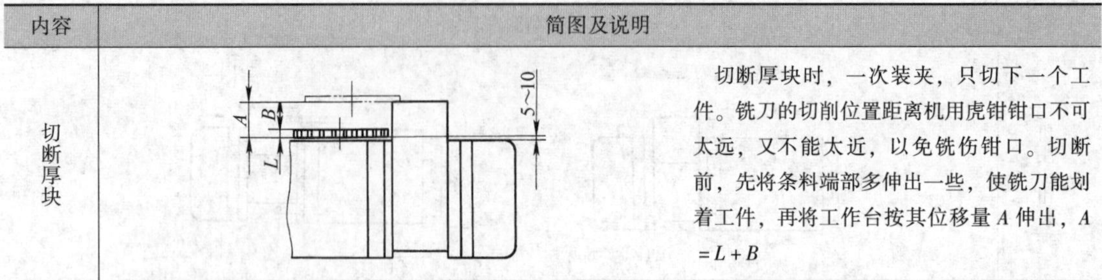 切断厚块时，一次装夹，只切下一个工件。铣刀的切削位置距离机用虎钳钳口不可太远，又不能太近，以免铣伤钳口。切断前，先将条料端部多伸出一些，使铣刀能划着工件，再将工作台按其位移量 A 伸出，$A=L+B$

四、技能训练——直尺下料（图 3-31）

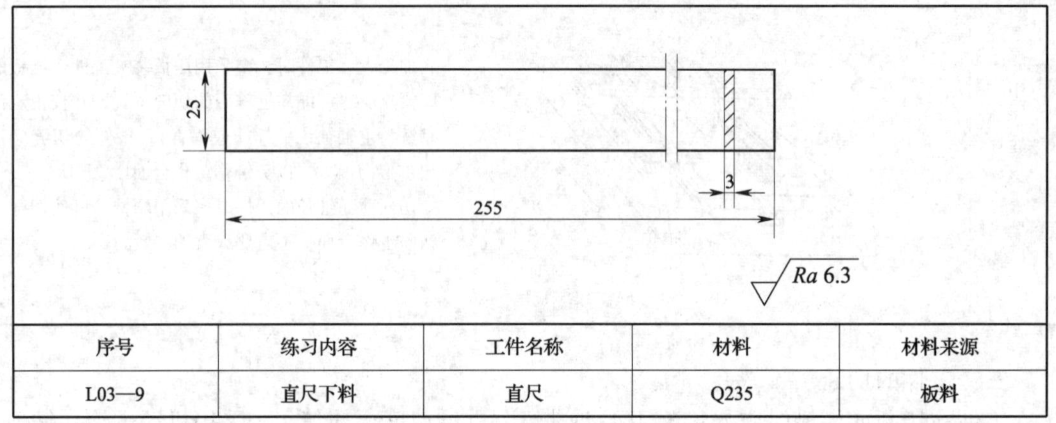

序号	练习内容	工件名称	材料	材料来源
L03—9	直尺下料	直尺	Q235	板料

图 3-31 直尺下料

1. 加工步骤

（1）检查工件毛坯并划线（图 3-32a）。

（2）装夹并校正工件，使切口与纵向进给方向平行。

（3）选择并安装直径适当的锯片铣刀。

（4）调整铣刀位置进行铣削，使其符合图样要求（图 3-32b）。

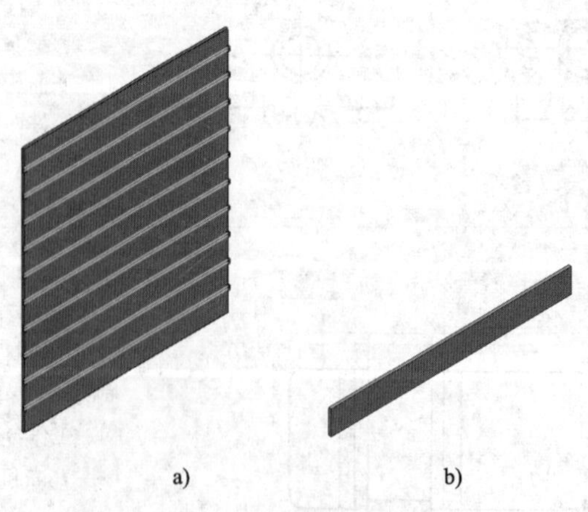

图 3-32 铣削过程

2. 注意事项

（1）铣削前应仔细检测并校正工作台的“0”位。

（2）铣刀用钝应及时更换或刃磨，不允许使用磨钝的铣刀切断或切槽。

（3）应密切观察铣削过程，若有异常，应立即停止工作台进给，再停止主轴旋转，退出工件。

第四单元

分度方法及应用

当对工件进行圆周等分、转过一定的角度或进行精确的直线移距时，需要借助于分度头或回转工作台，采用不同的分度方法进行工作。常用的分度方法有简单分度法、角度分度法、差动分度法和直线移距分度法等。

课题一　万能分度头与回转工作台的使用

万能分度头及回转工作台是铣床的精密附件，它们用来在铣床及其他机床上装夹工件，以满足不同工件的装夹要求，并可对工件进行圆周等分，通过交换齿轮与工作台纵向丝杆连接加工螺旋线、等速凸轮等，从而扩大了铣床的加工范围。

一、万能分度头的结构和功用

1. F11125 型万能分度头的结构

F11125 型万能分度头的结构如图 4－1 所示。分度头的主轴 8 为空心轴，两端为莫氏 4 号锥孔，前锥孔用来安装顶尖或锥度心轴，后锥孔用来安装挂轮轴，主轴前端有一短圆锥用

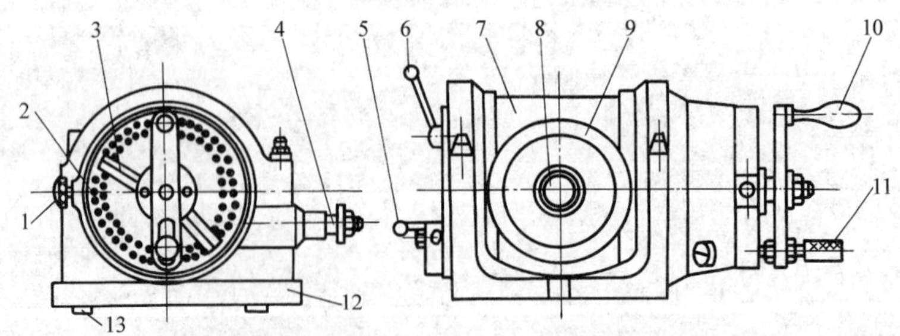

图 4－1　F11125 型万能分度头的结构

1—分度盘紧固螺钉　2—分度盘　3—分度叉　4—侧轴　5—蜗轮蜗杆离合手柄　6—主轴紧固手柄　7—回转体　8—主轴　9—刻度盘　10—分度手柄　11—定位插销　12—基座　13—定位键

来安装三爪自定心卡盘的连接盘。松开基座 12 后方的两个紧固螺钉，可使回转体 7 转动 -6°~90°，使分度头的主轴与工作台面成一定的角度。分度头主轴的前端有一刻度盘 9，可用来直接分度。手柄 6 用来紧固分度头主轴。手柄 5 用于蜗轮蜗杆副的接合或脱开。侧轴 4 用来安装交换齿轮。基座上可安装定位键 13 与工作台上的 T 形槽配合，对分度头定位。分度手柄 10 与分度盘 2、定位插销 11、分度叉 3 配合使用完成分度工作。分度盘和侧轴不需转动时，将分度盘紧固螺钉 1 紧固。分度盘和侧轴需转动时，则必须松开该紧固螺钉。F11125 型万能分度头分度盘孔圈孔数及交换齿轮齿数见表 4 - 1。

表 4 - 1　　F11125 型万能分度头分度盘孔圈孔数及交换齿轮齿数

分度头形式	分度盘孔圈孔数及交换齿轮齿数
带一块分度盘	正面：24、25、28、30、34、37、38、39、41、42、43 反面：46、47、49、51、53、54、57、58、59、62、66
带两块分度盘	第一块　正面：24、25、28、30、34、37　反面：38、39、41、42、43 第二块　正面：46、47、49、51、53、54　反面：57、58、59、62、66
交换齿轮齿数	25（两个）、30、35、40、45、50、55、60、70、80、90、100　共 13 块 因在这 13 个齿轮中最大齿数为 100，最小齿数为 25，故当交换齿轮传动比小于 1/4 或大于 4 时，必须采用复式轮系

分度叉的作用是计数，将分度叉 1 和 2 之间调整成需要转过的孔距数（比需要转过的孔数多一个孔），以免分度时摇错手柄，如图 4 - 2 所示。

F11125 型万能分度头蜗杆蜗轮副的传动比为 40∶1，即定数为 40，当分度手柄转 1 转时，主轴（蜗轮轴）转 1/40 转。其最大夹持直径为 250 mm，中心高度为 125 mm，中心高度是用分度头划线、校正的一个重要依据。

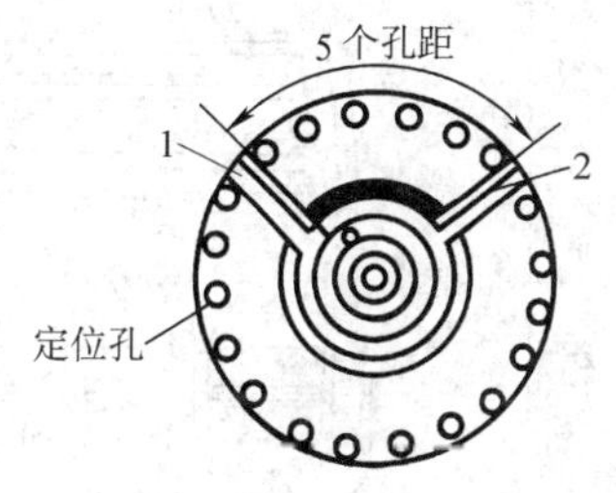

图 4 - 2　分度盘与分度叉

2. F11125 型万能分度头的附件及功用

为了满足不同零件的装夹要求及分度头的各种用途，F11125 型万能分度头配有多种附件，其名称及功用见表 4 - 2。

表 4 - 2　　F11125 型万能分度头的附件及功用

名称	简图及说明
三爪自定心卡盘	三爪自定心卡盘与连接盘 三爪自定心卡盘通过连接盘安装在分度头主轴上，用来夹持工件。使用时将方头扳手插入卡盘体的方孔内，转动扳手通过三爪联动可将工件定心夹紧或松开

续表

名称	简图及说明	
尾座	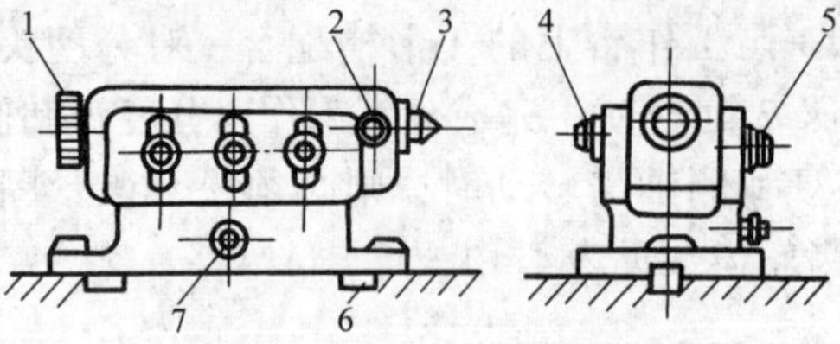 1—手轮　2、4、5—紧固螺钉　3—顶尖 6—定位键　7—调整螺钉	尾座又称尾架，用来配合分度头装夹带中心孔的轴类零件，转动手轮1可使顶尖3进退，以便装卸工件；松开紧固螺钉4、5，转动调整螺钉7，可使顶尖升降或转动角度；定位键6使尾座顶尖中心线与分度头主轴中心线保持共面；再通过顶尖的升降即可使两中心线同轴
顶尖、拨盘、鸡心夹头	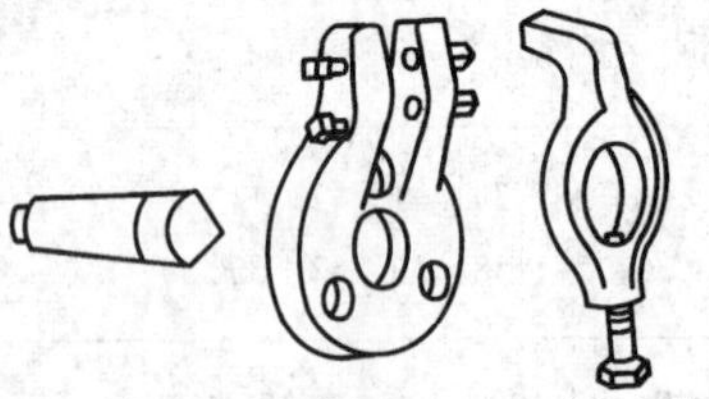 顶尖　拨盘　鸡心夹头	顶尖、拨盘、鸡心夹头用来装夹带中心孔的轴类零件，使用时将顶尖装在分度头主轴锥孔内，将拨盘装在分度头主轴前端端面上，然后用内六角圆柱头螺钉紧固。用鸡心夹头将工件夹紧放在分度头与尾座两顶尖之间，同时将鸡心夹头的弯头放入拨盘的开口内，将工件顶紧后，紧固拨盘开口上的紧固螺钉，使拨盘与鸡心夹头连接，用以将主轴的转动传递给工件，及保证主轴锁紧时工件不会发生转动
挂轮轴、挂轮架	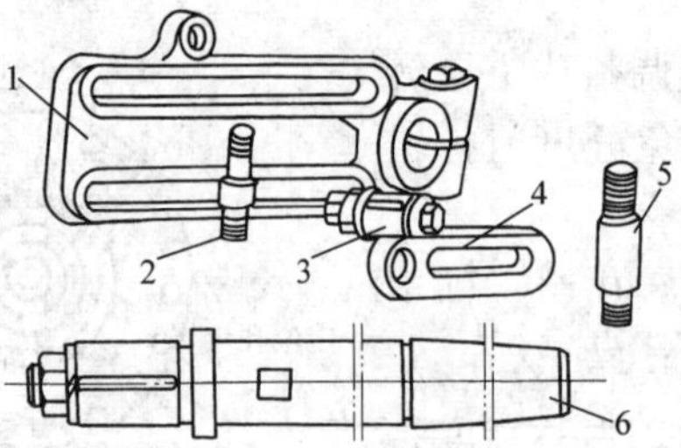 1—挂轮架　2、5—螺钉轴 3—挂轮轴轴套　4—支承板　6—锥度挂轮轴	挂轮轴、挂轮架用来安装交换齿轮。挂轮架1利用开缝孔安装在分度头的侧轴上，挂轮轴轴套3用来安装挂轮，它的另一端安装在挂轮架的长槽内，调整好交换齿轮位置后将其紧固在挂轮架上。支承板4通过螺钉轴5安装在分度头基座后方的螺孔上，用来支承挂轮架。锥度挂轮轴6安装在分度头主轴的后锥孔内，另一端安装交换齿轮
千斤顶	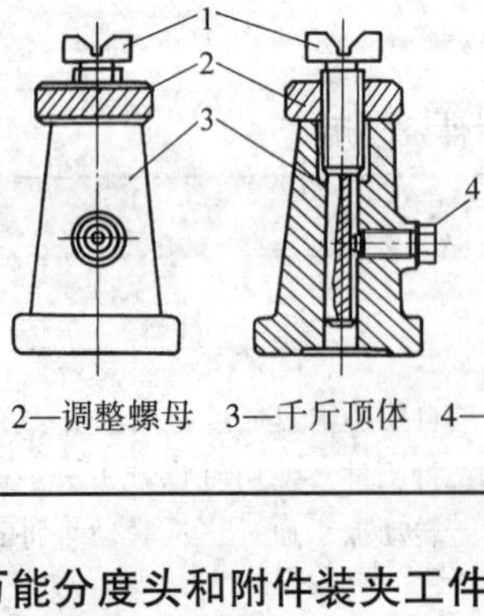 1—顶头　2—调整螺母　3—千斤顶体　4—紧固螺钉	千斤顶用来支承刚度较低、易弯曲变形的工件，以减少变形。使用时松开紧固螺钉4，转动调整螺母2，使顶头1上下移动，当顶头的V形槽与工件接触稳固后，拧紧紧固螺钉4

二、用万能分度头和附件装夹工件的方法

用万能分度头和附件装夹工件的方法很多，每种方法适用的场合与特点各不相同。下面介绍几种常见的装夹及校正的方法，见表4-3。

表 4-3　　用万能分度头和附件装夹及校正工件的方法

方法	简图及说明	
用两顶尖装夹工件	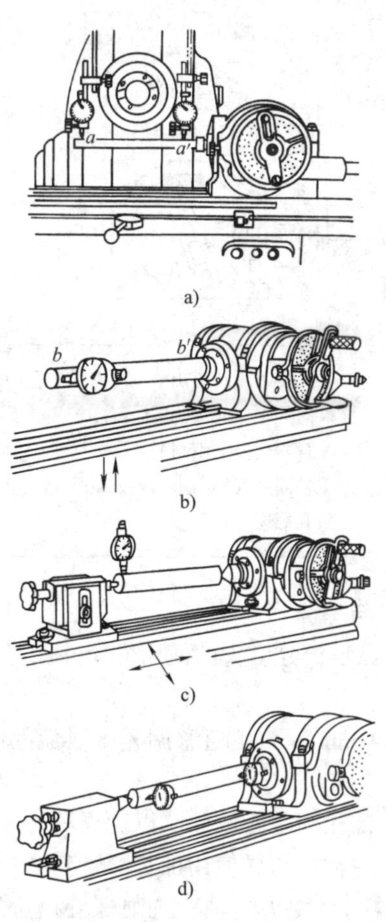	用两顶尖装夹工件，一般用于两端带中心孔的轴类零件的精加工，工件与主轴的同轴度精度较高 装夹工件前，应先校正分度头和尾座。校正时，取锥柄心轴插入主轴锥孔内，用百分表校正心轴 a 点处的圆跳动，见图 a。符合要求后，再校正 a 和 a' 两点处的高度误差。校正方法是摇动工作台做纵向或横向移动，使百分表通过心轴的上素线，测出 a 和 a' 两点处的高度误差，调整分度头主轴角度，使 a 和 a' 两点处高度一致，则分度头主轴轴线平行于工作台面 然后校正分度头主轴侧素线与工作台纵向进给方向平行，见图 b。校正方法是将百分表测头置于心轴侧素线处并指向轴线，纵向移动工作台，测出百分表在 b 和 b' 两点处的读数差，调整分度头，使两点处读数一致 分度头校正完毕。最后，顶上尾座顶尖检测，若不符合要求，则需校正尾座，使之符合要求，校正方法见图 c 和图 d
用三爪自定心卡盘装夹工件	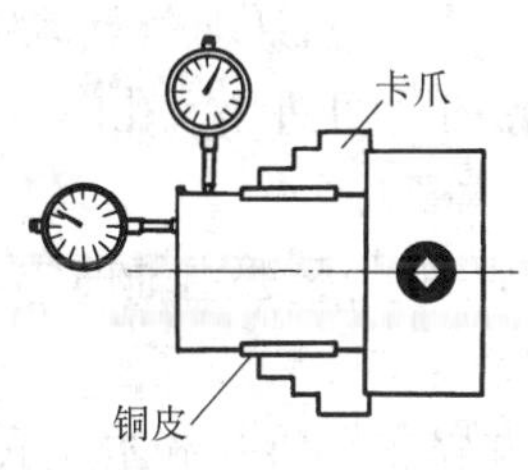	加工较短的轴、套类零件时，可直接用三爪自定心卡盘装夹，用百分表校正工件外圆，当外圆的圆度误差较大时可在卡爪上垫铜皮，使径向圆跳动符合要求。用百分表校正端面时，用铜锤轻轻敲击高点，使轴向圆跳动符合要求。这种方法装夹简便，铣削平稳
用心轴装夹工件	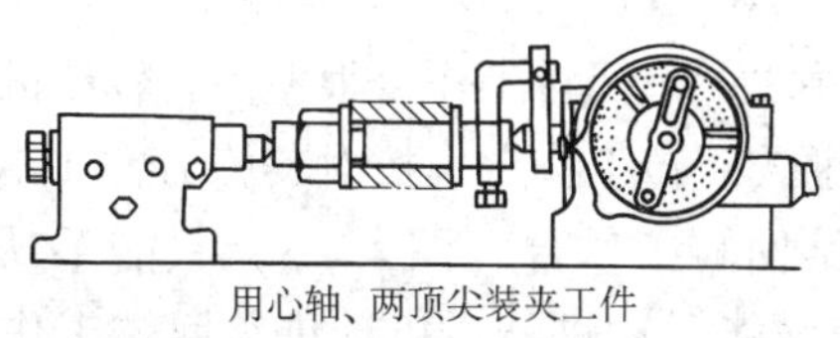 用心轴、两顶尖装夹工件	心轴主要用于套类及有孔盘类零件的装夹。心轴有锥度心轴和圆柱心轴两种。装夹前应先校正心轴轴线与分度头主轴轴线的同轴度，并校正心轴的上素线和侧素线与工作台面和工作台纵向进给方向平行 利用心轴装夹工件时又可以根据工件和心轴形式不同分为多种不同的装夹形式

续表

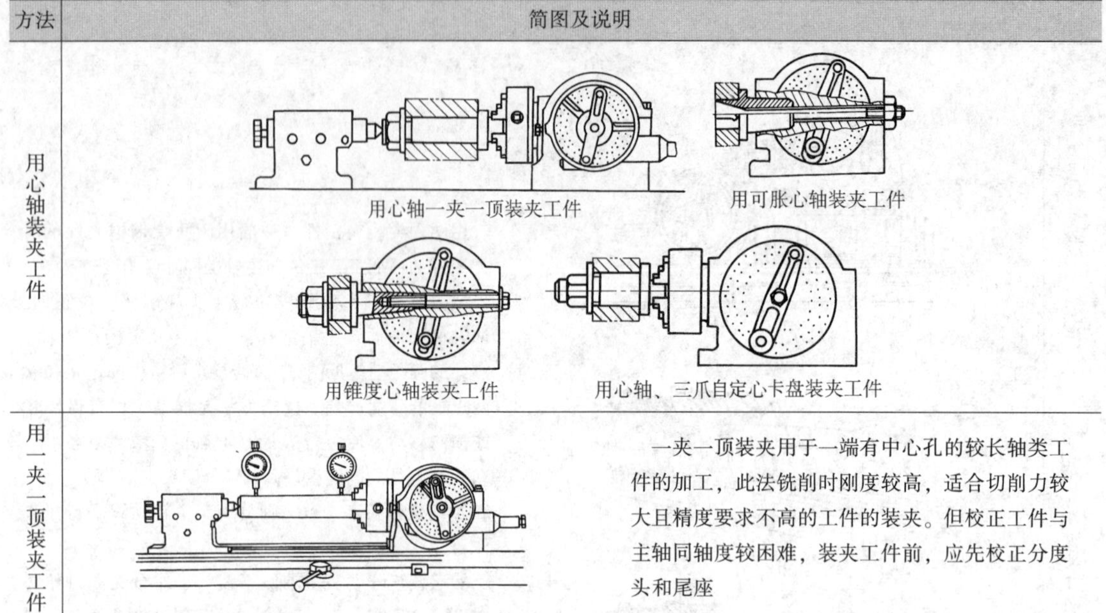

方法	简图及说明
用心轴装夹工件	用心轴一夹一顶装夹工件 用可胀心轴装夹工件 用锥度心轴装夹工件 用心轴、三爪自定心卡盘装夹工件
用一夹一顶装夹工件	一夹一顶装夹用于一端有中心孔的较长轴类工件的加工，此法铣削时刚度较高，适合切削力较大且精度要求不高的工件的装夹。但校正工件与主轴同轴度较困难，装夹工件前，应先校正分度头和尾座

三、F11125 型万能分度头的正确使用、维护与保养

分度头是铣床的精密附件，正确使用和保养能延长分度头的使用寿命并保持其精度。使用和维护时应注意以下几点：

1. 分度头蜗轮蜗杆的啮合间隙（0.02 ~ 0.04 mm）不能随意调整，以免间隙过大影响精度，过小则会增加磨损。

2. 在装卸、搬运分度头时，要保护好主轴、锥孔和基座底面，以免损坏。

3. 在分度头上装卸工件时，应先锁紧分度头主轴，切忌使用加长套管套在扳手上施力。

4. 分度前应先松开主轴锁紧手柄，分度后紧固分度头主轴；铣削螺旋槽进给时主轴锁紧手柄应松开。

5. 分度时，应顺时针摇动手柄，如手柄摇错孔位，将手柄逆时针转动半圈后再顺时针转动到规定的孔位。分度定位插销应缓慢插入分度盘孔内，切勿弹入孔内，以免损坏分度盘的孔眼和定位插销。

6. 调整分度头主轴的仰角（起度角）时，不应将基座上靠近主轴前端的两个内六角紧固螺钉松开，否则会使主轴起度零位发生变动。

7. 要保持分度头的清洁，使用前应先清除污物，并将主轴锥孔和基座底面擦拭干净。

8. 分度头各部位要按说明书的要求定期加油润滑，分度头存放时应涂防锈油。

四、回转工作台的结构和功用

回转工作台又称圆转台，是铣床的主要附件之一。回转工作台根据回转轴线的方向不同分为卧轴式和立轴式两种，铣床上常用的是立轴式回转工作台。按对其施力方式不同，回转工作台分为手动进给和机动进给两种。手动进给回转工作台（图 4 – 3）只能手动进给；机动进给回转工作台（图 4 – 4）既可机动进给，又能手动进给。机动进给回转工作台的结构与手动进给回转工作台基本相同，主要差别是它的传动轴 4 可通过万向联轴器与铣床传动装置连接，实现机动回转进给。离合器手柄 3 可改变圆工作台的回转方向及停止圆工作台的机动进给。

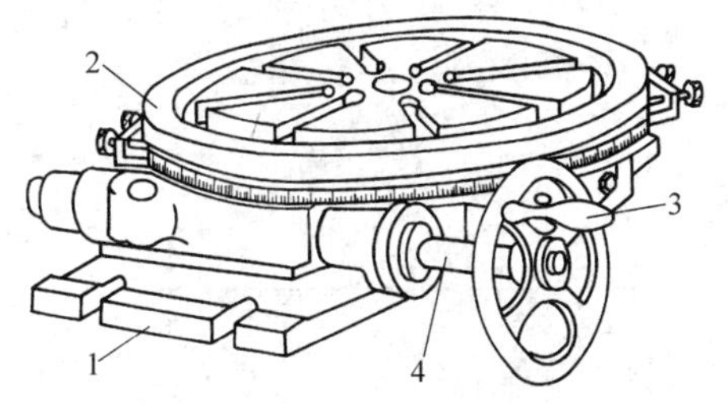

图 4－3　手动进给回转工作台

1—底座　2—圆工作台

3—手轮　4—蜗杆轴承

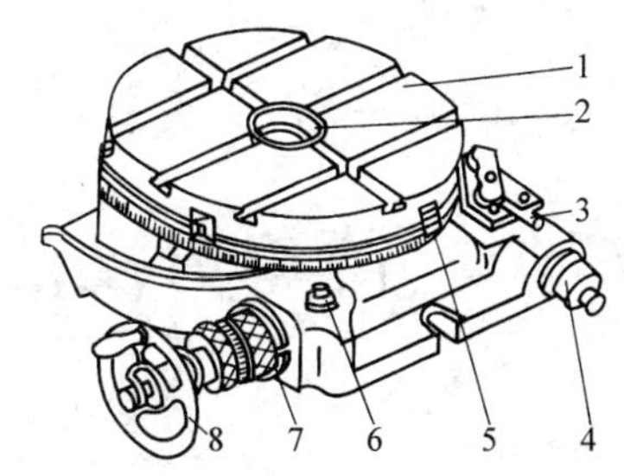

图 4－4　机动进给回转工作台

1—圆工作台　2—锥孔　3—离合器手柄　4—传动轴

5—挡铁　6—螺母　7—偏心环　8—手轮

回转工作台的规格以圆工作台的外径表示，有 160 mm、200 mm、250 mm、320 mm、400 mm、500 mm、630 mm、800 mm 和 1 000 mm 等规格，常用规格有 250 mm、320 mm、400 mm和 500 mm 四种。

回转工作台主要用于中、小型工件的圆周分度及做圆周进给铣削回转曲面，如铣削工件上的圆弧形周边、圆弧形槽、多边形工件和有分度要求的槽或孔等。回转工作台可配备分度盘，在手轮轴上套装分度盘和分度叉，转动带有定位插销的分度手柄，则蜗杆轴（手轮轴）转动，并带动蜗轮（即圆工作台）和工件回转，达到分度的目的。

五、技能训练——用分度头及附件装夹工件

1. 校正练习——用两顶尖装夹工件

（1）将长 300 mm 的莫氏 4 号锥度检验心轴插入分度头主轴锥孔内，校正分度头主轴上素线和侧素线，在 300 mm 长度上百分表读数差应不超过 0. 03 mm。

（2）取下检验心轴，安装分度头顶尖和尾座。

（3）将标准心轴顶在两顶尖之间。

（4）校正标准心轴上素线和侧素线至符合要求。

2. 校正练习——用一夹一顶装夹工件

（1）步骤

1）在分度头主轴端安装三爪自定心卡盘。

2）用三爪自定心卡盘装夹标准心轴，并用百分表校正径向圆跳动至符合要求。

3）校正标准心轴上素线和侧素线至符合要求。

4）安装尾座顶尖，并将标准心轴顶紧。

5）校正标准心轴上素线和侧素线，若不符合要求，仅调整尾座顶尖，使标准心轴上素线和侧素线符合要求。

（2）注意事项

1）校正练习中百分表读数差值的变化往往受其他很多因素的影响，故教师应根据具体情况适当调整学生练习时的允许误差值。

2）分度头及各附件的基准面在安装前一定要擦拭干净，以免影响校正精度。

3）校正时应注意百分表测头的压入量及位置，以免误读或测量不准。

4）校正时不准用锤子敲击心轴、分度头及尾座。

课题二　简单分度法及应用

简单分度法又称单式分度法，是最常用的分度方法。用该方法分度时，应先将分度盘紧固螺钉锁紧，然后摇动分度手柄，使蜗杆带动蜗轮旋转，从而带动工件转过一定的等分数。

一、简单分度的公式

$$n = k/z$$

式中　n——分度手柄转数；

k——分度头或回转工作台的定数；

z——工件等分数。

分度头定数为 40，故 $n = 40/z$。

回转工作台定数分别为 60、90、120，则 n 分别为 $60/z$、$90/z$、$120/z$。

二、用简单分度法铣削正多边形工件（表 4－4）

表 4－4　用简单分度法铣削正多边形工件

内容	简图及说明
正多边形的计算	中心角　$\alpha = \dfrac{360°}{z}$ 内角　$\theta = \dfrac{180°}{z}(z-2)$ 边长　$s = D\sin\dfrac{\alpha}{2}$ 内切圆直径　$d = D\cos\dfrac{\alpha}{2}$ 式中　D——外切圆直径，mm z——正多边形的边数
正多边形工件的装夹	衬套　a)　衬套　b)　c) 铣削短小的正多边形工件一般采用分度头上的三爪自定心卡盘装夹，用三面刃铣刀铣削，如图 a 和图 b 所示。装夹工件的螺纹部分时要采用衬套或垫铜皮，以防夹伤螺纹。露出卡盘部分应尽量短些，以防止铣削中工件松动 铣削较长的正多边形工件时，可用分度头配以尾座装夹，用立铣刀或面铣刀铣削，如图 c 所示

续表

内容		简图及说明
铣削的方法	用单刀铣削	单刀铣削时，一般用侧擦法对刀，如图所示，使铣刀与工件外圆轻轻相擦后，将工件进给一个距离 e，试铣一刀，检测合格后，依次分度铣削其他各边。这种方法可以用来加工任何边数的多边形 $$e=\frac{D-d}{2}$$ 式中　D——工件外圆直径，mm d——内切圆直径，mm
	用组合铣刀铣削	组合法只适合边数为偶数的多边形的铣削。一般用试切法对中心。先将两把铣刀的内侧距离调整为多边形对边的尺寸 s（即 $s=d$）。用目测法将试件中心对正两铣刀中间，在试件端面适量铣去一些后，退出试件，旋转 180°再铣一刀，若其中有一把铣刀切下了切屑，则说明对刀不准。这时可测量第二次铣削后试件的尺寸 s'，将试件未铣到的一侧向同侧铣刀移动一个距离 $e=\frac{s-s'}{2}$ 即可。对刀结束，锁紧工作台，换上工件，开始正式铣削

三、技能训练——用简单分度法铣削正多边形工件（图 4－5）

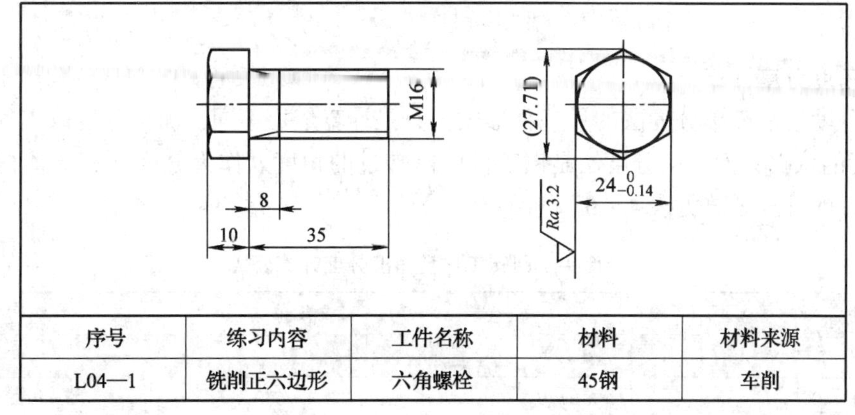

序号	练习内容	工件名称	材料	材料来源
L04—1	铣削正六边形	六角螺栓	45钢	车削

图 4－5　铣削正六边形

1. 教学建议与注意事项

（1）学生独立进行六边形的相关计算和分度计算。

（2）分别采用立铣刀和组合铣刀各铣削一件，对比两种方法的不同特点。

（3）用立铣刀铣削时，选择立铣刀长度应考虑卡盘能在立铣头下通过而不妨碍铣削，铣刀直径应大于螺栓头的厚度。

（4）铣削钢件时应加注切削液。

2. 加工步骤

（1）对照图样，检查工件毛坯（图 4－6a）。

（2）安装并校正分度头。

（3）装夹并校正工件。

（4）选择并安装铣刀。

（5）对刀，试铣，检测合格后，依次分度铣削其他各边至符合图样要求（图 4－6b）。

a)　　b)

图 4－6　铣削过程

课题三　角度分度法及应用

一、角度分度计算

角度分度法是简单分度法的另一种形式，只是计算依据不同，简单分度以工件的等分数 z 作为分度的依据，而角度分度法是以工件所需转过的角度 θ 作为分度计算的依据，其分度手柄转数 n 的计算公式见表 4－5。

表 4－5　　分度头及回转工作台角度分度计算公式

定数	分度单位		
	θ（°）	θ（′）	θ（″）
$k=40$	$n=\theta/9$	$n=\theta/540$	$n=\theta/32\ 400$
$k=60$	$n=\theta/6$	$n=\theta/360$	$n=\theta/21\ 600$

续表

定数	分度单位		
	θ（°）	θ（′）	θ（″）
$k=90$	$n=\theta/4$	$n=\theta/240$	$n=\theta/14\ 400$
$k=120$	$n=\theta/3$	$n=\theta/180$	$n=\theta/10\ 800$

注：k 为分度头及回转工作台的定数，n 为分度手柄转数，θ 为工件分度所需转过的角度。

如果所分的角度有两个以上的单位，则要统一化作其中的最小单位后再代入公式计算；也可以分步代入公式计算。

例如：工件所需转过的角度 $\theta=150°20'$。则先将 $150°20'$代入公式 $n=\theta/9°=150°20'/9°=16$ 转余 $6°20'$，而 $6°20'=380'$，再将 $380'$代入公式 $n=\theta/540'=380'/540'=38/54$。

即：要使工件转过 $150°20'$，只需将分度手柄在 54 孔孔圈上转过 16 转后再转过 38 孔即可。

另外在进行角度分度时，还可以通过查表法直接获得手柄应在相应孔圈所转过的转数 n。

二、技能训练——铣削不等分角度面（图 4－7）

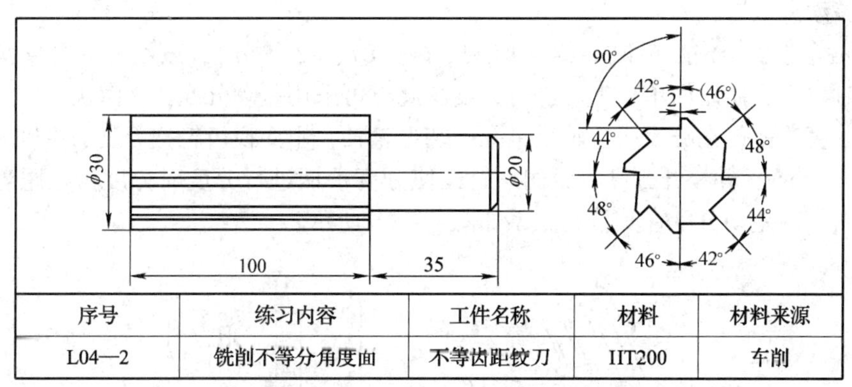

序号	练习内容	工件名称	材料	材料来源
L04—2	铣削不等分角度面	不等齿距铰刀	HT200	车削

图 4－7　铣削不等分角度面

1. 教学建议与注意事项

（1）建议采用一夹一顶装夹工件，校正上素线和侧素线的平行度误差在 0.03 mm 以内。

（2）在卧式铣床上采用 80 mm × 12 mm × 27 mm 的三面刃铣刀铣削。

（3）计算分度手柄转数并用查表法进行验证。

（4）加工前应划出各齿前面位置线及棱边位置线，铣削时利用棱边宽度来控制切深。

2. 加工步骤

（1）对照图样，检查工件毛坯（图 4－8a）。

（2）安装并校正分度头、尾座。

（3）装夹并校正工件。

（4）选择并安装铣刀。

（5）对刀，试铣，检测合格后，依次分度铣削其他各齿至符合图样要求（图 4－8b）。

图 4－8 铣削过程

课题四 差动分度法及应用

一、差动分度法

当圆周等分数 z 不能与 40 相约（如 61、69、87、93 等分），或约分后分度盘上没有所需的孔圈时，无法使用简单分度法进行分度，此时可采用差动分度法来解决。

差动分度法就是在分度头主轴后锥孔中装上轮轴，用交换齿轮把分度头主轴和侧轴连接起来（图 4－9a），并松开分度盘紧固螺钉，使分度手柄进行分度时分度盘也跟着转过一个角度，从而实现差动分度。其传动关系如图 4－9b 所示。

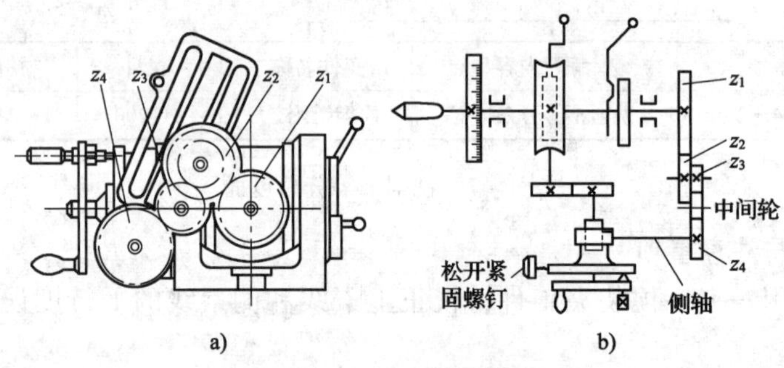

图 4－9 差动分度法

a）交换齿轮安装 b）传动关系

二、差动分度的计算

1. 差动分度的计算方法及步骤

（1）设定假定等分数 z_o（z_o必须能够进行简单分度，且 $z_o < z$）。

（2）计算分度手柄假定转数 n_o。

$$n_o = \frac{40}{z_o}$$

（3）计算交换齿轮传动比，确定交换齿轮齿数。

$$\frac{z_1 z_3}{z_2 z_4}=\frac{40(z_o - z)}{z_o}$$

式中　z_1、z_3——主动交换齿轮齿数；

z_2、z_4——被动交换齿轮齿数。

由于 $z_o < z$，故传动比为负值，在配置交换齿轮时需适当增加中间轮（中间轴数为偶数），使分度盘转向与手柄转向相反。

2. 交换齿轮的安装及应注意的问题

（1）安装交换齿轮时，首先一定要分清主动轮与被动轮的位置，不可将其位置颠倒安装。

（2）采用复式轮系时，交换齿轮的搭配应满足以下条件：

$$\begin{cases} z_1 + z_2 > z_3 + (15 \sim 20) \\ z_3 + z_4 > z_2 + (15 \sim 20) \end{cases}$$

（3）安装交换齿轮时，应先安装固定轴（如分度头主轴、侧轴）上的齿轮，再利用挂轮架安装及调整中间轴上的齿轮，并与它们相连接。

三、技能训练——圆周刻线（图 4－10）

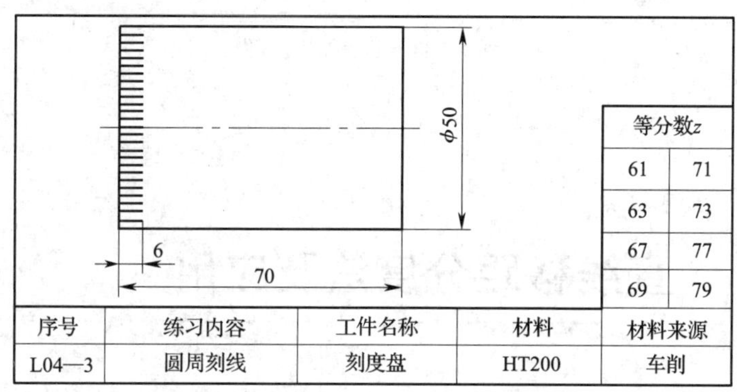

图 4－10　圆周刻线

1. 教学建议与注意事项

（1）主要练习交换齿轮的安装与调整。

（2）安装交换齿轮时应特别注意：主动轮与被动轮的位置不可颠倒，中间轮的个数要正确，否则会造成分度错误。

（3）分度前一定要松开分度盘紧固螺钉，才能进行差动分度。

2. 加工步骤

（1）安装刻线刀　将夹头安装到铣床主轴中，再将刻线刀安装到夹头中。

（2）安装及校正工件

1）将分度头安装到铣床工作台上。

2）对照图样，检查工件毛坯（图 4－11a）。装夹工件，并用百分表检测工件径向圆跳动误差，使其尽量控制在 0.02 mm 内。

（3）安装交换齿轮　根据给定的等分数选择交换齿轮及配挂元件。安装挂轮架及交换齿轮，并调整好齿轮的传动间隙。

（4）刻线

1）按照划出的中心线调整横向工作台，使刻线刀的刀尖对准工件上的中心线，并紧固横向工作台。

2）调整铣床工作台，使刻线刀刀尖刚刚接触工件端面，并在工作台纵向进给手柄的刻度盘上做好长度标记。

3）调整铣床工作台，使刻线刀刀尖刚刚接触工件圆柱面，纵向退出工件，使工作台上升0.1～0.15 mm，试刻（图4－11b），并视线条清晰程度对刻线深度做适当的调整。分度、移距刻完所有刻线（图4－11c）。

4）退刀，检查所刻刻线是否符合要求，合格后，卸下工件，去毛刺。

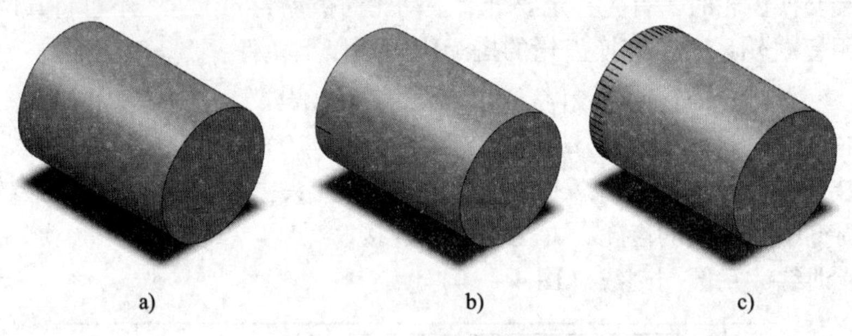

图4－11 圆周刻线过程

课题五 直线移距分度法及应用

当工作台需要进行重复等距离直线移动时，如直尺刻线、铣长齿条时的移距，若采用工作台进给丝杆上的刻度盘为依据直接移距，则存在精度低、效率差、易出差错等缺点。这时若将分度头的主轴或侧轴通过交换齿轮与工作台的丝杆相连接，利用分度头主轴或侧轴的转动带动工作台移动，不仅操作简便，而且移动精度高，这一移距方法就是直线移距分度法。

一、主轴挂轮法

主轴挂轮法是将分度头主轴经交换齿轮与工作台纵向丝杆相连接，这样利用分度头的传动比及分度盘的计数功能，便可简便、精确地进行移距分度。其传动系统如图4－12所示，图中为复式轮系。这种方法适用于间隔距离较小或移距精度要求较高的分度场合。

交换齿轮传动比计算公式为：

$$\frac{z_1 z_3}{z_2 z_4}=\frac{40L}{nP_{丝}}$$

式中 z_1、z_3——主动轮齿数；

z_2、z_4——被动轮齿数；

40——分度头定数；

L——每次分度时工件移动的距离，mm；

n——每次分度时分度手柄的转数（一般 n 取小于10的整转数）；

$P_{丝}$——工作台纵向丝杆螺距，mm。

交换齿轮的安装如图 4－13 所示，图中为单式轮系。

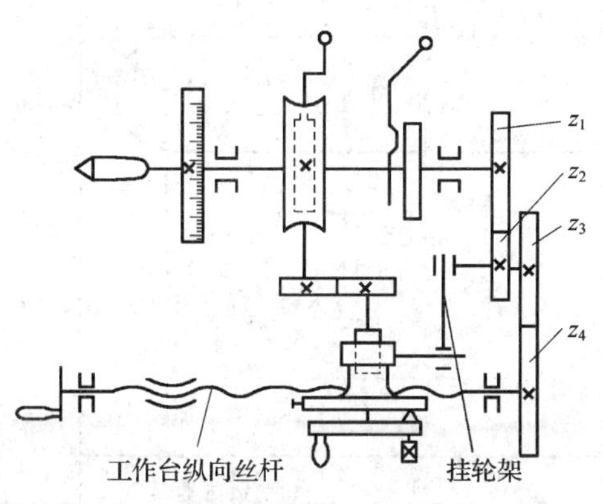

图 4－12　主轴挂轮法传动系统

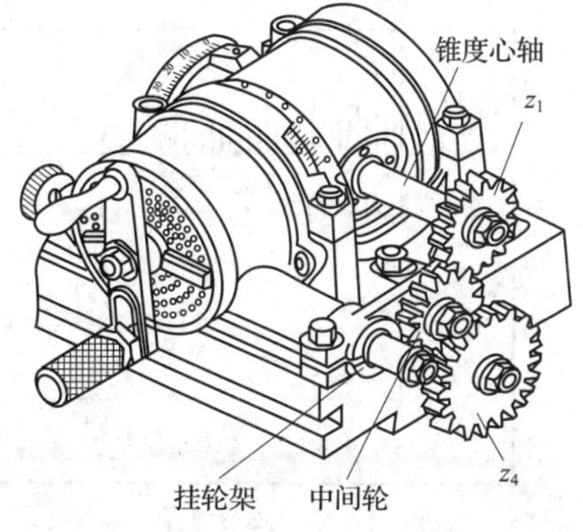

图 4－13　主轴挂轮法交换齿轮的安装

二、侧轴挂轮法

侧轴挂轮法适用于间隔较大的直线移距分度。这种方法是在分度头侧轴与工作台丝杆之间安装交换齿轮，并将分度头主轴锁紧，此时分度手柄被固定。分度时松开分度盘紧固螺钉，拔出分度插销，用扳手转动侧轴，则分度盘相对分度插销转动的转数作为分度转动量的依据。同时，侧轴带动交换齿轮及纵向丝杆转动，实现工作台的纵向进给。侧轴挂轮法传动系统如图 4－14 所示。

交换齿轮传动比计算公式为：

$$\frac{z_1z_3}{z_2z_4}=\frac{L}{nP_{丝}}$$

式中　z_1、z_3——主动轮的齿数；

z_2、z_4——被动轮的齿数；

L——每次分度工件移动的距离，mm；

n——每次分度时分度盘的转数；

$P_{丝}$——工作台纵向丝杆螺距，mm。

交换齿轮的安装如图 4－15 所示，图中为复式轮系。

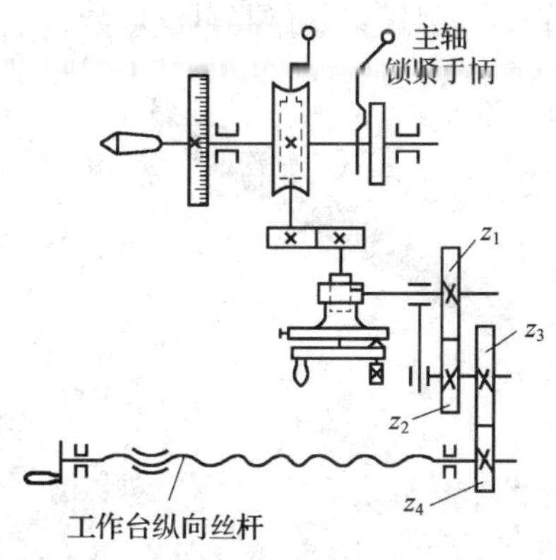

图 4－14　侧轴挂轮法传动系统

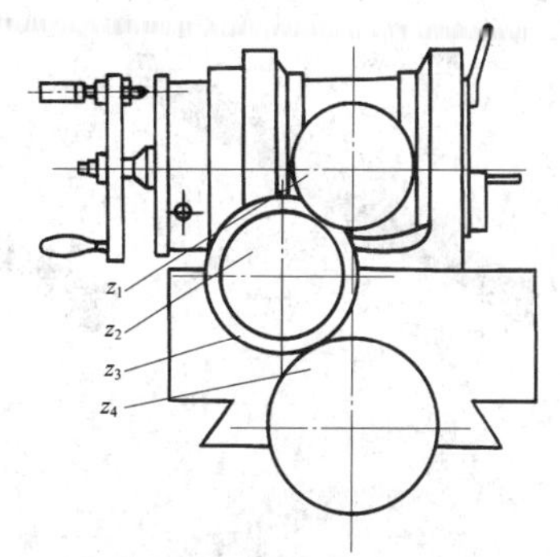

图 4－15　侧轴挂轮法交换齿轮的安装

三、技能训练——直尺刻线（图 4－16）

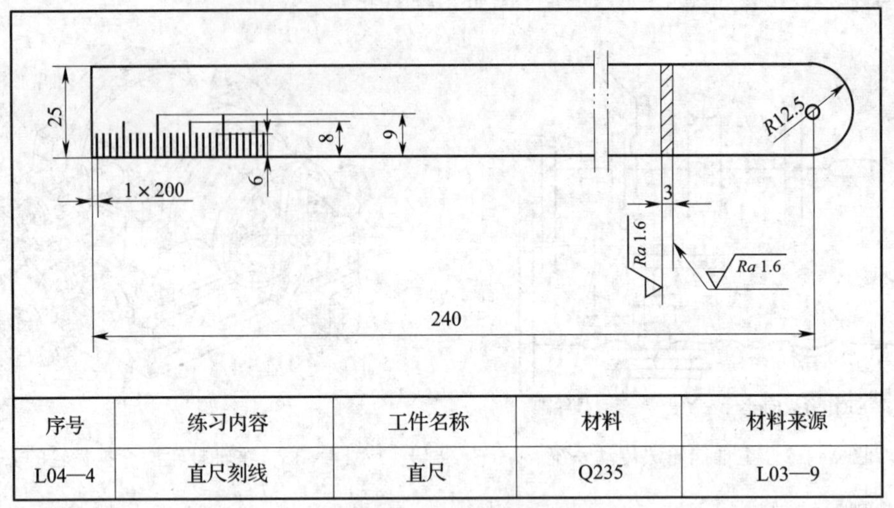

序号	练习内容	工件名称	材料	材料来源
L04—4	直尺刻线	直尺	Q235	L03—9

图 4－16　直尺刻线

1. 教学建议及注意事项

（1）分组分别采用主轴挂轮法和侧轴挂轮法进行练习，以便学生对两种方法进行比较。

（2）刻线深度选择 0. 25 ~ 0. 5 mm 为宜。

（3）如刻线线条粗细不均匀，原因是工件径向圆跳动误差超差或工件表面不平整；如刻线线条长短不一致，原因是机床进给手柄刻度盘松动或进给时摇错刻度；如刻线间隔宽窄不一致，原因是分度错误或工作中没有注意消除各传动间隙。

（4）在进行刻线工作时，应将主轴转速调至最低或将其锁死，并切断机床电源。

2. 加工步骤

（1）对照图样，检查工件毛坯（图 4－17a）。

（2）安装分度头及交换齿轮。

（3）装夹并校正工件。

（4）安装刻线刀。

（5）对刀，试刻线（图 4－17b）。

（6）检测合格后，依次直线移距刻出其他各刻线，至符合图样要求（图 4－17c）。

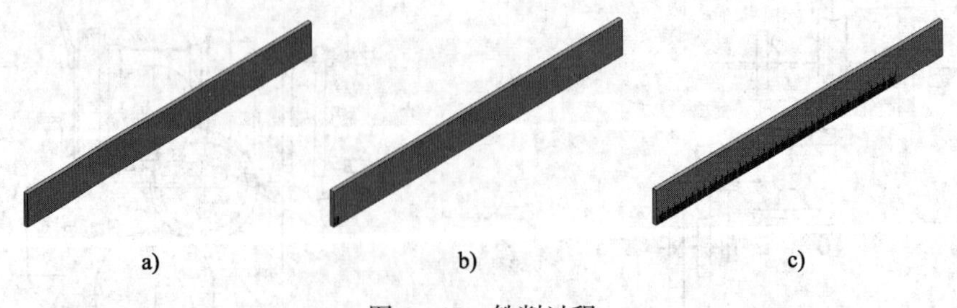

图 4－17　铣削过程

第五单元

外花键和牙嵌离合器的铣削

外花键（花键轴）和牙嵌离合器都是机械设备中广泛应用的零件。虽然在大量生产时外花键一般在专用设备上加工，但在单件修配及小批量生产时，通常在卧式铣床或立式铣床上利用分度头进行铣削加工。它们属于典型的轴、套类零件，所以通过进行外花键、牙嵌离合器铣削的技能训练，可进一步熟悉分度头的使用，掌握轴、套类零件装夹和加工的特点。

课题一　矩形齿外花键的铣削

由于矩形齿外花键（花键轴）加工简便，因此应用非常广泛。矩形齿外花键连接的方式有小径定心、大径定心和齿侧定心三种。在卧式铣床或立式铣床上利用分度头铣削矩形齿外花键，以加工大径定心的矩形齿外花键为主，对以齿侧和小径定心的矩形齿外花键，一般只进行粗加工。

一、两键侧的铣削

铣削矩形齿外花键的过程主要分两步进行：第一步先铣两键侧，保证键宽及键齿的几何精度；第二步修铣小径圆弧。下面首先介绍几种键侧的铣削方法，见表 5 –1。

二、修铣外花键小径圆弧

对于以大径定心的外花键而言，其小径的精度要求较低，一般只要不影响其装配和使用即可。修铣外花键小径圆弧的方法见表 5 –2。

三、外花键的检测方法及铣削时的注意事项

1. 外花键的检测方法

对于单件、小批量加工而言，一般均采用通用量具检测外花键各要素的偏差。

（1）外花键的键宽及小径尺寸用千分尺或游标卡尺检测。

（2）外花键的键侧对其轴线的对称度和平行度误差用杠杆百分表检测，其方法与试切法对刀时相同。

表 5－1　外花键键侧的铣削方法

<table>
<tr><th colspan="2">方法</th><th>简图及说明</th></tr>
<tr><td rowspan="3">用一把三面刃铣刀（单刀）铣键侧</td><td>装夹、校正与铣刀选择</td><td>单刀铣削键侧时三面刃铣刀宽度的确定

单刀铣削键侧主要适用于单件生产和维修加工。工件采用一夹一顶或两顶尖装夹，并需检测工件两端的径向圆跳动、上素线与工作台面平行、侧素线与工作台纵向进给方向平行
对齿数少于 6 齿的外花键，一般无须考虑铣刀的宽度。当齿数多于 6 齿时，为了避免铣伤邻齿，三面刃铣刀的宽度应小于小径上两齿间的弦长，其宽度可按下式选择：
$$B \leqslant d\sin\left(\frac{180^\circ}{z}-\arcsin\frac{b}{d}\right)$$
式中　B——三面刃铣刀的宽度，mm
z——花键齿数
b——花键键宽，mm
d——花键小径，mm</td></tr>
<tr><td rowspan="2">对刀与加工方法
</td><td>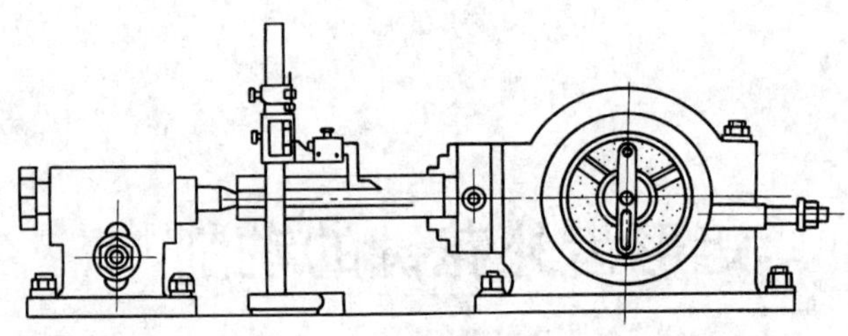
外花键划线的方法

单刀铣削键侧时一般均采用划线法对刀，即先将游标高度卡尺调至比工件中心高半个键宽，在工件圆周和端面上各划一条线；通过分度头将工件转过 180°，将游标高度卡尺移到工件的另一侧再各划一条线，检查两次所划线之间的宽度是否等于键宽，若不等，应调整游标高度卡尺重划，直至宽度正确为止。然后通过分度头将工件转过 90°，使划线部分外圆朝上，用游标高度卡尺在端面上划出花键的深度线［$T=(D-d)/2+0.5$］</td></tr>
<tr><td>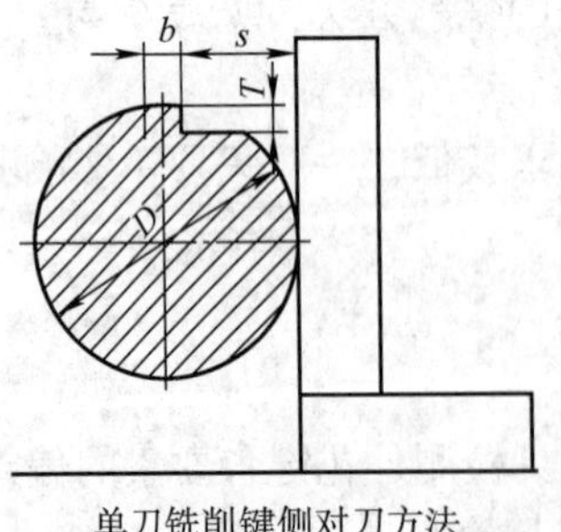
单刀铣削键侧对刀方法

将三面刃铣刀的侧刃距键宽线一侧 0.3～0.5 mm 对刀，开动机床，使工作台上升，铣刀轻轻划着工件后，调整铣削接触弧深至 T。铣出第一个键侧，将直角尺尺座紧贴工作台面，长边侧面紧贴工件的侧素线，用游标卡尺测出该键侧到直角尺的水平距离 s，s 的理论值见下式
$$s=\frac{D-b}{2}$$
式中　D——花键大径，mm
b——花键键宽，mm
若实际值小于理论值，横向补充一个进刀量等于其差值，铣削后再测一次，达到正确值后，锁紧横向工作台，依次分度铣出各齿同一齿侧</td></tr>
</table>

续表

方法		简图及说明
用一把三面刃铣刀（单刀）铣削键侧	对刀与加工方法	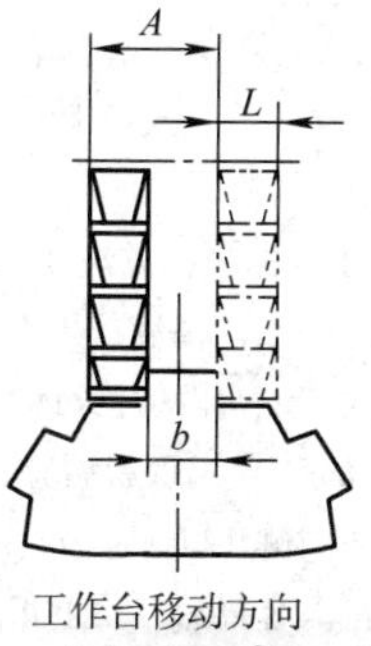 铣削另一键侧时的调整 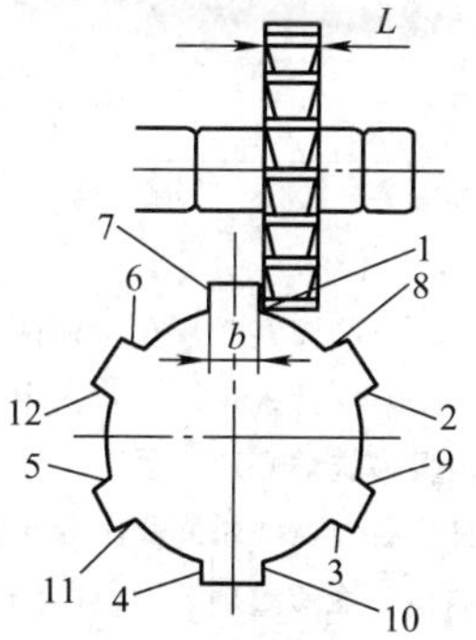 单刀铣削键侧的铣削顺序 完成一侧的铣削后将工作台横向移动一个距离 A，铣削键的另一侧。试铣一刀，测量键宽实际尺寸，根据实际误差进行调整，将键宽铣至准确值后，锁紧横向工作台，依次分度铣出各齿另一齿侧 工作台移动距离 A 按下式计算： $A = L + b + (0.3 \sim 0.5)$ 式中　L——三面刃铣刀的宽度，mm b——花键键宽，mm 用这种方法加工时，对刀和移距的准确程度将直接影响键宽的尺寸精度和两键侧相对于工件轴线的对称度 铣削顺序如左图所示
用组合铣刀铣削键侧	装夹、校正与铣刀选择	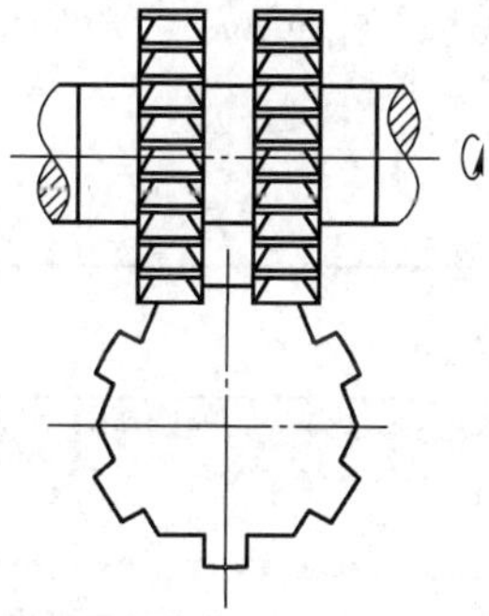 用组合铣刀铣削键侧 用组合铣刀铣削外花键键侧，装夹及校正的方法与单刀铣削键侧完全相同。由于两把铣刀可同时铣出一个齿的两个侧面，如左图所示，在小批量多件加工时，不仅效率高而且操作简便。但在选择及组合铣刀时应注意以下两点： 1. 选择的两把三面刃铣刀必须规格相同、直径相等（最好一起一次磨出） 2. 组合时，应使两铣刀内侧刃间的距离等于花键键宽，以保证铣出的键宽符合规定的尺寸要求
	对刀与加工方法	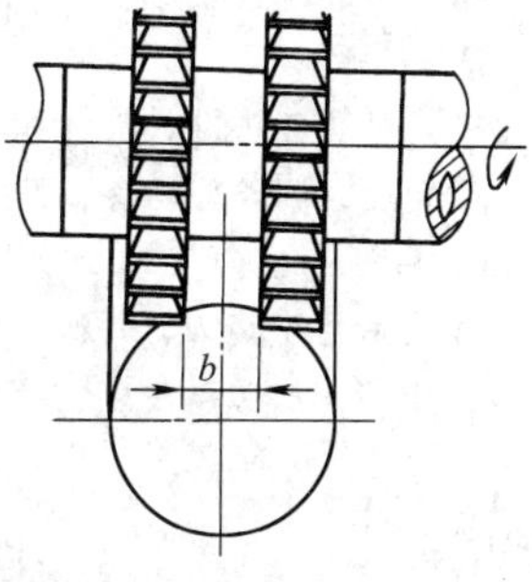 试切对刀 用组合铣刀铣削外花键键侧时，一般采用试件试切对刀法进行调整 先用前面介绍过的方法在试件上划出键宽线，用目测法使组合铣刀的两内侧刃分别与键宽线对正，试铣一刀；然后分别检测试件的键宽及两键侧相对轴线的对称度是否符合要求 若键宽不符合要求，则根据误差调整两铣刀间的垫圈厚度

续表

方法		简图及说明
用组合铣刀铣削键侧	对刀与加工方法	两键侧对称度误差的检测 对称度误差用百分表检测，方法是将试件顺时针转过 90°，用杠杆百分表检测键侧 1 的高度，再继续转过 180°检测键侧 2 的高度。若高度一致，说明两键侧对称。若高度不一致，则根据键侧 1、2 高度差的一半，重新调整工作台横向位置，调整方向是将高的一侧向同侧切削刀移动。调整后将试件转过一个齿距继续试切、测量。合格后，换上正式工件进行铣削
用硬质合金组合铣刀盘精铣键侧		硬质合金组合铣刀盘 当加工花键轴的数量较多时，在用前两种方法粗铣后，可用硬质合金组合铣刀盘精铣键侧。刀盘上共有两组铣头，每组两把，其中一组为铣键侧用，另一组为加工花键两侧倒角用。每组刀的左、右刀齿间距离及中心位置均可根据键宽或花键倒角的大小和位置随意调整。铣削前每侧精铣余量一般为 0.15 ~ 0.20 mm。铣削速度可选取 120 m/min 以上，进给速度可选取 150 ~ 375 mm/min。精铣后的键侧表面粗糙度 *Ra* 值可达 1.60 ~ 0.80 μm，一定程度上可代替花键磨床的加工

表 5－2　　修铣外花键小径圆弧的方法

方法	简图及说明
用锯片铣刀修铣小径圆弧	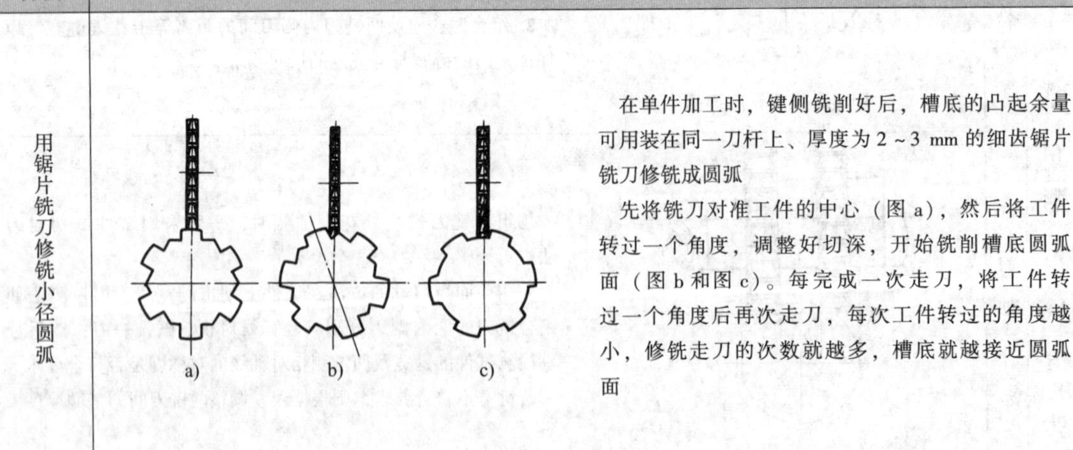 在单件加工时，键侧铣削好后，槽底的凸起余量可用装在同一刀杆上、厚度为 2 ~ 3 mm 的细齿锯片铣刀修铣成圆弧 先将铣刀对准工件的中心（图 a），然后将工件转过一个角度，调整好切深，开始铣削槽底圆弧面（图 b 和图 c）。每完成一次走刀，将工件转过一个角度后再次走刀，每次工件转过的角度越小，修铣走刀的次数就越多，槽底就越接近圆弧面

续表

<table>
<tr><th colspan="2">方法</th><th>简图及说明</th></tr>
<tr><td rowspan="3">用成形单刀头修铣小径圆弧</td><td>成形铣刀头的刃磨与安装</td><td> 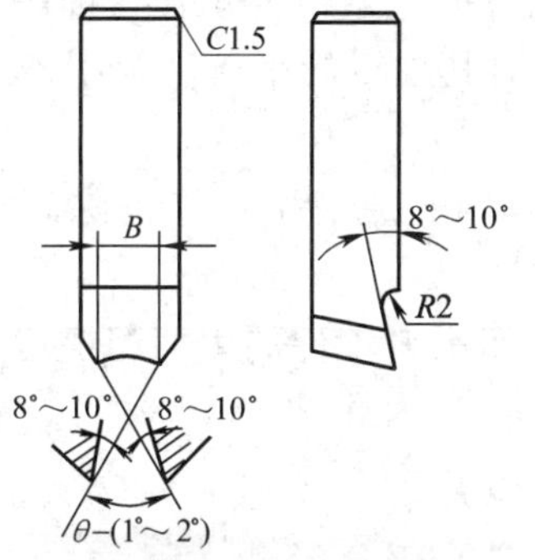成形铣刀头的几何角度 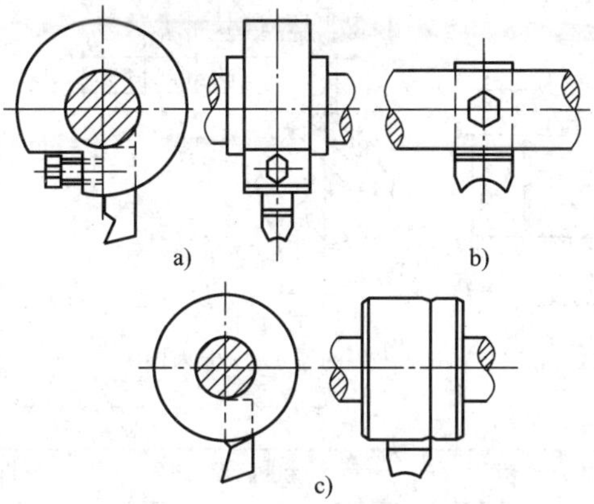
a)　b)　c)
单刀头一般用高速钢或硬质合金在砂轮机上手工磨成，刀头两侧斜面夹角略小于花键的等分角 θ，且对称于刀体的中心线，刀头圆弧半径 R 应等于工件小径的半径，圆弧两刀尖应等高，两刀尖间的距离应等于相邻两键间在小径上的弦长 B
花键等分角为：
$$\theta = 360°/z$$
相邻两键间在小径上的弦长为：
$$B = d\sin\left(\frac{180°}{z} - \arcsin\frac{b}{d}\right)$$
式中　B——两刀尖间的距离，mm
z——花键轴齿数
b——花键轴键宽，mm
d——花键轴小径直径，mm
刀头可用紧固刀盘（图 a）、方孔刀杆（图 b）或紧刀盘（图 c）装夹</td></tr>
<tr><td rowspan="2">对刀与加工方法</td><td> 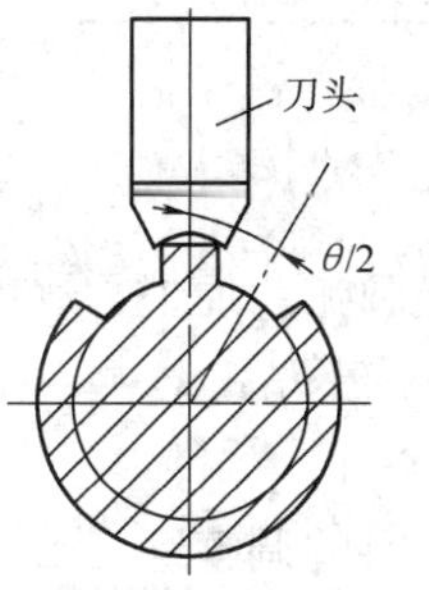成形铣刀头对中心
刀头安装后应使刀头圆弧中心与花键轴的中心重合。其方法是使花键两肩部同时与刀头圆弧接触，即对正中心</td></tr>
<tr><td> 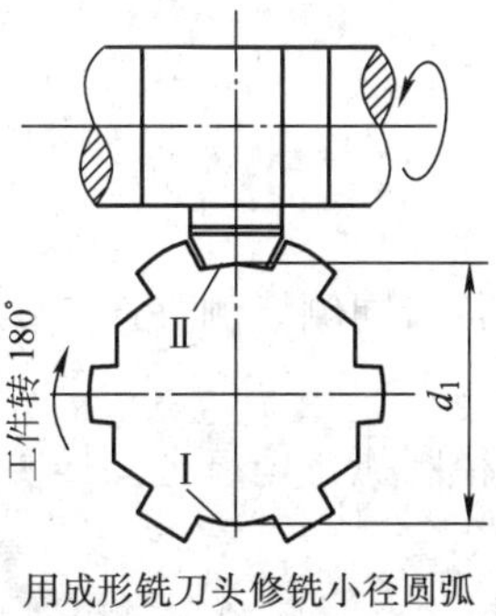用成形铣刀头修铣小径圆弧
中心对正后，将工件转过 $\theta/2$，使花键轴小径与成形铣刀头相对，然后试铣相对 180° 的 Ⅰ、Ⅱ 两处小径圆弧，检测尺寸符合要求后将小径各圆弧铣成</td></tr>
</table>

2. 铣削外花键时的注意事项

在铣床上用三面刃铣刀加工外花键时应特别注意以下问题：

（1）准确校正分度头及尾座的位置，保证工件的上素线与工作台面平行、侧素线与工作台纵向进给方向平行，是保证外花键的键侧面对其轴线的平行度及小径（或键高）在整个轴向尺寸一致的前提。

（2）操作要细心，在对刀、移距、分度操作时，应特别注意消除间隙，不要摇错刻度。

（3）合理选用铣削用量，避免走刀时因振动而影响工件的表面粗糙度。工件刚度较低时，中间应设置辅助支承。

四、技能训练——铣削矩形齿外花键（图 5－1）

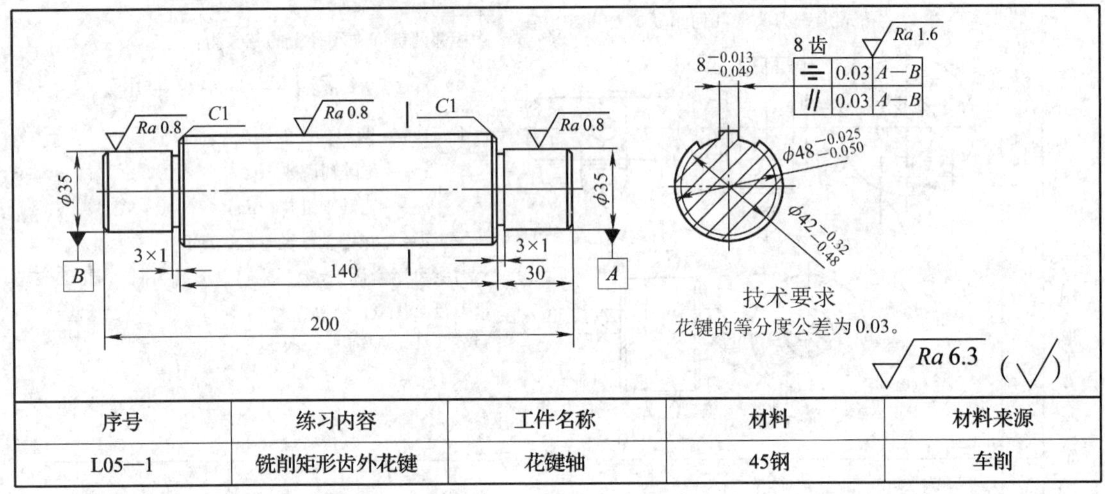

序号	练习内容	工件名称	材料	材料来源
L05—1	铣削矩形齿外花键	花键轴	45钢	车削

图 5－1　铣削矩形齿外花键

1. 教学建议与注意事项

（1）建议采用单刀铣削键侧、锯片铣刀修铣小径圆弧的加工方法进行操作练习。

（2）若采用三爪自定心卡盘和尾座顶尖一夹一顶方式装夹，下料时毛坯长度增加 20 mm，以免加工时铣刀碰伤卡爪。毛坯两端应钻中心孔。

（3）练习中应注重工件的装夹、校正练习和对刀时的调整练习。

2. 加工步骤

（1）对照图样，检查工件毛坯（图 5－2a）。

（2）安装并校正分度头、尾座。

（3）装夹并校正工件。

（4）选择铣刀。

（5）对刀，试铣，检测合格后，依次分度铣削各齿同侧齿侧（图 5－2b）。

（6）移距，铣削各齿另侧齿侧（图 5－2c）。

（7）换刀，对刀，调整铣刀位置，分度铣削小径圆弧，至符合图样要求（图 5－2d）。

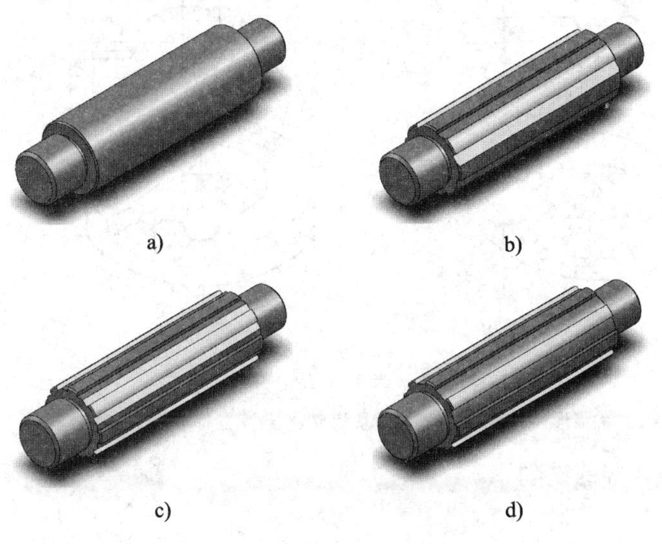

图5－2　铣削过程

课题二　牙嵌离合器的铣削

牙嵌离合器是用爪牙状零件组成嵌合副的离合器。牙嵌离合器按齿形可分为矩形齿、尖齿形齿、梯形齿（梯形等高齿和梯形收缩齿）和锯齿形齿等几种；按轴向截面中齿高的变化又可分为等高齿离合器和收缩齿离合器两种。常见牙嵌离合器的齿形如图5－3所示。

由于齿形结构不同，铣削时所用的刀具和装夹方法也不同，下面通过列表的方式来介绍以上几种离合器的铣削方法。

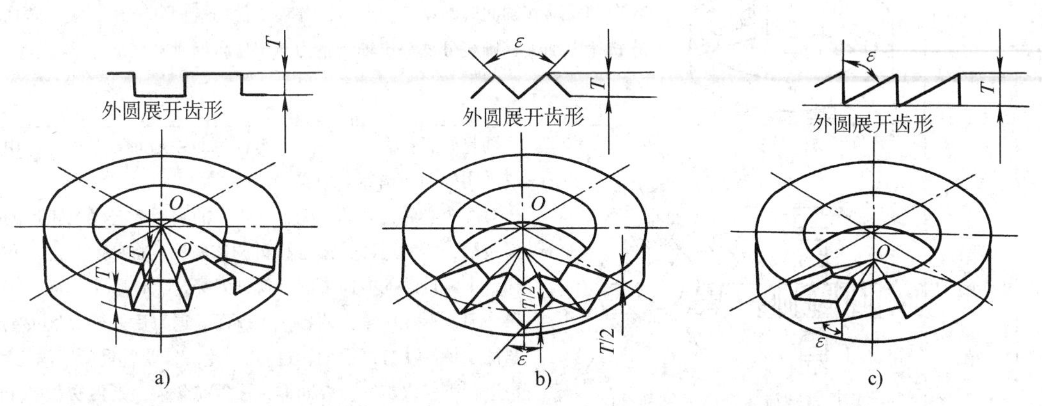

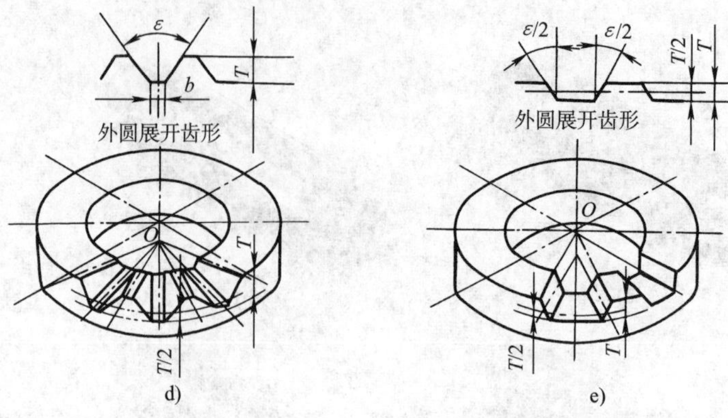

图 5-3　常见牙嵌离合器的齿形

a）矩形齿离合器　b）尖齿形齿离合器　c）锯齿形齿离合器　d）梯形收缩齿离合器　e）梯形等高齿离合器

一、矩形齿离合器的铣削

1. 铣削方法

矩形齿离合器为等高齿离合器，根据齿数的奇偶性又可分为奇数齿和偶数齿两种，在铣削和调整方法上有所不同，其加工方法见表 5-3。

表 5-3　　　　矩形齿离合器的铣削方法

方法		简图及说明
矩形奇数齿离合器的铣削	铣刀的选择	矩形齿离合器一般均选用三面刃铣刀（或立铣刀）铣削，其直径 D 在满足切深的情况下可取小些，以减小铣刀跳动量。但铣刀的宽度 L（或立铣刀的直径 d）应略小于齿槽的小端宽度，L（或 d）值按下式计算： $L(d) \leqslant \frac{d_1}{2}\sin\alpha = \frac{d_1}{2}\sin\frac{180°}{z}$ 式中　$L(d)$——铣刀宽度（或直径），mm α——离合器齿槽中心角，(°) d_1——离合器齿圈内径，mm z——离合器齿数
	装夹与校正	工件在分度头上采用三爪自定心卡盘装夹，装夹时应通过校正使工件的径向圆跳动和轴向圆跳动符合要求，并在工件的端面划出中心线。若在卧式铣床上加工，则将分度头主轴调整为与工作台面垂直
	对中心与铣削齿槽	矩形奇数齿离合器的铣削顺序 调整好后，按划线将三面刃铣刀的一侧面刃对正工件中心或采用擦侧面调整对中心 对好中心后，开动机床，使铣刀的圆周刃轻轻与工件的端面接触，然后退刀，按齿高 T 调整切深，将分度头主轴和工作台不需进给的方向紧固，使铣刀穿过工件整个端面，铣出第一刀，形成两个齿的各一个侧面。退刀后松开分度头主轴紧固手柄，使分度手柄转过 $40/z$ 转，分度后重新紧固主轴，再进行下一次走刀，以同样方法铣完各齿，走刀次数等于奇数齿离合器的齿数

续表

<table>
<tr><th colspan="3">方法</th><th>简图及说明</th></tr>
<tr><td rowspan="2">矩形奇数齿离合器的铣削</td><td rowspan="2">铣削齿侧间隙</td><td>偏移中心法</td><td> 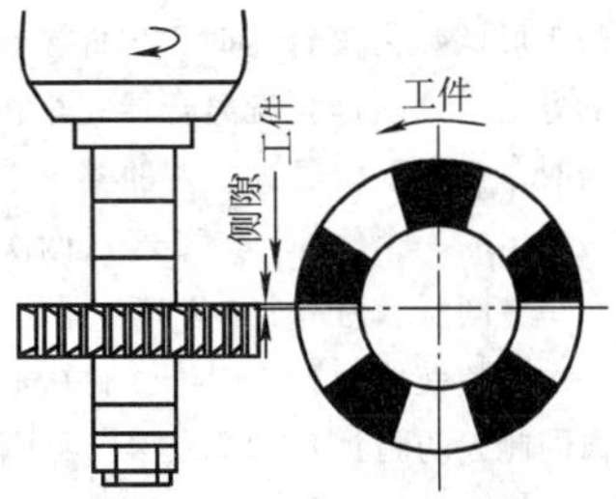这种方法只用于精度要求不高的工件，具体方法如下：
在铣刀对中心时，将三面刃铣刀的侧面刃向齿侧方向偏过工件中心 0.2～0.3 mm，这样铣后的离合器齿变小，嵌合时就产生了间隙。但由于齿侧不通过工件中心，工作时齿侧接触面减小，影响其承载能力</td></tr>
<tr><td>偏转角度法</td><td> 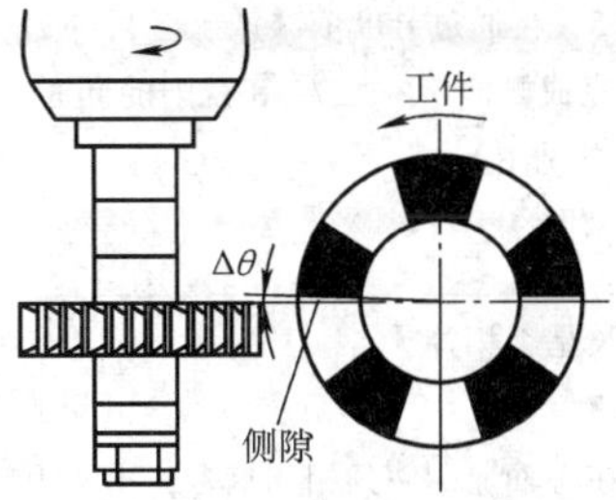这种方法适用于加工精度要求较高的离合器，具体方法如下：
铣完全部齿槽后，将工件转过一个很小的角度（2°～4°或按图样要求），再对各齿齿侧铣削一次，使齿侧产生间隙，而齿侧仍然通过工件的中心</td></tr>
<tr><td>矩形偶数齿离合器的铣削</td><td colspan="2">铣刀的选择</td><td> 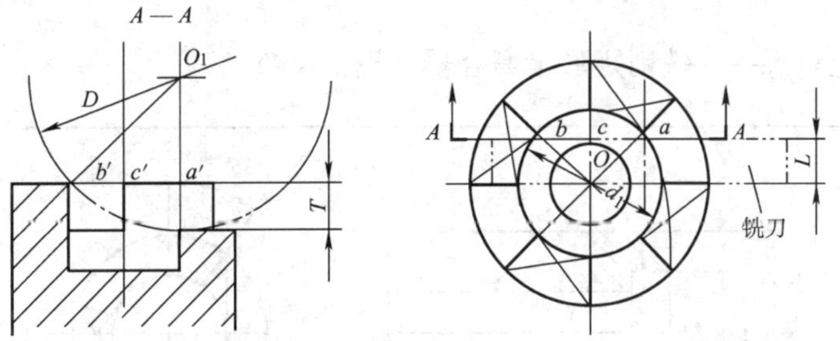铣削矩形偶数齿离合器时铣刀的选择
在铣削矩形偶数齿离合器时，一般仍用三面刃铣刀，但对铣刀的宽度 L 和直径 D 都有尺寸要求。宽度（或立铣刀直径）要求与铣削奇数齿时相同，但为了既保证齿高又避免铣伤对面的齿，直径 D 应满足下式要求：
$$2T+d<D\leqslant\frac{T^2+d_1^2-4L^2}{T}$$
式中 D——三面刃铣刀允许直径，mm
T——离合器齿高，mm
d——刀轴垫圈直径，mm
d_1——离合器齿圈内径，mm
L——三面刃铣刀宽度，mm
当三面刃铣刀的直径无法满足上式要求时，或铣削直径大、齿数少（齿槽宽度大于 25 mm）的离合器时，应改用立铣刀在立式铣床上铣削</td></tr>
</table>

续表

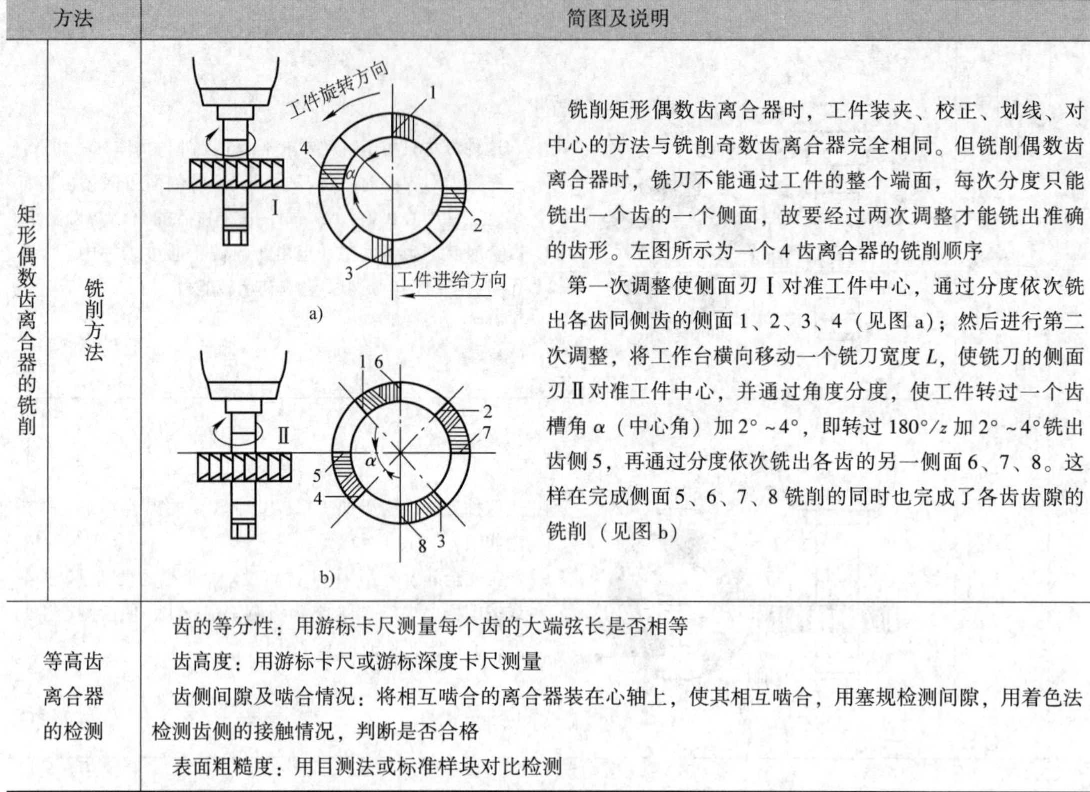

<table>
<tr><th colspan="2">方法</th><th>简图及说明</th></tr>
<tr><td>矩形偶数齿离合器的铣削</td><td>铣削方法</td><td>铣削矩形偶数齿离合器时，工件装夹、校正、划线、对中心的方法与铣削奇数齿离合器完全相同。但铣削偶数齿离合器时，铣刀不能通过工件的整个端面，每次分度只能铣出一个齿的一个侧面，故要经过两次调整才能铣出准确的齿形。左图所示为一个 4 齿离合器的铣削顺序
第一次调整使侧面刃 Ⅰ 对准工件中心，通过分度依次铣出各齿同侧齿的侧面 1、2、3、4（见图 a）；然后进行第二次调整，将工作台横向移动一个铣刀宽度 L，使铣刀的侧面刃 Ⅱ 对准工件中心，并通过角度分度，使工件转过一个齿槽角 α（中心角）加 2°～4°，即转过 180°/z 加 2°～4°铣出齿侧 5，再通过分度依次铣出各齿的另一侧面 6、7、8。这样在完成侧面 5、6、7、8 铣削的同时也完成了各齿齿隙的铣削（见图 b）</td></tr>
<tr><td colspan="2">等高齿离合器的检测</td><td>齿的等分性：用游标卡尺测量每个齿的大端弦长是否相等
齿高度：用游标卡尺或游标深度卡尺测量
齿侧间隙及啮合情况：将相互啮合的离合器装在心轴上，使其相互啮合，用塞规检测间隙，用着色法检测齿侧的接触情况，判断是否合格
表面粗糙度：用目测法或标准样块对比检测</td></tr>
</table>

2. 技能训练——铣削矩形齿离合器（图 5－4）

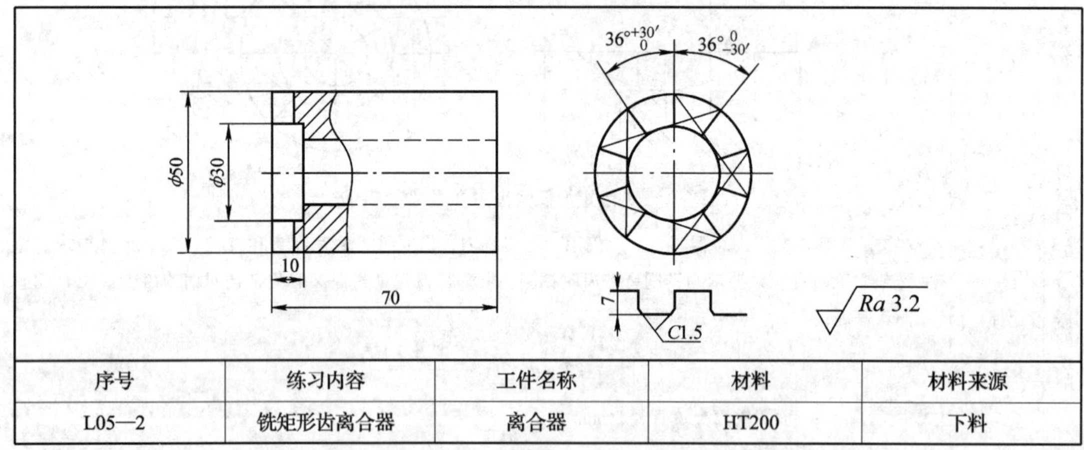

序号	练习内容	工件名称	材料	材料来源
L05—2	铣矩形齿离合器	离合器	HT200	下料

图 5－4　铣削矩形齿离合器

（1）教学建议

1）根据图示要求，学生讨论后确定加工步骤，并做相关计算（选刀、等分分度）。

2）组织学生分析讨论：在铣削奇数齿离合器时能否像铣削偶数齿离合器那样，在分度铣第二齿时直接多转 2°～4°同时完成侧隙的铣削？若不能，原因是什么？

(2) 加工步骤

1) 对照图样，检查工件毛坯（图 5－5a）。

2) 安装并校正分度头。

3) 装夹并校正工件。

4) 选择并安装铣刀。

5) 对刀，试铣，检测合格后，依次分度铣削各齿，至符合图样要求（图 5－5b）。

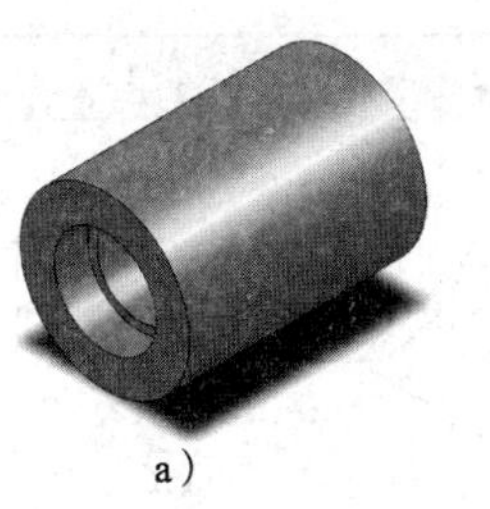

a)

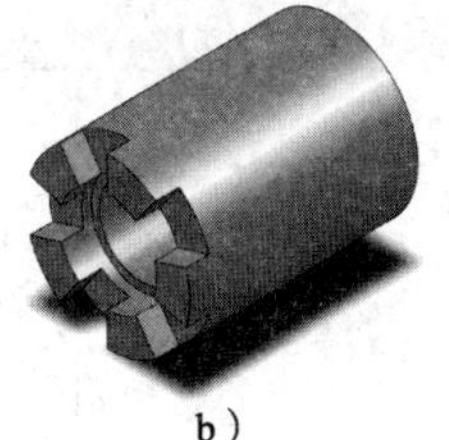

b)

图 5－5　铣削过程

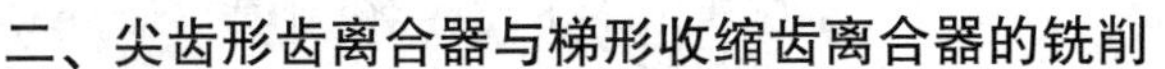

二、尖齿形齿离合器与梯形收缩齿离合器的铣削

1. 铣削方法

尖齿形齿离合器与梯形收缩齿离合器均为收缩齿离合器，两者除加工时所用铣刀有所不同外，其装夹、校正及铣削过程基本相同，见表 5－4。

表 5－4　尖齿形齿离合器与梯形收缩齿离合器的铣削

内容		简图及说明
铣刀的选择	尖齿形齿离合器	对称双角铣刀 尖齿形齿离合器各齿的齿面左右对称于轴中心平面，沿圆周展开的齿形角 ε 通常为 60°和 90°两种。铣削尖齿形齿离合器时一般都选择廓形角 $\theta=\varepsilon$ 的对称双角铣刀，在满足切削接触弧深度 a_e 要求的情况下，铣刀直径应尽可能选小些
	梯形收缩齿离合器	梯形齿成形铣刀 铣削梯形收缩齿离合器时，一般用廓形角 $\theta=\varepsilon$、刀具齿顶宽 B 等于离合器槽底宽度 b、有效工作高度 H 大于离合器外圆处齿槽深度 T 的梯形槽成形铣刀。或用相同廓形角的对称双角铣刀按要求将刀尖磨去，改制而成。铣刀顶刃宽度 B 可按下式求得： $$B=D\sin\frac{90°}{z}-T\tan\frac{\varepsilon}{2}$$ 式中　D——离合器齿部外径，mm z——离合器的齿数 T——离合器外圆处齿高，mm ε——离合器齿形角，(°)
装夹、校正与起度角的调整		铣削尖齿形齿离合器和梯形收缩齿离合器时，开始的装夹和校正步骤与铣削矩形齿离合器完全相同，但在铣刀对好中心后，分度头主轴必须相对工作台面倾斜一个角度（起度角）α，起度角 α 可按下式计算： $$\cos\alpha=\tan\frac{90°}{z}\cdot\cot\frac{\varepsilon}{2}$$ 式中　z——离合器的齿数 ε——齿形角，(°) α 值还可以从表 5－5 中直接查得

续表

内容	简图及说明
对中心与齿槽的铣削	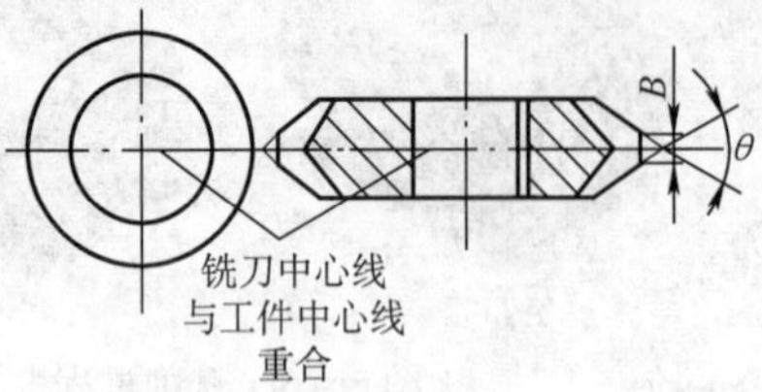 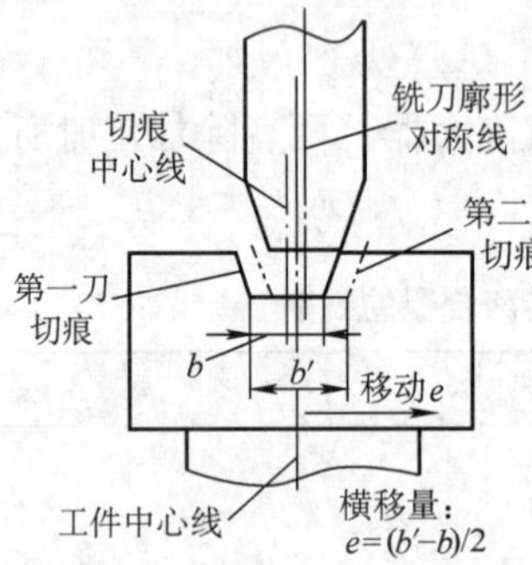 铣削尖齿形齿离合器、梯形收缩齿离合器时铣刀的位置和对刀方法 两种离合器铣削时均采用试切法对中心，其方法如下：在分度头调整起度角前，先使分度头主轴与工作台面呈垂直状态 将对称双角铣刀的刀尖（或梯形槽成形铣刀的对称中心）大致对准工件的中心，适当调整切深，在工件的一侧径向试切一浅痕。降下工件，将工件转过180°，纵向移动工作台，使铣出的切痕仍处于铣刀的下方，再慢慢上升工作台，观察铣刀的刀尖（或两侧刃）是否与切痕重合（或同时与切痕两侧接触），若重合（或同时接触），则说明已对中心；若刀尖偏离（或仅为单侧接触），则应按图所示方法将工件升至原刻度试切第二刀后，测量、调整横向工作台，使铣刀离开接触的一侧一个距离 e（对称双角铣刀 e 值为两浅痕间距离的一半） 对中心后，锁紧横向工作台，调整好分度头起度角 α，并逐步调整切深，使工件外圆处的齿槽深度 T 符合图样的要求（尖齿形齿离合器齿顶留0.2～0.3 mm宽的小平面），然后依次分度铣出各齿
收缩齿离合器的检测	齿槽深度 T 的检测：将钢直尺平放在外圆处的齿顶面上，然后用游标卡尺的两内测量爪测量钢直尺到槽底的距离（即外圆处的齿槽深度） 齿形角 ε 的检测：一般用角度样板透光检测齿形是否准确 离合器接触齿数和贴合面积检测：批量生产时常用综合检测法检测，即将一对离合器齿面相对，套在标准心轴上，嵌合后用塞尺或涂色法检测其接触齿数和贴合面积。一般接触齿数不得少于总齿数的一半，贴合面积应不小于60%

表5－5　铣削尖齿形齿与梯形收缩齿离合器分度头起度角 α

齿数	齿形角 ε				齿数	齿形角 ε			
z	40°	45°	60°	90°	z	40°	45°	60°	90°
5	26°47′	38°20′	55°45′	71°02′	22	78°40′	80°03′	82°53′	85°54′
6	42°36′	49°42′	62°21′	74°27′	23	79°10′	80°30′	83°12′	86°05′
7	51°10′	56°34′	66°43′	76°48′	24	79°38′	80°54′	83°29′	86°15′
8	56°52′	61°18′	69°51′	78°32′	25	80°03′	81°16′	83°45′	86°24′
9	61°01′	64°48′	72°13′	79°51′	26	80°26′	81°36′	83°59′	86°32′
10	64°12′	67°31′	74°05′	80°53′	27	80°48′	81°55′	84°13′	86°40′
11	66°44′	69°41′	75°35′	81°44′	28	81°07′	82°12′	84°25′	86°47′
12	68°48′	71°28′	76°49′	82°26′	29	81°26′	82°29′	84°37′	86°54′
13	70°31′	72°57′	77°52′	83°02′	30	81°43′	82°44′	84°48′	87°00′
14	71°58′	74°13′	78°45′	83°32′	31	81°59′	82°58′	84°58′	87°06′
15	73°13′	75°18′	79°31′	83°58′	32	82°15′	83°11′	85°07′	87°11′
16	74°18′	76°15′	80°11′	84°21′	33	82°29′	83°24′	85°16′	87°16′
17	75°15′	77°04′	80°46′	84°41′	34	82°42′	83°35′	85°24′	87°21′
18	76°05′	77°48′	81°17′	84°59′	35	82°55′	83°47′	85°32′	87°26′
19	76°50′	78°28′	81°45′	85°15′	36	83°07′	83°57′	85°40′	87°30′
20	77°31′	79°03′	82°10′	85°29′	37	83°18′	84°07′	85°47′	87°34′
21	78°07′	79°35′	82°33′	85°42′	38	83°29′	84°16′	85°54′	87°38′

续表

齿数	齿形角 ε				齿数	齿形角 ε			
z	40°	45°	60°	90°	z	40°	45°	60°	90°
39	83°39′	84°25′	86°00′	87°41′	50	85°03′	85°39′	86°53′	88°12′
40	83°48′	84°33′	86°06′	87°45′	51	85°09′	85°44′	86°56′	88°14′
41	83°57′	84°41′	86°12′	87°48′	52	85°14′	85°49′	87°00′	88°16′
42	84°06′	84°49′	86°17′	87°51′	53	85°20′	85°54′	87°03′	88°18′
43	83°14′	84°56′	86°22′	87°54′	54	85°25′	85°59′	87°07′	88°20′
44	84°22′	85°03′	86°27′	87°57′	55	85°30′	86°03′	87°10′	88°22′
45	84°30′	85°10′	86°32′	88°00′	56	85°35′	86°07′	87°13′	88°24′
46	84°37′	85°16′	86°36′	88°03′	57	85°39′	86°11′	87°16′	88°25′
47	84°44′	85°22′	86°41′	88°05′	58	85°44′	86°15′	87°19′	88°27′
48	84°50′	85°28′	86°45′	88°07′	59	85°48′	86°19′	87°21′	88°28′
49	84°57′	85°34′	86°49′	88°10′	60	85°52′	86°23′	87°24′	88°30′

2. 技能训练——铣削梯形收缩齿离合器（图 5－6）

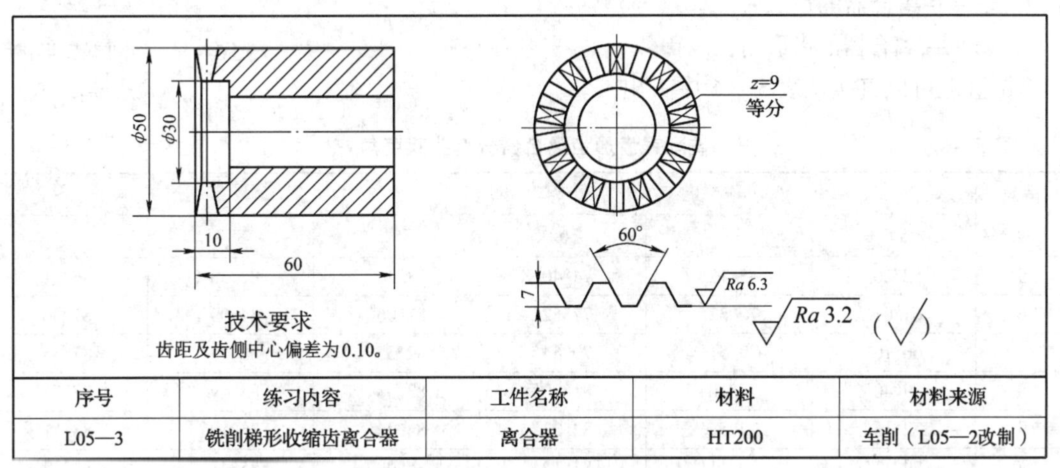

序号	练习内容	工件名称	材料	材料来源
L05—3	铣削梯形收缩齿离合器	离合器	HT200	车削（L05—2改制）

图 5－6　铣削梯形收缩齿离合器

（1）教学建议

1）分度头主轴起度角的调整是本练习应掌握的重点，教学中应要求学生分别用计算法和查表法求出起度角 α 值。调整时务必注意：不要松动两侧压板上靠近分度头主轴前端的两个紧固螺钉，以防刻制在压板上的起度零位发生变动。

2）组织学生分析讨论：若加工出的梯形收缩齿离合器齿顶宽度不一致，可能是哪些原因造成的？

（2）加工步骤

1）对照图样，检查工件毛坯（图 5－7a）。

2）安装并校正分度头。

3）装夹并校正工件。

4）选择并安装铣刀。

5）对刀，试铣，检测合格后，依次分度铣削各齿，至符合图样要求（图 5－7b）。

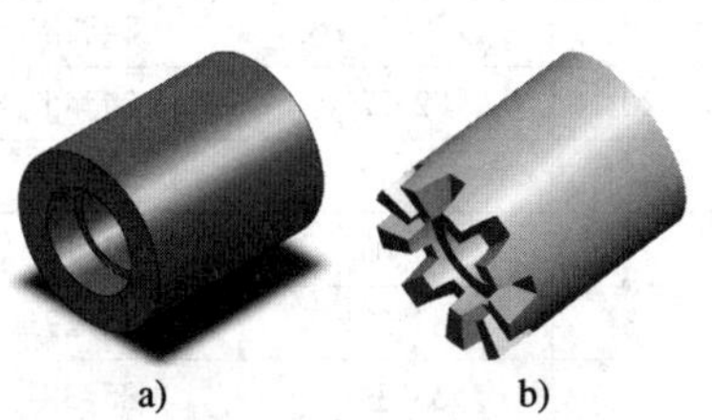

图 5－7　铣削过程

三、锯齿形齿离合器的铣削

1. 铣削方法

锯齿形齿离合器也是收缩齿离合器，如图 5 - 3c 所示。其齿形角有 60°、70°、75°、80°和 85°等多种，齿顶留有 0.2 ~0.3 mm 的小平面。其加工方法与铣削尖齿形齿离合器和梯形收缩齿离合器非常相似，主要在铣刀选择、对中心方法和起度角 α 的计算上有所不同。

（1）铣刀的选择　铣削锯齿形齿离合器时，应选用廓形角 θ 等于离合器齿形角 ε 的单角铣刀加工。

（2）对中心的方法　一般用划线法对中心，即在工件的端面上先划出中心线，使单角铣刀的端面刃对准所划中心线，即对好中心，如图 5 - 8 所示，然后将工作台锁紧。

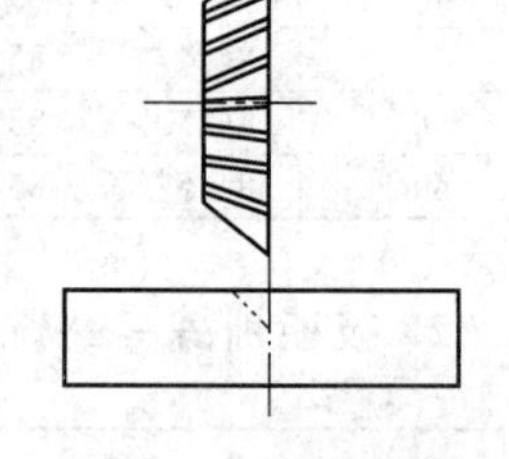

图 5 - 8　铣削锯齿形齿离合器对中心

（3）分度头起度角 α 的计算　分度头主轴相对于工作台面的夹角 α 按下式计算：

$$\cos\alpha = \tan(180°/z) \cdot \cot\varepsilon$$

式中　z——离合器的齿数；

ε——离合器的齿形角，(°)。

α 值也可以直接从表 5 - 6 中查出。

表 5 - 6　　铣削锯齿形齿离合器分度头起度角 α

齿数	齿形角 ε					
z	50°	60°	70°	75°	80°	85°
5	52°26′	65°12′	74°40′	78°46′	82°38′	86°21′
6	61°01′	70°32′	77°52′	81°06′	84°09′	87°06′
7	66°10′	73°51′	79°54′	82°35′	85°08′	87°35′
8	69°40′	76°10′	81°20′	83°38′	85°49′	87°55′
9	72°13′	77°52′	82°23′	84°24′	86°19′	88°11′
10	74°11′	79°11′	83°12′	85°00′	85°43′	88°22′
11	75°44′	80°14′	83°52′	85°29′	87°02′	88°32′
12	77°00′	81°06′	84°24′	85°53′	87°18′	88°39′
13	78°04′	81°49′	84°51′	86°13′	87°31′	88°46′
14	78°58′	82°26′	85°14′	86°30′	87°42′	88°51′
15	79°44′	82°57′	85°34′	86°44′	87°51′	88°56′
16	80°24′	83°24′	85°51′	86°57′	87°59′	89°00′
17	80°59′	83°48′	86°06′	87°08′	88°07′	89°04′
18	81°29′	84°09′	86°19′	87°18′	88°13′	89°07′
19	81°57′	84°28′	86°31′	87°26′	88°19′	89°10′
20	82°22′	84°45′	86°42′	87°34′	88°24′	89°12′
21	82°44′	85°00′	86°51′	87°41′	88°29′	89°15′
22	83°04′	85°14′	87°00′	87°48′	88°33′	89°17′
23	83°23′	85°27′	87°08′	87°53′	88°37′	89°19′
24	83°39′	85°38′	87°15′	87°59′	88°40′	89°20′
25	83°55′	85°49′	87°22′	88°04′	88°43′	89°22′

续表

齿数	齿形角 ε					
z	50°	60°	70°	75°	80°	85°
26	84°09′	85°59′	87°28′	88°08′	88°46′	89°23′
27	84°22′	86°08′	87°34′	88°12′	88°49′	89°25′
28	84°34′	86°16′	87°39′	88°16′	88°52′	89°26′
29	84°46′	86°24′	87°44′	88°20′	88°54′	89°27′
30	84°56′	86°31′	87°48′	88°23′	88°56′	89°28′
31	85°06′	86°38′	87°53′	88°26′	88°58′	89°29′
32	85°16′	86°44′	87°57′	88°29′	89°00′	89°30′
33	85°24′	86°50′	88°00′	88°32′	89°02′	89°31′
34	85°32′	86°56′	88°04′	88°35′	89°04′	89°32′
35	85°40′	87°01′	88°07′	88°37′	89°05′	89°33′

（4）齿深的确定　齿的深度通过试切确定，其方法是在对好中心后，先试切一浅痕，然后分度铣出第二齿位置的浅痕，将工件调整至起始位置，逐渐调整切深至第一齿与第二齿间齿顶留有 0.2 ~0.3 mm 的小平面，锁紧升降台即可。

（5）工件的检测方法　检测时先目测各齿的齿顶平面宽度是否均匀一致，确定各齿的等分性和分度头起度角 α 是否准确，再用一对离合器在检测心轴上用涂色法检测各齿齿侧的接触情况。

2. 技能训练——铣削锯齿形齿离合器（图 5 – 9）

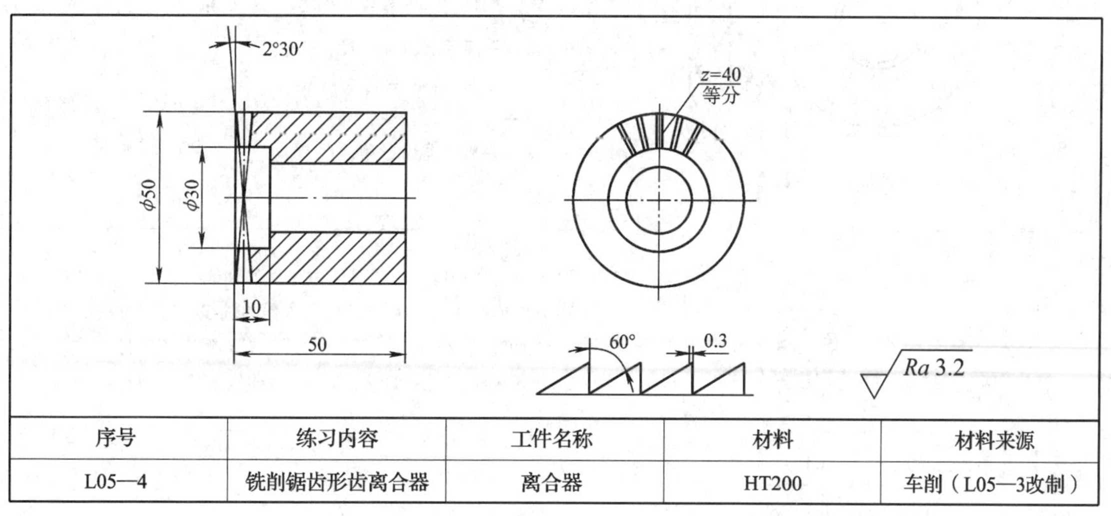

图 5 – 9　铣削锯齿形齿离合器

（1）教学建议与注意事项

1）在铣削锯齿形齿离合器时应注意单角铣刀的方向，以免铣错齿向。

2）分析讨论：为什么同样是收缩齿离合器，梯形收缩齿离合器在图样上标注外圆处的齿高 T，但尖齿形齿和锯齿形齿离合器却不标注，而用齿顶小平面的宽度作为控制切深的依据？

（2）加工步骤

1）对照图样，检查工件毛坯（图5－10a）。

2）安装并校正分度头。

3）装夹并校正工件。

4）选择并安装铣刀。

5）对刀，试铣，检测合格后，依次分度铣削各齿，至符合图样要求（图5－10b）。

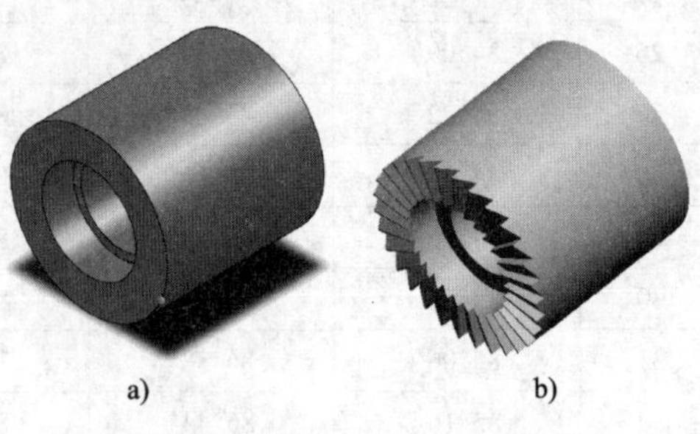

图5－10　铣削过程

四、梯形等高齿离合器的铣削

1. 铣削方法

梯形等高齿离合器齿侧的中心线通过工件的中心，齿顶和槽底宽度在齿长方向不相等，装夹与校正的方法和铣削矩形齿离合器一样，分度头主轴呈水平或垂直状态，以便铣出相等的齿高，但在铣刀的选择和对中心的方法上有所不同，其铣削方法见表5－7。

表5－7　　梯形等高齿离合器的铣削

内容	简图及说明
铣刀的选择	梯形齿成形铣刀 一般选用梯形齿成形铣刀加工。铣刀的廓形角应等于离合器的齿形角，铣刀有效工作高度应大于离合器齿高 T；铣刀齿顶宽度 B 应小于齿槽最小宽度，以免铣伤小端齿槽。铣刀齿顶宽度 B 可按下式求得： $B \leqslant \frac{d}{2}\sin\frac{180°}{z} - T\tan\frac{\varepsilon}{2}$ 式中　d——离合器齿部内径，mm z——离合器齿数 T——离合器齿高，mm ε——离合器齿形角，(°)
对刀及铣削方法	要保证离合器齿侧中心线通过工件的轴线，就必须使铣刀侧刃上离刀齿顶 $T/2$ 处的 K 点通过离合器的轴线。对刀方法如下： 1. 先用试切法对中心，使铣刀廓形对称线对正工件轴线 2. 将铣刀按图所示偏移距离 e，偏移量 e 按下式计算： $e = \frac{B}{2} + \frac{T}{2\tan(\theta/2)}$ 式中　B——铣刀齿顶宽度，mm T——离合器齿高，mm θ——铣刀廓形角，(°) 梯形等高齿离合器一般为奇数齿，故其铣削方法与铣削奇数矩形齿离合器基本相同。铣刀穿过离合器整个端面，一次进给铣出相对两齿的不同侧面 有侧隙要求时，用偏移角度法铣出侧隙

2. 技能训练——铣削梯形等高齿离合器（图 5－11）

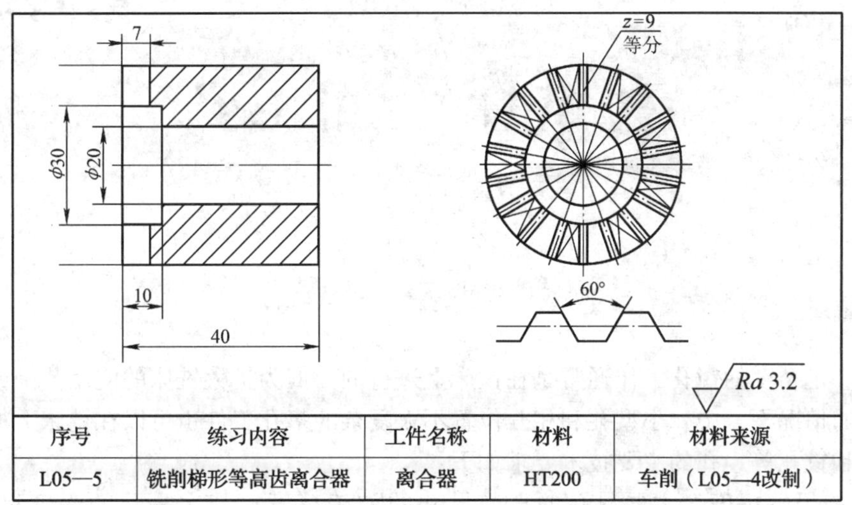

序号	练习内容	工件名称	材料	材料来源
L05—5	铣削梯形等高齿离合器	离合器	HT200	车削（L05—4改制）

图 5－11　铣削梯形等高齿离合器

（1）教学建议与注意事项

1）选刀时应注意，梯形齿成形铣刀齿顶宽度 B 要小于齿槽最小宽度，以免铣伤小端齿槽。故应认真计算并合理确定铣刀的各参数。

2）对中心前最好先划线，在调整偏移量时要计算准确，保证移动后使 K 点通过中心。

3）工作中应注意消除分度间隙，保证齿的等分性。

（2）加工步骤

1）对照图样，检查工件毛坯（图 5－12a）。

2）安装并校正分度头。

3）装夹并校正工件。

4）选择并安装铣刀。

5）对刀，试铣，检测合格后，依次分度铣削各齿，至符合图样要求（图 5－12b）。

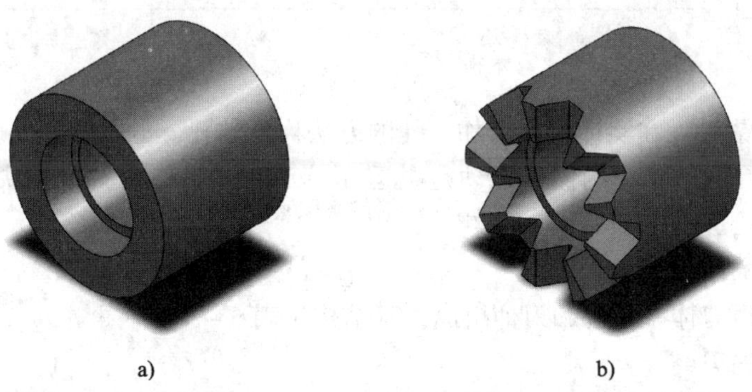

图 5－12　铣削过程

第六单元

在铣床上加工孔

具有一定精度的镗孔工作通常是在镗床上进行的，但为扩大铣床的使用范围或在某些条件不具备的情况下，中、小型孔和相互位置不太复杂的多孔工件也可以在铣床上加工，如钻孔、镗孔和铰孔等。孔的主要技术要求如下：

1. 孔的尺寸精度。主要是孔的直径尺寸的加工精度，其次是孔的深度尺寸的加工精度。

2. 孔的几何精度。主要是孔的圆度、圆柱度和孔轴线的直线度。

3. 孔的位置精度

（1）孔与孔（或与轴）之间的同轴度。

（2）孔的轴线与其基准之间的平行度或垂直度。

（3）孔的位置度，如孔轴线与基准的距离，或在某区域分布的均匀程度。

4. 孔的表面粗糙度。加工精度高的孔的表面粗糙度值一般都很小。

课题一　在铣床上钻孔

用麻花钻（钻头）在实体材料上加工孔的方法称为钻孔，如图 6－1 所示。

在铣床上钻孔时，钻头的回转运动是主运动，工件（工作台）或钻头（主轴）沿钻头的轴向移动是进给运动。

一、麻花钻的结构

标准麻花钻由刀体、颈部和刀柄组成，其结构见表 6－1。

二、麻花钻的刃磨

切削刃用钝或因不同的钻削要求而需要改变麻花钻切削部分的几何形状时，需要对其进行刃磨。麻花钻的刃磨主要是刃磨两个主后面（即刃磨主切削刃）并修磨前面（横刃部分）。

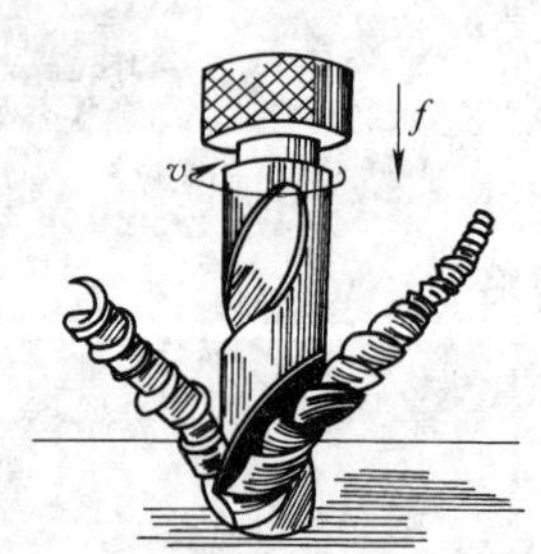

图 6－1　钻孔

1. 麻花钻刃磨的基本要求

（1）两条主切削刃应长度相等，同时两刃与轴线的夹角也应相等（对称）。不允许有钝口或崩刃存在。

表 6－1　　麻花钻的结构

内容	简图及说明
麻花钻	刀体　导向部分　d　切削部分　颈部　刀柄 直柄麻花钻 切削部分　导向部分　颈部　刀柄　扁尾　d　刀体 锥柄麻花钻 麻花钻的颈部是刀体与刀柄的过渡部分，标记着商标、材料牌号和钻头规格（直径）等 麻花钻的刀柄是麻花钻的夹持部分，用来传递切削时的转矩并起定心作用。麻花钻的刀柄有锥柄（莫氏标准锥度）和直柄两种。一般将直径在 13 mm 以下的麻花钻制成直柄的
 刀体	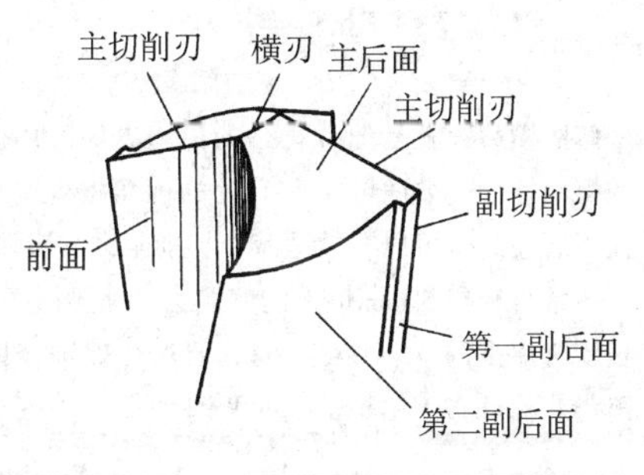 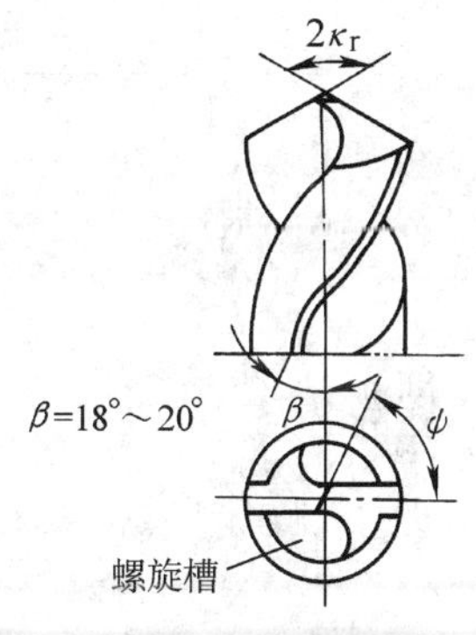 刀体包括切削部分和导向部分。切削部分主要起切削工件的作用。麻花钻在其轴线两侧对称分布着两个切削部分。两螺旋槽槽面是其前面，位于顶端的两个曲面是主后面，两主后面的交线称为横刃，前面与主后面相交形成主切削刃。导向部分在钻削时沿进给方向起引导和修光孔壁的作用，同时还是切削部分的后备部分。导向部分包括副切削刃、第一副后面（刃带）、第二副后面及螺旋槽等

（2）根据加工材料确定合适的顶角 $2\kappa_r$。钻头顶角 $2\kappa_r$ 一般选 80°～140°，常用的钻头顶角为 118°。工件材料硬，选较大的 $2\kappa_r$ 值；工件材料软，选较小的 $2\kappa_r$ 值。

（3）磨出恰当的后角，以确定正确的横刃斜角 ψ，通常横刃斜角 ψ＝50°～55°。

2. 麻花钻的刃磨（表6－2）

表6－2　　麻花钻的刃磨

内容	简图及说明
顶角的控制	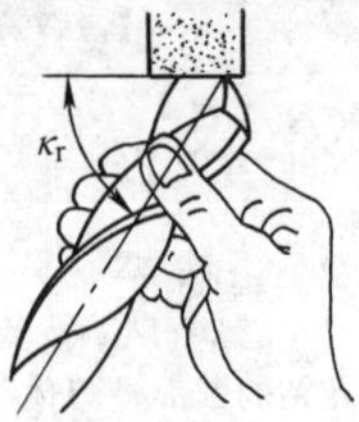 刃磨刃口 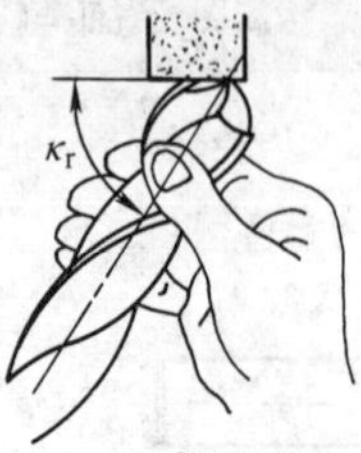　刃磨后面 刃磨前，要检查砂轮表面是否平整，若砂轮表面不平整或有跳动现象，必须对砂轮进行修整。刃磨时，应始终将钻头的主切削刃放平，置于砂轮轴线所在的水平面上，并使钻头轴线与砂轮圆周素线的夹角成顶角 $2\kappa_r$ 的1/2，即夹角为 κ_r
后角的控制	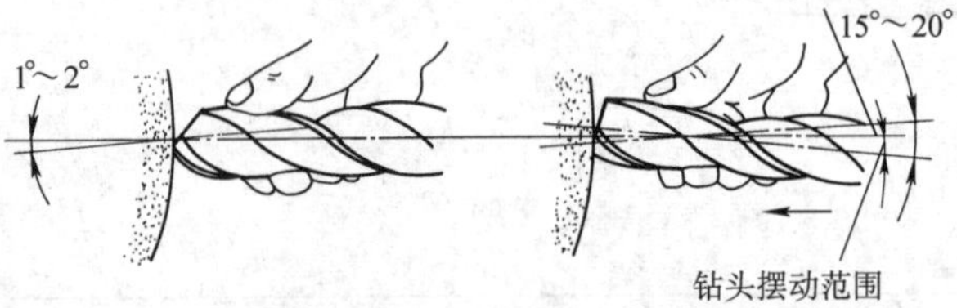 麻花钻摆动范围的控制 刃磨时，一手握住钻头前端，使钻头定位；一手捏住刀柄，进行上下摆动，并略做转动，将钻头的后面磨去一层，形成新的切削刃口。刃磨时，钻头的转动与摆动的幅度都不能太大，以免磨出负后角和磨坏另一条切削刃。用同样的方法刃磨另一条主切削刃和主后面，也可以交替刃磨两条主切削刃。刃磨后检查合格方可使用
修磨横刃	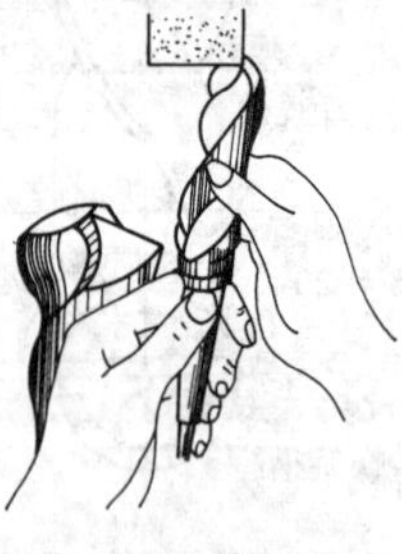 修磨横刃，就是把麻花钻的横刃磨短。用砂轮外缘刃磨钻心处的螺旋槽，一方面可将钻心处的前角增大；另一方面能将钻头的横刃磨短。这可以有效地减小切削阻力，增强钻头的定心效果 通常直径在5 mm以上的麻花钻都需要修磨横刃，修磨后的横刃长度为原来的1/5～1/3，同时要严格保证修磨后的螺旋槽面和横刃仍对称分布于钻头轴线的两侧
注意事项	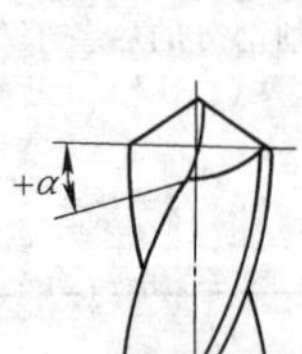 正后角的钻头 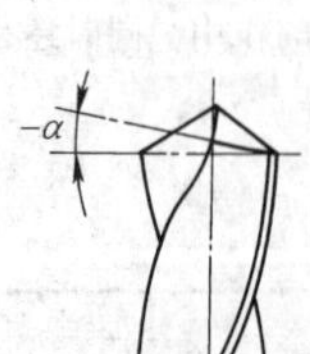　负后角的钻头 刃磨钻头用力要均匀，不能过猛，并随时观察钻头的几何角度，及时修正 注意磨削温度不宜过高，要经常在水中冷却钻头，防止钻头退火后降低刃口硬度，影响切削性能 刃磨时不能由刃背磨向刃口，以免造成刃口退火 钻头切削刃的位置应略高于砂轮轴线的水平面，以免磨出负后角，使钻头无法切削

三、在铣床上钻孔

1. 钻头的安装（表6－3）

表6－3　　钻头的安装

内容	简图及说明	
钻头的安装	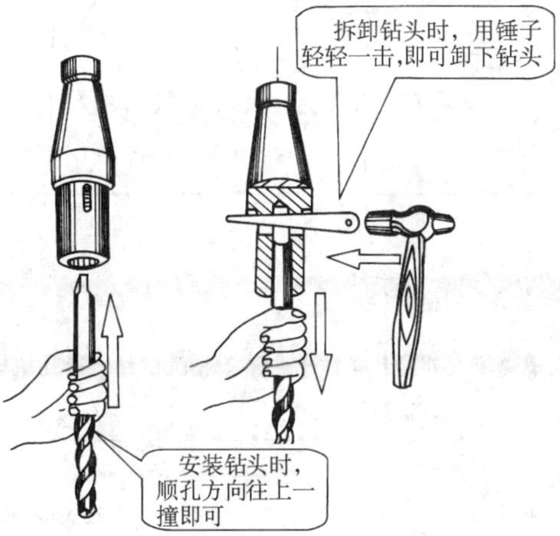 锥柄钻头的装卸 锥柄钻头锥柄的锥度与主轴孔的锥度相同时可以直接安装钻头。若两者不同，则需要加装对应的过渡锥套进行安装	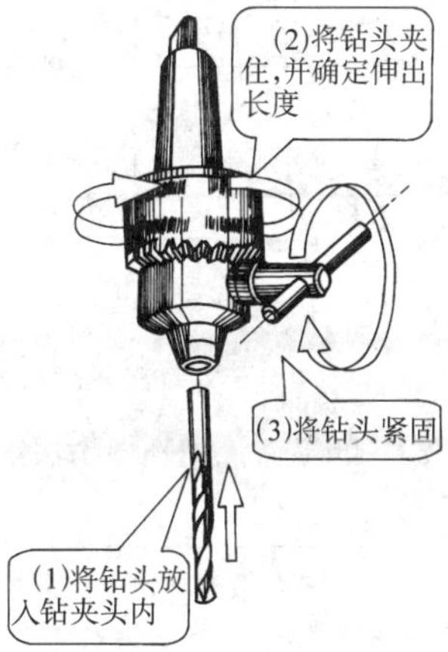 直柄钻头的安装 按钻头直径选择合适的钻夹头，按图示箭头所指的方向旋转，可夹紧钻头；反之则松开

2. 钻孔（表6－4）

表6－4　　钻孔

内容	简图及说明	
钻孔方法	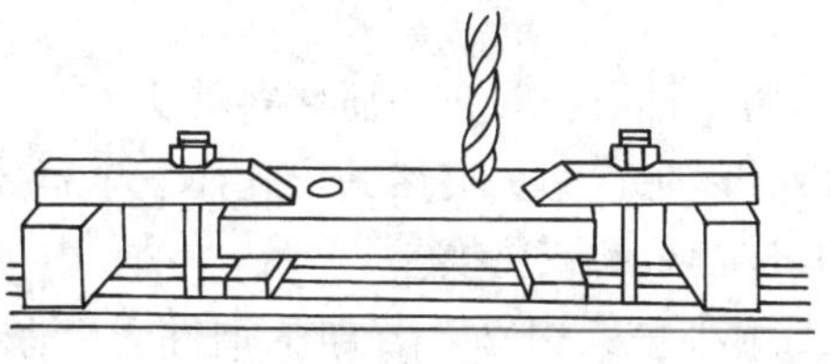 用压板装夹工件钻孔	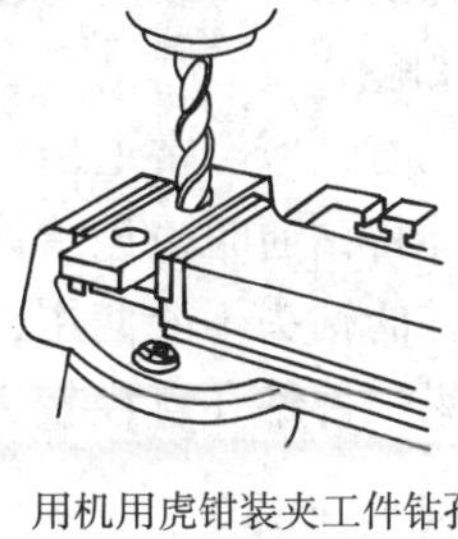 用机用虎钳装夹工件钻孔
	钻孔前，按照图样上的钻孔位置，在工件上划出孔的中心线及孔的轮廓线，并在孔中心位置及各圆周上（各交点上）打样冲眼 刚开始钻孔时，手动调整工作台（即移动工件），目测使钻头轴线与工件孔中心重合，然后略钻一浅坑，观察孔位置是否偏斜。若钻头轴线对准孔中心，即可进行钻孔 对于通孔，在钻头即将钻通时，应减慢进给速度，以防止钻头突然钻出孔而折断。如果孔距的精度要求较高，应采用中心孔导向。若是多孔的工件，可利用铣床工作台进给手柄刻度盘上的刻度控制工作台的移动距离，准确地按其中心距对下一孔的位置进行定位，同时还可以参照孔的划线位置，进一步确定孔的位置是否正确	

续表

内容	简图及说明
孔坑的校准	钻偏的孔坑　錾槽　孔坑位置线　孔的轮廓线　孔的轮廓线 孔坑偏斜　錾几条浅槽　孔坑的校准 如果孔坑偏斜，应校准。方法：在浅孔坑与划线距离较大处錾几条浅槽，落下钻头试钻。待孔坑校准后才可以钻孔
在回转工作台上钻孔	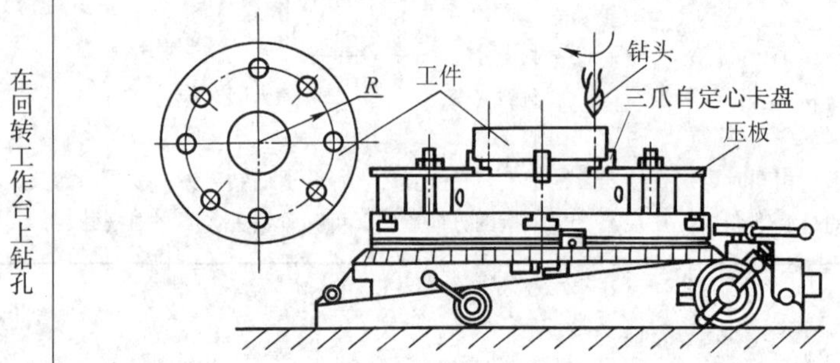 工件直径较大或是圆周等分的孔，可将工件用压板装夹在回转工作台上进行钻孔。钻孔前，应先校正回转工作台主轴轴线与工作台面垂直，并校正圆周等分孔的回转轴线与回转工作台主轴轴线相重合

3. 注意事项

（1）选择的钻头直线度精度要高。横刃不宜太长。切削刃应锋利，对称，无崩刃、裂纹、退火等缺陷。

（2）钻孔时，应经常退出钻头以断屑、排屑，防止切屑堵塞钻头。

（3）孔即将钻通时，进给速度要慢，以防止钻头突然钻出孔而发生事故。

（4）用钝的钻头不能使用，应及时进行刃磨或更换。

（5）如果工件钻孔直径较大，可先用小钻头引钻。若加工钢件，应保证充足地浇注切削液。

（6）只能用毛刷清除切屑，或用铁钩去拉断长切屑。严禁用嘴去吹切屑，或用手直接去拉切屑。主轴未停止转动时，严禁戴手套操作。

四、技能训练——钻孔练习

1. 在孔板上钻孔（图 6 – 2）

（1）铣削长方体　将工件毛坯加工成 96 mm × 40 mm × 20 mm 的长方体（图 6 – 3a）。

（2）钻孔

1）对照图样，划线并打样冲眼（图 6 – 3b）。

2）安装并校正机用虎钳的钳口与纵向进给方向平行。

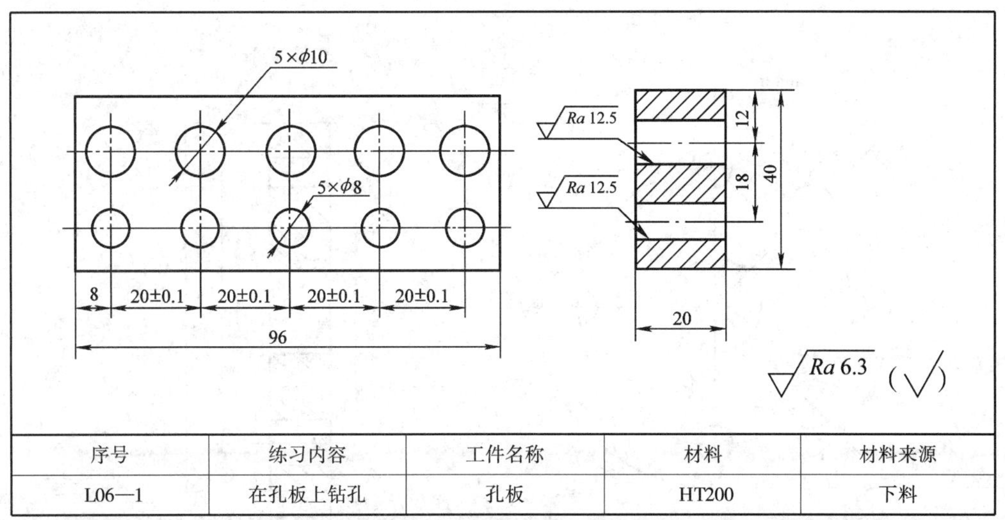

序号	练习内容	工件名称	材料	材料来源
L06—1	在孔板上钻孔	孔板	HT200	下料

图 6 – 2　在孔板上钻孔

3）装夹并校正工件。

4）按孔径尺寸选择并安装钻头。

5）对刀，移距，钻第一个孔（图 6 – 3c）。

6）纵向移动工作台 20mm，依次加工其余相同直径的孔（图 6 – 3d）。

7）更换钻头，横向移动工作台 18 mm，用同样的方法，依次加工另一组相同直径的孔，使零件符合图样要求（图 6 – 3e）。

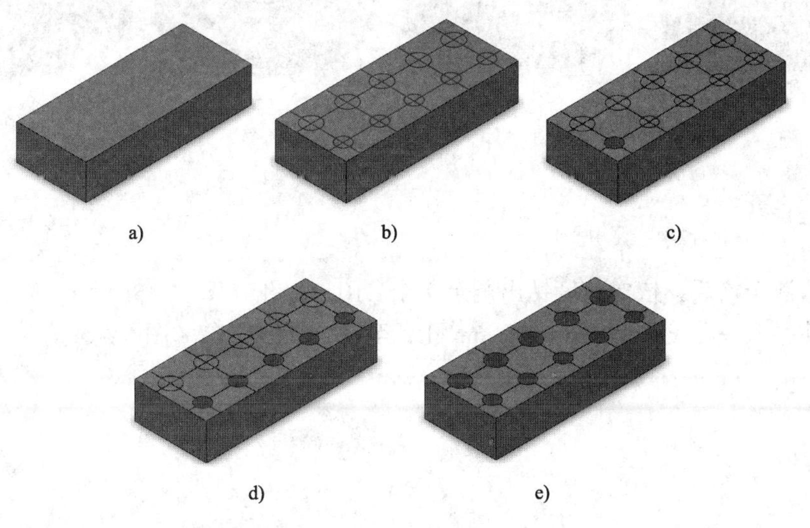

图 6 – 3　铣削过程

2. 在圆盘上钻孔（图 6 – 4）

（1）对照图样，检查工件毛坯并划线（图 6 – 5a）。

（2）安装并校正回转工作台。调整铣床工作台，使回转工作台轴线与立铣头轴线相距（47. 5 ±0. 05）mm。将工作台纵向进给和横向进给紧固。

（3）装夹并校正工件。

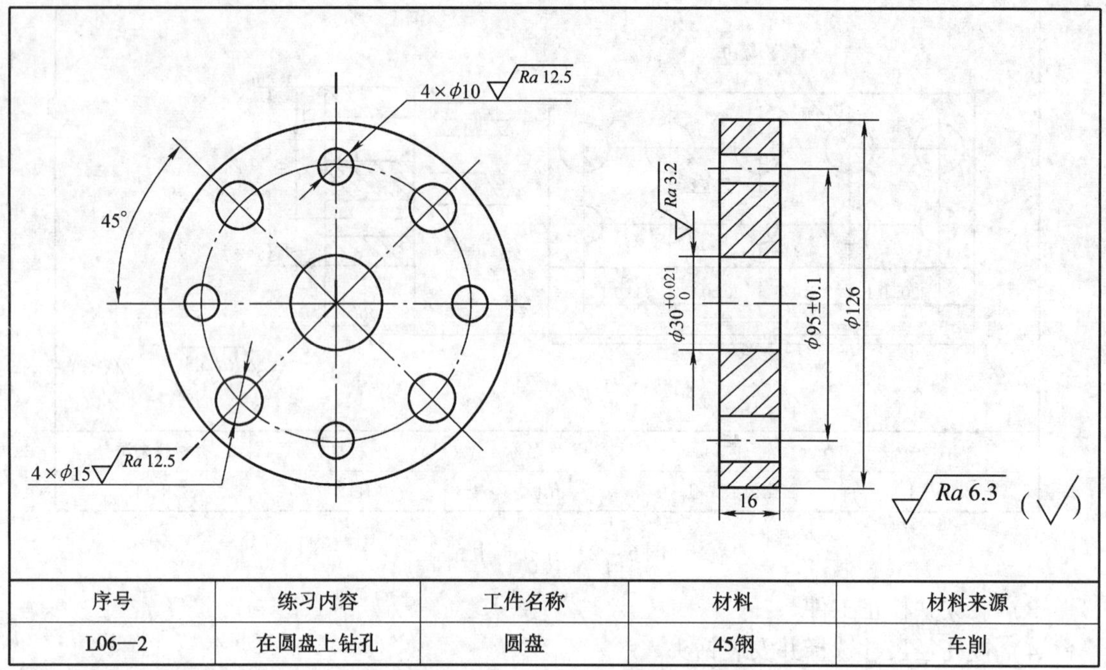

序号	练习内容	工件名称	材料	材料来源
L06—2	在圆盘上钻孔	圆盘	45钢	车削

图 6－4　在圆盘上钻孔

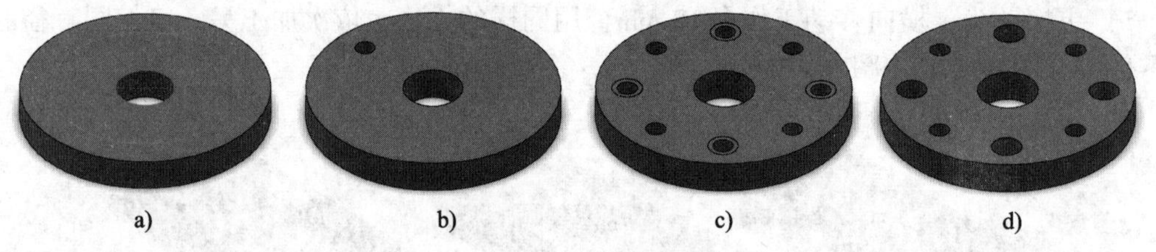

图 6－5　铣削过程

（4）选择并安装钻头。

（5）对刀，钻出第一个孔（图 6－5b）。

（6）检测合格后，依次分度钻出剩余 7 个 ϕ10 mm 孔（图 6－5c）。

（7）换钻头，分度扩钻 4 个 ϕ15 mm 孔，至符合图样要求（图 6－5d）。

课题二　在铣床上铰孔

铰孔是用铰刀从工件孔壁上切除微量金属层，以提高其尺寸精度并减小其表面粗糙度值的方法，如图 6－6 所示。铰孔是普遍应用的孔的精加工方法之一，其尺寸经济精度可达 IT9～

IT7 级，表面粗糙度 Ra 值可小于 1.6 μm。

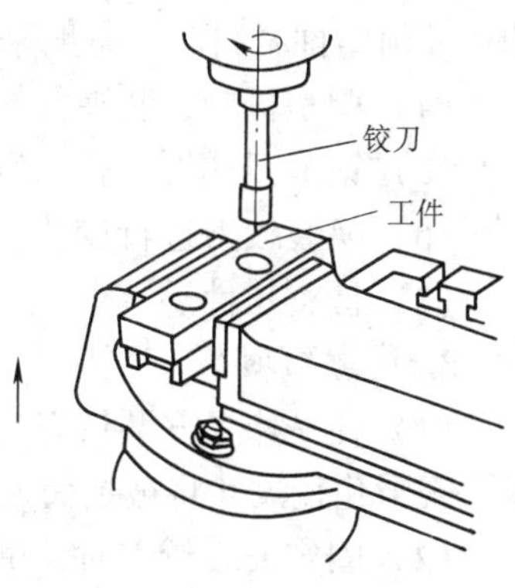

图 6-6　铰孔

一、铰刀

1. 铰刀的结构

铰刀主要由工作部分、颈部和柄部构成，如图 6-7 所示。铰刀的工作部分由引导锥、切削部分和校准部分组成。

铰刀的颈部主要起着中间连接的作用，在其颈部标记着商标及其规格等。

铰刀的柄部是其夹持部分，铰削时用来传递转矩，有直柄和锥柄（莫氏标准锥度）两种。

2. 铰刀的分类

铰刀按其使用的动力源不同，可分为手用铰刀和机用铰刀（图 6-8）。最直观的区别是手用铰刀的工作部分比较长，且刀齿间的齿距在圆周上不是均匀分布的。铰刀按材料的不同，又可分为高速钢铰刀和硬质合金铰刀。

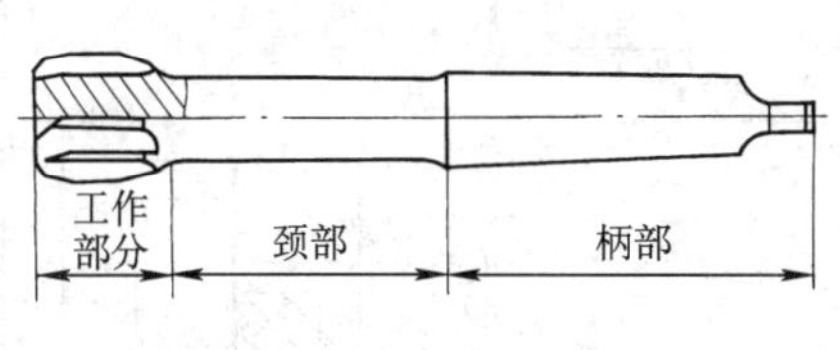

图 6-7　铰刀的结构

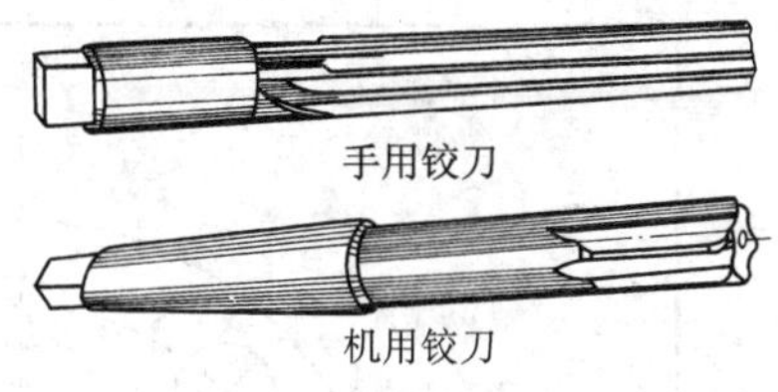

图 6-8　铰刀

二、铰孔方法

铰孔是用铰刀对已粗加工或半精加工的孔进行的精加工。铰孔前，一般要经过钻孔、扩孔，然后镗孔；对精度高的孔，还需分粗铰和精铰。

1. 铰刀的安装

在铣床上铰孔，是将铰刀柄插入主轴锥孔中安装铰刀的。铰孔时，铰刀轴线与铣床主轴轴线、铰刀轴线与孔轴线均要保证重合；否则，铰出的孔会产生孔口扩大或孔不符合规定的加工要求。这就使铰孔过程中调整工作台位置的耗时量太大。为提高加工效率，可以采用浮动铰刀杆安装铰刀进行铰孔。如图 6-9 所示的浮动铰刀杆，安装铰刀的套筒与浮动套筒在直径方向有一定量的间隙，可使铰刀因自身的几何形状自动地调整并保持与孔轴线的同轴度，从而使铰孔效率大大提高。其中，固定销的作用是将套筒与浮动套筒松动连接起来，使铰刀能在任何方向上浮动。淬硬的钢珠嵌在臼座里，以保证进给作用力沿轴线方向传递给铰刀，同时保证其具有灵活性。

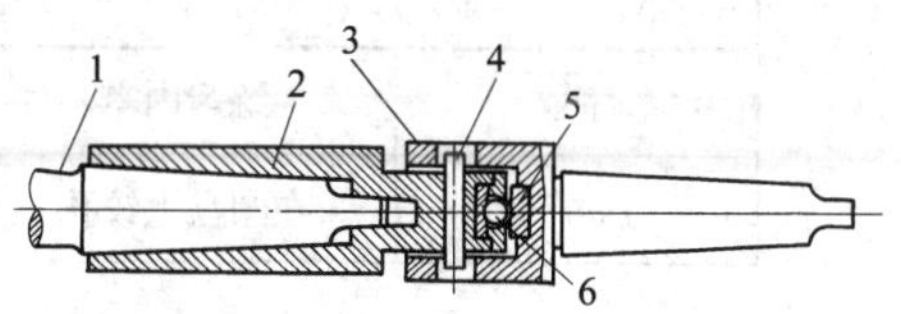

图 6-9　浮动铰刀杆

1—铰刀　2—套筒　3—浮动套筒

4—固定销　5—臼座　6—钢珠

2. 铰孔步骤

（1）选择合适的铰刀。

（2）根据工件材质以及铰刀情况确定合适的切削用量。

（3）选择适用的切削液。铰削铸铁等脆性材料时，一般采用煤油或煤油与机油的混合油；铰削塑性材料时，一般采用乳化液或极压乳化液。

（4）调整机床，装夹并校正工件。

（5）钻落刀孔、镗孔并倒角。

（6）换装铰刀进行铰孔。

（7）检查工件。

3. 注意事项

（1）在铣床上安装铰刀有浮动连接和固定连接两种方式。固定连接时必须防止铰刀偏摆，否则孔径尺寸将被扩大。

（2）固定安装铰刀时，最好钻孔、镗孔和铰孔连续进行，以保证加工精度。

（3）铰通孔时，铰刀的校正部分不能全部出孔外。

（4）铰刀不能采用反转退刀，一般采用不停车退刀。

（5）铰刀是精加工刀具，用过后应擦净、涂油，并妥善放置。

三、技能训练——在圆盘上铰孔（图 6－10）

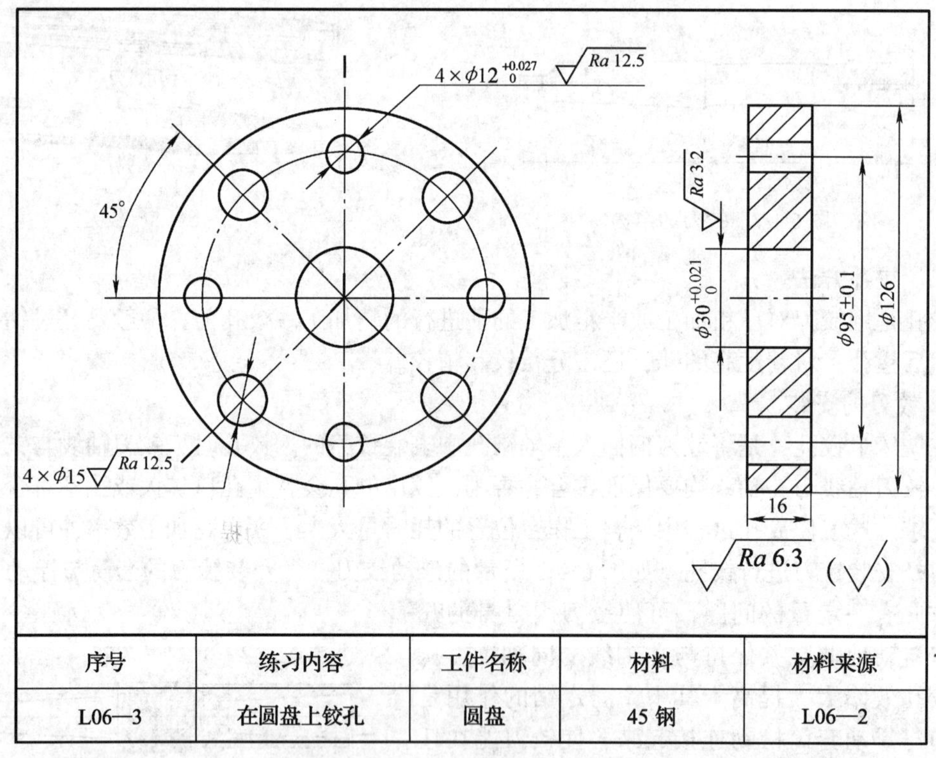

序号	练习内容	工件名称	材料	材料来源
L06—3	在圆盘上铰孔	圆盘	45 钢	L06—2

图 6－10　在圆盘上铰孔

（1）对照图样，检查工件毛坯（图 6－11a）。

（2）安装并校正回转工作台。

（3）装夹并校正工件。调整铣床工作台，使立铣头轴线与 $\phi10$ mm 孔轴线同轴。将工作台纵向进给和横向进给紧固。

（4）选择并安装钻头。分度、扩钻 4 个 $\phi12^{+0.027}_{0}$ mm 孔，留铰孔余量 0.15 ~0.2 mm。

（5）换铰刀，分度、铰孔，至符合图样要求（图 6－11b）。

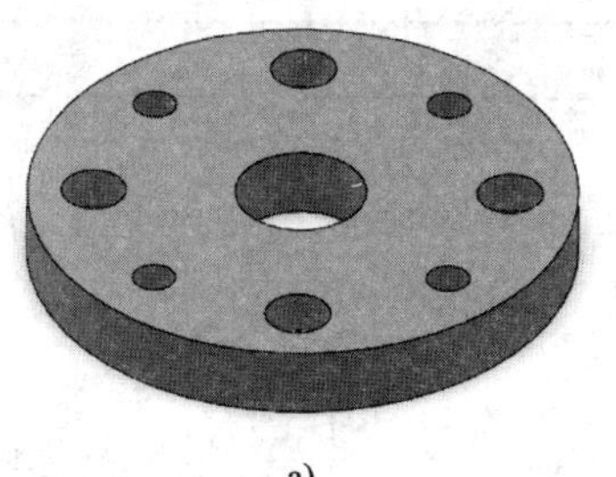
a)

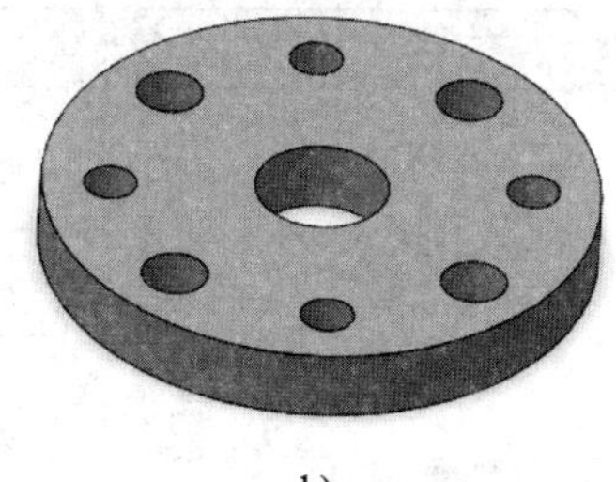
b)

图 6－11　铣削过程

课题三　在铣床上镗孔

由于钻孔的加工精度较低，只能用于孔的粗加工。高精度的孔需要进行镗孔。在铣床上镗孔，孔的尺寸经济精度可达 IT9～IT7 级，表面粗糙度 *Ra* 值可达 3.2～0.8 μm。孔距精度可控制在 0.05 mm 左右。

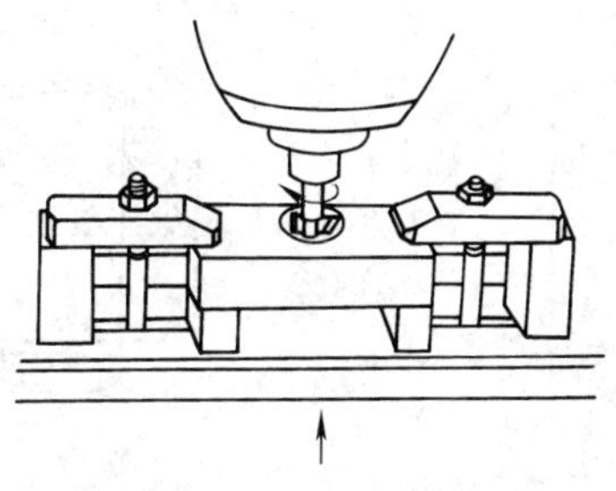
图 6－12　在铣床上镗孔

镗削是镗刀旋转做主运动，工件或镗刀做进给运动的切削加工方法。用镗削的方法扩大工件孔的方法称为镗孔，如图 6－12 所示。在铣床上主要镗削中、小型工件上不太大的孔和相对位置不太复杂的孔系。

一、镗刀、镗刀杆和镗刀盘

1. 镗刀

镗孔所用的刀具称为镗刀（表 6－5）。按照镗刀刀头的固定形式不同，分为整体式镗刀、机械固定式镗刀和浮动式镗刀；按照切削刃形式不同分为单刃镗刀和双刃镗刀。在铣床上镗孔大多使用单刃镗刀。

表 6－5　　镗刀

内容	简图及说明
整体式镗刀	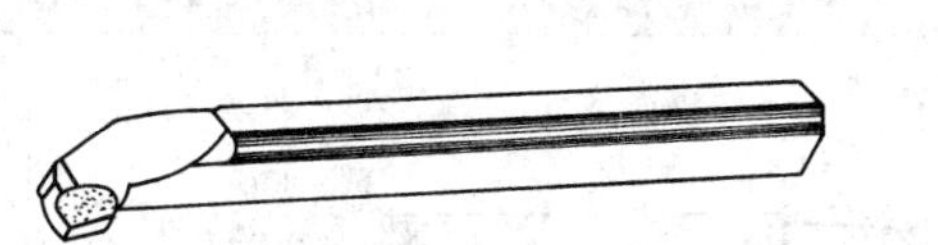 整体式镗刀的切削部分与镗刀杆是一体的，安装在镗刀盘中即可进行镗削，一般用于小孔径工件的镗削。常见的有焊接式镗刀和高速钢整体式镗刀

续表

内容	简图及说明
机械固定式镗刀	1—紧刀螺钉　2—镗刀头　3—镗刀杆 机械固定式镗刀是将镗刀头机械固定在镗刀杆上进行镗孔的。镗刀头有焊接式的高速钢刀头，还有直接采用不重磨车刀的 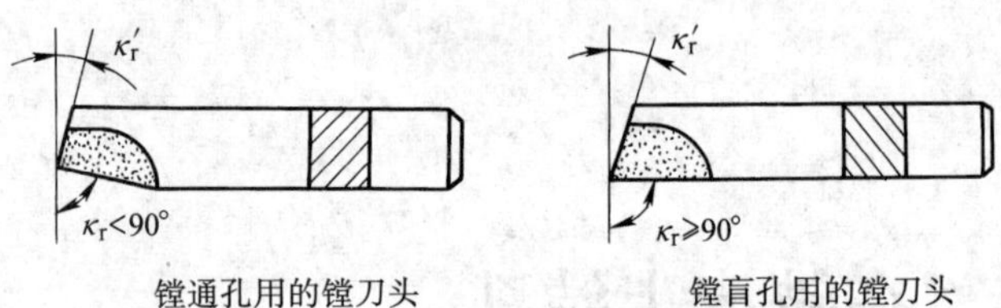 镗通孔用的镗刀头　镗盲孔用的镗刀头 按照镗孔类型的不同，镗刀头分为镗通孔用镗刀头和镗盲孔用镗刀头两种形式。其最根本的区别就在于主偏角 κ_r 的大小，镗通孔用镗刀头的主偏角 $\kappa_r<90°$，只能镗通孔；镗盲孔用镗刀头的主偏角 $90° \leqslant \kappa_r \leqslant 93°$，主要用于镗盲孔和台阶孔
浮动式镗刀	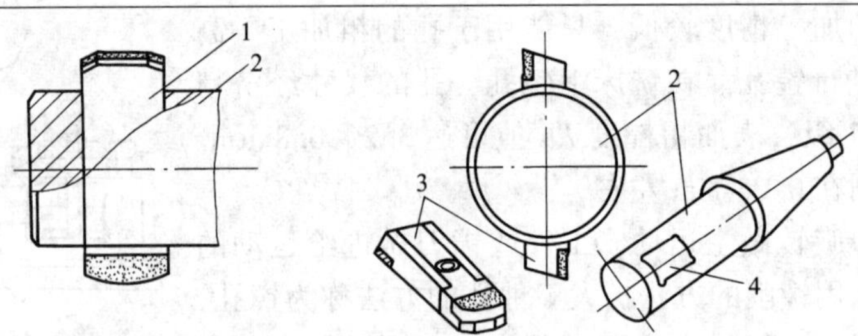 1—浮动镗刀块　2—浮动镗刀杆　3—可调式浮动镗刀块　4—装刀方孔 浮动式镗刀是一种精镗孔刀具。因其两端都有切削刃，又称双刃镗刀。它的安装特点是镗刀不固定，而是浮动地放在镗刀杆的方孔中进行镗削的。浮动式镗刀大都在专用磨床上刃磨。孔的加工尺寸主要由浮动镗刀块的长度尺寸决定

2. 镗刀杆

镗刀杆是安装在机床主轴孔中，用以夹持镗刀头的杆状工具。

镗刀杆按照能否准确控制镗孔尺寸，分为简易式镗刀杆和可调式镗刀杆，见表 6－6。

表 6－6　　镗刀杆

类型		简图及说明	
简易式镗刀杆	镗通孔用镗刀杆		

续表

<table>
<tr><th colspan="2">类型</th><th colspan="2">简图及说明</th></tr>
<tr><td rowspan="2">简易式镗刀杆</td><td>镗盲孔用镗刀杆</td><td>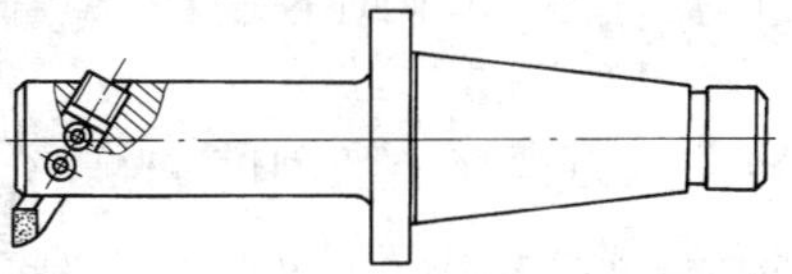</td><td rowspan="2">简易式镗刀杆结构简单，制造容易。其缺点是用敲刀法控制工件孔径尺寸，调整过程较费时</td></tr>
<tr><td>镗深孔用镗刀杆</td><td>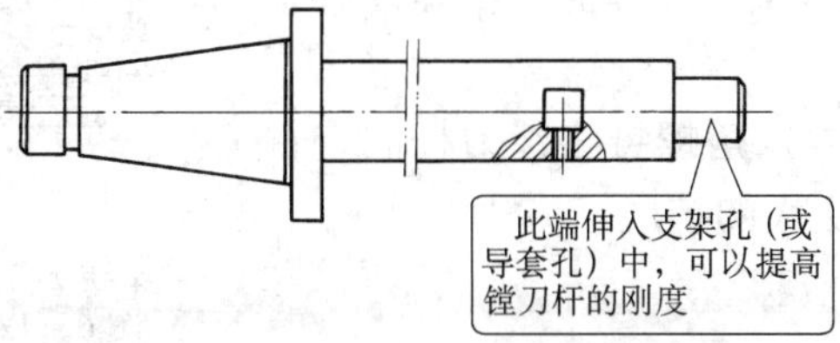此端伸入支架孔（或导套孔）中，可以提高镗刀杆的刚度</td></tr>
<tr><td rowspan="2">可调式镗刀杆</td><td>微调式镗刀杆</td><td colspan="2">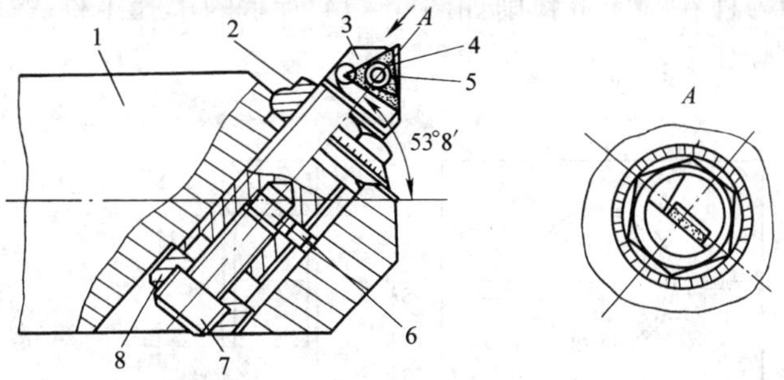1
2
3
A
4
5
53°8′
6
7
8
A
1—镗刀杆　2—调整螺母　3—镗刀头　4—可转位刀片　5—刀片紧固螺钉
6—止动销　7—内六角紧固螺钉　8—垫圈
调整微调式镗刀杆时，先松开内六角紧固螺钉，然后转动调整螺母，使镗刀头按需要伸缩，最后将内六角紧固螺钉旋紧即可。调整螺母上的刻度为40等份，镗刀头螺纹的螺距为0.5 mm，则调整螺母每转过一小格时，镗刀头的伸缩量为0.012 5 mm。由于镗刀头与镗刀杆的轴线倾斜53°8′，因此，刀尖在半径方向的实际调整距离为0.012 5 mm×sin53°8′≈0.01 mm，实现了准确调整的目的。应该注意的是，调整镗刀头时，内六角紧固螺钉的紧固力应大小适宜，尽量减小因紧固力大小的不同而发生的偏差</td></tr>
<tr><td>差动式镗刀杆</td><td colspan="2">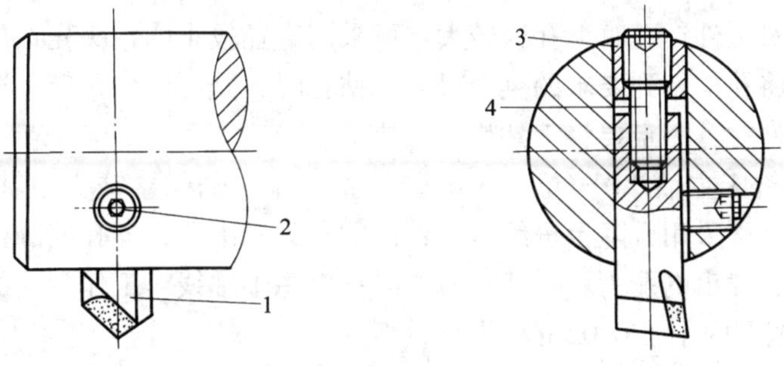2
1
3
4
1—镗刀头　2—紧固螺钉　3—圆柱塞　4—丝杆
差动式镗刀杆是利用两段螺距不同、旋向相同的丝杆形成螺旋差动实现微调的。丝杆的上部螺距是1.25 mm（M8×1.25），下部螺距是1 mm（M6×1）。当丝杆转动一周时，丝杆向前移动一个螺距（1.25 mm），同时使镗刀头相对丝杆后退一个螺距（1 mm），所以镗刀头的实际伸缩量为0.25 mm。在圆柱塞端面上的刻度为25等份，则调整丝杆每转过一小格，镗刀头的伸缩量为0.01 mm</td></tr>
</table>

3. 镗刀盘

镗刀盘又称镗头或镗刀架。如图 6－13 所示为一种常用的结构简单的镗刀盘。它具有较高的刚度，在镗孔时能够精确地控制孔的直径尺寸。

镗刀盘的锥柄与主轴锥孔相配合。转动镗刀螺杆上的刻度盘，使其螺杆转动，可精确地移动燕尾块。若螺杆螺距为1 mm，其刻度盘有 50 等份的刻线，则刻度盘每转过 1 小格，燕尾块移动量为 0.02 mm。

燕尾块分布有几个装刀孔，可用内六角螺钉将镗刀杆固定在装刀孔内，使可镗孔的尺寸范围有了更大的扩展。

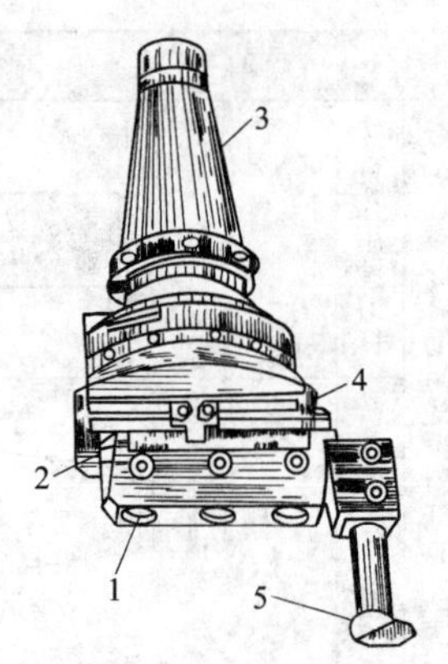

图 6－13　镗刀盘

1—装刀孔　2—燕尾块　3—锥柄　4—刻度盘　5—镗刀

二、镗孔的方法

1. 单孔的镗削

用简易式镗刀杆在铣床上镗削如图 6－14 所示的单孔工件，其镗削方法和步骤如下：

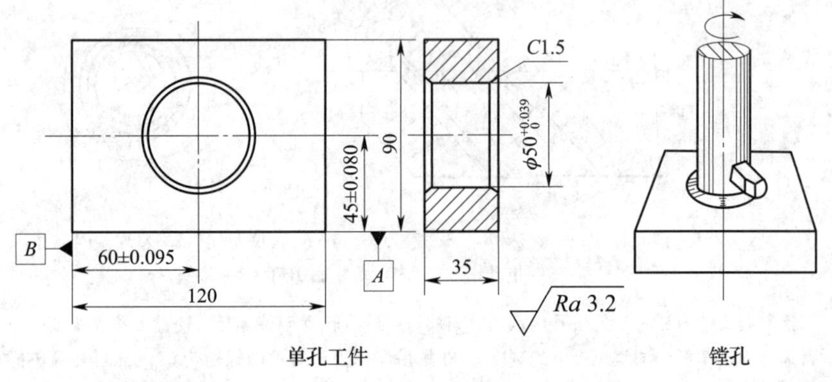

图 6－14　单孔工件的镗削

（1）划线并钻孔　根据图样，将工件孔的中心线和轮廓线划出，并打样冲眼。选择合适的钻头。

若用钻头对工件钻孔时，孔径较大，可采用直径较小的钻头先钻出一个小孔，再换装直径大些的钻头将孔扩钻到要求的直径尺寸。钻孔时，既可以在钻床上进行，也可以在铣床上进行。装夹工件时，一定要将工件垫高、垫平。

（2）检查铣床主轴“0”位是否准确　立铣床主轴或立铣头主轴轴线应与工作台面垂直。若不垂直，则采用升降台进给时，镗出的孔为椭圆孔，即孔的圆柱度误差较大；采用主轴套筒进给时，镗出的孔为一斜孔。检查时，以主轴轴线对工作台面的垂直度误差在回转直径 300 mm 的范围内小于 0.02 mm 为宜。

（3）选择镗刀杆和镗刀头　为保证镗刀杆和镗刀头有足够的刚度，镗刀杆的直径应为工件孔径的 0.7 倍左右，且镗刀杆上装刀方孔的边长为镗刀杆直径的 0.2～0.4 倍。当工件的孔径小于 30 mm 时，最好采用整体式镗刀。工件孔径大于 120 mm 时，只要镗刀杆和镗刀头有足够的刚度即可，镗刀杆的直径不必很大。另外，在选择镗刀杆直径时还需考虑孔的深度和镗刀杆所需要的长度。镗刀杆长度较短，其直径可适当减小；镗刀杆长度越长，其直径应选得越大。

（4）选择合适的切削用量　切削用量因刀具材料、工件材料以及粗、精镗的不同而有所区别。粗镗时的背吃刀量 a_p 主要根据加工余量和工艺系统的刚度来确定。其切削速度可比铣削略高。此外，在镗削钢件等塑性材料时，需要充分浇注切削液。

（5）对刀　镗孔时，必须使铣床主轴轴线与被镗孔的轴线重合。常用的对刀方法有按划线对刀法、靠镗刀杆对刀法、测量对刀法等。

1）按划线对刀法。先将镗刀杆轴线大致对准孔中心，在镗刀顶端用油脂粘一根大头针。缓慢地转动主轴，一方面使针尖靠近孔的轮廓线，另一方面调整工作台，使针尖与孔轮廓线间的距离尽量均匀相等。这样对刀的准确度较低，对操作者的生产技能要求较高。

2）靠镗刀杆对刀法。当镗刀杆圆柱部分的圆柱度误差很小，并与铣床主轴同轴时，使镗刀杆先与基准面 A 刚好接触，此时将工作台横向移动一段距离 s_1，然后使镗刀杆与基准面 B 接触，并纵向移动距离 s_2。为控制好镗刀杆与基准面之间的松紧程度，可在两者之间放置一量块，接触的松紧程度以用手能轻轻推动量块，而手松开量块又不落下为宜。此法也可用标准心轴进行对刀，如图 6－15 所示。

3）测量对刀法。如图 6－16 所示，用游标深度卡尺或深度千分尺测量镗刀杆（或心轴）圆柱面至基准面 A 和 B 的距离，应等于规定尺寸与镗刀杆（或心轴）半径之差。若测量值与计算结果不符，重新调整工作台位置直至相符为止。

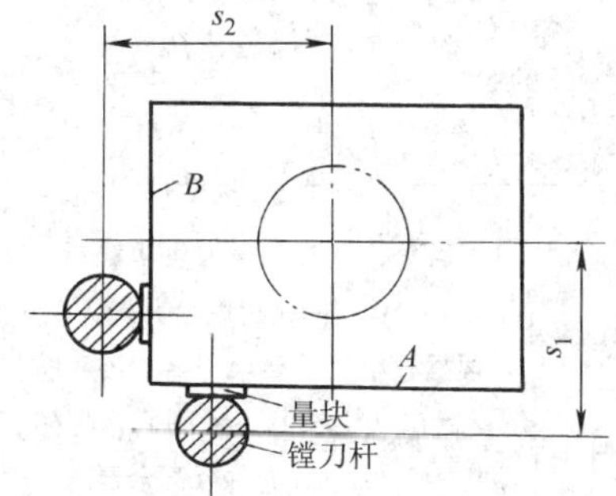

图 6－15　靠镗刀杆对刀法

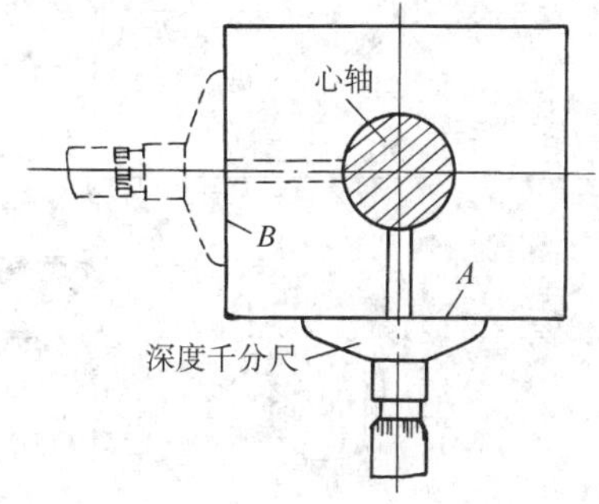

图 6－16　测量对刀法

（6）对试镗孔距的检验　为了验证对刀精度是否符合要求，需要将工件试镗一刀，检验镗孔的孔距，即试镗孔壁至基准侧面的距离（即壁厚）与其半径之和，是否符合孔轴线至基准面之间距离的加工要求。经检验合格才能开始正式镗孔，否则应重新调整工作台位置直至符合要求为止。孔距的检测，除采用游标卡尺以外，还常采用壁厚千分尺和千分尺（表 6－7）。

表 6－7　　孔距的检测

方法	简图及说明
使用壁厚千分尺	用壁厚千分尺检测孔距 壁厚千分尺内侧的砧座是圆球状的，在检测时能够与孔壁相切，比较符合圆弧面的检测要求。因此，使用壁厚千分尺检测孔距较为准确

续表

方法	简图及说明	
使用千分尺	用千分尺加钢球检测孔距	在普通千分尺的砧座上用铜管套一粒钢球进行孔距的检测，原理与壁厚千分尺相同。检测时的壁厚应等于千分尺读数与钢球直径之差

（7）调整镗刀头的伸出量　如果使用的是机械固定式镗刀，控制孔径尺寸一般采用敲刀法来调整镗刀头的伸出量。镗刀头的伸出量大多凭经验控制，也可借助游标卡尺或百分表来控制（表6－8）。

表6－8　镗刀头的调整

方法	简图及说明	
借助游标卡尺	$L=\dfrac{D_0+d}{2}$	假定镗刀杆直径为 d，待镗孔直径为 D_0，则游标卡尺测量的镗刀尖到镗刀杆圆柱面的距离 L 应为：$L=\dfrac{D_0+d}{2}$
借助百分表		百分表测头与镗刀头接触后，将百分表调整到“0”位。稍微松开镗刀头的紧固螺钉，根据孔径尺寸要求，将镗刀头按扩孔量的1/2敲出。将镗刀头紧固后，再用百分表校准镗刀头的伸出量是否符合要求

（8）镗孔　镗孔位置检查无误，开始调整镗刀头的伸出量进行镗孔。按照工艺要求，镗孔时分为粗镗孔和精镗孔。粗镗孔应为精镗孔留0.5 mm左右的余量（直径方向）。

2. 孔系的镗削

在铣床上镗削各孔轴线平行的孔系，主要有圆周等分孔系和坐标孔系等。

（1）圆周等分孔系的镗削　各孔在工件圆周上均布的孔系，可将工件装夹在回转工作台或分度头上进行镗削（表6－9）。

（2）坐标孔系的镗削　轴线平行的孔系，既要保证孔本身的精度要求，还要严格控制并保证孔与孔之间的中心距要求。孔径尺寸的控制和孔至基准面的位置调整方法均与单孔镗削时相同。因此，轴线平行的孔系的镗削，主要是掌握其孔距的控制方法。

若工件孔系的孔距尺寸精度要求不高，工作台在纵向、横向移动距离可直接由铣床进给手柄上的刻度盘来控制；若孔距尺寸精度要求较高，工作台的调整需利用百分表和量块来控制（表6－10）。

表 6－9　　圆周等分孔系的镗削方法

方法	简图及说明	
在回转工作台上镗孔	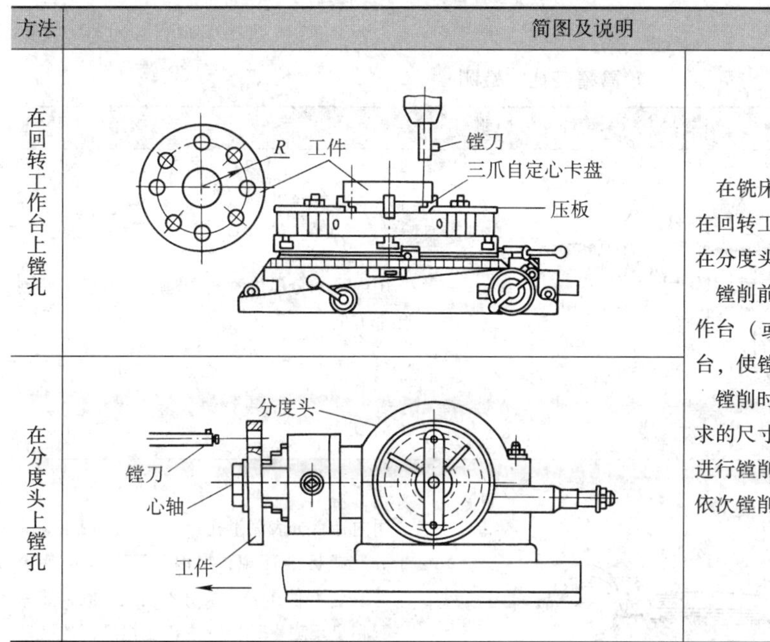	在铣床上为大型工件加工孔，一般会选择在回转工作台上进行。若工件较小，则选择在分度头上进行加工 镗削前，先校正工件的回转轴线与回转工作台（或分度头）轴线平行，再调整工作台，使镗刀的回转轴线与被镗孔的轴线重合 镗削时，先试镗一孔（不要加工到孔径要求的尺寸），检查孔距无误后，再开始正式进行镗削。每镗完一个孔后，按要求分度，依次镗削下一个孔
在分度头上镗孔		

表 6－10　　用百分表和量块精确控制工作台的移动距离

内容	简图及说明	
控制工作台纵向移动距离	加油孔盖 量块 角铁 百分表固定架	先将百分表用固定架固定在工作台手拉油泵的加油孔上。按照需要移动的距离选择一组（最好是一块）量块。将量块放在百分表测头与角铁之间，并使百分表指针指向“0”位。然后抽出量块，纵向移动工作台，使角铁面与百分表测头接触，直到指针指向“0”位为止，即可将工作台准确地纵向移动一个等于量块尺寸的距离
控制工作台横向移动距离	量块 百分表夹座	将百分表用夹座固定在铣床的横向导轨上（为防止损坏导轨面，应在紧固螺钉与导轨面之间垫铜皮），工作台的横向移动距离的控制方法，与纵向移动距离的控制方法基本相同

三、孔的检测

1. 孔的尺寸精度的检测

精度不高的孔径尺寸和孔的深度尺寸一般可用游标卡尺或游标深度卡尺检测。精度较高的孔径尺寸可用内径千分尺、三爪内径千分尺、内径百分表和标准套规配合检测，也可用塞规进行检测，见表6-11。

表6-11　较高精度孔的检测

内容	简图及说明
用内径千分尺检测	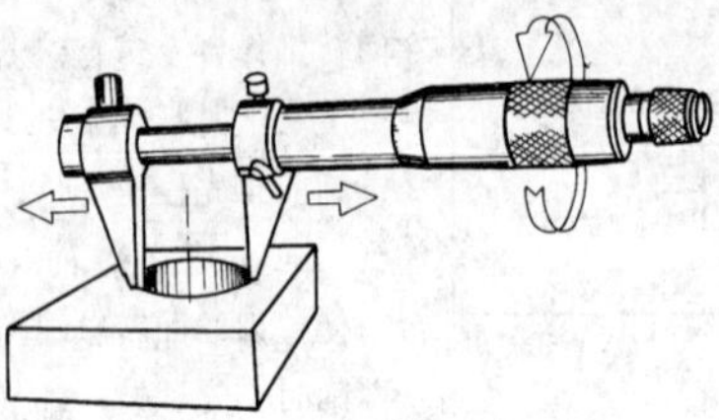 用内径千分尺检测孔径时，应注意多检测几个方向
用内径百分表检测	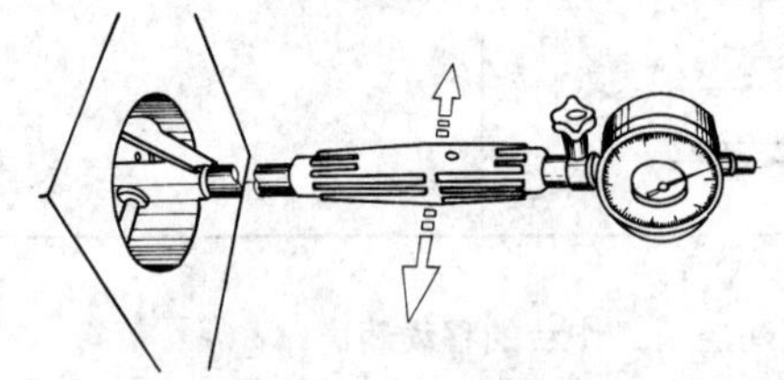 用内径百分表测量孔径之前，应用相应的千分尺或标准环规，将内径百分表调整至“0”位，并使压表量最好不超过半圈，然后进行测量。测量时，应注意在测量杆的摆动中确认表针指示读数的最小数为孔径的测量尺寸值
用三爪内径千分尺检测	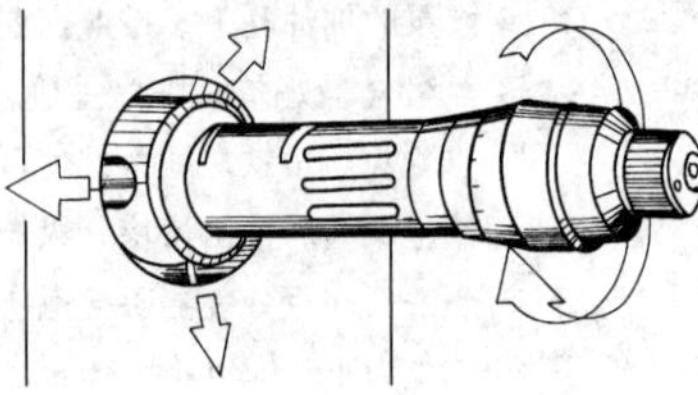 如果孔呈三棱形而在该位置圆周各处的直径相等时，用三爪内径千分尺即可检查出这一缺陷
孔距的检测	按照规定的孔的壁厚尺寸调整选择一组（最好是一块）量块放在平台上。将工件在角铁上装夹并校正后，用杠杆百分表在量块上确定其“0”位，即可检测出孔的壁厚尺寸，以确定其孔距尺寸

2. 孔的形状精度的检测

孔的形状误差主要有圆度误差和圆柱度误差。孔的圆度误差的检测最好采用三爪内径千分尺，或更高精度的圆度仪。孔的圆柱度误差一般用检验心轴进行检测，或用内径百分表与心轴配合检测。

3. 孔的位置精度的检测

对于平行孔系而言，孔与孔之间相对位置的误差主要是同轴度误差、平行度误差，以及孔的轴线与基准面间的垂直度误差，见表6-12。

表 6－12　　平行孔系位置精度的检测

内容	简图及说明	
同轴度误差的检测	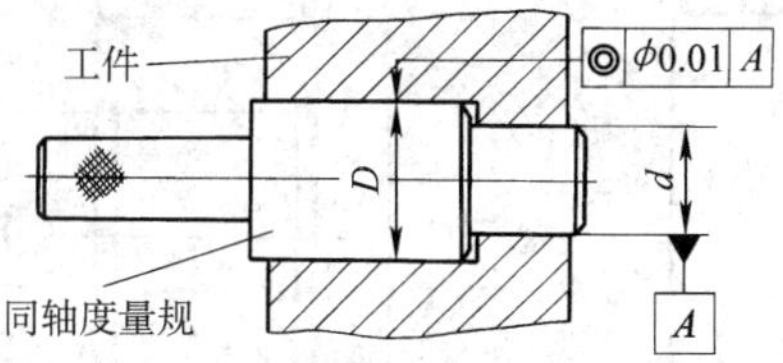 用同轴度量规检测孔的同轴度误差	用同轴度量规检测孔的同轴度误差时，只要量规能通过即为合格
平行度误差的检测	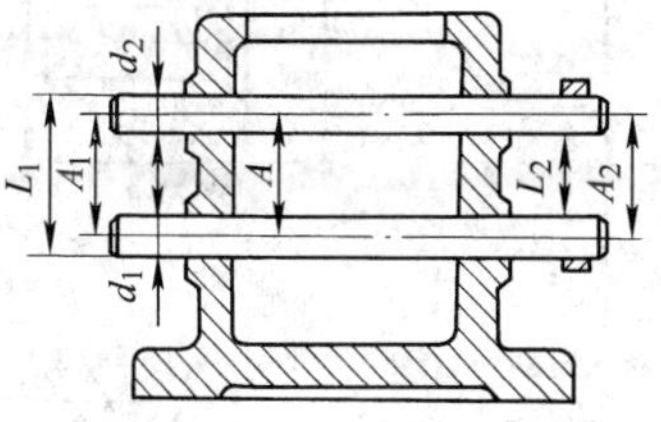 两孔平行度误差和中心距的检测	在两孔内装入配合精度较高的测量棒。分别测出两棒外侧距离 L_1 和另一端的内侧距离 L_2，则两测量棒直径 d_1 和 d_2 与两孔中心距有： $A_1 = L_1 - \frac{1}{2}(d_1 + d_2)$ 且 $A_2 = L_2 + \frac{1}{2}(d_1 + d_2)$ 则两端的中心距 A_1 和 A_2 之差值即其平行度误差值
垂直度误差的检测	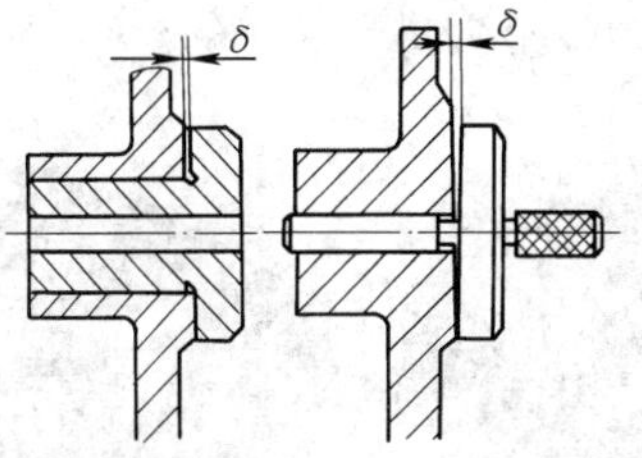 孔轴线与基准面间垂直度误差的检测	检测时，将专用检验工具插入孔中，用着色法或塞尺检查工具圆盘与工件基准面的接触情况，其最大间隙 δ 即为检验范围内的垂直度误差

四、技能训练——镗孔（图 6－17）

1. 铣削长方体

将工件毛坯加工成 160 mm × 140 mm × 40 mm 的长方体（图 6－18a）。

2. 镗孔

（1）对照图样，检查工件毛坯并划线（图 6－18b）。

（2）安装并调整机用虎钳与纵向进给方向平行。

（3）选择刀具，调整机床。

（4）装夹并校正工件。

（5）对刀，按划线用钻头钻出落刀孔（图 6－18c）。

（6）安装镗刀，对刀，调整机床使镗孔位置符合要求后，进行粗镗孔（图 6－18d）。

（7）更换主偏角和副偏角都是 45°的镗刀，倒角并精镗孔至符合图样要求（图 6－18e）。

（8）检查三孔的加工情况，符合要求后卸下工件，并去除毛刺。

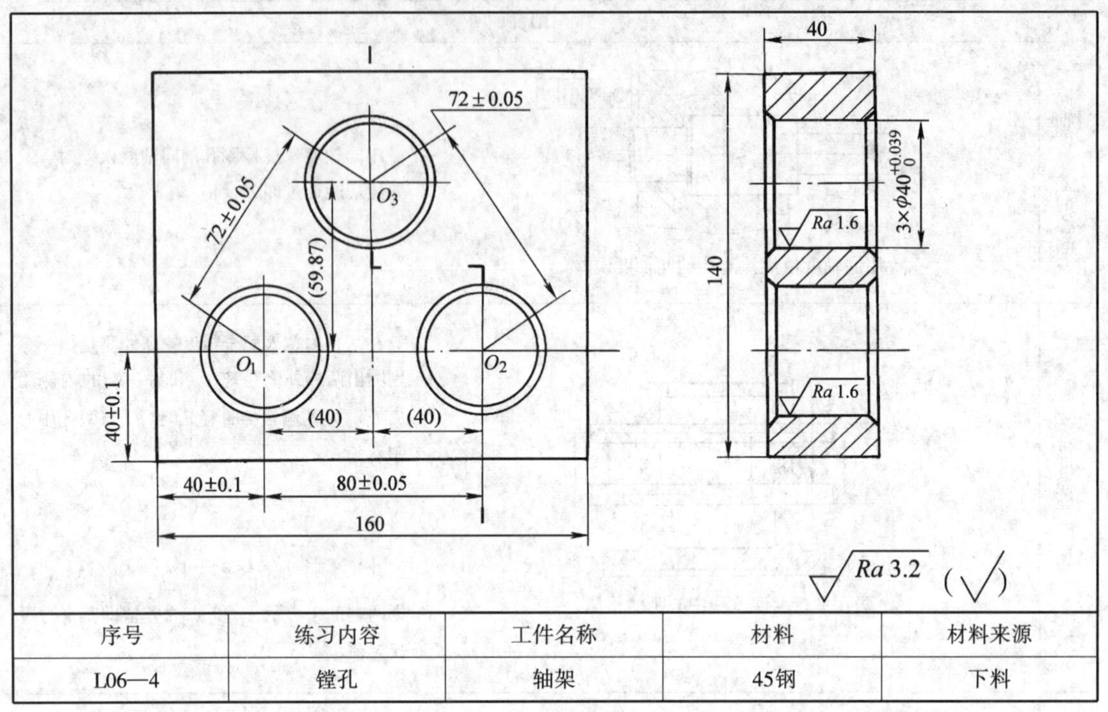

序号	练习内容	工件名称	材料	材料来源
L06—4	镗孔	轴架	45钢	下料

图 6-17 镗孔

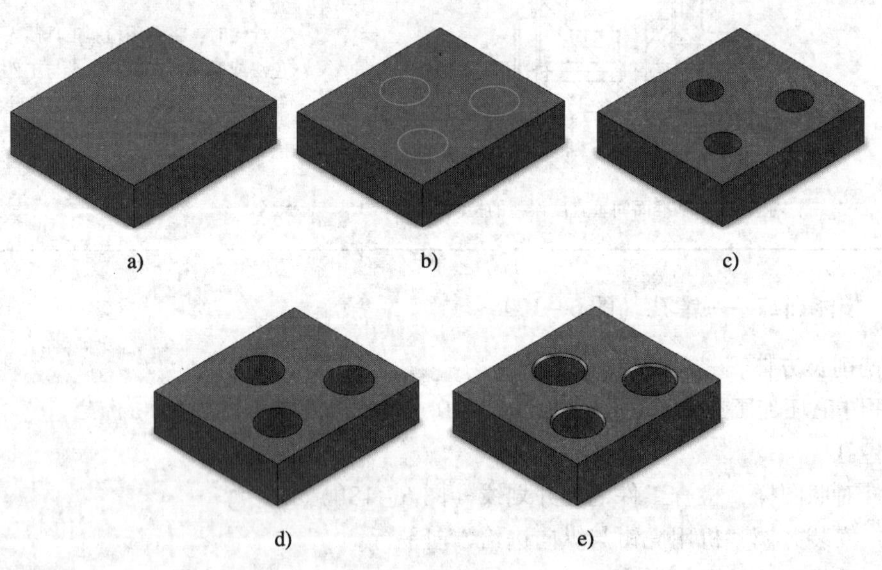

图 6-18 镗孔过程

课题四　在铣床上加工椭圆孔和椭圆柱

椭圆柱面铣削的三个基本原则：

(1) 铣刀回转轴线必须落在椭圆柱面通过短轴的轴向平面内。

(2) 铣刀回转直径 d_c 决定椭圆柱面的长轴 D。

(3) 铣刀回转直径 d_c 与轴线倾斜角 α 决定椭圆柱面的短轴 d。

它们之间的关系可用下列算式表示（图 6 – 19）：

$$\cos\alpha = \frac{d}{D}$$

一、椭圆柱面的加工方法

椭圆柱面可在立式铣床上采用镗刀或三面刃铣刀进行加工。加工时，必须将立铣头轴线转动一个角度，使铣刀轴线和工件轴线倾斜一个 α 角度，然后进行其他调整操作。常见的椭圆柱面零件有椭圆孔、椭圆半孔、椭圆柱等。

1. 镗椭圆孔

在立式铣床上镗削椭圆孔，如图 6 – 20 所示。镗削椭圆孔的操作步骤如下：

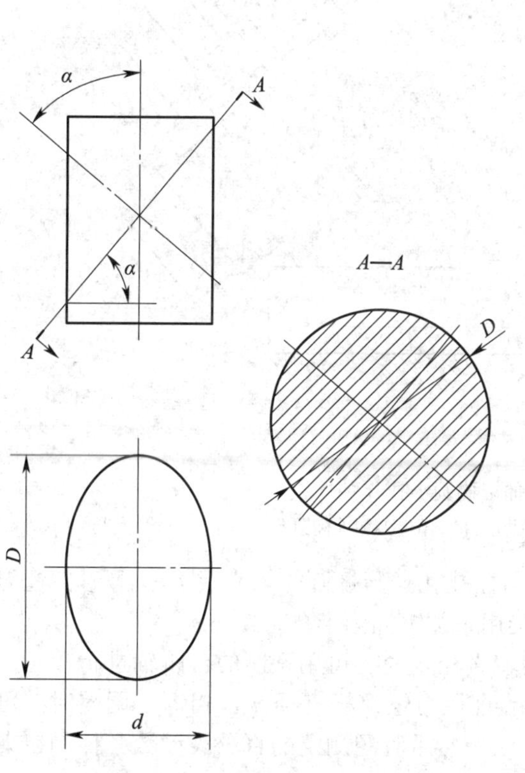

图 6 – 19　椭圆柱面几何特点

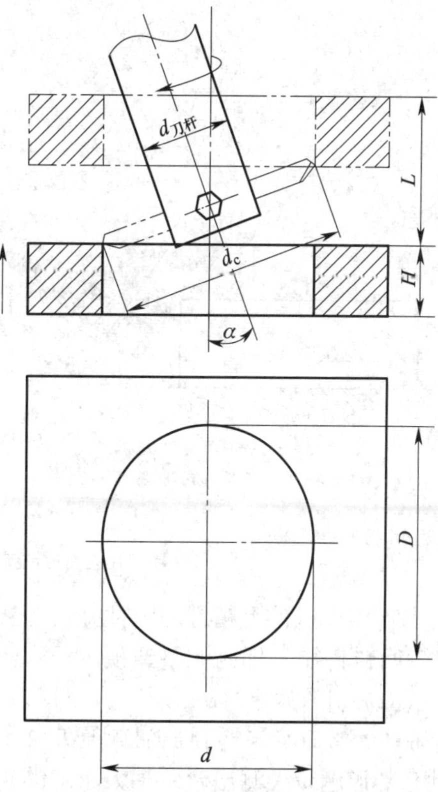

图 6 – 20　镗削椭圆孔

（1）在椭圆孔加工前，一般先用钻和镗的方法加工出圆柱孔，将大部分余量切去。这时须注意圆柱孔的孔径应小于椭圆短轴直径 d。

（2）粗镗椭圆孔时，刀尖回转直径 d_c 应小于短轴直径 d。

（3）工件椭圆孔不能过长，否则倾斜的镗刀杆会和孔壁相碰，刀杆直径应满足下列条件：

$$d_{刀杆} \leqslant D\cos\alpha - H\sin\alpha$$

式中 D——椭圆长轴直径，mm；

α——主轴倾斜角，(°)；

H——工件椭圆孔长度，mm。

2. 镗（铣）椭圆半孔

当椭圆孔较长时，无法一次镗出，这时，常将工件设计成对半合成件。加工这类工件时，应使椭圆半孔的轴线与工作台面和纵向进给方向平行，而铣床主轴的倾斜角应为 β（$\beta = 90° - \alpha$）。由于加工这种不完整的椭圆柱面，无法直接测量长、短轴尺寸，因而要求事先将主轴倾斜角 β 及刀尖回转直径 d_c 调整得非常准确。

这类工件一般采用图 6－21 所示的两种方法进行加工，当采用三面刃铣刀加工时，铣刀的外径应与椭圆长轴直径 D 严格相等。当采用镗刀加工时，一般可采用下列方法调整刀尖回转直径 d_c：

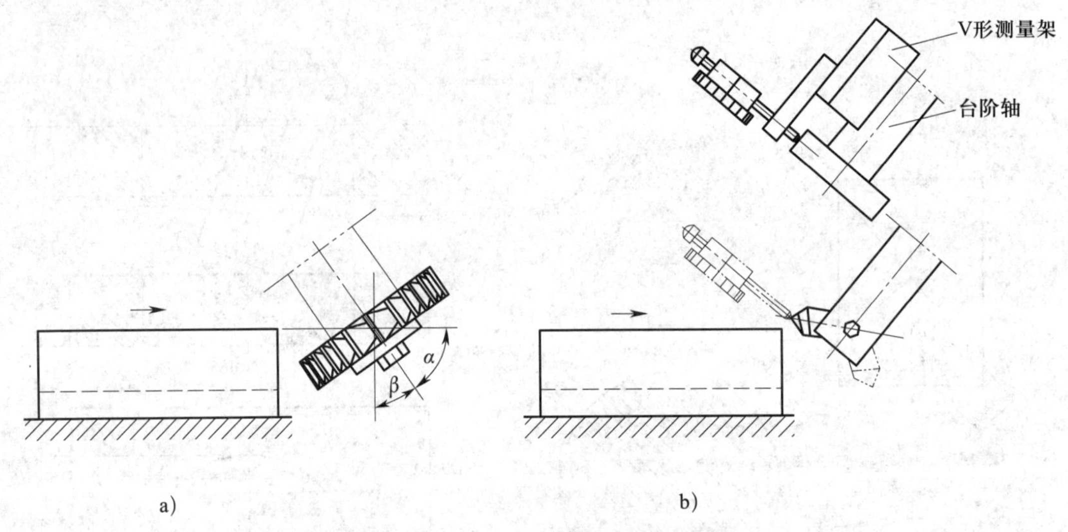

图 6－21　加工椭圆半孔

a）用三面刃铣刀加工椭圆孔　b）用镗刀加工椭圆孔

（1）在试件上精镗一圆柱孔，当镗出的圆柱孔孔径与椭圆长轴直径 D 相等时，镗刀的刀尖回转直径 d_c 即已调整到预定尺寸，可直接用来加工椭圆半孔。

（2）如图 6－21b 所示，调整镗刀刀尖回转直径 d_c 时，可用预制的台阶轴进行校正。台阶轴的大端直径与椭圆长轴直径 D 相等，小端直径与镗刀杆直径 $d_{刀杆}$ 相等。调整时，可先利用 V 形测量架测出台阶轴大小端的半径差 ΔR，然后利用测定的百分表读数，控制镗刀伸出距离，使之恰好等于 ΔR，从而使刀尖直径 d_c 符合要求。

（3）主轴倾斜角 β 的精确调整，则可借助于专用锥度心轴或正弦规进行。

3. **铣椭圆柱**

铣削椭圆柱如图 6－22 所示。具体操作步骤如下：

（1）用三爪自定心卡盘装夹工件，并使工件轴线与工作台面垂直。若椭圆柱与某一基准部位有位置要求时，可在工件端面划出椭圆长、短轴位置，然后使短轴与纵向工作台进给方向平行。

（2）用对中心的方法，调整工作台，使主轴轴线和椭圆短轴在同一平面内。

（3）调整铣刀刀尖回转直径 d_c，一般可先使回转直径 $d_{c粗}$ 大于椭圆长轴直径 D，以便对刀，同时留有一定余量进行精铣。

（4）试切对刀，可将铣刀置于最低点，调整纵向工作台，使刀尖和椭圆中心的距离为 $\frac{d_{c粗}}{2}\times\cos\alpha$。然后将工件做垂向进给，待端面铣出椭圆时，应检查周边余量是否均匀，以确定铣刀是否位于正确的切削位置。

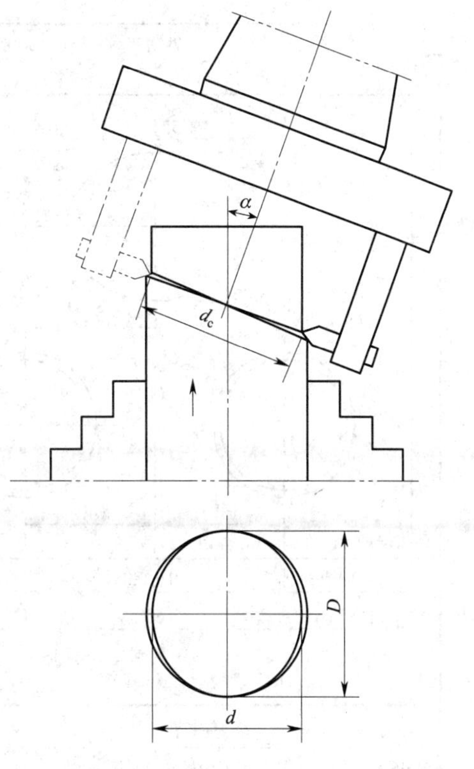

图 6－22　铣削椭圆柱

二、椭圆柱面的检测

加工完成的椭圆柱面要对其长轴和短轴尺寸进行测量，使其满足图样要求。另外还要测量位置尺寸是否满足图样要求。

三、技能训练——镗椭圆孔（图 6－23）

（1）确定立铣头扳转角度 α

$$\cos\alpha = \frac{d}{D} = \frac{45\ \text{mm}}{55\ \text{mm}} \approx 0.818\ 18$$

立铣头扳转角度 α 约为 35.10°。

（2）选择镗刀和镗刀杆

$$d_{刀杆} \leqslant D\cos\alpha - H\sin\alpha \approx 55\ \text{mm}\times\cos35.10° - 40\ \text{mm}\times\sin35.10° \approx 21.998\ \text{mm}$$

选择镗刀杆的直径尺寸为 ϕ20 mm。镗刀头的长度尺寸为 35 mm 左右。

（3）粗镗椭圆孔　调整立铣头扳转角度 α 为 35.10°，调整刀尖回转直径 $d_{c粗}$ 为底孔直径 40 mm。

调整工作台位置，手动旋转镗刀，使镗刀刀尖回转轨迹在椭圆长轴方向恰好与底孔两侧同时相切，完成对中心。

调整镗刀头位置使其刀尖回转直径 $d_{c粗}$ 为 44 mm，然后完成椭圆孔的粗镗，检测确认椭圆孔位置符合图样要求。

（4）精镗椭圆孔　测量粗镗后的椭圆孔短轴尺寸，据此结果调整镗刀头尺寸进行精镗，使镗出的椭圆孔符合图样要求。

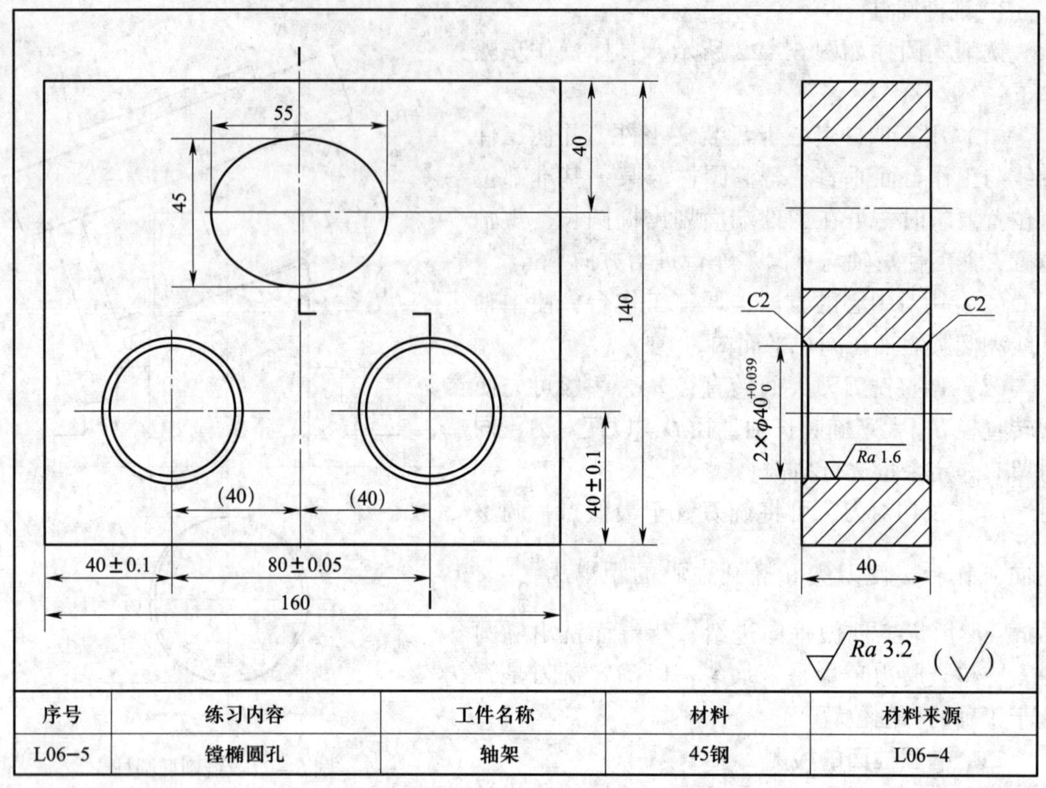

序号	练习内容	工件名称	材料	材料来源
L06-5	镗椭圆孔	轴架	45钢	L06-4

图 6-23 镗椭圆孔

第七单元

简单特形面和球面的铣削

简单特形面（包括曲面和成形面）和球面的铣削，在模板、凸轮、样板等零件的加工中是常用的加工方法。尽管随着数控加工技术的发展，出现了线切割、电火花等更先进的加工技术，但简单特形面和球面的铣削方法，无论是用于生产实践还是作为一种专业技能训练，都是非常重要的内容。

课题一　曲面的铣削

一、双手配合进给按划线铣曲面（表 7 – 1）

表 7 – 1　　双手配合进给按划线铣曲面

内容	简图及说明
铣刀的选择	铣凸圆弧时：铣刀直径大小不限 铣凹圆弧时：$R_{刀} < R_{凹}$ 在条件允许的情况下，尽可能选取直径较大的立铣刀以保证铣削时有足够的刚度
工件的装夹	用压板装夹工件 在加工部位上划线并打样冲眼 工件下垫平行垫铁防止铣伤工作台 工件在工作台上的位置及压板的设置要便于操作（工件要靠近纵向手柄、压板避开加工部位）
铣削的方法及注意事项	双手同时操纵横向、纵向手柄，协调配合；双眼密切注视，使铣刀切削刃与划线始终相切，并铣去半个样冲眼 余量大时应采用逐渐趋近法分几次铣至要求 双手配合进给时，铣刀在两个方向上始终要保持逆铣，以免铣伤工件和折断铣刀 凸凹转换时要迅速、协调，以免出现凸起或深啃 铣削外形较长且变化较平缓的曲面时，沿长度方向可采用机动进给，另一个方向采用手动进给配合

二、技能训练（一）——双手配合进给按划线铣曲面（图 7－1）

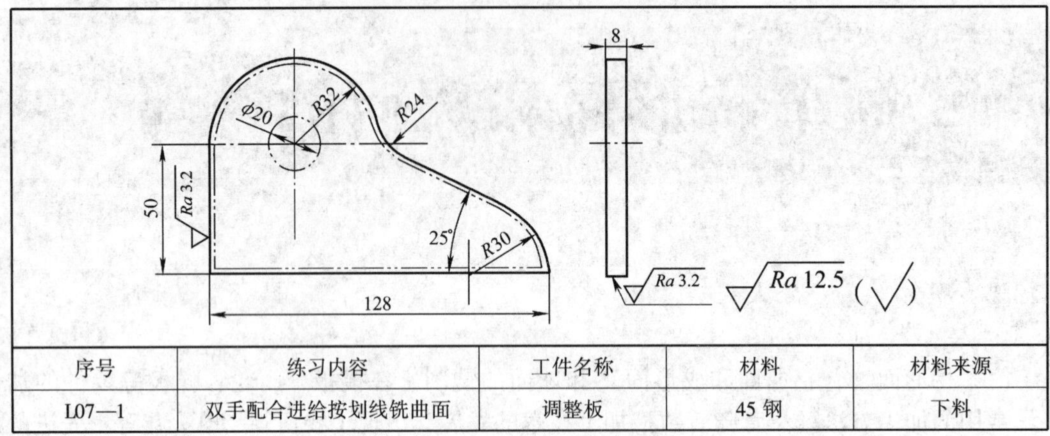

序号	练习内容	工件名称	材料	材料来源
L07—1	双手配合进给按划线铣曲面	调整板	45 钢	下料

图 7－1　双手配合进给按划线铣曲面

1. 铣削长方体

将工件毛坯加工成 128 mm × 82 mm × 8 mm 的长方体（图 7－2a）。

2. 铣削曲线外形

（1）对照图样，划线并打样冲眼（图 7－2b）。

（2）选择安装铣刀。选用 ϕ20 mm 的锥柄立铣刀并安装在主轴中。

（3）装夹并校正工件。

（4）双手配合手动进给，经多次铣削，使零件符合图样要求（图 7－2c）。

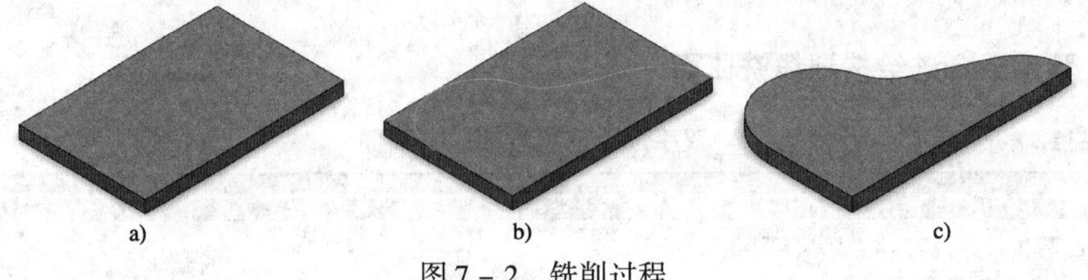

图 7－2　铣削过程

三、在回转工作台上铣曲面

在回转工作台上铣曲面，需校正铣床主轴与回转工作台中心的同轴度，见表 7－2。

表 7－2　　**铣床主轴与回转工作台中心同轴度的校正**

方法	简图及说明
顶尖校正法	在回转工作台中心的内孔中插入带中心孔的心轴，回转工作台在机床工作台上先不压紧 将机床主轴上的顶尖对正心轴端面的中心孔，向下压紧转台以达到两者同轴的目的，再将转台紧固在工作台上 此法适于一般精度零件的加工

续表

方法	简图及说明
环表校正法	先校正主轴与工作台垂直，以避免影响校正精度 将杠杆百分表固定在机床主轴上，使百分表测头与回转工作台中心的内孔相接触，然后用手转动主轴，调整工作台位置使百分表读数的摆动量不超过0.01 mm（学生练习不超过0.05 mm）即可 校正同轴后，在纵向、横向手柄的刻度盘上做好标记，作为调整主轴与工作台中心距离及确定工件圆弧与相邻表面相切位置的依据 此法的特点是精度高，适于高精度圆弧零件的加工

若工件圆弧的要求不高，且已划线，则可以不进行上述环节直接进入工件的装夹与校正（表7－3）。

表7－3　　　　工件的装夹与校正

内容	简图及说明
工件的装夹与校正	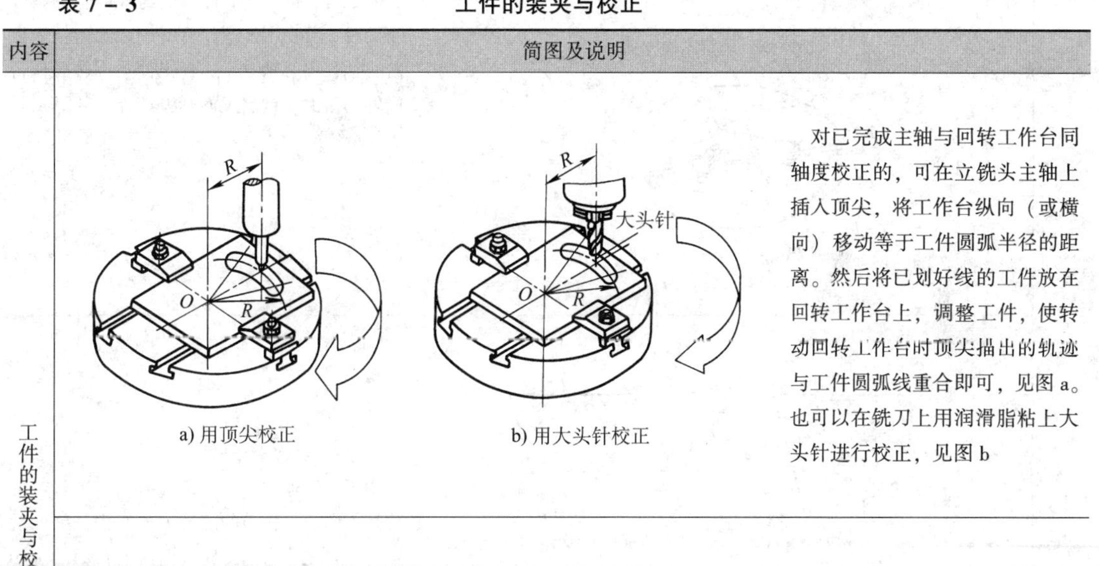 a) 用顶尖校正　b) 用大头针校正 对已完成主轴与回转工作台同轴度校正的，可在立铣头主轴上插入顶尖，将工作台纵向（或横向）移动等于工件圆弧半径的距离。然后将已划好线的工件放在回转工作台上，调整工件，使转动回转工作台时顶尖描出的轨迹与工件圆弧线重合即可，见图a。也可以在铣刀上用润滑脂粘上大头针进行校正，见图b
	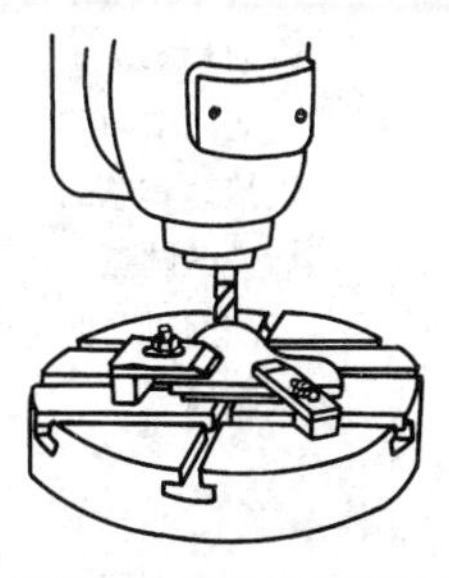 在回转工作台上铣曲面 用压板压紧工件，装上铣刀，调整好铣刀的切入位置即可开始铣削。铣完一段圆弧，再按划线校正装夹铣下一段圆弧。逐一铣削，直至加工完整个曲面

续表

<table>
<tr><th>内容</th><th colspan="2">简图及说明</th></tr>
<tr><td>工件的装夹与校正</td><td>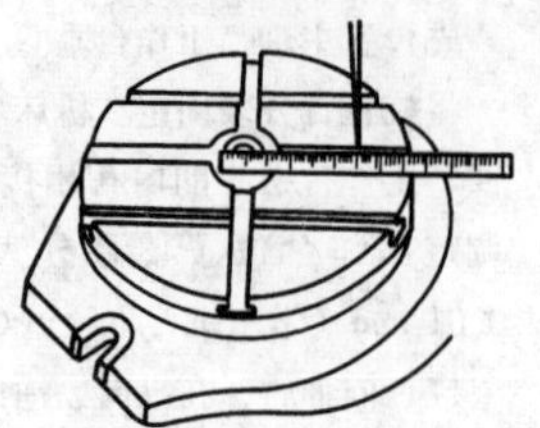
a)用钢直尺确定工件圆弧的位置
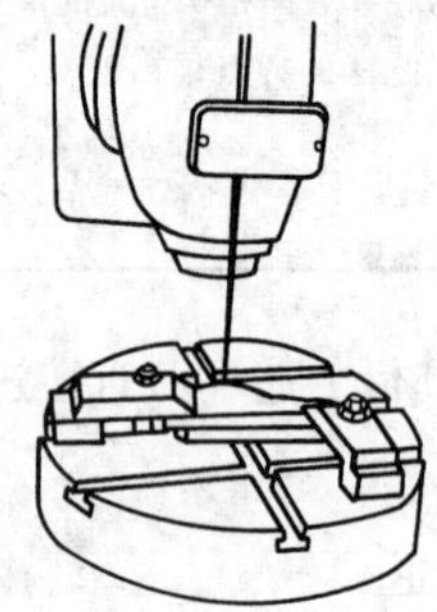
b)用划针确定工件圆弧
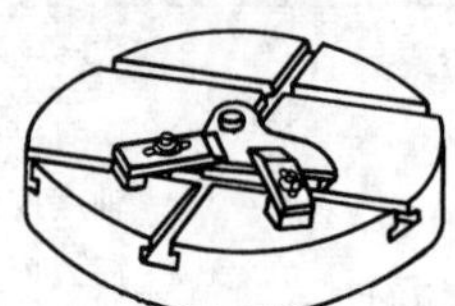
c) 用心轴定位装夹工件</td><td>对未完成主轴与回转工作台同轴度校正的，可使用钢直尺的侧面通过回转工作台内孔的中心，在立铣头上固定一划针。以回转工作台内孔的中心为基准，调整工作台使划针尖对准钢直尺上等于工件圆弧半径的刻度，见图 a。紧固工作台，再装夹工件，使工件上的圆弧线对准划针尖，圆弧圆心基本对准回转工作台中心，转动回转工作台（可脱开蜗杆蜗轮副），调整工件使划针尖的轨迹与工件圆弧线重合即可。紧固工件再复核一次。见图 b
对于有孔的工件，需加工与孔同轴的圆弧表面时，可在回转工作台的中心孔内插入台阶心轴，用心轴定位达到工件与回转工作台同轴的目的，铣出工件圆弧部分。见图 c</td></tr>
<tr><td>铣削方向和顺序的确定原则</td><td>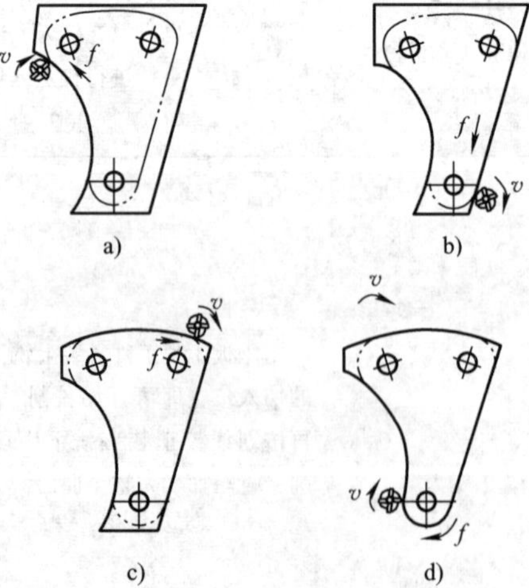
</td><td>为了保证逆铣，铣凸圆弧时回转工作台的旋转方向应与铣刀的旋转方向一致；铣凹圆弧时回转工作台的旋转方向应与铣刀的旋转方向相反
曲面中同时有凸圆弧、凹圆弧、直线相互连接时其总的顺序是先铣凹圆弧再铣直线最后铣凸圆弧
凹圆弧与凹圆弧相接时，应先铣半径小的凹圆弧</td></tr>
</table>

续表

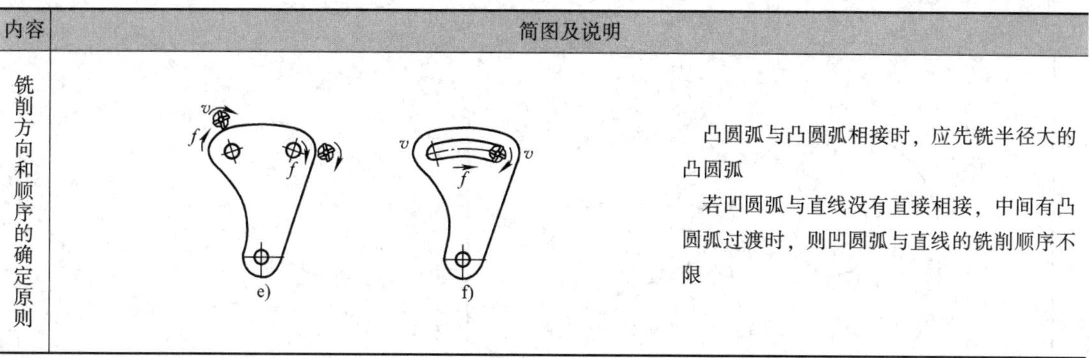

内容	简图及说明
铣削方向和顺序的确定原则	e) f) 凸圆弧与凸圆弧相接时，应先铣半径大的凸圆弧 若凹圆弧与直线没有直接相接，中间有凸圆弧过渡时，则凹圆弧与直线的铣削顺序不限

在划好线的工件下垫上平行垫铁，平行垫铁不应露出轮廓线外，紧固用的压板、螺栓及平行垫铁长度要适当，以免铣伤回转工作台或妨碍铣削。用压板螺栓轻轻压住工件后开始校正。

四、技能训练（二）——在回转工作台上铣曲面（图 7－3）

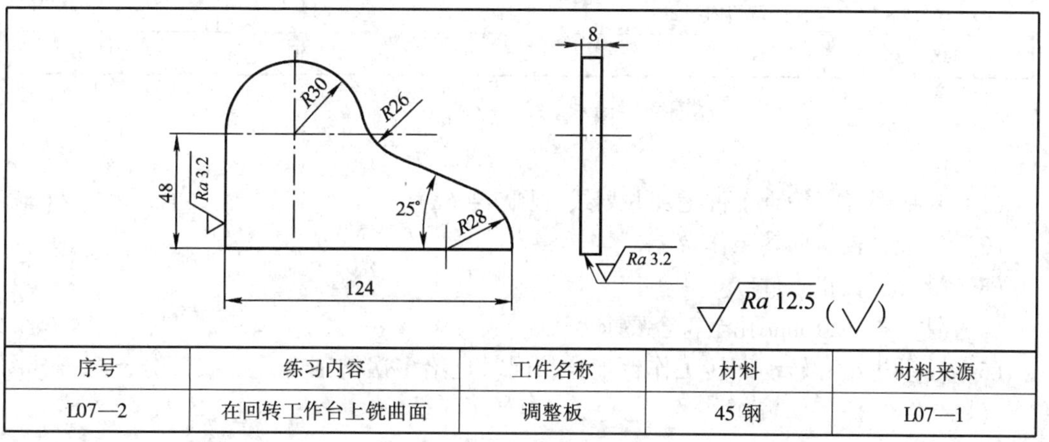

序号	练习内容	工件名称	材料	材料来源
L07—2	在回转工作台上铣曲面	调整板	45 钢	L07—1

图 7－3　在回转工作台上铣曲面

（1）对照图样，检查工件毛坯并划线（图 7－4a）。

（2）安装并校正回转工作台。

（3）装夹并校正工件。

（4）手动转动回转工作台，按照铣削 *R*26 mm 凹圆弧部分、48 mm 直线部分、124 mm 直线部分、25°直线部分、*R*30 mm 凸圆弧部分和 *R*28 mm 凸圆弧部分的顺序，多次铣削，至符合图样要求（图 7－4b）。

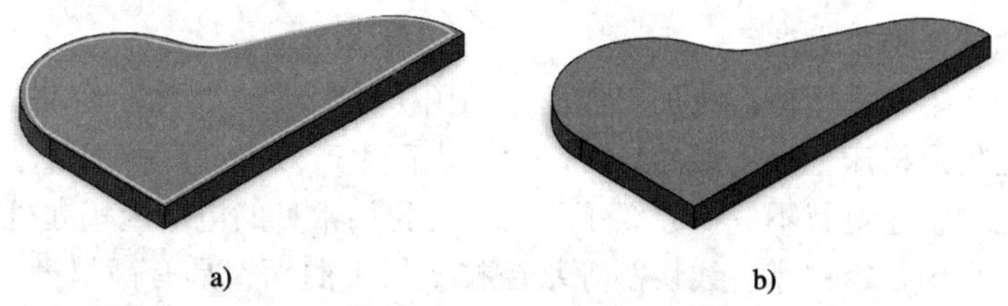

图 7－4　铣削过程

五、技能训练（三）——综合练习（图7-5）

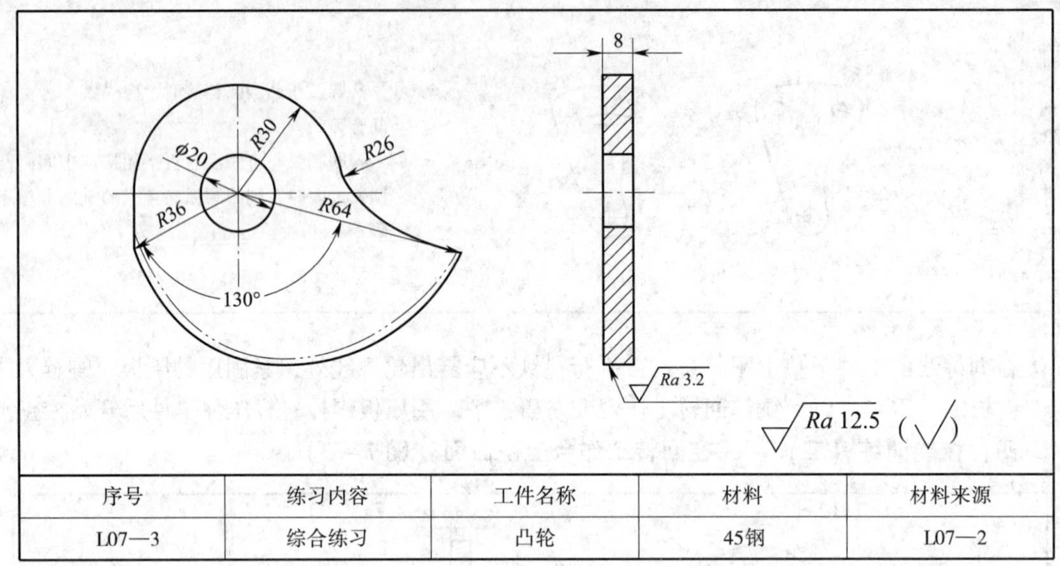

序号	练习内容	工件名称	材料	材料来源
L07—3	综合练习	凸轮	45钢	L07—2

图7-5　综合练习

（1）对照图样，检查工件毛坯并划线（图7-6a）。

（2）安装并校正回转工作台。

（3）装夹并校正工件。

（4）钻、扩 ϕ20 mm 孔至符合要求。

（5）手动进给和转动回转工作台配合，同时进给多次铣削等速曲线部分，至符合图样要求（图7-6b）。

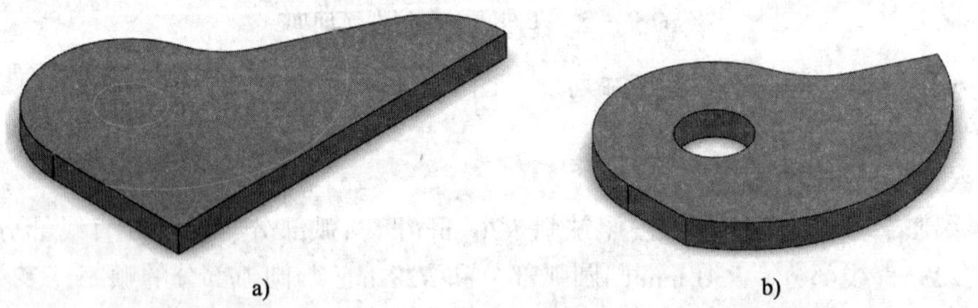

图7-6　铣削过程

六、曲面的其他加工方法

实际生产中还常常采用仿形法加工曲面，利用仿形夹具和专用仿形装置在通用机床上加工曲面或在专用仿形机床上加工曲面，可以大大提高生产效率，降低加工难度。由于仿形装置的结构各不相同，这里就不一一介绍了。实际上我们常见的电动配钥匙机就是一台简易的仿形铣床。另外采用数控铣床、线切割等数控技术加工曲面，具有高精度、高效率的特点，在批量生产中正在逐渐替代传统的铣削加工方法。

课题二 成形面的铣削

一、用成形铣刀铣削成形面（表 7－4）

表 7－4　　用成形铣刀铣削成形面

内容	简图及说明
成形铣刀的构造	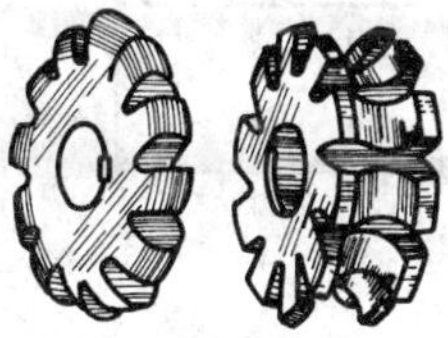 阿基米德螺线 a) 凸、凹圆弧成形铣刀 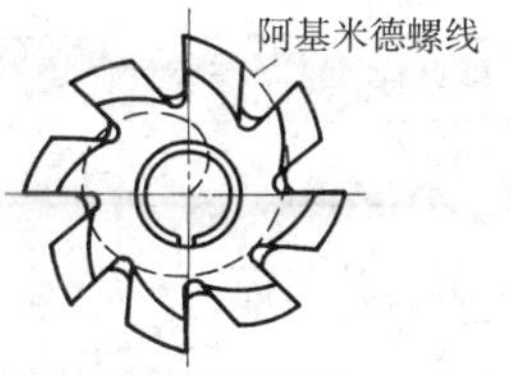　b) 成形铣刀的齿形 成形铣刀要求其切削刃的截面形状和工件的成形表面完全一样，见图 a。为了刃磨后仍然保持原截面形状，成形铣刀的齿形一般为铲齿结构，齿背曲线为阿基米德螺线，前角一般为 0°，见图 b，刃磨时只刃磨前面 当工件加工余量较大时应用普通铣刀先粗铣去除大部分余量后，再用成形铣刀精铣 精铣时铣削用量应适当降低。铣刀用钝后应及时刃磨，以减少铣刀刃磨量，提高刀具的使用寿命
用成形铣刀铣削成形面	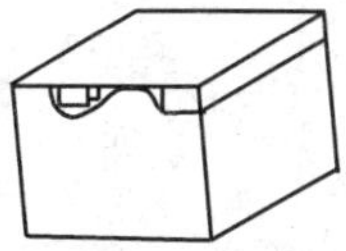 a) 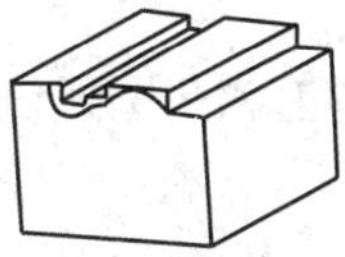　b) 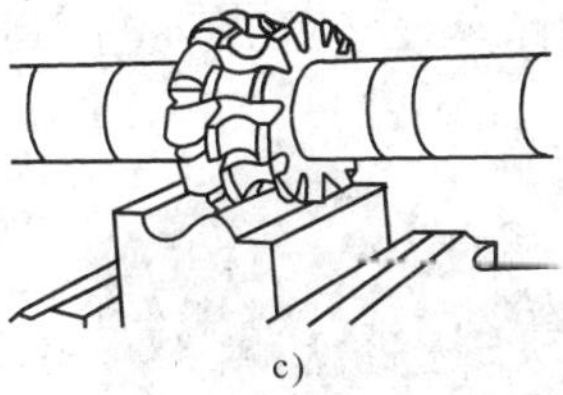　c) 成形铣刀分为盘形成形铣刀和组合成形铣刀，分别用来铣削较窄和较宽的成形表面，图 c 为用凸、凹圆弧铣刀组合而成的组合成形铣刀铣成形面 在毛坯表面划出成形表面的加工线，见图 a 安装校正夹具和装夹校正工件 用普通铣刀先粗铣去除大部分余量，见图 b 再用成形铣刀精铣，见图 c 精铣时，铣刀切入进给速度要慢，防止铣刀因振动而折断刀齿
成形面的检测方法	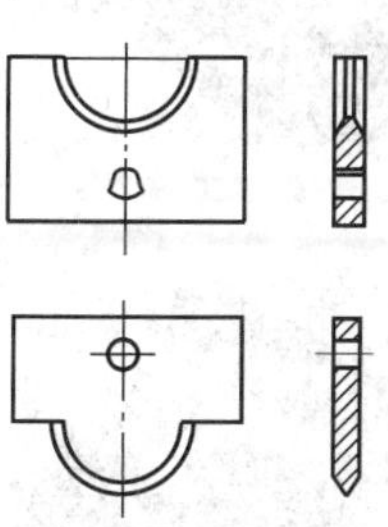 成形面检测样板 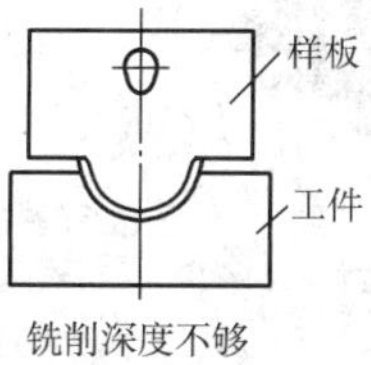 样板　工件　样板　工件 铣削深度不够 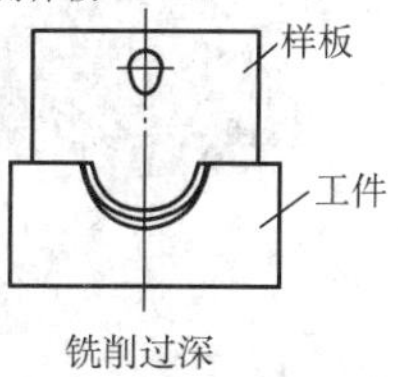　铣削过深 成形面的加工质量主要由成形铣刀的精度来保证，加工精度一般通过成形面检测样板检测

二、技能训练——铣削成形面（图 7－7）

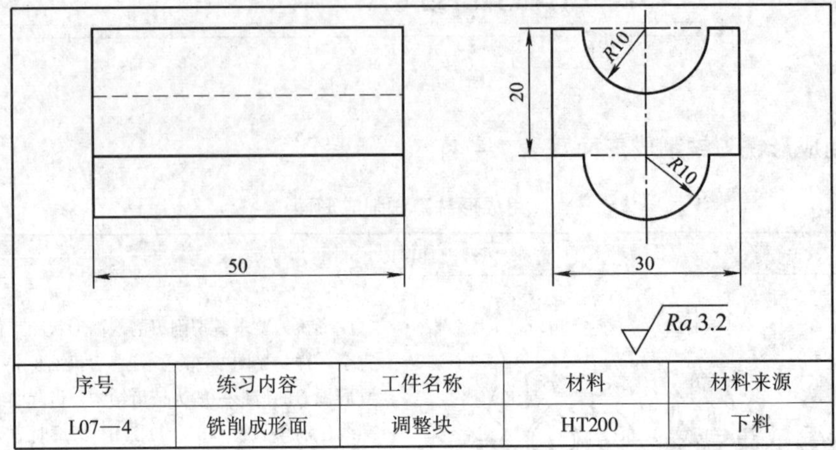

序号	练习内容	工件名称	材料	材料来源
L07—4	铣削成形面	调整块	HT200	下料

图 7－7　铣削成形面

1. 铣削长方体

将工件毛坯加工成 50 mm × 30 mm × 30 mm 的长方体（图 7－8a）。

2. 铣削成形面

（1）对照图样，划线并打样冲眼（图 7－8b）。

（2）选择安装铣刀。选择 *R*10 mm 的凹圆弧铣刀和凸圆弧铣刀各一把。

（3）装夹并校正工件。

（4）铣凹圆弧至符合尺寸要求（图 7－8c）。

（5）换刀，重新装夹工件，铣削凸圆弧至符合图样要求（图 7－8d）。

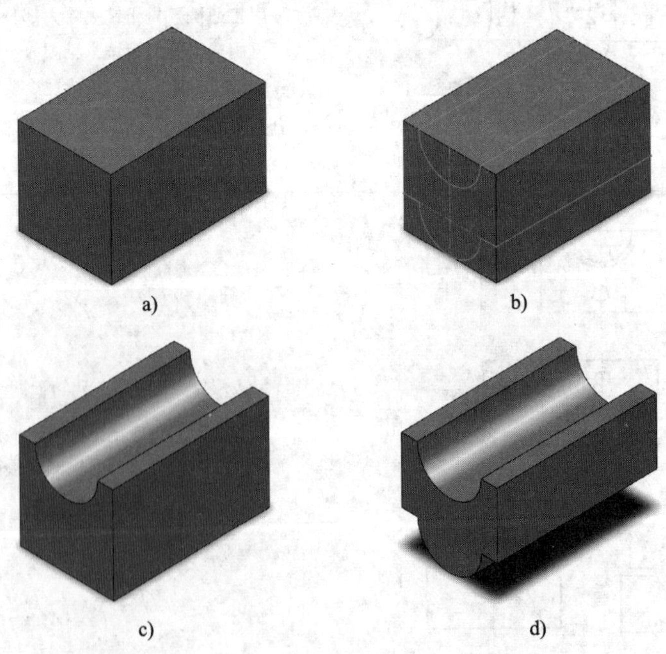

图 7－8　铣削过程

课题三　球面的铣削

球面的铣削是典型的展成铣削加工零件的方法，它包括外球面的铣削和内球面的铣削，外球面又包括双柄、单柄、大型球台等。本课题将着重介绍铣两端圆柱柄直径相等的球面、铣单圆柱柄球面和铣内球面（以下简称双柄球、单柄球、内球面）。

一、双柄球的铣削（表 7－5）

表 7－5　　双柄球的铣削

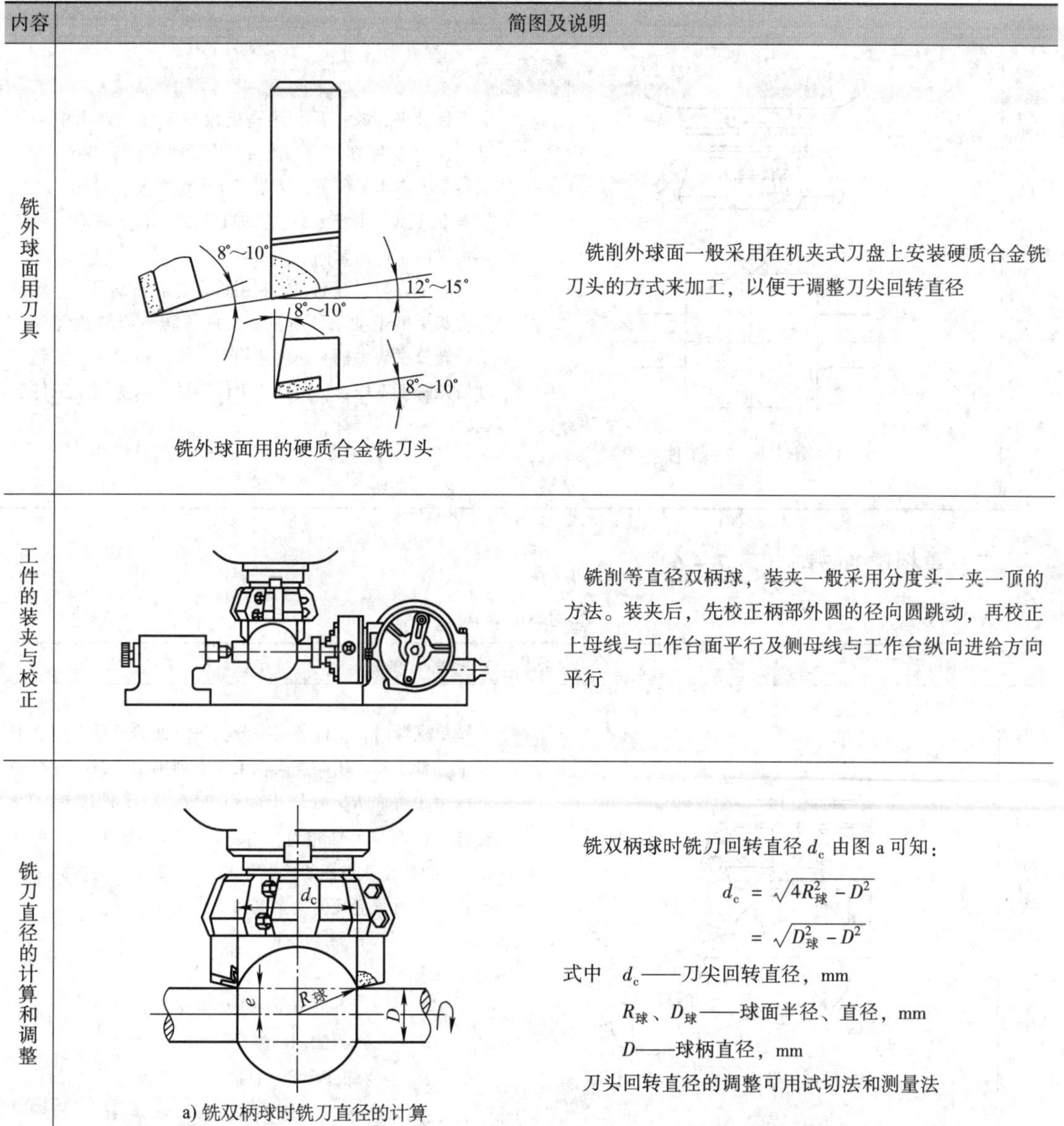

内容	简图及说明	
铣外球面用刀具	铣外球面用的硬质合金铣刀头	铣削外球面一般采用在机夹式刀盘上安装硬质合金铣刀头的方式来加工，以便于调整刀尖回转直径
工件的装夹与校正		铣削等直径双柄球，装夹一般采用分度头一夹一顶的方法。装夹后，先校正柄部外圆的径向圆跳动，再校正上母线与工作台面平行及侧母线与工作台纵向进给方向平行
铣刀直径的计算和调整	a) 铣双柄球时铣刀直径的计算	铣双柄球时铣刀回转直径 d_c 由图 a 可知： $d_c = \sqrt{4R_{球}^2 - D^2} = \sqrt{D_{球}^2 - D^2}$ 式中　d_c——刀尖回转直径，mm $R_球$、$D_球$——球面半径、直径，mm D——球柄直径，mm 刀头回转直径的调整可用试切法和测量法

续表

内容	简图及说明
铣刀直径的计算和调整	b) 在刀盘上用量棒调整铣刀的直径 1—刀盘　2—铣刀头　3—测量棒 用试切法时，先将刀头装在刀盘1上，大体测一下尺寸，固定后在废料上铣出一个圆形刀痕，用卡尺测量圆形刀痕后对刀头进行调整，使刀尖回转直径符合要求 用测量法时，在刀盘中心孔内插入一有尖的测量棒3，用卡尺测量刀尖至测量棒中心的距离应等于$\frac{d_c}{2}$，调整两刀尖等高后紧固铣刀头2
铣削及对中心的方法	1—测量棒　2—工件 工件装夹、校正后，用高度尺在工件上划出中心线ab，在ab中间划出中心点A，然后将工件转90°，使A点转至上方水平位置，调整工作台位置使测量棒1的尖端对准A点，则铣床的主轴中心通过工件2球心，将工作台纵向、横向紧固 对好中心后，开动主轴利用垂直进给调整切深，转动分度头手柄带动工件铣削，工件每转一周调整切深一次。转分度头手柄时速度应均匀，快慢应适当。铣到尺寸后先降下工作台，再停止工件转动，以免啃伤工件表面

二、单柄球的铣削（表7-6）

表7-6　单柄球的铣削

内容	简图及说明
工件的安装和倾角的计算	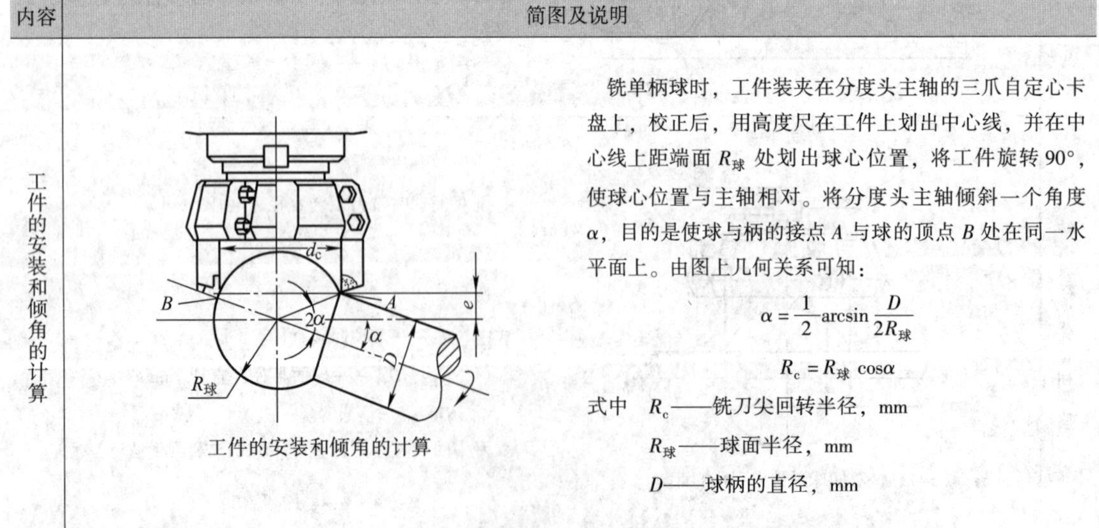 工件的安装和倾角的计算 铣单柄球时，工件装夹在分度头主轴的三爪自定心卡盘上，校正后，用高度尺在工件上划出中心线，并在中心线上距端面$R_球$处划出球心位置，将工件旋转90°，使球心位置与主轴相对。将分度头主轴倾斜一个角度α，目的是使球与柄的接点A与球的顶点B处在同一水平面上。由图上几何关系可知： $\alpha = \frac{1}{2}\arcsin\frac{D}{2R_球}$ $R_c = R_球 \cos\alpha$ 式中　R_c——铣刀尖回转半径，mm $R_球$——球面半径，mm D——球柄的直径，mm

续表

内容	简图及说明
对中心和铣削方法	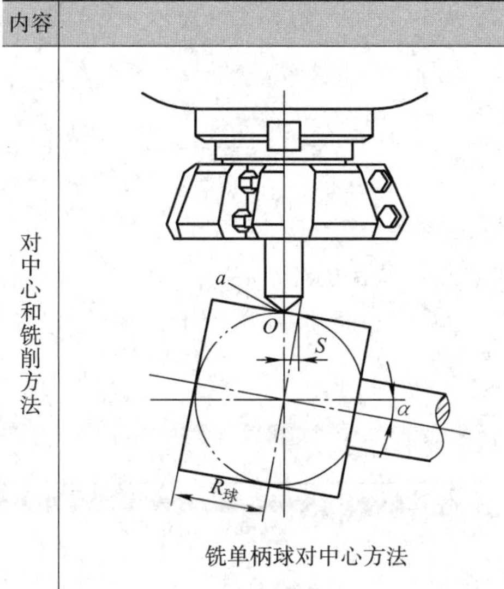 铣单柄球对中心方法 对中心的方法有两种： 1. 在刀盘中心孔内插入一有尖的测量棒，将尖端对准中心 O 点后，先降下工作台，然后将工作台纵向移动一个距离 S，即可对中心。由图可知： $S = R_{球}\sin\alpha$ 式中 $R_{球}$——球面半径，mm α ——工件倾斜角度，(°) 2. 在工件划线时直接划出 a 点，方法：在分度头倾斜 α 角前，在中心线上距端面为 $R_{球}(1-\tan\alpha)$ 处划出 a 点；分度头倾斜 α 角后，用测量棒尖端直接找正 a 点对中心 对中心后，将工作台纵向、横向紧固，按式 $R_c = R_{球}\cos\alpha$ 调整好刀尖回转半径 R_c（为便于调整，一般采用单刀加工）即可开始铣削。进刀方法与铣削双柄球时相同

三、内球面的铣削

铣削内球面可采用立铣刀和镗刀。

立铣刀一般只适合半径较小、深度较浅的内球面铣削。而镗刀由于回转半径调整较方便，故加工范围较大，铣削时调整方式较灵活，实际生产中应用更为普遍。它们的加工方式与铣外球面基本相同。下面介绍用立铣刀加工内球面和用镗刀加工内球面的方法（表 7 – 7）。

表 7 – 7　　用立铣刀和用镗刀加工内球面

内容	简图及说明
立铣刀的选择与倾斜角度的确定	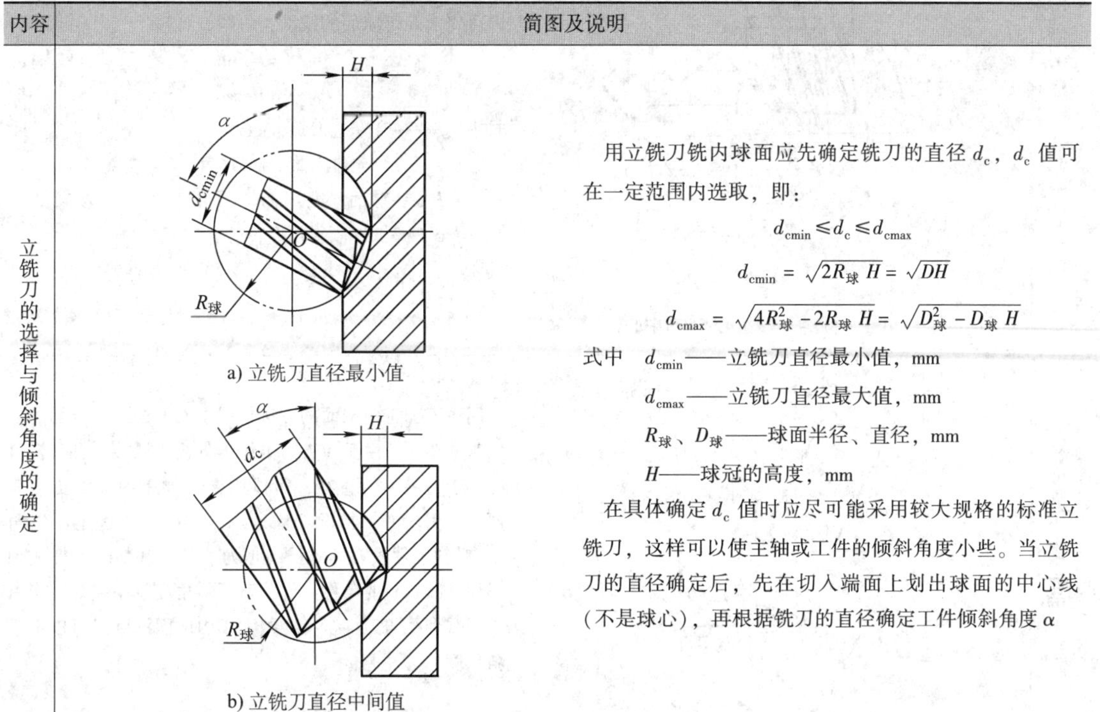 a) 立铣刀直径最小值 b) 立铣刀直径中间值 用立铣刀铣内球面应先确定铣刀的直径 d_c，d_c 值可在一定范围内选取，即： $d_{cmin} \leqslant d_c \leqslant d_{cmax}$ $d_{cmin} = \sqrt{2R_{球}H} = \sqrt{DH}$ $d_{cmax} = \sqrt{4R_{球}^2 - 2R_{球}H} = \sqrt{D_{球}^2 - D_{球}H}$ 式中 d_{cmin}——立铣刀直径最小值，mm d_{cmax}——立铣刀直径最大值，mm $R_{球}$、$D_{球}$——球面半径、直径，mm H——球冠的高度，mm 在具体确定 d_c 值时应尽可能采用较大规格的标准立铣刀，这样可以使主轴或工件的倾斜角度小些。当立铣刀的直径确定后，先在切入端面上划出球面的中心线（不是球心），再根据铣刀的直径确定工件倾斜角度 α

续表

内容	简图及说明
立铣刀的选择与倾斜角度的确定	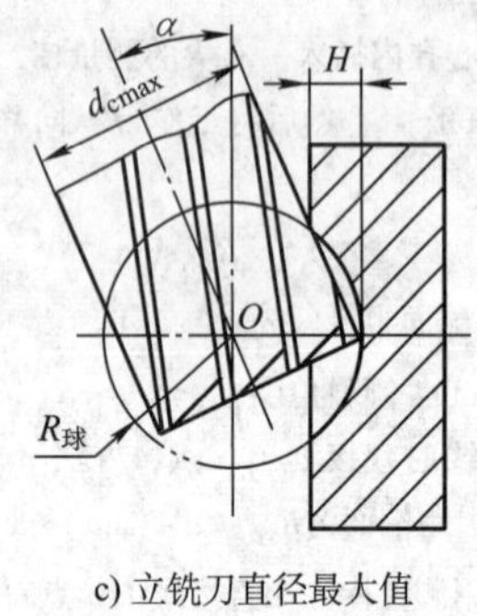 c) 立铣刀直径最大值 $$\alpha = \arccos\frac{d_c}{2R_{球}} = \arccos\frac{d_c}{D_{球}}$$ 式中 d_c——立铣刀直径，mm $R_{球}$、$D_{球}$——球面半径、直径，mm
对中心与内球面的铣削方法	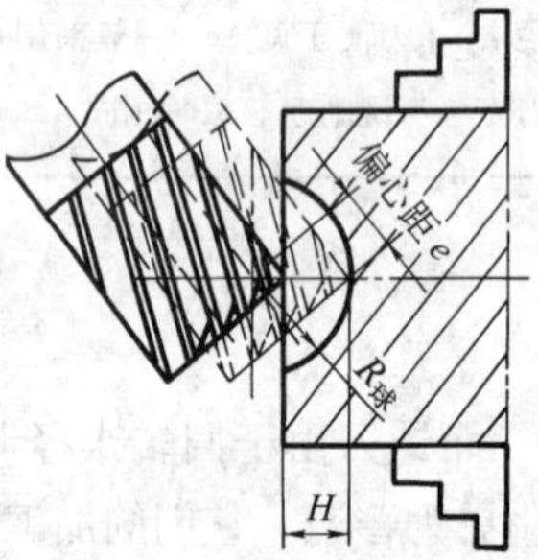 a) 主轴倾斜一个角度时的对中心 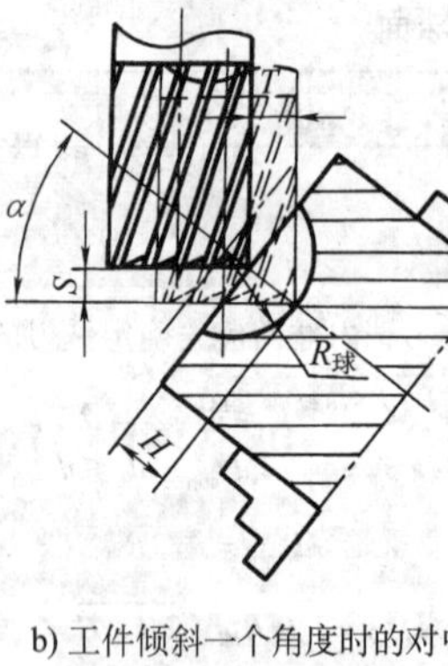 b) 工件倾斜一个角度时的对中心 若主轴倾斜一个角度 α，则将铣刀尖调整到中心，开动机床使切出浅痕通过内球面的中心后，利用纵向进给并转动分度头手柄带动工件铣削，纵向移动距离为球面的深度 H，见图 a 若主轴不能倾斜角度，可以使工件倾斜一个角度 α。则先将铣刀尖调整到中心，开动机床先利用升降进给，转动分度头手柄带动工件铣削，将工作台上升一个距离 S，此时球面中心处留下一个圆锥，然后利用纵向进给，转动分度头手柄带动工件铣削。纵向移动一个距离 T，即可完成规定球面的铣削，由图 b 可知： $$S = H\sin\alpha$$ $$T = H\cos\alpha$$ 式中 S——升降进刀量，mm T——纵向进刀量，mm H——球面深度，mm α——工件倾斜角度，(°)
用镗刀加工内球面的方法	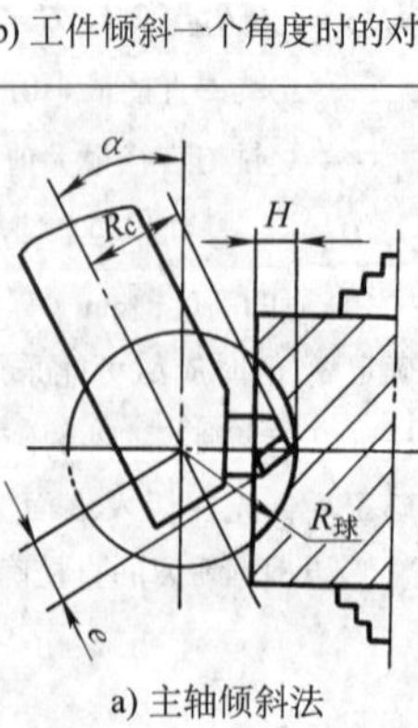 a) 主轴倾斜法 用镗刀加工内球面的方法与用立铣刀加工内球面的方法基本相同，由于镗刀刀尖伸出量便于调节，且刀杆直径小于刀尖回转直径，所以用镗刀加工内球面更为简便、实用。加工情况如图所示。此时可先确定倾斜角 α，倾斜工件或刀具的目的是为了避免铣削时刀杆碰到工件。所以只要条件允许，所倾斜角度越小越好，当刀尖回转半径与刀杆半径之差大于内球面深度时可以不倾斜角度

续表

内容	简图及说明
用镗刀加工内球面的方法	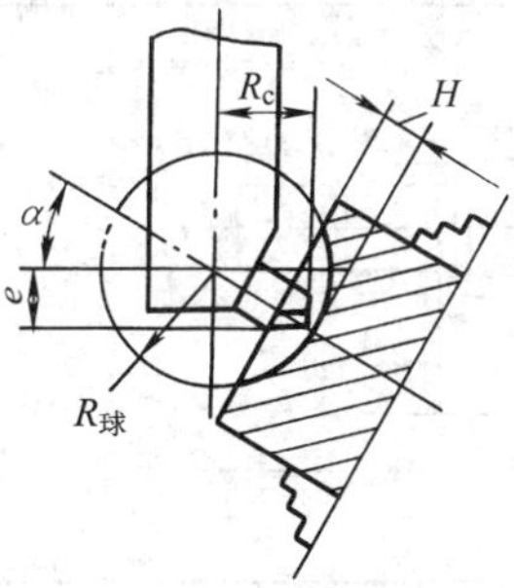 b) 工件倾斜法 α 角确定后可按下式计算镗刀尖回转半径 R_c： $R_c = R_{球} \cos\alpha$ 式中 R_c——刀尖回转半径，mm $R_{球}$——球面半径，mm

四、球面的检测（表 7－8）

表 7－8　　球面的检测

方法	简图及说明
目测法	观察加工好的球面，通过已加工表面切削纹路来判断球面加工质量：如果切削纹路为交叉网纹，表示球面形状是正确的；若切削纹路为单向，则表明该球面形状不正确
圆环检测法	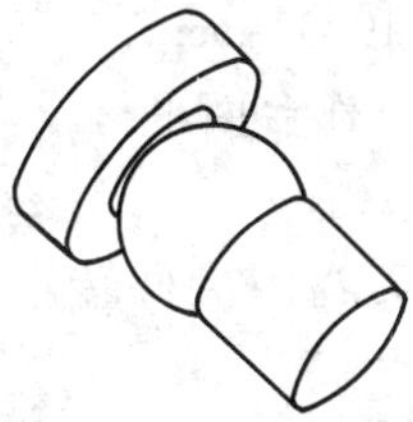 球面的尺寸精度可用千分尺直接测量 外球面的形状精度，可用内孔直径等于 $0.75D_{球}$ 的圆环套在圆球表面，利用透光法观察球面与圆环之间的缝隙大小
样板检测法	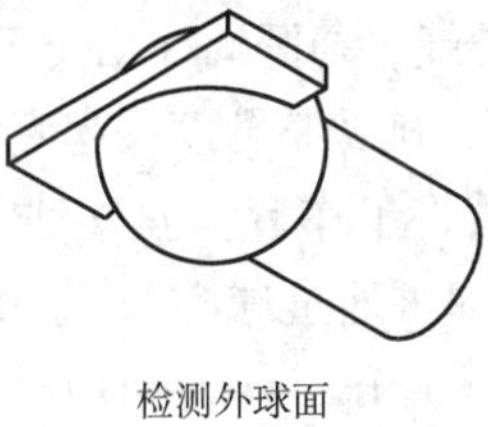 检测外球面 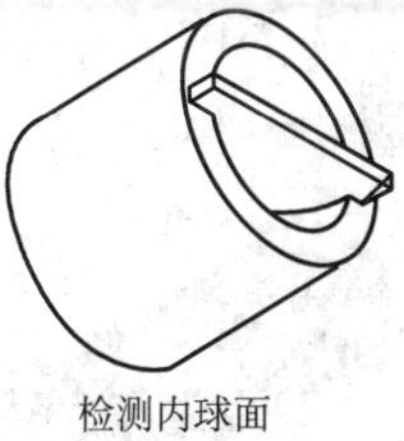 检测内球面 利用检测样板可以综合检测内、外球面的尺寸精度和形状精度。检测时，应使样板曲面通过球面中心，并垂直于球面的中心平面，转动工件或样板，利用透光法观察球面与样板曲面的贴合情况，来检测球面的加工精度
千分尺检测法	千分尺的测量面与球面相切时，就可以检测出球面上各处的直径，非常方便

五、技能训练

1. 铣削单柄外球面手柄（图 7－9）

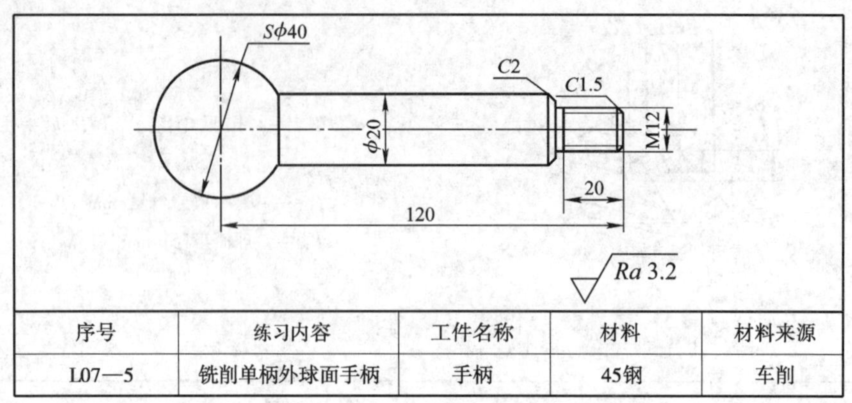

序号	练习内容	工件名称	材料	材料来源
L07—5	铣削单柄外球面手柄	手柄	45钢	车削

图 7－9　单柄外球面手柄的铣削

图 7－9 所示为单柄外球面手柄，球面直径 $D_{球} = 2R_{球} = 40$ mm，柄部直径 $D = 20$ mm。用工件倾斜法在立式铣床上铣削。其加工步骤如下：

（1）计算分度头起度角 α 和刀尖回转半径 R_c

$$\alpha = \frac{1}{2}\arcsin\frac{D}{D_{球}} = \frac{1}{2}\arcsin\frac{20}{40} = 15°$$

$$R_c = R_{球}\cos\alpha = 20\ \text{mm} \times \cos15° \approx 19.32\ \text{mm}$$

（2）安装、校正分度头　先调整分度头主轴轴线与工作台面平行及与纵向进给方向平行。

（3）调整、安装铣刀盘　采用切痕调整法调整铣刀盘刀尖回转半径 R_c 等于计算值（19.32 mm）。

（4）安装、校正工件　以毛坯端面为基准，按球面半径值 $R_{球}$ 在球面毛坯圆周划线；将工件装夹在分度头的三爪自定心卡盘上，用高度尺划出中心线，与圆周线相交于 O 点，转动分度头分度手柄使交点转过 90°与立铣头主轴相对；按计算值精确调整分度头起度角 α（15°）。

（5）对中心　用测量棒尖对准 O 点，降下升降台后将工作台纵向移动一个距离 S（$S = R_{球}\sin\alpha = 20\ \text{mm} \times \sin15° \approx 5.18$ mm），铣刀盘回转轴线即可通过球心。

（6）铣削球面　锁紧工作台纵向、横向紧固手柄，上升工作台利用升降进给，用手均匀转动分度手柄，利用分层铣削法逐渐铣至规定尺寸（图 7－10）。

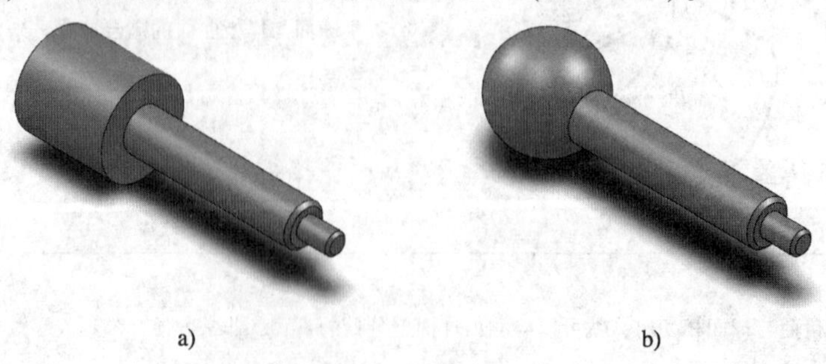

图 7－10　单柄球的铣削

（7）检测　球面的尺寸精度用千分尺直接测量，形状精度用圆环检测法进行检测。

2. 铣削内球面（图 7－11）

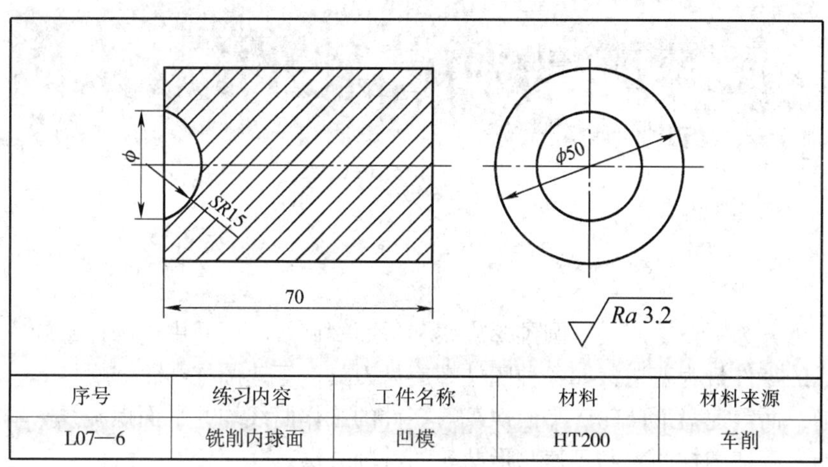

序号	练习内容	工件名称	材料	材料来源
L07—6	铣削内球面	凹模	HT200	车削

图 7－11　铣削内球面

该练习建议采用立铣刀加工，加工前请学生对立铣刀相关参数的取值范围、倾斜角度等进行计算。加工完成后的工件如图 7－12 所示。

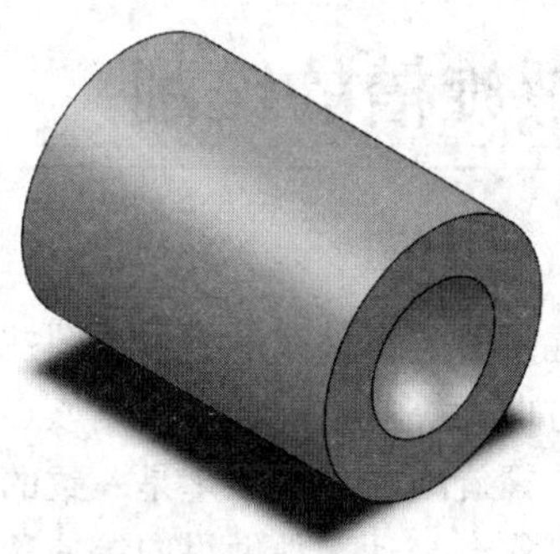

图 7－12　凹模

第八单元

螺旋槽和凸轮的铣削

螺旋线可分为圆柱螺旋线、圆锥螺旋线和平面螺旋线，而其中由圆柱螺旋线和平面螺旋线轨迹构成的零件最为普遍，如各种圆柱螺旋齿刀具、等速圆柱凸轮、蜗杆等，其齿槽均为圆柱螺旋槽；而等速盘形凸轮、平面螺纹等零件的工作曲线均为平面螺旋线。本单元只介绍圆柱螺旋槽、等速圆柱凸轮和等速盘形凸轮的铣削方法。

课题一　圆柱螺旋槽的铣削

所谓圆柱螺旋槽，就是圆柱上若干螺旋线的组合。圆柱上任一点，随着圆柱做等速旋转的同时，该点又沿圆柱的轴线方向做等速直线移动，则该点的运动轨迹就是圆柱螺旋线。

在铣床上铣螺旋槽的原理与螺旋线的形成原理是一致的。即分度头侧轴通过交换齿轮与工作台纵向丝杆相连接，这样工作台带动工件做纵向等速移动的同时，交换齿轮使分度头按一定的速比带动工件做匀速的转动，而切入工件的铣刀切削刃上各点，就相当于工件圆柱上的动点，这样通过几个切削运动的合成，在工件的圆柱面上就可以形成一条截面形状与铣刀廓形相似的螺旋槽。再通过分度头的分度就可以加工多头的螺旋槽。

一、圆柱螺旋槽的铣削方法（表 8－1）

表 8－1　　圆柱螺旋槽的铣削方法

内容	简图及说明
相关计算	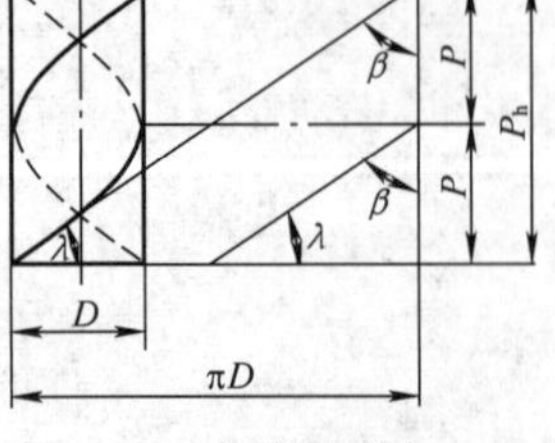 双头螺线展开图 导程　$P_h=\pi D\cot\beta$ 螺旋角　$\beta=\arctan\frac{\pi D}{P_h}$ 螺旋升角　$\lambda=90°-\beta$ 螺距　$P=\frac{P_h}{n}$

续表

内容	简图及说明
螺旋槽的旋向	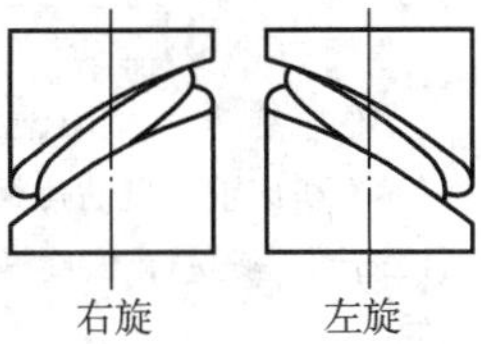 右旋　左旋 将工件轴线垂直于水平面，看螺旋线的走向，若由左下方向右上方升起为右旋，若由右下方向左上方升起则为左旋
交换齿轮的计算与安装	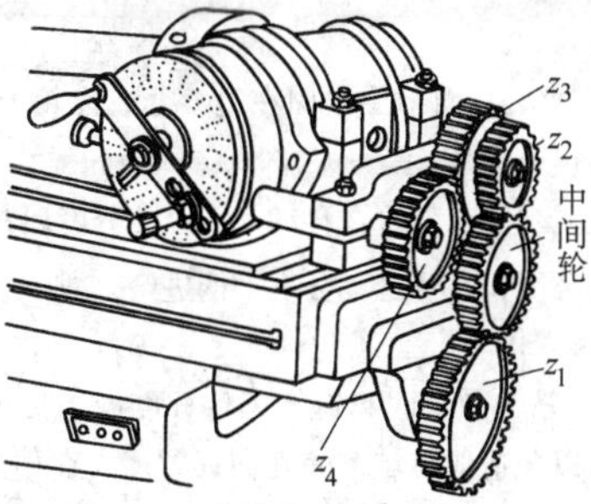 z_3 z_2 中间轮 z_1 z_4 交换齿轮的安装 在铣床上铣螺旋槽，必须将铣床工作台的纵向丝杆通过交换齿轮与分度头的侧轴连接起来，以保证分度头主轴每旋转一周，工作台带动工件沿纵向恰好移动一个导程，还须通过增减中间轮的方法保证逆铣 铣右旋螺旋槽时，应使工件旋转方向与工作台丝杆（右旋）旋转方向一致；铣左旋螺旋槽时，应使工件旋转方向与工作台丝杆旋转方向相反 交换齿轮公式为： $$i=\frac{z_1z_3}{z_2z_4}=\frac{40P_{丝}}{P_h}$$ 式中　z_1、z_2、z_3、z_4——交换齿轮齿数 $P_{丝}$——工作台纵向丝杆螺距，mm P_h——工件导程，mm 交换齿轮的齿数也可以根据工件导程 P_h 或传动比 i 直接在相应表中查出
铣刀的选择	因具有螺旋槽工件的用途不同，螺旋槽的截面形状也各不相同，加工螺旋槽所用铣刀的廓形一般与螺旋槽的法向截面形状相符。由于同一圆柱螺旋槽在不同直径处的螺旋角不相等，故加工中存在干涉现象，引起螺旋槽侧面被过切而出现畸形。为减小干涉现象，在加工法向截面形状为矩形的螺旋槽时应尽量选用直径较小的立铣刀铣削，若采用盘形铣刀加工其他截面形状的螺旋槽时，应尽可能选择直径较小的铣刀。另外，为了在铣削时避免出现顺铣，在用立铣刀铣削时应尽量选择与螺旋槽的旋向一致的铣刀加工
对刀与工作台的调整	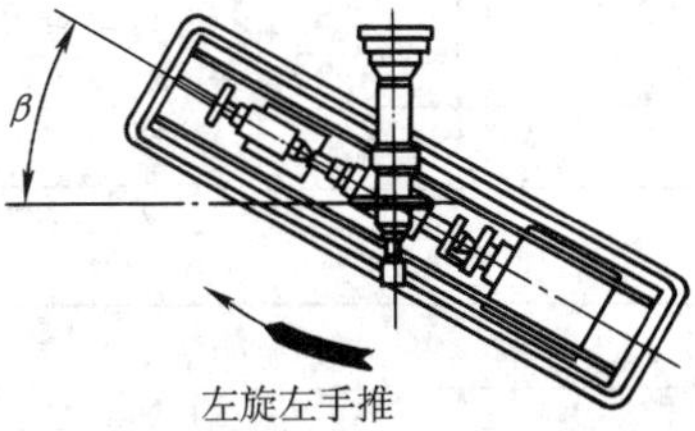 β 左旋左手推 用划线与试切相结合的方法使工件的轴线与铣刀的廓形中心线重合，然后紧固工作台横向进给 当使用盘形铣刀铣削螺旋槽时，盘形铣刀的回转平面还应与工件轴线倾斜一个螺旋角 β 而同螺旋槽的切向一致。该调整可在卧式万能铣床上通过扳转工作台来实现

续表

内容	简图及说明
对刀与工作台的调整	右旋右手推 工作台旋转方向 工作台旋转方向由螺旋槽的旋向决定，即操作者站在机床前，铣右旋螺旋槽时用右手推（逆时针旋转），铣左旋螺旋槽时用左手推（顺时针旋转）
铣圆柱螺旋槽注意事项	1. 铣螺旋槽时，分度头主轴须随工作台移动而回转，因此需松开分度头主轴紧固手柄和分度盘紧固螺钉，并将分度手柄的插销插入分度盘孔中，铣削时不允许拔出，以免铣坏螺旋槽 2. 在圆柱体上铣矩形螺旋槽时，应选用直径小于槽宽的立铣刀或键槽铣刀，铣刀直径越小，干涉越小。不能采用三面刃铣刀铣削，以免干涉过于严重而过切 3. 在安装交换齿轮时，螺母应紧固在挂轮轴的端面上，而不要紧固在过渡套或齿轮上，以免影响交换齿轮的正常运转 4. 铣削导程 $P_h<60$ mm 的螺旋槽时，由于传动比 $i>4$，工作台在移动时，会使分度回转过快，易造成铣削时“打刀”，这时应将工作台的机动进给改为手动进给，即用手摇动分度手柄进给，减小进给量以保证切削平稳 5. 铣削多头螺旋槽时，在铣完一槽后，应先拧紧分度盘紧固螺钉，再将分度插销拔出分度盘进行分度，分度插销拔出分度盘孔后，不能移动工作台位置，以免造成螺旋槽的几何误差增大而使工件报废。分度后，待插销插入分度盘孔后，再松开分度盘紧固螺钉，进行下一螺旋槽的铣削

二、技能训练——铣削螺旋槽（图 8－1）

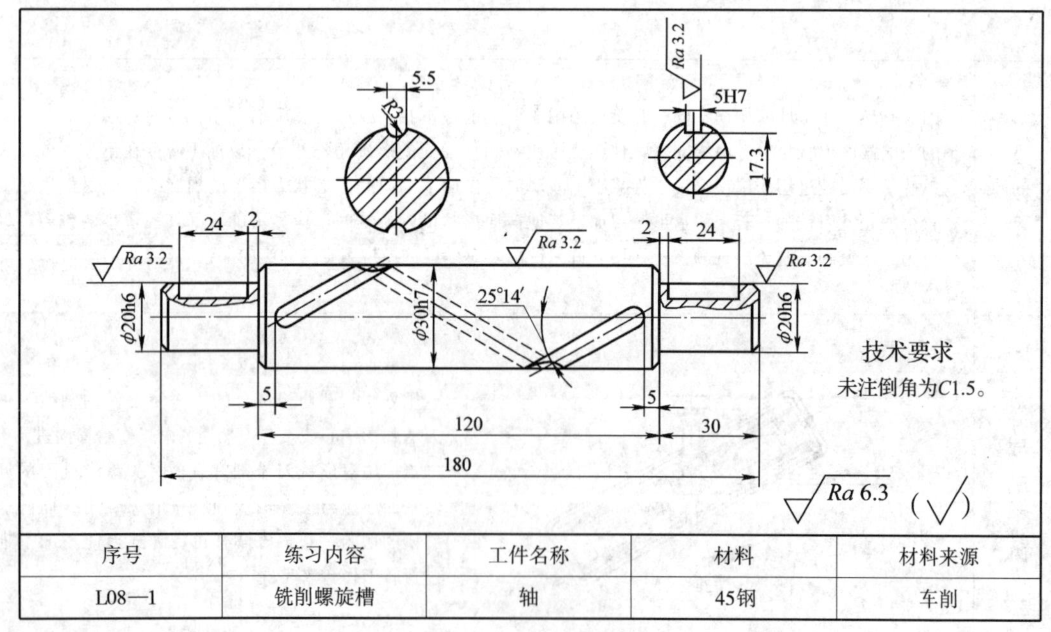

序号	练习内容	工件名称	材料	材料来源
L08—1	铣削螺旋槽	轴	45钢	车削

图 8－1　铣削螺旋槽

1. 教学建议与注意事项

（1）建议采用 $R3$ mm 的凸半圆盘铣刀和 $SR3$ mm 的球头铣刀，在卧式万能铣床和立式铣床上分别铣削一条螺旋槽。

（2）铣削时，需松开分度盘紧固螺钉，并将分度手柄的插销插入分度盘中，以保证分度头主轴随工作台移动而回转。

2. 加工步骤

（1）对照图样，检查工件毛坯（图 8－2a）。

（2）计算导程和交换齿轮

1）计算导程

$$P_h = \pi D \cot\beta \approx 3.14 \times 30\ \text{mm} \times \cot 25°14' \approx 200\ \text{mm}$$

2）计算交换齿轮

$$\frac{z_1 z_3}{z_2 z_4} = \frac{240\ \text{mm}}{P_h} = \frac{240\ \text{mm}}{200\ \text{mm}} = \frac{60}{50}$$

主动轮 $z_1 = 60$，装在纵向进给丝杆一端；从动轮 $z_2 = 50$，装在分度头侧轴上。主、从动轮之间可用中间轮连接。

（3）选择并安装铣刀。

（4）安装并校正分度头、尾座。安装挂轮架及交换齿轮，并调整好齿轮的传动间隙。

（5）装夹并校正工件。

（6）对中心。采用划线与试切结合的方法，使工件轴线与铣刀廓形中线重合，然后紧固工作台横向进给。

（7）调整工作台扳转角度。采用盘形铣刀铣削时，需根据螺旋槽的旋向，扳转一螺旋角 β。因螺旋槽为左旋，按照“左旋左推”的原则，顺时针扳转工作台 25°14′。

（8）铣削。调整铣削深度，铣削螺旋槽至符合图样要求。用同样方法，再铣削一条相同的螺旋槽。

加工完成的螺旋槽如图 8－2b 所示。

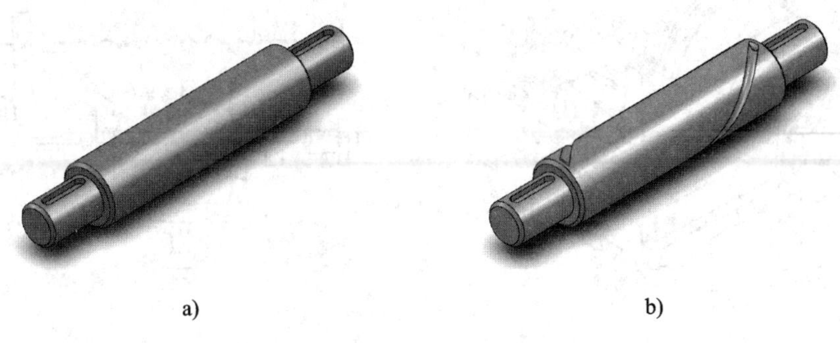

a)　　b)

图 8－2　铣削过程

课题二　等速圆柱凸轮的铣削

一、等速圆柱凸轮的铣削方法

等速圆柱凸轮分为圆柱端面凸轮和圆柱面槽凸轮，等速圆柱凸轮的工作曲线是圆柱螺旋线，故等速圆柱凸轮的铣削方法与铣圆柱螺旋槽基本相同，一般均在立式铣床上用立铣刀或键槽铣刀铣削，如图 8－3 所示；铣刀的直径应按凸轮的从动件滚子直径大小选取。由于凸轮的螺旋槽（面）有左右之分，螺旋角的大小一般也不相同，所以必须分段调整交换齿轮进行铣削。另外，由于等速圆柱凸轮的导程 P_h 往往较小，当导程 $P_h<16.67$ mm 时，会出现采用侧轴挂轮法无法配置的问题，这时应采用主轴挂轮法来缩小交换齿轮的速比$\frac{z_1z_3}{z_2z_4}$。主轴挂轮法是将交换齿轮配置在工作台纵向丝杆与分度头主轴后端的挂轮轴之间，如图 8－4 所示。由于传动链不再经过分度头的蜗杆蜗轮副，此时交换齿轮按下式进行计算：

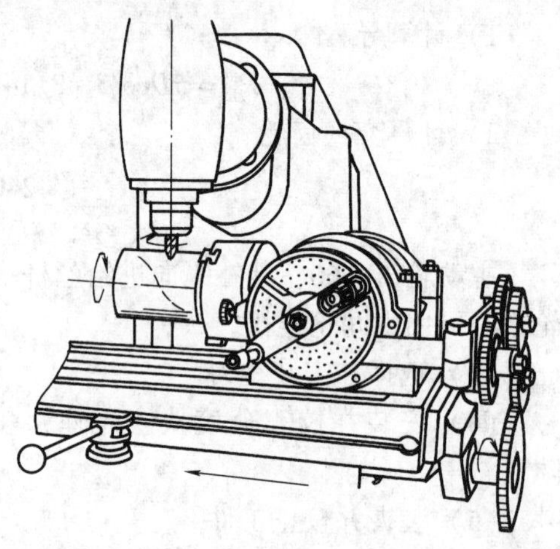

图 8－3　在立式铣床上铣等速圆柱凸轮

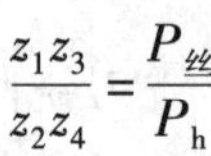

$$\frac{z_1z_3}{z_2z_4}=\frac{P_{丝}}{P_h}$$

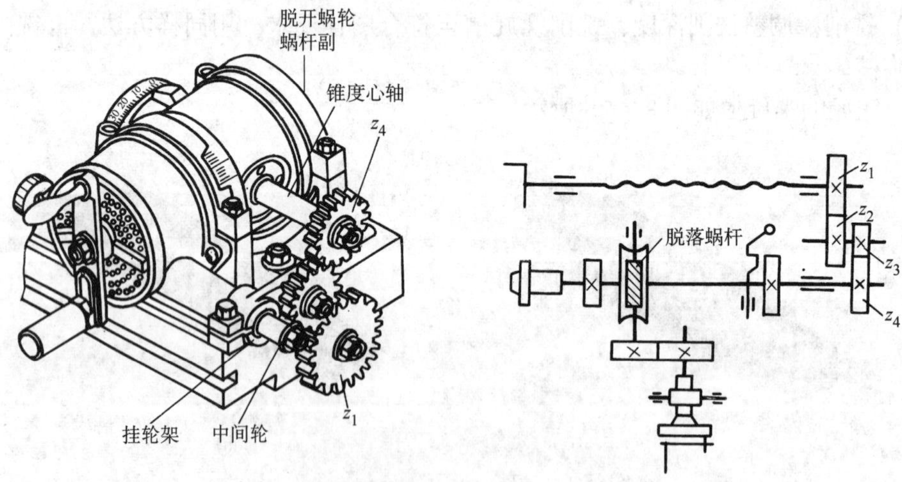

图 8－4　主轴挂轮法铣小导程等速圆柱凸轮

在采用主轴挂轮法铣小导程等速圆柱凸轮时应注意以下问题：

1. 一般采用手摇分度手柄进给，若需采用机动进给，必须先将分度头的蜗杆蜗轮副脱开，否则会损坏分度头或机床的传动系统（为安全起见，一般均脱开）。

2. 分度头的蜗杆蜗轮副脱开时，分度头便失去了分度功能，若在此时需要进行分度，则应将分度头主轴后端的从动轮 z_4 配置成工件头数的整数倍，在分度时将交换齿轮脱开，并以 z_4 作为分度的依据（或以主轴上的刻度盘作为分度的依据）。

二、技能训练——铣等速圆柱凸轮（图 8－5）

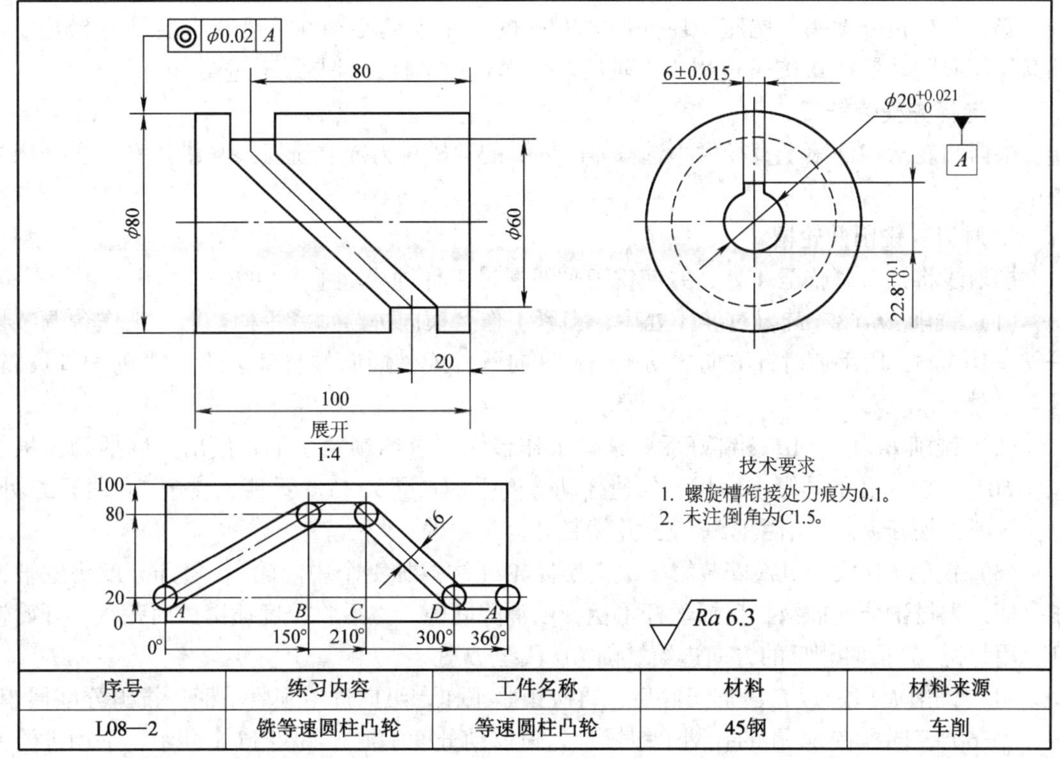

序号	练习内容	工件名称	材料	材料来源
L08—2	铣等速圆柱凸轮	等速圆柱凸轮	45钢	车削

图 8－5　铣等速圆柱凸轮

1. 划线

对照图样，检查工件毛坯（图 8－6a）并划线。

2. 计算导程和交换齿轮

（1）计算各段导程

$$P_{\mathrm{h}AB}=\frac{360}{\theta_{AB}}H_{AB}=\frac{360}{150}\times 60\ \mathrm{mm}=144\ \mathrm{mm}$$

$$P_{\mathrm{h}CD}=\frac{360}{\theta_{CD}}H_{CD}=\frac{360}{90}\times(-60)\ \mathrm{mm}=-240\ \mathrm{mm}$$

$$P_{\mathrm{h}BC}=P_{\mathrm{h}DA}=0$$

注意：计算中出现的负号表示螺旋槽旋向不同。*AB* 段为右旋螺旋线，*CD* 段为左旋螺旋线。

（2）计算交换齿轮

AB 段：$\dfrac{z_1z_3}{z_2z_4}=\dfrac{40P_{丝}}{P_{\mathrm{h}AB}}=\dfrac{240\ \mathrm{mm}}{144\ \mathrm{mm}}\approx\dfrac{5}{3}=\dfrac{100\times 60}{40\times 90}$

$z_1=100$ 齿轮安装在工作台纵向进给丝杆上，$z_4=90$ 齿轮安装在分度头的侧轴上，检查工件转动方向应与工作台丝杆转动方向相同。

CD 段：$\frac{z_1z_3}{z_2z_4}=\frac{40P_{丝}}{P_{hCD}}=-\frac{240\ \text{mm}}{240\ \text{mm}}=-\frac{80\times25}{40\times50}$

出现负号表示在配置交换齿轮时应增减一个中间轮，使工件转动方向与工作台丝杆转动方向相反。

3. 装夹并校正工件

安装并校正分度头、尾座。坯件用 ϕ20h6 的专用带键心轴在分度头上装夹并校正，使外圆的径向跳动量在 0.02 mm 以内，轴线与工作台面平行，且与纵向进给方向一致。

4. 选择并安装铣刀

根据凸轮从动件滚子直径大小选取 ϕ16 mm 的键槽铣刀或立铣刀，并将其安装在铣床主轴中。

5. 对刀，铣削凸轮槽

按划线将铣刀调整至 A 处，并使铣刀轴线通过工件轴线呈垂直相交。

（1）铣削 AB 段　铣刀对准 A 处后，锁紧工作台横向进给锁紧手柄，上升工作台调整切深 $a_{\mathrm{p}}=10$ mm，用手逆时针方向摇动工作台纵向丝杆或做同向的自动进给，铣削 AB 段凸轮槽至 B 处。

（2）铣削 BC 段　AB 段铣好后，锁紧工作台纵向进给锁紧手柄。拔出分度插销，根据 $\theta_{\mathrm{BC}}=60°$，在 54 孔的孔圈上缓慢、匀速摇动分度手柄 6 圈又 36 个孔距，铣削 BC 段至 C 处。停止铣削，松开纵向进给紧固螺钉，并锁紧分度头主轴。

（3）铣削 CD 段　更换安装第二组交换齿轮（注意加 1 个中间轮），松开分度头主轴锁紧手柄，先拔出分度插销，反摇丝杆手柄，以消除间隙。然后将分度插销插回孔盘。开始铣削，用与铣 AB 段时相反的方向进给铣削 CD 段至 D 处。

（4）铣削 DA 段　CD 段加工好后，再次锁紧工作台纵向进给锁紧手柄，拔出分度插销，按 $\theta_{\mathrm{DA}}=60°$，同样在 54 孔的孔圈上缓慢、匀速摇动分度手柄 6 圈又 36 个孔距，手动进给铣削 DA 段至 A 处。切痕接齐后，降下工作台，停止铣削并松开纵向进给紧固螺钉。

停止铣削后，观察加工部位情况并进行初步检验，基本合格后卸下工件，用锉刀仔细去除毛刺后，综合检验各项技术要求至符合图样要求。

加工完成的等速圆柱凸轮如图 8－6b 所示。

a)　　　　b)

图 8－6　铣削过程

课题三　等速盘形凸轮的铣削

等速盘形凸轮的工作曲线是平面等速螺旋线（阿基米德螺线），凸轮在周边上的一动点在凸轮转过相等角度时，沿半径方向的位移相等。这种情形，可由凸轮的三要素——升高量 H、升高率 h 和导程 P_h 来表示。

一、等速盘形凸轮的铣削

等速盘形凸轮在立式铣床上加工，常用的加工方法有垂直铣削法和倾斜铣削法两种，见表 8－2。

表 8－2　　等速盘形凸轮三要素的关系及加工方法

内容		简图及说明	
三要素的关系		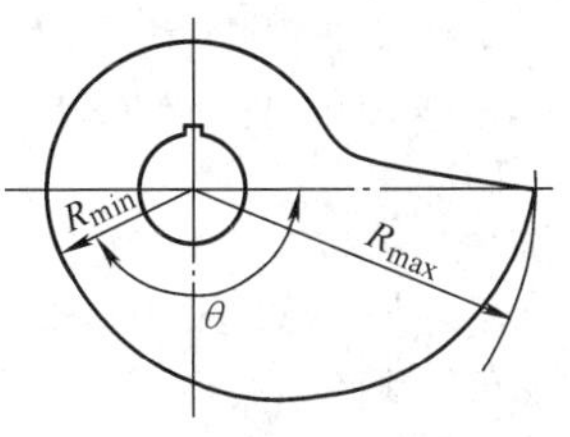 R_{min}、R_{max}、θ 等速盘形凸轮	升高量 H——工作曲线的大小半径之差： $H = R_{max} - R_{min}$ 升高率 h——单位工作角度或等分的升高量： $h = \frac{H}{\theta}$　或　$h = \frac{H}{z}$ 导程 P_h——工作曲线按一定升高率转过一周的升高量： $P_h = \frac{360H}{\theta}$　或　$P_h = \frac{100H}{z}$
等速盘形凸轮加工原则		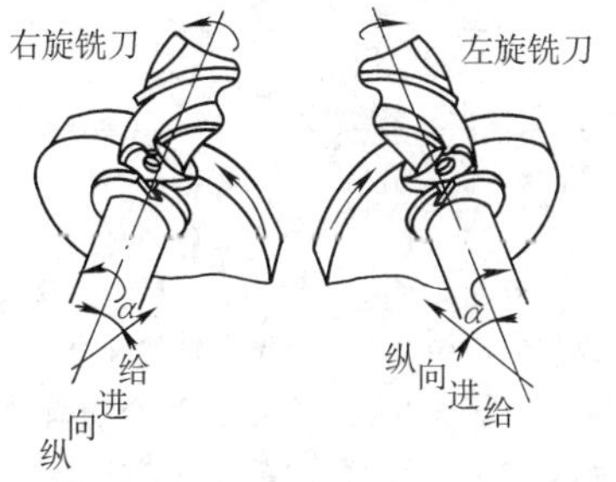 右旋铣刀　左旋铣刀 α　纵向进给 旋转方向与进给方向	为保证铣削时始终处于逆铣状态，应遵守以下原则： 1. 铣削时工件旋转方向必须与铣刀旋转方向相同，选择铣刀的旋向最好保证凸轮同向旋转时为逐渐升高 2. 铣刀应从最小半径处开始铣削，逐渐铣向半径最大处，即无论是垂直铣削（$\alpha = 90°$）还是倾斜铣削，纵向进给方向应使工件中心逐渐远离铣刀
垂直铣削法	方法简介	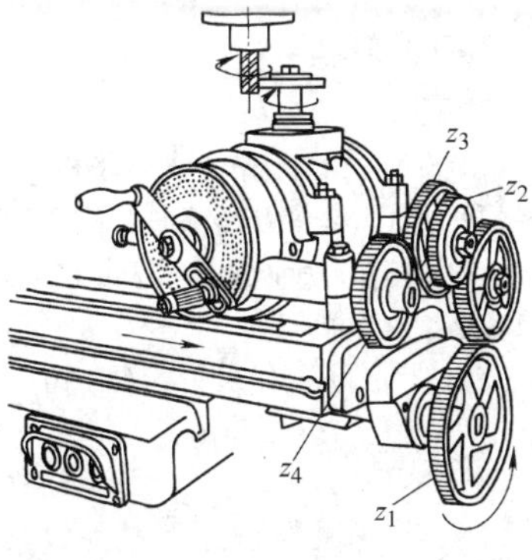 z_1、z_2、z_3、z_4	垂直铣削法是铣等速盘形凸轮时，铣刀轴线与工件的轴线互相平行，并均垂直于工作台面的工艺方法。这种方法适用于加工铣削半径大于 80 mm 且只有一条工作曲线，或虽有几条工作曲线，但它们的导程都相等的等速盘形凸轮。如果铣削半径小于 80 mm 就需要在分度头侧轴与挂轮架之间安装接长轴来铣削

续表

内容		简图及说明
垂直铣削法	加工步骤	1. 划线。在轮坯上划出凸轮的外形线，并打样冲眼，以便铣削时正确地控制凸轮曲线的起点和终点 2. 粗铣。凸轮的加工余量是不均匀的，特别是升高量较大的凸轮，在配置交换齿轮铣削前，应采用铣曲面的方法将多余的余量铣去（参见第七单元课题一） 3. 选择铣刀。为使铣出的凸轮工作曲线廓形正确，工作时滚子的滚动顺畅，加工凸轮时应选择直径与滚子直径相等、刃长大于凸轮厚度的立铣刀加工 4. 安装工件。工件可用带键的锥度心轴直接装于分度头主轴锥孔中，用拉紧螺栓紧固后将分度头主轴仰起90°，以垂直于工作台面 5. 交换齿轮与铣削方向的确定。铣削时为保证始终逆铣，安装交换齿轮与轮坯时应保证工件的旋转方向与铣刀的旋转方向相同，且从最小半径处开始铣削，逐渐铣向最大半径处（工作台进给方向应使工件逐渐远离铣刀）。交换齿轮计算公式与铣螺旋槽时相同，即： $$\frac{z_1z_3}{z_2z_4}=\frac{40P_{丝}}{P_h}$$ 6. 对刀。从动件是对心直动的“对心凸轮”，对刀时应使铣刀和工件的中心连线与工作台纵向进给平行；而从动件是偏置的“偏心凸轮”，对刀时应利用工作台的横向进给使铣刀的中心偏离工件的中心，偏移的距离必须等于从动件的偏心距 e，并且偏移的方向也必须与从动件的偏置方向一致 7. 进刀与退刀。完成以上各步后就可以开始铣削，但应注意进刀与退刀的方法： 进刀时，先将分度手柄的插销拔出，然后摇动工作台纵向手轮，使工件靠近铣刀（此时工件只移不转），待铣刀切入工件到预定深度时，再将插销插入分度盘孔内。接着按预定方向摇动手柄，带动分度盘及工件转动（工件边转边移）进行铣削。退刀时，可将工作台横向移动（移前先记准刻度），使工件离开铣刀，再反向摇动手柄（插销不要拔出），使工件反向转动，退回到起始位置。再将工作台横向复位，拔出插销进行第二次进刀，依次铣削至符合图样要求为止
倾斜铣削法	加工原理	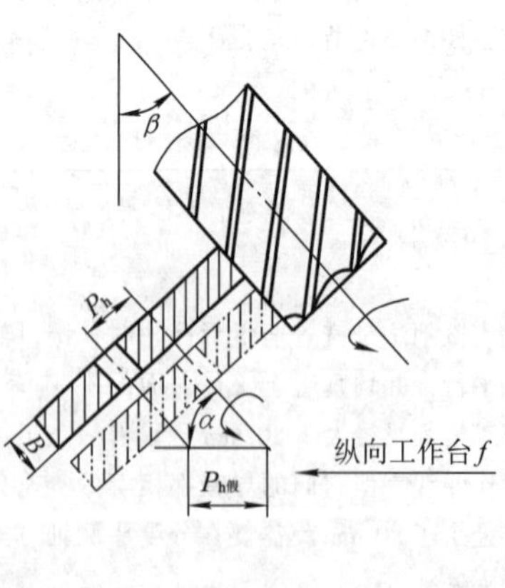 当分度头仰起一个角度 α 后，立铣头也必须相应倾斜一个角度 β，为使两轴线相互平行，需使 $\beta = 90° - \alpha$。选取一个便于计算交换齿轮的假设导程 $P_{h假}$，并以此导程计算安装交换齿轮。工件回转一周，工作台带着工件水平移动一个假设导程 $P_{h假}$，而工件轴线相对铣刀轴线恰好移动一个导程 P_h。P_h 与 $P_{h假}$ 之间的关系为： $$P_h = P_{h假}\sin\alpha$$ 由于铣削时随着工作台的水平移动和工件切削半径的变化（升高量 H），工件与铣刀的切削部位逐渐由下向上移动，所以所选铣刀切削刃长度 l 应满足其移动量的要求。即： $$l = B + H\cot\alpha + (5 \sim 10)$$

<table>
<tr><th colspan="2">内容</th><th>简图及说明</th></tr>
<tr><td rowspan="2">倾斜铣削法</td><td>方法简介</td><td>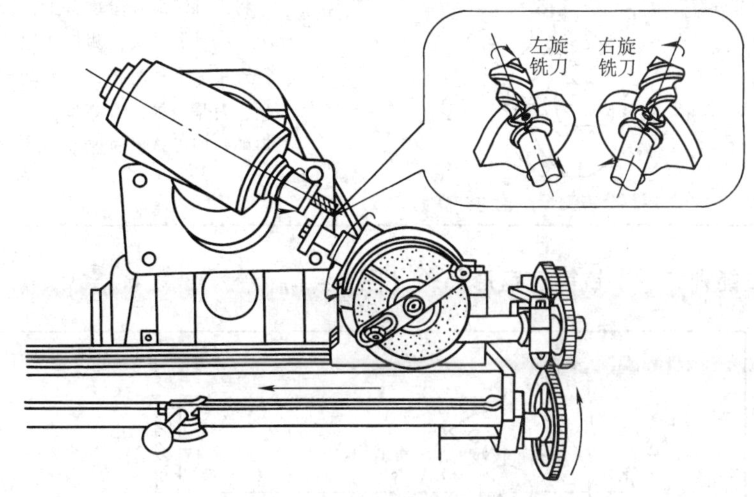

倾斜铣削法铣等速盘形凸轮
倾斜铣削法是铣等速盘形凸轮时，铣刀轴线与工件的轴线互相平行，并同时相对于工作台面倾斜一个角度铣削的工艺方法。倾斜铣削法加工等速盘形凸轮，具体操作方法与垂直铣削法基本相同，但与之相比具有计算准确、加工范围广泛、能不更换交换齿轮加工不同导程的曲线的特点，而且操作简便，不受凸轮尺寸的限制，故此法在等速盘形凸轮的加工中，有不受工作曲线数目和导程长短限制的优点，只要安装一套交换齿轮就可以铣出几段不同导程的曲线，所以较为常用</td></tr>
<tr><td>加工步骤</td><td>倾斜铣削法加工等速盘形凸轮，具体操作步骤与垂直铣削法相比，主要在交换齿轮计算、分度头起度角调整和进退刀控制上有所不同，而其他步骤基本相同。现简介如下：
1. 计算凸轮导程 P_h 和确定假设导程 $P_{h假}$
若凸轮由若干不同升高量的曲线组成时，应按前述公式分别计算各段导程 P_{h1}、P_{h2} 等，然后根据计算结果确定一个用来配置交换齿轮的假设的导程 $P_{h假}$，$P_{h假}$ 可在相应表中选取大于凸轮最大的一段导程的数值并直接得到配置交换齿轮齿数。在加工过程中，只需按 $P_{h假}$ 一次安装交换齿轮。导程不同时，只要改变分度头和立铣头的倾斜角度就可进行满足各种导程的凸轮加工。交换齿轮齿数也可根据假设的导程 $P_{h假}$ 计算：
$$\frac{z_1 z_3}{z_2 z_4} = \frac{40P_{丝}}{P_{h假}}$$
2. 分度头起度角 α 和立铣头倾斜角度 β 的确定：
$$\alpha = \arcsin（P_h / P_{h假}）$$
$$\beta = 90° - \alpha$$
3. 进刀和退刀
转动工件并使半径最小处与旋转的铣刀相对，慢慢上升工作台进刀；铣削时，手摇分度手柄进给铣削；铣削完毕，退刀时只需降下工作台即可</td></tr>
</table>

续表

内容	简图及说明
凸轮的检测	用百分表测量凸轮的升高量 将工件装夹在分度头上，按从动件位置安置百分表。摇动分度头，测量并记录用百分表测量最小半径到最大半径时指针的变动数值和工作曲线的圆心角，看是否等于升高量 H 和设计工作角度，并用测得的数值计算出导程

二、技能训练——铣等速盘形凸轮（图 8－7）

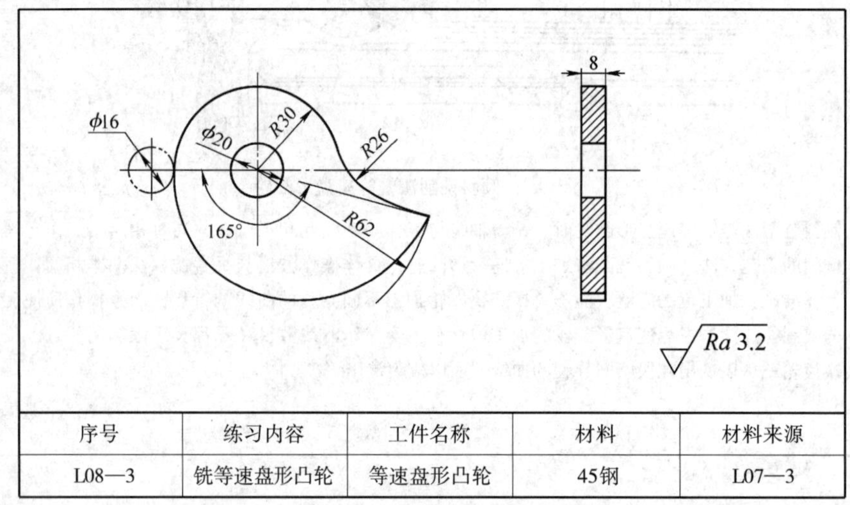

序号	练习内容	工件名称	材料	材料来源
L08—3	铣等速盘形凸轮	等速盘形凸轮	45钢	L07—3

图 8－7　铣等速盘形凸轮

1. 划线

对照图样，将板料表面涂色，采用“等分描点法”划出等速盘形凸轮的轮廓线（图 8－8a）。检查无误后，在轮廓线上打样冲眼。

2. 计算导程和交换齿轮

（1）计算工件平面螺旋线的导程

$$P_h = \frac{360H}{\theta} = \frac{360}{165} \times 32\ \text{mm} \approx 69.82\ \text{mm}$$

（2）设定假定导程 $P_{h假}$，计算交换齿轮

假定导程 $P_{h假} = 70$ mm，得到以下交换齿轮：

$$\frac{z_1 z_3}{z_2 z_4} = \frac{240\ \text{mm}}{P_{h假}} = \frac{240\ \text{mm}}{70\ \text{mm}} = \frac{100 \times 60}{25 \times 70}$$

（3）计算分度头起度角

$$\sin\alpha = \frac{P_h}{P_{h假}} \approx \frac{69.82\ \text{mm}}{70\ \text{mm}} \approx 0.9974$$

$$\alpha \approx 85.87°$$

（4）计算立铣头倾斜角度

$$\beta = 90° - \alpha \approx 90° - 85.87° = 4.13°$$

（5）计算铣刀长度

$$l = B + H\cos\alpha + (5 \sim 10) \approx 8\ \text{mm} + 32\ \text{mm} \times \cos 85.87° + (5 \sim 10)\ \text{mm}$$

$$\approx 8\ \text{mm} + 2.3\ \text{mm} + 10\ \text{mm} = 20.3\ \text{mm}$$

选用直径为 16 mm 的立铣刀进行铣削。

3. 铣削的加工准备

（1）将所选立铣刀安装到铣头中。

（2）将专用心轴安装在分度头主轴前端，并检测其径向跳动量是否合格；然后在分度头主轴后端用拉杆将心轴紧固；再将工件以内孔定位，用螺母压紧。

（3）按照划线将工件 0°位置调整到分度头的正上方。

（4）将交换齿轮按照以下顺序安装：将 z_1 安装在工作台丝杆上，z_4 安装在分度头的侧轴上，z_2 和 z_3 安装在挂轮架上，并检查旋转方向与移动方向之间的关系是否正确。

（5）将分度手柄插销拔出分度盘孔后，调整工作台，使立铣刀轴线与分度头轴线在纵向进给方向的同一平面内。

（6）调整立铣头，使其主轴倾斜 4.13°。

（7）调整分度头，使其主轴仰起 85.87°。

（8）移动工作台使立铣刀与工件 0°位置相接触，记录升降台刻度读数，并将分度手柄插销插入分度盘孔中。

4. 铣凸轮

开始铣削，利用升降进给进刀后，将横向和升降进给机构锁紧，即可用双手转动分度手柄进刀铣削（0° ~ 135°，手柄转过 15 r），使凸轮工作型面至符合图样要求（图 8 - 8b）。

完成凸轮铣削后，卸下工件，用锉刀仔细去除毛刺后，综合检验各项技术要求。

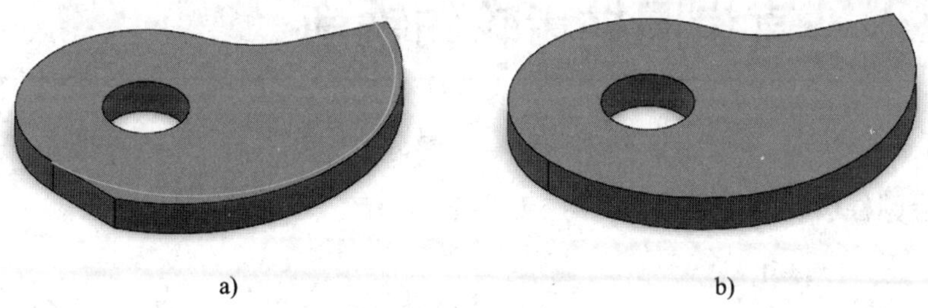

图 8 - 8　铣削过程

第九单元

齿轮、齿条和链轮的铣削

在机械制造行业中，应用最多、最普遍的齿轮是渐开线齿轮。齿轮按照分度曲面形状分为圆柱齿轮和锥齿轮。按其齿线形状的不同，圆柱齿轮又分为直齿和斜齿两种。

齿轮齿形的加工方法很多，基本分为两大类：一类是成形法，另一类是展成法。成形法是利用切削刃形状与齿槽形状相同的刀具在普通铣床上铣制齿形的加工方法（图 9 – 1）。与展成法相比较，采用成形法加工齿轮，不需要专用机床和价格昂贵的展成刀具。

成形法加工齿轮，主要用在精度要求不高的、单件修配或小批量生产的场合。

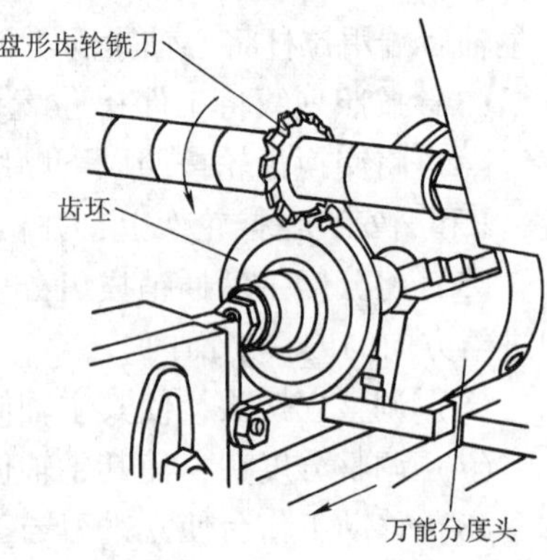

图 9 – 1　用成形法铣削直齿轮

课题一　直齿圆柱齿轮的铣削

一、直齿圆柱齿轮的主要参数

1. 齿数（z）

一个齿轮的轮齿数量。

2. 模数（m）

齿轮分度圆直径与其齿数的比值，$m = d/z$。模数是齿轮几何尺寸计算中最基本的一个参数，它反映出轮齿的大小。模数越大，轮齿越大，其承载能力就越强。

3. 齿形角（α）

我国规定渐开线标准圆柱齿轮分度圆上的齿形角 $\alpha = 20°$。

二、直齿圆柱齿轮的测量

1. 公法线长度的测量

公法线长度 W_k，是用公法线千分尺或游标卡尺跨过规定的齿数，使测量面与轮齿面相切时测得的距离，如图 9－2 所示。这种测量方法的优点是方便、简单、精确。

规定的跨齿数 k，是根据齿轮的齿数和齿形角确定的。其目的是在检测时，使量具测量面与轮齿的相切点尽量接近齿轮的分度圆周。

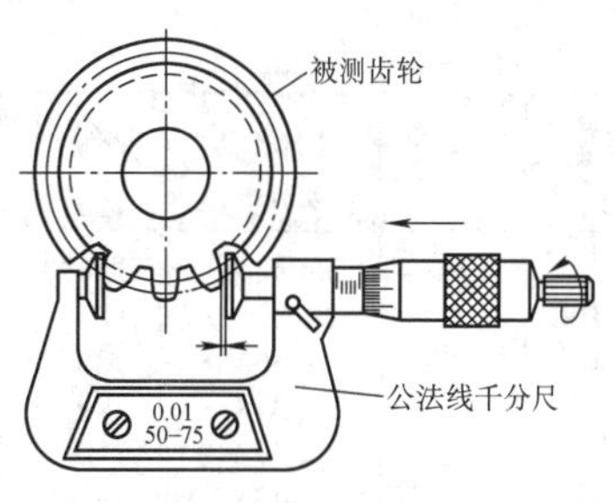

图 9－2　用公法线千分尺测量公法线长度

公法线长度 W_k 和跨齿数 k 与齿轮模数 m 和齿数 z 的关系可按公式计算，当齿形角 $\alpha=20°$时：

$$W_k=m[2.952\,1(k-0.5)+0.014z]$$

$k=0.111z+0.5$（用四舍五入的方法将计算出的小数圆整）

为简化计算，标准直齿圆柱齿轮可根据齿轮齿数 z，查表 9－1 来确定跨齿数 k 值。然后，由表中查出 $m=1$ mm 时的公法线长度 W_k^* 值（单位 mm），再乘以齿轮的实际模数 m 后求得 W_k，即 $W_k=mW_k^*$。

表 9－1　　标准直齿圆柱齿轮公法线长度（$m=1$ mm，$\alpha=20°$）

齿数 z	跨齿数 k	公法线长度 W_k^*
9		4.554 2
10		4.568 3
11		4.582 3
12		4.596 3
13	2	4.610 3
14		4.624 3
15		4.638 3
16		4.652 3
17		4.666 3
18		7.632 4
19		7.646 4
20		7.660 4
21		7.674 4
22	3	7.688 4
23		7.702 5
24		7.716 5
25		7.730 5
26		7.744 5
27		10.710 6
28	4	10.724 6
29		10.738 6
30		10.752 6

齿数 z	跨齿数 k	公法线长度 W_k^*
31		10.766 6
32		10.780 6
33	4	10.794 6
34		10.808 6
35		10.822 6
36		13.788 8
37		13.802 8
38		13.816 8
39		13.830 8
40	5	13.844 8
41		13.858 8
42		13.872 8
43		13.886 8
44		13.900 8
45		16.867 0
46		16.881 0
47		16.895 0
48		16.909 0
49	6	16.923 0
50		16.937 0
51		16.951 0
52		16.965 0
53		16.979 0

齿数 z	跨齿数 k	公法线长度 W_k^*
54		19.945 1
55		19.959 1
56		19.973 1
57		19.987 2
58	7	20.001 2
59		20.015 2
60		20.029 2
61		20.043 2
62		20.057 2
63		23.023 3
64		23.037 3
65		23.051 3
66		23.065 3
67	8	23.079 3
68		23.093 3
69		23.107 3
70		23.121 4
71		23.135 4
72		26.101 5
73		26.115 5
74	9	26.129 5
75		26.143 5
76		26.157 5

齿数 z	跨齿数 k	公法线长度 W_k^*
77		26.171 5
78	9	26.185 5
79		26.199 5
80		26.213 5
81		29.179 7
82		29.193 7
83		29.207 7
84		29.221 7
85	10	29.235 7
86		29.249 7
87		29.263 7
88		29.277 7
89		29.291 7
90		32.257 9
91		32.271 9
92		32.285 9
93		32.299 9
94	11	32.313 9
95		32.327 9
96		32.341 9
97		32.355 9
98		32.369 9

续表

齿数 z	跨齿数 k	公法线长度 W_k^*	齿数 z	跨齿数 k	公法线长度 W_k^*	齿数 z	跨齿数 k	公法线长度 W_k^*	齿数 z	跨齿数 k	公法线长度 W_k^*
99		35.336 0	126		44.570 6	153		53.805 1			
100		35.350 0	127		44.584 6	154		53.819 1	180		63.039 6
101		35.364 0	128		44.598 6	155		53.833 1	181		63.053 6
102		35.378 0	129		44.612 6	156		53.847 1	182		63.067 6
103	12	35.392 0	130	15	44.626 6	157	18	53.861 1	183		63.081 6
104		35.406 1	131		44.640 6	158		53.875 1	184	21	63.095 7
105		35.420 1	132		44.654 6	159		53.889 1	185		63.109 7
106		35.434 1	133		44.668 6	160		53.903 1	186		63.123 7
107		35.448 1	134		44.682 6	161		53.917 1	187		63.137 7
108		38.414 2	135		47.648 7	162		56.883 3	188		63.151 7
109		38.428 2	136		47.662 7	163		56.897 3			
110		38.442 2	137		47.676 8	164		56.911 3			
111		38.456 2	138		47.690 8	165		56.925 3	189		66.117 8
112	13	38.470 2	139	16	47.704 8	166	19	56.939 3	190		66.131 8
113		38.484 2	140		47.718 8	167		56.953 3	191		66.145 8
114		38.498 2	141		47.732 8	168		56.967 3	192		66.159 8
115		38.512 2	142		47.746 8	169		56.981 3	193	22	66.173 8
116		38.526 2	143		47.760 8	170		56.995 3	194		66.187 8
117		41.492 4	144		50.726 9	171		59.961 5	195		66.201 8
118		41.506 4	145		50.740 9	172		59.975 5	196		66.215 8
119		41.520 4	146		50.754 9	173		59.989 5	197		66.229 9
120		41.534 4	147		50.768 9	174		60.003 5			
121	14	41.548 4	148	17	50.782 9	175	20	60.017 5			
122		41.562 4	149		50.796 9	176		60.031 5	198		69.196 0
123		41.576 4	150		50.811 0	177		60.045 5	199	23	69.210 0
124		41.590 4	151		50.825 0	178		60.059 5	200		69.224 0
125		41.604 4	152		50.839 0	179		60.073 5			

2. 齿厚的测量

测量齿厚的量具是游标齿厚卡尺，用于测量分度圆弦齿厚和固定弦齿厚。其工作原理和读数方法与普通游标卡尺基本相同（表 9－2）。齿厚测量值的大小总会受到齿顶圆直径的影响。

表 9－2　　齿厚的测量

内容	简图及说明
测量分度圆弦齿厚	

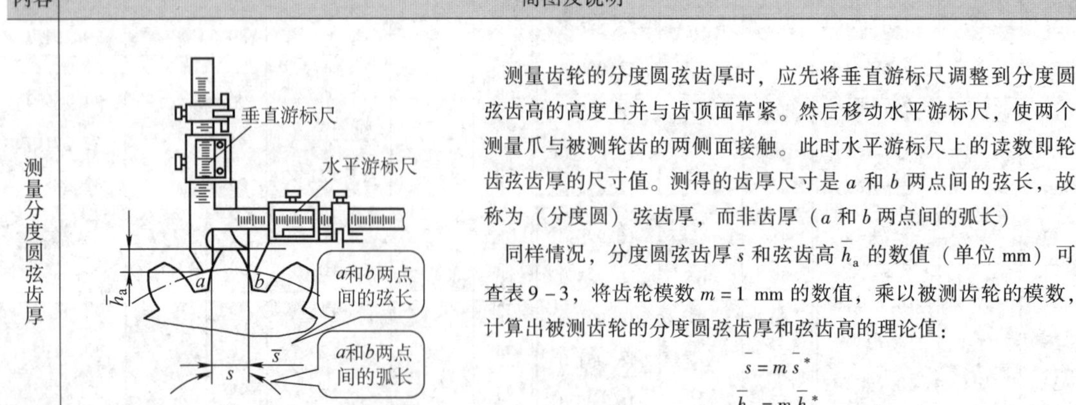

用游标齿厚卡尺检测分度圆弦齿厚

测量齿轮的分度圆弦齿厚时，应先将垂直游标尺调整到分度圆弦齿高的高度上并与齿顶面靠紧。然后移动水平游标尺，使两个测量爪与被测轮齿的两侧面接触。此时水平游标尺上的读数即轮齿弦齿厚的尺寸值。测得的齿厚尺寸是 a 和 b 两点间的弦长，故称为（分度圆）弦齿厚，而非齿厚（a 和 b 两点间的弧长）

同样情况，分度圆弦齿厚 $\bar{s}$ 和弦齿高 $\bar{h}_a$ 的数值（单位 mm）可查表 9－3，将齿轮模数 $m = 1$ mm 的数值，乘以被测齿轮的模数，计算出被测齿轮的分度圆弦齿厚和弦齿高的理论值：

$$\bar{s} = m\bar{s}^*$$

$$\bar{h}_a = m\bar{h}_a^*$$

续表

<table>
<tr><th>内容</th><th>简图及说明</th></tr>
<tr><td>测量固定弦齿厚</td><td>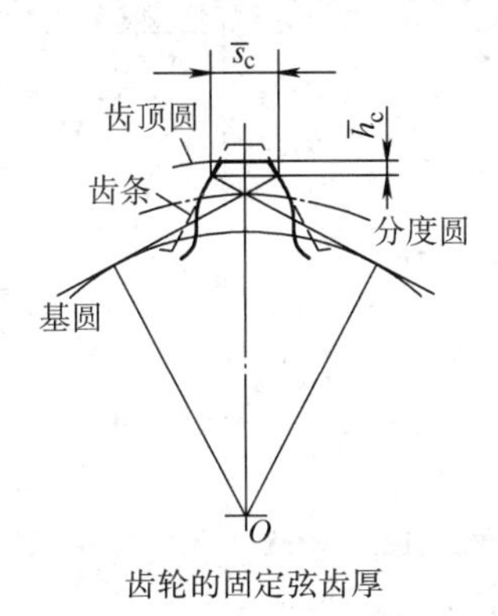

齿轮的固定弦齿厚

固定弦齿厚的检测与分度圆弦齿厚的检测方法相同，只是检测部位有所不同。所谓固定弦齿厚是指标准齿条的齿形与齿轮齿形相切时，两切点 A 和 B 之间的距离，故测量时应将垂直游标尺调整到固定弦齿高的高度上进行
固定弦齿厚 $\bar{s}_c$ 和固定弦齿高 $\bar{h}_c$，在齿形角 $\alpha=20°$时，可通过查表 9 - 4 直接得到，也可以按照齿轮模数 m 进行计算：
$\bar{s}_c=1.387m$
$\bar{h}_c=0.747\,6m$</td></tr>
</table>

表 9 - 3　　分度圆弦齿厚与弦齿高（$m=1$ mm）

齿数 z	弦齿厚 $\bar{s}^*$	弦齿高 $\bar{h}_a^*$	齿数 z	弦齿厚 $\bar{s}^*$	弦齿高 $\bar{h}_a^*$	齿数 z	弦齿厚 $\bar{s}^*$	弦齿高 $\bar{h}_a^*$
12	1. 566 3	1. 051 3	35	1. 570 3	1. 017 6	58	1. 570 6	1. 010 6
13	1. 567 0	1. 047 4	36		1. 017 1	59		1. 010 5
14	1. 567 5	1. 044 0	37		1. 016 7	60		1. 010 3
15	1. 567 9	1. 041 1	38		1. 016 2	61		1. 010 1
16	1. 568 3	1. 038 5	39	1. 570 4	1. 015 8	62		1. 010 0
17	1. 568 6	1. 036 3	40		1. 015 4	63		1. 009 8
18	1. 568 8	1. 034 2	41		1. 015 0	64		1. 009 6
19	1. 569 0	1. 032 4	42		1. 014 7	65		1. 009 5
20	1. 569 2	1. 030 8	43		1. 014 3	66		1. 009 3
21	1. 569 3	1. 029 4	44	1. 570 5	1. 014 0	67	1. 570 7	1. 009 2
22	1. 569 5	1. 028 0	45		1. 013 7	68		1. 009 1
23	1. 569 6	1. 026 8	46		1. 013 4	69		1. 008 9
24	1. 569 7	1. 025 7	47		1. 013 1	70		1. 008 8
25	1. 569 8	1. 024 7	48		1. 012 8	71		1. 008 7
26		1. 023 7	49		1. 012 6	72		1. 008 6
27	1. 569 9	1. 022 8	50		1. 012 3	73		1. 008 4
28	1. 570 0	1. 022 0	51		1. 012 1	74		1. 008 3
29		1. 021 3	52	1. 570 6	1. 011 9	75		1. 008 2
30	1. 570 1	1. 020 6	53		1. 011 6	76		1. 008 1
31		1. 019 9	54		1. 011 4	77		1. 008 0
32	1. 570 2	1. 019 3	55		1. 011 2	78		1. 007 9
33		1. 018 7	56		1. 011 0	79		1. 007 8
34		1. 018 1	57		1. 010 8	80		1. 007 7

续表

<table>
<tr><th>齿数
z</th><th>弦齿厚
$\bar{s}^*$</th><th>弦齿高
$\bar{h}_a^*$</th><th>齿数
z</th><th>弦齿厚
$\bar{s}^*$</th><th>弦齿高
$\bar{h}_a^*$</th><th>齿数
z</th><th>弦齿厚
$\bar{s}^*$</th><th>弦齿高
$\bar{h}_a^*$</th></tr>
<tr><td>81</td><td rowspan="11">1.570 7</td><td>1.007 6</td><td>92</td><td rowspan="11">1.570 7</td><td>1.006 7</td><td>115</td><td>1.570 7</td><td>1.005 4</td></tr>
<tr><td>82</td><td>1.007 5</td><td>93</td><td rowspan="2">1.006 6</td><td>120</td><td rowspan="10">1.570 8</td><td>1.005 1</td></tr>
<tr><td>83</td><td>1.007 4</td><td>94</td><td>125</td><td rowspan="2">1.004 9</td></tr>
<tr><td>84</td><td rowspan="2">1.007 3</td><td>95</td><td>1.006 5</td><td>127</td></tr>
<tr><td>85</td><td>96</td><td rowspan="2">1.006 4</td><td>130</td><td>1.004 7</td></tr>
<tr><td>86</td><td>1.007 2</td><td>97</td><td>135</td><td>1.004 6</td></tr>
<tr><td>87</td><td>1.007 1</td><td>98</td><td>1.006 3</td><td>140</td><td>1.004 4</td></tr>
<tr><td>88</td><td>1.007 0</td><td>99</td><td>1.006 2</td><td>145</td><td>1.004 3</td></tr>
<tr><td>89</td><td rowspan="2">1.006 9</td><td>100</td><td>1.006 2</td><td>150</td><td>1.004 1</td></tr>
<tr><td>90</td><td>105</td><td>1.005 9</td><td rowspan="2">齿条</td><td rowspan="2">1.000 0</td></tr>
<tr><td>91</td><td>1.006 8</td><td>110</td><td>1.005 6</td></tr>
</table>

注：本表也适用于斜齿轮和锥齿轮，但应按当量齿数查表；如当量齿数为非整数，则需用线性插补法，把小数部分考虑进去。

表 9 – 4　　固定弦齿厚与固定弦齿高（$\alpha=20°$）　　mm

模数 m	固定弦齿厚 $\bar{s}_c$	固定弦齿高 $\bar{h}_c$	模数 m	固定弦齿厚 $\bar{s}_c$	固定弦齿高 $\bar{h}_c$
1	1.387 0	0.747 6	7	9.709 3	5.233 0
1.25	1.733 8	0.934 5	8	11.096 4	5.980 6
1.5	2.080 6	1.121 4	9	12.483 4	6.728 2
1.75	2.427 3	1.308 3	10	13.870 5	7.475 7
2	2.774 1	1.495 2	11	15.257 5	8.223 4
2.25	3.120 9	1.682 1	12	16.644 6	8.970 9
2.5	3.467 6	1.868 9	14	19.418 7	10.466 1
2.75	3.814 4	2.055 8	16	22.192 8	11.961 2
3	4.161 1	2.242 7	18	24.966 9	13.456 4
3.25	4.507 9	2.429 6	20	27.741 0	14.951 6
3.5	4.854 7	2.616 5	22	30.515 1	16.446 7
3.75	5.201 4	2.803 4	25	34.676 2	18.689 4
4	5.548 2	2.990 3	28	38.837 3	20.932 2
4.5	6.241 7	3.364 1	32	44.385 5	23.922 5
5	6.935 2	3.737 9	36	49.933 7	26.912 8
5.5	7.628 8	4.111 7	40	55.481 9	29.903 1
6	8.322 3	4.485 5	45	62.417 2	33.641 0
6.5	9.015 8	4.859 3	50	69.352 4	37.378 9

注：测量斜齿轮时应按法向模数查表，测量锥齿轮时应按大端模数查表。

三、直齿圆柱齿轮的铣削

1. 根据齿轮模数和齿数选择铣刀号数

直齿圆柱齿轮铣刀有盘形和指形两种。盘形齿轮铣刀用在卧式铣床上铣制齿轮，已经标准化。指形齿轮铣刀用在立式铣床上（加工 $m \geqslant 10$ mm 大模数齿轮）铣制齿轮，目前尚未标准化。

盘形齿轮铣刀（图 9－3）的制造，是将同一模数和齿形角的盘形齿轮铣刀按其加工的齿数划分为段，每段定一个铣刀刀号。因此在盘形齿轮铣刀上标记着齿形角、模数、铣刀刀号，以及可以加工的齿数。在选用铣刀时，按其模数、齿形角和齿数查表 9－5 确定铣刀刀号。

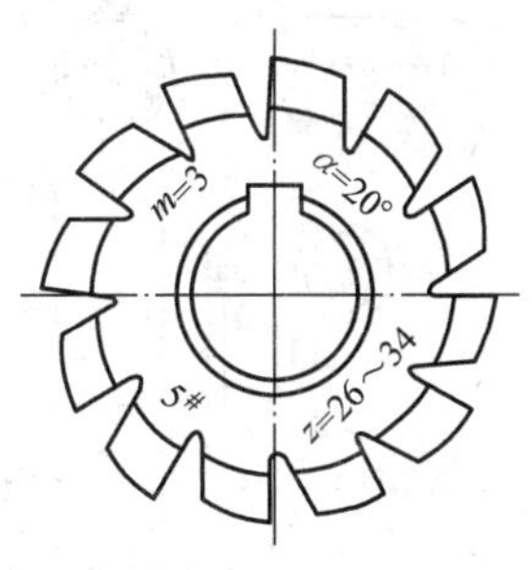

图 9－3　盘形齿轮铣刀

表 9－5　　**标准盘形齿轮铣刀刀号表**

铣刀刀号		1	1½	2	2½	3	3½	4	4½
加工齿轮齿数	8 把一套	12～13		14～16		17～20		21～25	
	15 把一套	12	13	14	15～16	17～18	19～20	21～22	23～25
铣刀刀号		5	5½	6	6½	7	7½	8	
加工齿轮齿数	8 把一套	26～34		35～54		55～134		135～∞	
	15 把一套	26～29	30～34	35～41	42～54	55～79	80～134	135～∞	

2. 根据齿轮的齿数 z 确定分齿的分度方法

在不能采用简单分度法进行分齿（如 $z=61$、67、71、…）时，可采用差动分度法（图 9－4）分齿。采用差动分度法的分齿步骤如下：

（1）按齿数 z 选一个假定等分数 z_o（最好 $z_o < z$）。

（2）按 $n_o = 40/z_o$ 计算分度手柄的分齿分度转数。

（3）由 $\frac{z_1 z_3}{z_2 z_4} = \frac{40\ (z_o - z)}{z_o}$ 计算交换齿轮。

（4）用交换齿轮将分度头主轴与侧轴连接起来。松开分度盘上的紧固螺钉，即可进行分齿。

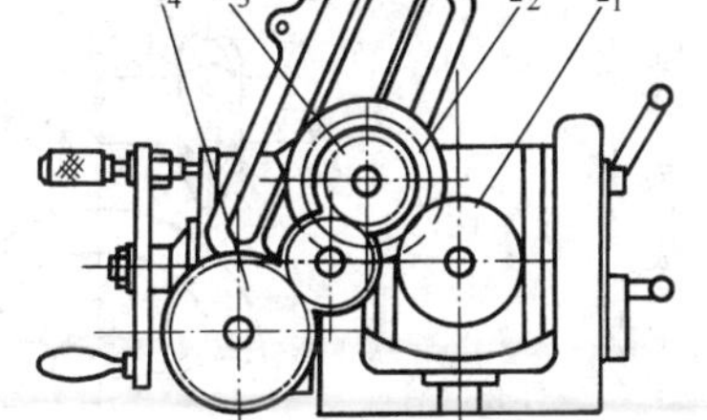

图 9－4　分度头的差动分度法

3. 铣削前的准备工作

（1）校正工作台“0”位使其符合加工要求，然后安装并校正分度头及尾座。

（2）检查齿坯，主要检查其外圆和内孔的尺寸及同轴度、齿坯对基准孔的圆跳动量（图 9－5）等，将不符合要求的齿坯挑出。

（3）装夹并校正工件，使齿坯轴线与工作台面及纵向进给方向平行（图 9－6）。

4. 铣刀的安装和对中心

铣刀对中心的方法有按划线对中心法、按切痕对中心法和测量圆柱对中心法（表 9－6）。

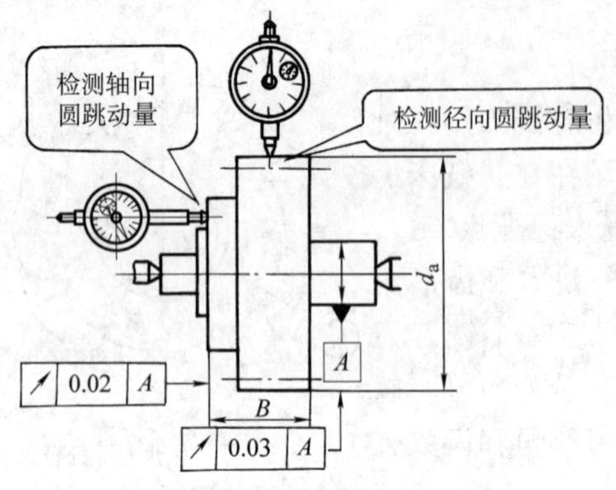

图 9－5　齿坯圆跳动量检查

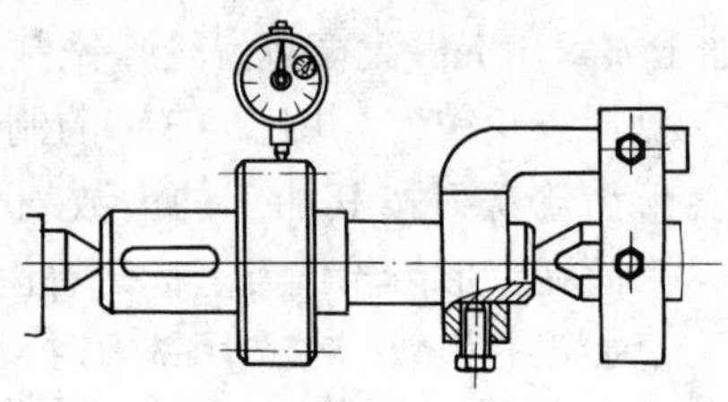

图 9－6　校正工件

表 9－6　　**盘形齿轮铣刀对中心方法**

方法	简图及说明
按划线对中心法	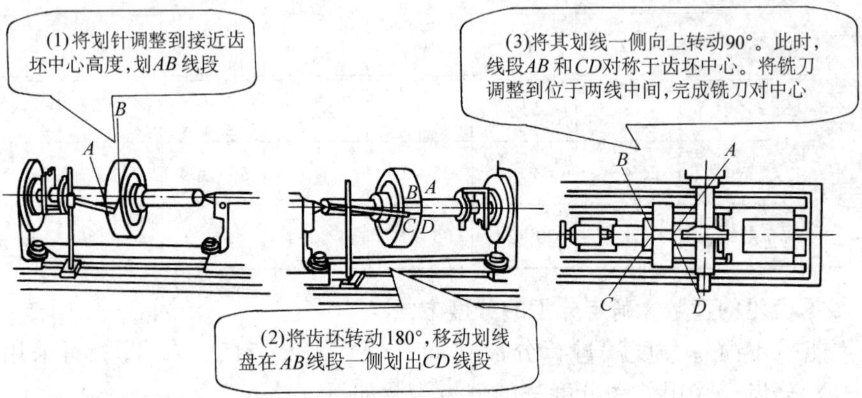 (1)将划针调整到接近齿坯中心高度,划AB线段 (2)将齿坯转动180°,移动划线盘在AB线段一侧划出CD线段 (3)将其划线一侧向上转动90°。此时,线段AB和CD对称于齿坯中心。将铣刀调整到位于两线中间,完成铣刀对中心
按切痕对中心法	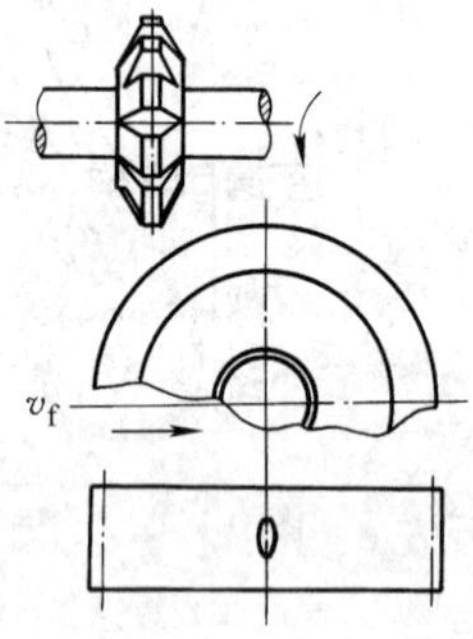 将旋转的铣刀在接近齿坯圆柱面上进行一次横向进给，使圆柱表面被铣出一个椭圆来。通过横向调整工作台，使铣刀处于椭圆中心位置，完成铣刀对中心
测量圆柱对中心法	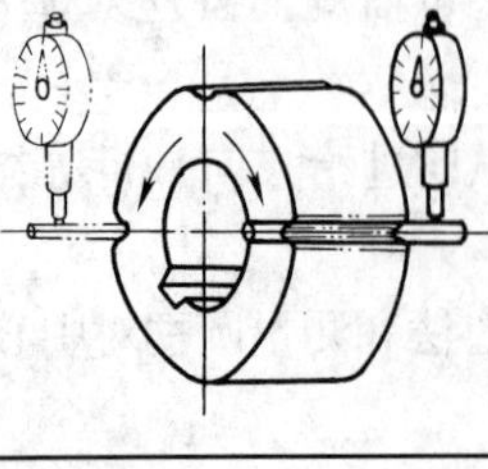 铣刀大致对中心，将齿坯铣出一条浅槽。把一根直径近似等于其模数的圆棒放在槽中，然后分别向两侧转动90°，用百分表检测圆棒的表面高度。若两处检测读数的差值不符合要求，则将工作台向高处圆棒一侧进行横向调整

5. 工件的铣削

铣削直齿轮，分粗、精加工两道工序如图 9 – 7 所示。

（1）粗铣齿轮，按轮齿的高度进刀，并为精加工预留约 0.3 mm 余量。

（2）精铣齿轮，根据粗加工后轮齿的尺寸，确定精铣时铣刀的补充进刀量 Δa_e。依次完成各齿的铣削。

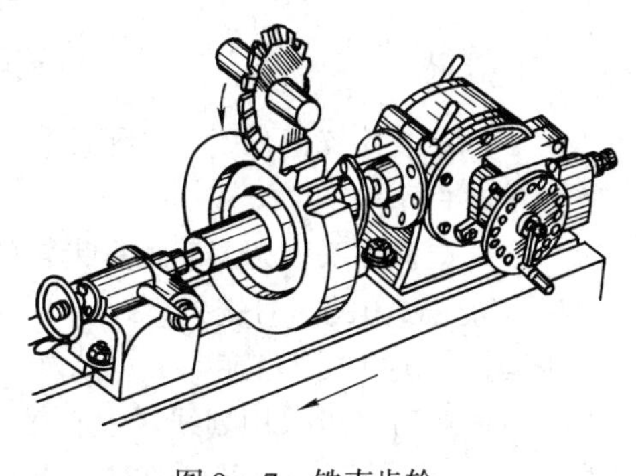

图 9 – 7　铣直齿轮

1）按分度圆弦齿厚实测

$$\Delta a_e = 1.37\ (\bar{s}_{实} - \bar{s})$$

2）按固定弦齿厚实测

$$\Delta a_e = 1.17\ (\bar{s}_{c实} - \bar{s}_c)$$

3）按公法线长度实测

$$\Delta a_e = 1.462\ (W_{k实} - W_k)$$

式中　$\bar{s}_{实}$——粗铣后测量的实际分度圆弦齿厚，mm；

$\bar{s}_{c实}$——粗铣后测量的实际固定弦齿厚，mm；

$W_{k实}$——粗铣后测量的实际公法线长度，mm。

四、技能训练——铣削直齿轮（图 9 – 8）

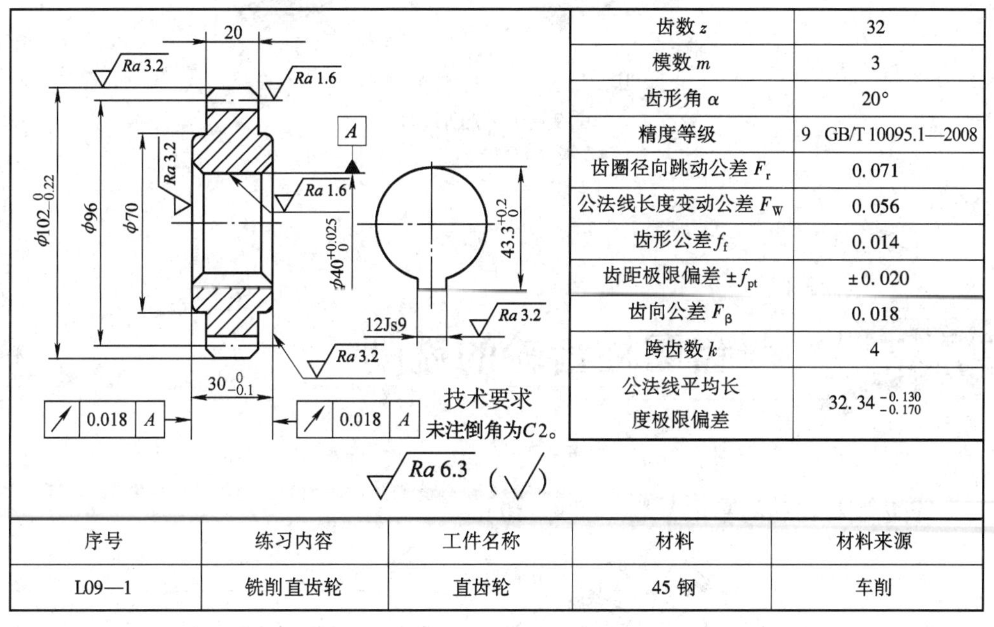

齿数 z	32
模数 m	3
齿形角 α	20°
精度等级	9　GB/T 10095.1—2008
齿圈径向跳动公差 F_r	0.071
公法线长度变动公差 F_W	0.056
齿形公差 f_f	0.014
齿距极限偏差 $\pm f_{pt}$	±0.020
齿向公差 F_β	0.018
跨齿数 k	4
公法线平均长度极限偏差	$32.34^{-0.130}_{-0.170}$

序号	练习内容	工件名称	材料	材料来源
L09—1	铣削直齿轮	直齿轮	45 钢	车削

图 9 – 8　铣削直齿轮

1. 教学建议

在铣削过程中，直齿轮的加工方法有多种，建议教师先组织学生进行分组讨论，然后制定出各自的加工工艺，再按讨论修改过的加工工艺指导实际加工。

2. 加工步骤

（1）对照图样，检查工件毛坯并涂色（图 9 – 9a）。确定分齿分度转数。

根据工件的齿数，采用简单分度法计算分度手柄转数 n：

$$n = \frac{40}{z} = \frac{40}{32} = 1\frac{7}{28}$$

（2）安装并校正分度头、尾座，使前后顶尖的公共轴线与工作台面平行，并与其纵向进给方向平行。

（3）选择并安装铣刀。根据齿轮的模数、齿数数据，查表选取模数 $m=3$mm、8 把一套的盘形齿轮铣刀的 5 号铣刀。

（4）装夹并校正工件。

（5）对刀（可采用划线对中心法、切痕对中心法等对中心法分别进行练习），分粗、精铣，铣削直齿轮至符合图样要求（图 9－9b）。

图 9－9　铣削过程

课题二　斜齿圆柱齿轮的铣削

一、斜齿圆柱齿轮的基本参数（图 9－10）

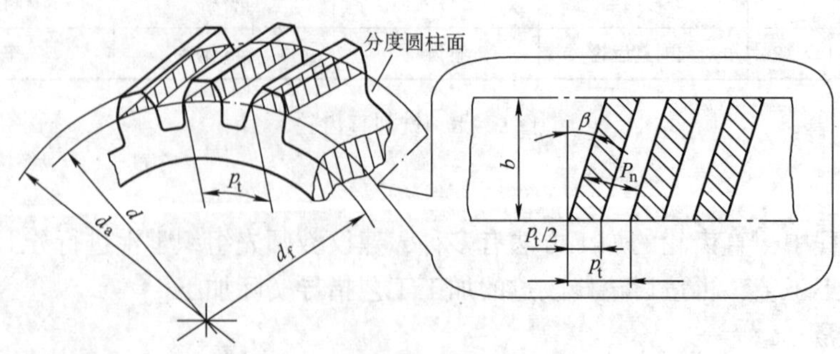

图 9－10　斜齿圆柱齿轮的基本参数

齿线为螺旋线的圆柱齿轮称为斜齿圆柱齿轮，简称斜齿轮。与直齿轮相比，斜齿轮的部分参数因螺旋角的存在，出现了法向参数和端面参数。如齿距分为法向齿距 P_n 和端面齿距 p_t，模数分为法向模数 m_n 和端面模数 m_t。斜齿轮以法向模数 m_n 作为标准模数，是设计和计算斜齿轮各参数的主要依据。另外，当量齿数 z_v 也是斜齿轮的主要参数。

二、当量齿数与齿轮铣刀的选择

1. 当量齿数 z_v

斜齿圆柱齿轮齿线上的某一点 P 处的法平面与分度圆柱面的交线是一个椭圆（图 9－11）。以此椭圆的最大曲率半径作为某一假想直齿圆柱齿轮的分度圆半径，并以斜齿轮的法向模数和法向齿形角作为此假想直齿圆柱齿轮的模数和齿形角，则此假想直齿圆柱齿轮的齿数称为斜齿轮的当量齿数 z_v。当量齿数 z_v 与其实际齿数 z、螺旋角 β 的关系式为：

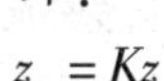

$$z_v = \frac{z}{\cos^3\beta}$$

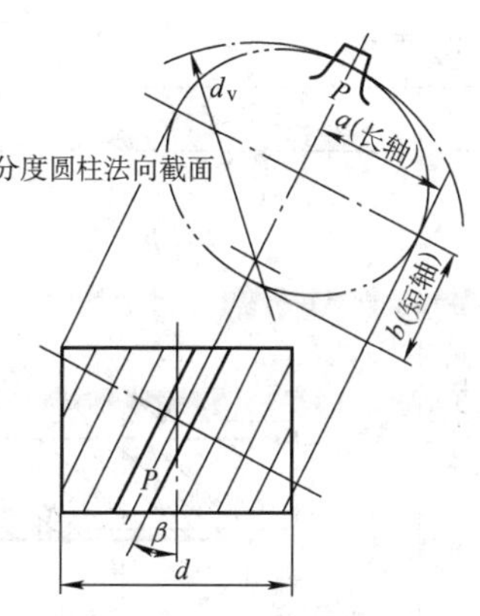

图 9－11　斜齿圆柱齿轮的法向齿形

为简化当量齿数 z_v 的计算，可根据螺旋角 β 由表 9－7 中查出的当量齿数系数 K（$K=1/\cos^3\beta$），再乘以斜齿轮实际齿数 z 求得当量齿数 z_v，即：

$$z_v = Kz$$

表 9－7　　斜齿圆柱齿轮当量齿数系数 K 值表

β	K	β	K	β	K	β	K	β	K
5°	1.012	18°	1.162	31°	1.588	44°	2.687	57°	6.190
5°30′	1.014	18°30′	1.173	31°30′	1.613	44°30′	2.756	57°30′	6.447
6°	1.017	19°	1.183	32°	1.640	45°	2.828	58°	6.720
6°30′	1.020	19°30′	1.194	32°30′	1.667	45°30′	2.904	58°30′	7.010
7°	1.023	20°	1.205	33°	1.695	46°	2.983	59°	7.320
7°30′	1.026	20°30′	1.217	33°30′	1.725	46°30′	3.066	59°30′	7.649
8°	1.030	21°	1.229	34°	1.755	47°	3.152	60°	8.000
8°30′	1.034	21°30′	1.242	34°30′	1.787	47°30′	3.243	60°30′	8.375
9°	1.038	22°	1.255	35°	1.819	48°	3.338	61°	8.776
9°30′	1.042	22°30′	1.268	35°30′	1.853	48°30′	3.437	61°30′	9.205
10°	1.047	23°	1.282	36°	1.889	49°	3.541	62°	9.664
10°30′	1.052	23°30′	1.297	36°30′	1.925	49°30′	3.651	62°30′	10.157
11°	1.057	24°	1.312	37°	1.963	50°	3.765	63°	10.687
11°30′	1.063	24°30′	1.327	37°30′	2.003	50°30′	3.886	63°30′	11.257
12°	1.069	25°	1.343	38°	2.044	51°	4.012	64°	11.871
12°30′	1.075	25°30′	1.360	38°30′	2.086	51°30′	4.145	64°30′	12.533
13°	1.081	26°	1.377	39°	2.131	52°	4.285	65°	13.248
13°30′	1.088	26°30′	1.395	39°30′	2.177	52°30′	4.433	65°30′	14.022
14°	1.095	27°	1.414	40°	2.225	53°	4.588	66°	14.861
14°30′	1.102	27°30′	1.433	40°30′	2.274	53°30′	4.752	66°30′	15.773
15°	1.110	28°	1.453	41°	2.326	54°	4.924	67°	16.764
15°30′	1.118	28°30′	1.473	41°30′	2.380	54°30′	5.107	67°30′	17.844
16°	1.126	29°	1.495	42°	2.437	55°	5.299	68°	19.023
16°30′	1.134	29°30′	1.517	42°30′	2.495	55°30′	5.503	68°30′	20.313
17°	1.143	30°	1.540	43°	2.556	56°	5.719	69°	21.728
17°30′	1.153	30°30′	1.563	43°30′	2.620	56°30′	5.947	69°30′	23.282

2. 齿轮铣刀的选择

将计算得到的斜齿轮当量齿数 z_v 按四舍五入方法圆整后，查表 9－5，按照标准直齿圆柱齿轮铣刀刀号的选择方法选择合适的盘形齿轮铣刀。

三、斜齿轮的测量

斜齿轮的测量方法与直齿轮的测量方法基本相同，但必须是沿着螺旋线的垂直方向（在法平面上）进行测量。各参数应按法向模数 m_n 和当量齿数 z_v 进行计算（表 9－8）。

表 9－8　　斜齿轮的测量

内容	简图及说明
测量公法线长度	斜齿轮的公法线长度是在法平面上测量的。为了简化计算，可用查表计算法计算公法线长度 W_{kn}： $W_{kn}=m_n(A+zB)$ 式中　A——计算系数，$A=\pi(k-0.5)\cos\alpha_n$ B——计算系数，$B=\mathrm{inv}\alpha_t\cos\alpha_n$ 当 $\alpha=20°$ 时，可根据跨测齿数 k 和螺旋角 β 由表 9－9 至表 9－11 中查得 如果斜齿轮的螺旋角 β 比较大，使其宽度 $b<W_{kn}\sin\beta$ 时，量具的一个测量面会空悬在齿轮外面，应改为测量齿厚
测量齿厚	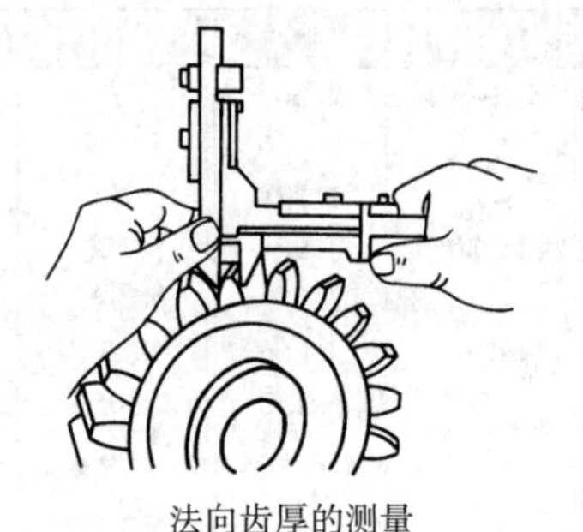 法向齿厚的测量 斜齿轮齿厚的测量，主要是用游标齿厚卡尺测量其法向齿厚 1. 分度圆弦齿厚 $\bar{s}_n$ 和弦齿高 $\bar{h}_{an}$ 的计算 分度圆弦齿厚和弦齿高可用查表的方法计算求出。将四舍五入圆整后的当量齿数 z_v 由表 9－3 查得模数 $m=1$ mm 时的 $\bar{s}_n^*$ 和 $\bar{h}_{an}^*$，然后与其法向模数 m_n 相乘，即可求得分度圆弦齿厚和弦齿高，即： $\bar{s}_n=m_n\bar{s}_n^*$；$\bar{h}_{an}=m_n\bar{h}_{an}^*$ 2. 固定弦齿厚 $\bar{s}_{cn}$ 和弦齿高 $\bar{h}_{cn}$ 的计算 $\bar{s}_{cn}=1.387m_n$；$\bar{h}_{cn}=0.7476m_n$（$\alpha=20°$） 固定弦齿厚和弦齿高也可以按法向模数 m_n 由表 9－4 查得

表 9－9　　斜齿圆柱齿轮公法线长度测量跨测齿数 k

z \ k \ β	10°	15°	20°	25°	30°	35°	40°	45°	50°
10	1.66	1.73	1.84	1.99	2.21	2.52	2.97	3.64	4.68
20	2.83	2.97	3.18	3.48	3.92	4.54	5.44	6.78	8.87
30	3.99	4.20	4.52	4.98	5.63	6.56	7.92	9.93	13.05
40	5.15	5.43	5.86	6.47	7.34	8.58	10.39	13.07	17.23
50	6.32	6.67	7.19	7.96	9.06	10.61	12.86	16.21	21.42
60	7.48	7.90	8.53	9.45	10.77	12.63	15.33	19.35	25.60

续表

k \ β / z	10°	15°	20°	25°	30°	35°	40°	45°	50°
70	8.64	9.13	9.87	10.95	12.48	14.65	17.81	22.50	29.78
80	9.81	10.37	11.21	12.44	14.19	16.67	20.28	25.64	33.97
90	10.97	11.60	12.55	13.93	15.90	18.69	22.75	28.78	38.15
100	12.13	12.83	13.89	15.42	17.61	20.71	25.22	31.92	42.33
110	13.30	14.07	15.23	16.91	19.32	22.73	27.69	35.06	46.52
120	14.46	15.30	16.57	18.41	21.03	24.75	30.17	38.21	50.70
130	15.62	16.53	17.91	19.90	22.74	26.77	32.64	41.35	54.88
140	16.79	17.77	19.24	21.39	24.46	28.80	35.11	44.49	59.07
150	17.95	19.00	20.58	22.88	26.17	30.82	37.58	47.63	63.25
160	19.11	20.23	21.92	24.38	27.88	32.84	40.06	50.78	67.43
170	20.28	21.47	23.26	25.87	29.59	34.86	42.53	53.92	71.62
180	21.44	22.70	24.60	27.36	31.30	36.88	45.00	57.06	75.80
190	22.60	23.93	25.94	28.85	33.01	38.90	47.47	60.20	79.98
200	23.77	25.17	27.28	30.34	34.72	40.92	49.94	63.34	84.17

注：①表列区间内的其余实际齿数 z 所对应的跨测齿数 k 值可用线性插补法计算。

②表列或插补计算所得的 k 值，用四舍五入圆整。

表 9－10　　斜齿轮公法线长度计算系数 A（$\alpha_n=20°$）

k	A	k	A	k	A	k	A	k	A
1	1.476 1	9	25.093 1	17	48.710 2	25	72.327 2	33	95.944 3
2	4.428 2	10	28.045 2	18	51.662 3	26	75.279 4	34	98.896 4
3	7.380 3	11	30.997 4	19	54.614 4	27	78.231 5	35	101.848 5
4	10.332 5	12	33.949 5	20	57.566 6	28	81.183 6	36	104.800 7
5	13.284 6	13	36.901 6	21	60.518 7	29	84.135 7	37	107.752 8
6	16.236 7	14	39.853 8	22	63.470 8	30	87.087 9	38	110.704 9
7	19.188 9	15	42.805 9	23	66.423 0	31	90.040 0	39	113.657 1
8	22.141 0	16	45.758 0	24	69.375 1	32	92.992 1	40	116.609 2

表 9－11　　斜齿轮公法线长度计算系数 B（$\alpha_n=20°$）

β	B	β	B	β	B	β	B
0°0′	0.014 006	5°0′	0.014 159	10°0′	0.014 631	15°0′	0.015 461
0°30′	0.014 007	5°30′	0.014 191	10°30′	0.014 697	15°30′	0.015 566
1°0′	0.014 012	6°0′	0.014 227	11°0′	0.014 767	16°0′	0.015 676
1°30′	0.014 019	6°30′	0.014 266	11°30′	0.014 840	16°30′	0.015 790
2°0′	0.014 030	7°0′	0.014 308	12°0′	0.014 917	17°0′	0.015 908
2°30′	0.014 044	7°30′	0.014 353	12°30′	0.014 998	17°30′	0.016 031
3°0′	0.014 061	8°0′	0.014 402	13°0′	0.015 082	18°0′	0.016 159
3°30′	0.014 080	8°30′	0.014 454	13°30′	0.015 171	18°30′	0.016 292
4°0′	0.014 103	9°0′	0.014 510	14°0′	0.015 264	19°0′	0.016 429
4°30′	0.014 130	9°30′	0.014 569	14°30′	0.015 360	19°30′	0.016 572

续表

β	B	β	B	β	B	β	B
20°0′	0.016 720	26°30′	0.019 199	33°0′	0.023 049	39°30′	0.029 080
20°30′	0.016 874	27°0′	0.019 439	33°30′	0.023 422	40°0′	0.029 671
21°0′	0.017 033	27°30′	0.019 687	34°0′	0.023 808	40°30′	0.030 285
21°30′	0.017 198	28°0′	0.019 944	34°30′	0.024 207	41°0′	0.030 921
22°0′	0.017 368	28°30′	0.020 210	35°0′	0.024 620	41°30′	0.031 582
22°30′	0.017 545	29°0′	0.020 484	35°30′	0.025 049	42°0′	0.032 269
23°0′	0.017 728	29°30′	0.020 768	36°0′	0.025 492	42°30′	0.032 982
23°30′	0.017 917	30°0′	0.021 062	36°30′	0.025 951	43°0′	0.033 723
24°0′	0.018 113	30°30′	0.021 366	37°0′	0.026 427	43°30′	0.034 493
24°30′	0.018 316	31°0′	0.021 680	37°30′	0.026 920	44°0′	0.035 294
25°0′	0.018 526	31°30′	0.022 005	38°0′	0.027 431	44°30′	0.036 127
25°30′	0.018 743	32°0′	0.022 341	38°30′	0.027 961	45°0′	0.036 994
26°0′	0.018 967	32°30′	0.022 689	39°0′	0.028 510	45°30′	0.037 896

四、斜齿轮的铣削

铣削斜齿轮时，齿坯的检查、安装与校正，以及铣刀的安装与对中心、分度计算等都与铣直齿轮时相同。不同的是在完成铣刀对中心后，还要按其旋向将工作台偏转一个角度，并配置交换齿轮。

1. 调整工作台角度

按照斜齿轮螺旋角 β 将工作台偏转一个角度时，应注意偏转的方向要与齿轮的螺旋线方向一致。铣左旋斜齿轮时，工作台应顺时针（俯视）转动，铣右旋斜齿轮时，工作台应逆时针（俯视）转动，即“左旋左推，右旋右推”。

2. 配置交换齿轮

（1）根据分度圆直径 d 及螺旋角 β 计算斜齿轮螺旋线导程 P_h：

$$P_h = \pi d \cot\beta$$

（2）按$\frac{z_1 z_3}{z_2 z_4} = \frac{240}{P_h}$计算或由速比、导程交换齿轮表查得应配置的交换齿轮。

3. 斜齿轮的铣削

完成铣刀对中心，松开分度头主轴锁紧手柄和分度盘紧固螺钉，检查分度头主轴旋转方向和导程是否正确。然后分粗、精铣工序，对工件逐齿铣削。

五、注意事项

1. 在正式铣齿以前，最好进行一次试铣削，以观察交换齿轮、导程、分度、旋向等是否正确。

2. 为防止工件在铣削过程中因铣削力作用而松动，应使用与齿槽相同旋向的细牙螺母紧固齿坯。

3. 工作台偏转角度后，应与机床床身保持适当距离，防止加工时损坏机床。

4. 由于机床进给系统中存在间隙，铣削斜齿轮在工作台回程时，必须先降下升降台，再纵向退刀，避免铣刀铣伤齿槽。

六、技能训练——铣削斜齿轮（图 9-12）

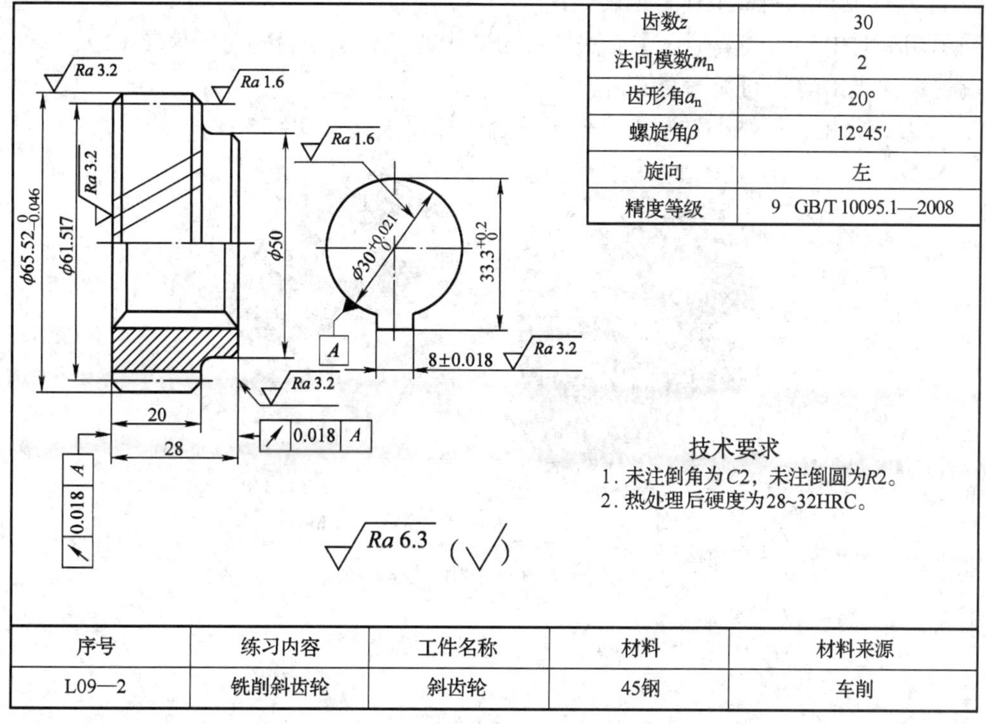

图 9-12　铣削斜齿轮

1. 对照图样，检查工件毛坯（图 9-13a）。

2. 确定加工数据

（1）计算当量齿数

$$z_v=\frac{z}{\cos^3\beta}=\frac{30}{(\cos12.75°)^3}\approx 32.33$$

（2）计算分度手柄转数

$$n=\frac{40}{z}=\frac{40}{30}=1\frac{1}{3}=1\frac{22}{66}$$

（3）计算导程，确定交换齿轮

1）计算导程

$$P_h=\frac{\pi m_n z}{\sin\beta}\approx\frac{3.14\times2\times30}{\sin12.75°}\text{ mm}\approx 853.66\text{ mm}$$

2）确定交换齿轮

$$\frac{z_1z_3}{z_2z_4}=\frac{240\text{ mm}}{P_h}\approx\frac{240\text{ mm}}{853.66\text{ mm}}\approx 0.2811\approx\frac{90\times25}{80\times100}$$

3. 安装并校正分度头、尾座，使前后顶尖的公共轴线与工作台面平行，并与其纵向进给方向平行。选择带有 66 孔圈的分度盘，调整分度叉张开 22 个孔距。

4. 选择并安装铣刀。根据齿轮的模数、齿数数据，查表选取模数 $m=2$ mm、8 把一套的盘形齿轮铣刀的 5 号铣刀。

5. 装夹并校正工件。

6. 铣刀对中心，调整工作台偏转角度。

采用切痕对中心法或其他对中心法使铣刀对中心。将工作台顺时针偏转 12°45′。在分度头后端与纵向进给丝杆间配置交换齿轮。

7. 对刀，分粗、精铣，铣削斜齿轮至符合图样要求（图 9－13b）。

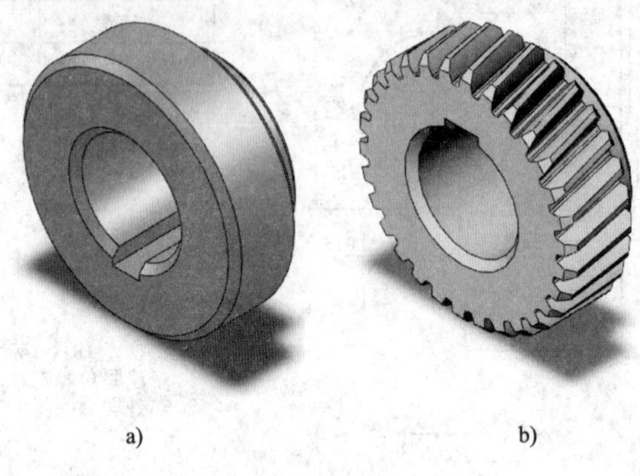

图 9－13　铣削过程

课题三　齿条的铣削

齿条相当于齿数 z（或分度圆直径 d）趋于无穷大的圆柱齿轮。此时的齿顶圆、分度圆、齿根圆成为互相平行的直线，分别称为齿顶线、分度线和齿根线。其基圆半径也相应地增大到无穷大。根据渐开线的性质，当基圆半径趋于无穷大时，渐开线成直线，使渐开线齿廓成为直线齿廓，圆柱齿轮成为齿条。

按齿线分布状态的不同，齿条分为直齿条和斜齿条。若齿线是垂直于齿的运动方向的直线的齿条，称为直齿条；齿线是倾斜于齿的运动方向的直线的齿条，则称为斜齿条。

齿条的主要参数有：齿数 z、模数 m（或法向模数 m_n）、齿形角 α（或法向齿形角 α_n）以及螺旋角 β（斜齿条）等（图 9－14）。

一、铣刀的选择

1. 用指形铣刀铣齿条（图 9－15）

在立式铣床上铣齿条，可将废旧的立铣刀、键槽铣刀或钻头等进行改磨，使其符合齿形要求。此法常用于铣削精度不高的大模数齿条。

2. 用盘形齿轮铣刀铣齿条

在卧式铣床上常用盘形齿轮铣刀铣齿条，应按其模数选用最大号的铣刀，也就是说选用 8 号盘形齿轮铣刀铣削齿条。齿条精度要求较高时，可采用专用的齿条铣刀进行铣削。

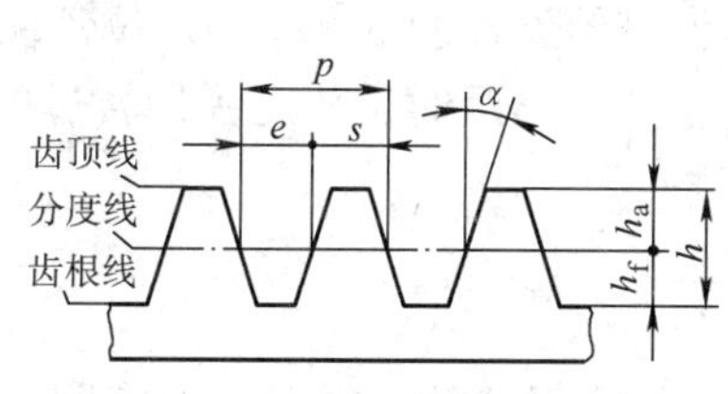

图 9－14　直齿条的主要参数

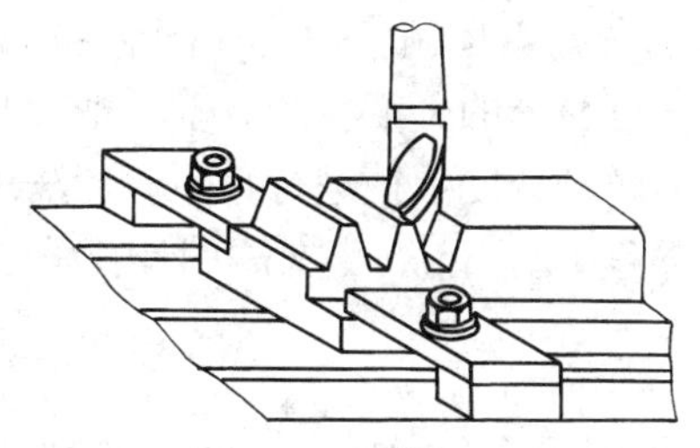

图 9－15　用指形铣刀铣齿条

通常在卧式铣床上只能铣短齿条。若需要铣削长齿条时，则须加装专用辅具，使铣刀轴线与工作台纵向进给方向平行，见表 9－12。

表 9－12　　在卧式铣床上铣削长齿条

方法	简图及说明
用万能立铣头铣削长齿条	万能立铣头、铣头主轴、齿轮、专用铣头、铣刀 用万能立铣头加装专用铣头铣长齿条 在卧式铣床上加工长齿条时，若使铣刀轴线与工作台纵向进给方向平行，则须加装专用辅具进行铣削。较简单的方法是将万能立铣头转过一个角度，使其轴线平行于工作台纵向进给方向。然后在万能立铣头上加装一个专用的铣头，铣头的轴线同样平行于工作台纵向进给方向。这样，就可铣削较长的齿条
装横向刀架铣削长齿条	横向刀架、铣刀 采用横向刀架铣削长齿条，是通过一对螺旋角为 45°斜齿轮机构，将铣刀轴转过 90°，使铣刀轴线与工作台进给方向平行 安装横向刀架时，先将一个螺旋角为 45°的斜齿轮安装在铣刀杆上，再将横向刀架装在铣床悬梁上，里面的斜齿轮与铣刀杆上的斜齿轮相互啮合。然后安装刀杆支架，铣床的主轴运动通过该装置使铣刀旋转起来

二、铣削齿条时移距的方法

铣削齿条时，每铣完一个齿槽，都要使工作台精确移动一个齿距，这一过程称为移距。移距的方法有用刻度盘移距法、用百分表与量块结合移距法以及用分度盘控制移距法等。

1. 用刻度盘移距法

直接利用工作台进给手柄上的刻度盘，转过一定的格数实现移距。此法仅用于精度不高的短齿条铣削的移距。

2. 用百分表与量块结合移距法

按照齿条齿距进行量块组合，并用百分表指示，可以对工作台进行比较精确的移距。这种方法主要用于精度要求较高的单件齿条铣削的移距。

3. 用分度盘控制移距法（图 9 - 16）

将分度头上的分度盘和分度手柄安装在铣床工作台进给丝杆的端部，用定位销使分度盘不转动，转动分度手柄进行移距。此法用于大批量的生产。移距时，分度手柄转过的转数 n 与丝杆导程 $P_{丝}$、齿条模数 m 的计算关系式为：

$$n=\frac{\pi m}{P_{丝}}\approx\frac{22m}{7\times 6}=\frac{22m}{42}$$

由于计算公式中的 π 以 22/7 代替，计算结果会是一个近似值，需要按其齿距 p 验算分度移距时产生的齿距误差 Δp 能否达到图样要求：

$$\Delta p=nP_{丝}-p$$

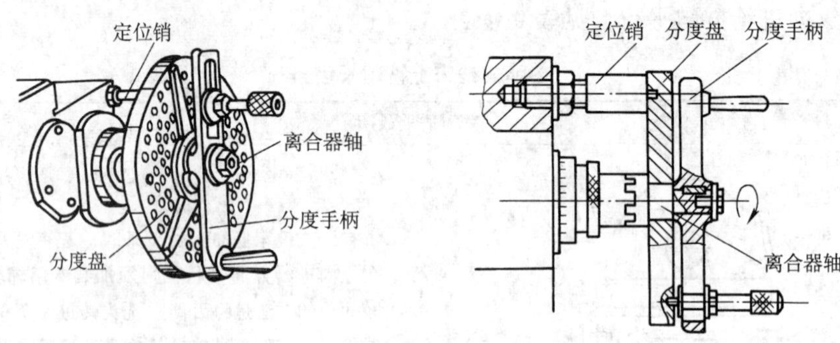

图 9 - 16　用分度盘控制移距法

三、工件的装夹方法

1. 直齿条的装夹

直齿条的装夹主要要求其齿线与进给方向平行。

（1）横向装夹工件（工作台采用横向分齿移距）　工件装夹后，校正工件的齿线与工作台纵向进给方向平行。这种装夹方法用于短齿条铣削的装夹。

（2）纵向装夹工件（工作台采用纵向分齿移距）　工件装夹后，校正工件的齿线与工作台横向进给方向平行。这种装夹方法用于长齿条铣削的装夹。

2. 斜齿条的装夹

斜齿条的装夹主要要求其齿线与进给方向按规定倾斜，可采用倾斜工件装夹法和偏转工作台装夹法等（表 9 - 13）。

表 9 - 13　斜齿条的装夹

方法	简图及说明
倾斜工件装夹法	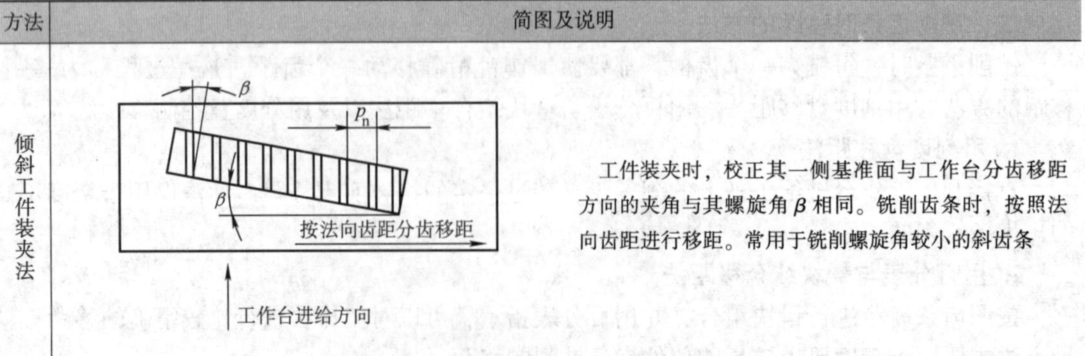 工件装夹时，校正其一侧基准面与工作台分齿移距方向的夹角与其螺旋角 β 相同。铣削齿条时，按照法向齿距进行移距。常用于铣削螺旋角较小的斜齿条

续表

方法	简图及说明	
偏转工作台装夹法	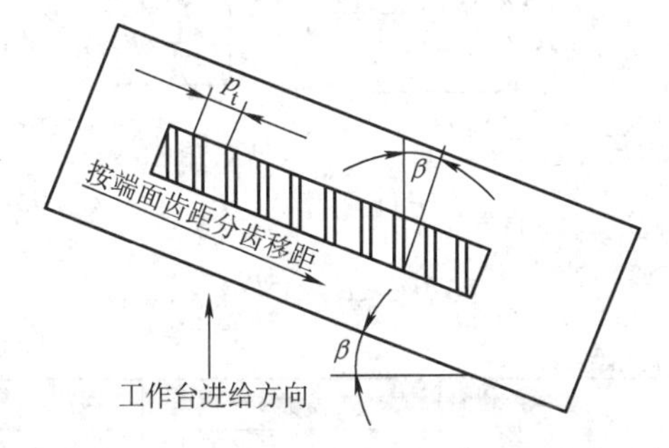	在万能工作台上装夹工件时，使其一侧基准面与工作台分齿移距方向平行，然后将工作台按其螺旋角 β 进行偏转。铣削齿条时，按照端面齿距进行移距。可用于螺旋角较大的斜齿条的铣削

四、齿条的测量

齿条主要测量齿厚 s 和齿距 p。

1. 齿厚 s 的测量

用游标齿厚卡尺测量齿条的齿厚 s 时，垂直游标尺按照齿顶高度 $h_a=m$ 调整，然后用水平游标尺测量其齿厚 s。

2. 齿距 p 的测量

（1）用游标齿厚卡尺测量齿条的齿距 p 时，将垂直游标尺按照齿顶高度 $h_a=m$ 调整，用水平游标尺测量两个齿形间的距离 T（$T=p+s$），则齿距 $p=T-s$，如图 9－17 所示。

（2）用齿距样板测量齿距，如图 9－18 所示。将齿距样板靠在齿面上，即可判断齿条的齿距是否合格。

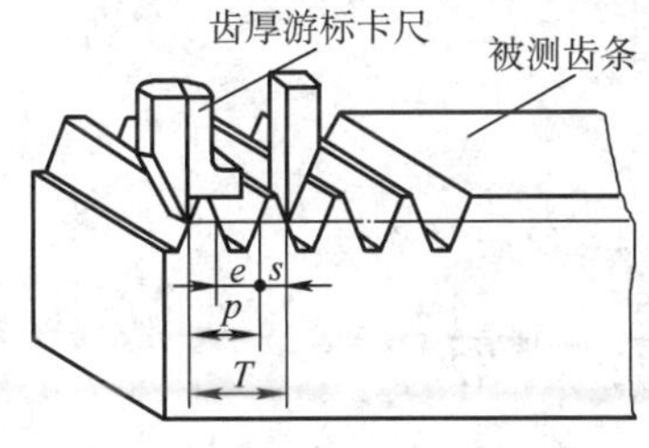

图 9－17　用游标齿厚卡尺测量齿距

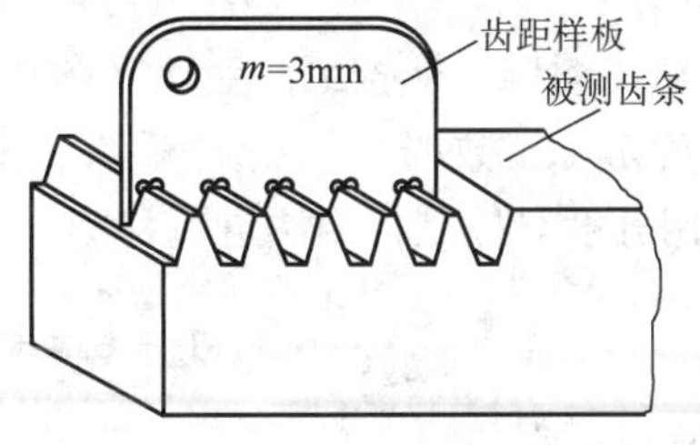

图 9－18　用齿距样板测量齿距

五、对刀铣削步骤

1. 调整工作台，使旋转的铣刀擦上工件端部的表面（图 9－19a）。

2. 纵向调整齿条位置，使铣刀对称中心平面与齿条端面有一个距离 δ（图 9－19b）。

3. 横向退出齿条，按齿高尺寸 h 升起升降台，然后用逆铣方式铣削齿条端部（图 9－19c）。

4. 完成齿条端部的铣削后，按照规定的齿距 p 进行移距，铣削其余齿槽（图 9－19d）。

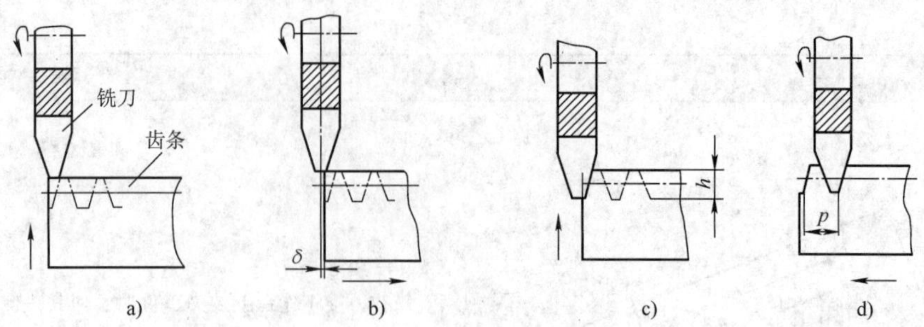

图 9－19　对刀铣削齿条的方法

六、技能训练——铣削直齿条（图 9－20）

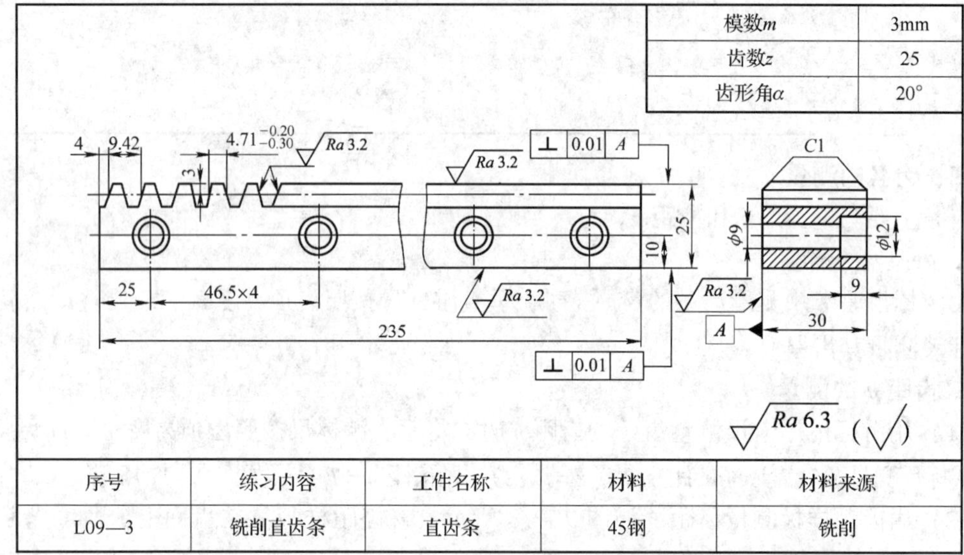

图 9－20　铣削直齿条

1. 对照图样，检查工件毛坯（图 9－21a）。

2. 确定加工数据

采用分度盘控制移距法进行移距，分度手柄转数：

$$n = \frac{22m}{42} = \frac{22 \times 3}{42} = \frac{66}{42} = 1\frac{24}{42}$$

验算齿距误差：

$$\Delta p = nP_{丝} - p = nP_{丝} - \pi m \approx \frac{66}{42} \times 6 \text{ mm} - 3.1416 \times 3 \text{ mm} \approx 0.0038 \text{ mm}$$

3. 安装并校正机用虎钳钳口与主轴轴线平行。

4. 选择并安装铣刀。选用模数 $m = 3$ mm 的 8 号盘形齿轮铣刀。

5. 装夹并校正工件。

6. 安装分度盘。将带有 42 孔圈的分度盘安装到横向进给丝杆端部，调整好分度叉张开 24 个孔距。

7. 对刀，移距，分粗、精铣，铣削直齿条至符合图样要求（图 9－21b）。

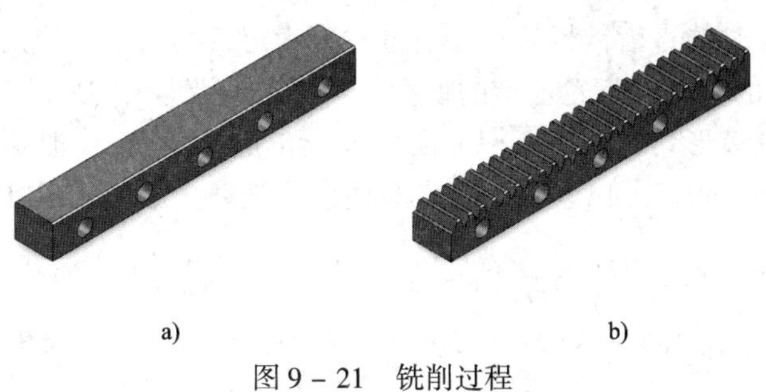

图 9－21　铣削过程

课题四　直齿锥齿轮的铣削

分度曲面是圆锥面的齿轮称为锥齿轮。由于齿线形状的不同，锥齿轮又分为直齿、斜齿和曲线齿锥齿轮三种。齿线是分度圆锥面的直素线的锥齿轮，称为直齿锥齿轮。

一、直齿锥齿轮的几何特点

直齿锥齿轮的三个圆锥面的顶点共处于一点，分别是齿顶圆锥面 d_a（简称顶锥）、分度圆锥面 d（简称分锥）和齿根圆锥面 d_f（简称根锥）（图 9－22）。

直齿锥齿轮的轮齿分布在圆锥面上，齿槽在大端处宽而深，在小端处窄而浅，轮齿从大端起逐渐向圆锥的顶点收缩。因此，轮齿各剖面齿形的渐开线曲率不同，齿形大小也不同。其大端的齿形最大，且平直，模数也最大。在锥齿轮的设计和计算中，规定以其大端端面模数为依据。大端端面模数采用标准模数，法向齿形角 $\alpha = 20°$，齿顶高 $h_a = m$，齿根高 $h_f = 1.2m$ 的直齿锥齿轮，被称为标准直齿锥齿轮。

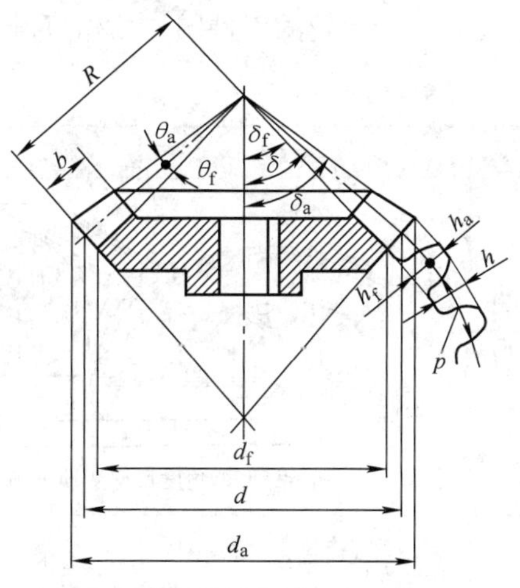

图 9－22　直齿锥齿轮及其几何要素

二、直齿锥齿轮的当量齿数 z_v

由于直齿锥齿轮的大端齿廓曲线在背锥的展开线是渐开线，且规定大端模数为标准模数，则以直齿锥齿轮的分度圆背锥距作为当量圆柱齿轮分度圆半径，锥齿轮大端端面模数为端面模数的假想直齿圆柱齿轮，称为该锥齿轮的当量圆柱齿轮（图 9－23）。当量圆柱齿轮的齿数称为该锥齿轮的当量齿数 z_v。z_v 可根据其分度圆锥角 δ 和实际齿数 z 进行计算：

$$z_v = \frac{z}{\cos\delta}$$

三、直齿锥齿轮铣刀

根据直齿锥齿轮特有的几何形状的要求，标准直齿锥齿轮铣刀的厚度，按其外锥距 R

与齿宽 b 之比等于 3 时的直齿锥齿轮小端齿槽宽度确定，其齿形曲线则按大端的齿形曲线制造，可用于 $R/b\geqslant3$ 的直齿锥齿轮齿槽的铣削。与标准直齿轮铣刀分段号的方法一样，直齿锥齿轮铣刀按一定的齿形角，在每一标准模数也分 8 把一套或 15 把一套。铣刀侧面标记有“伞形”字样或“⏢”印记，以区别于直齿圆柱齿轮铣刀，如图 9－24 所示。

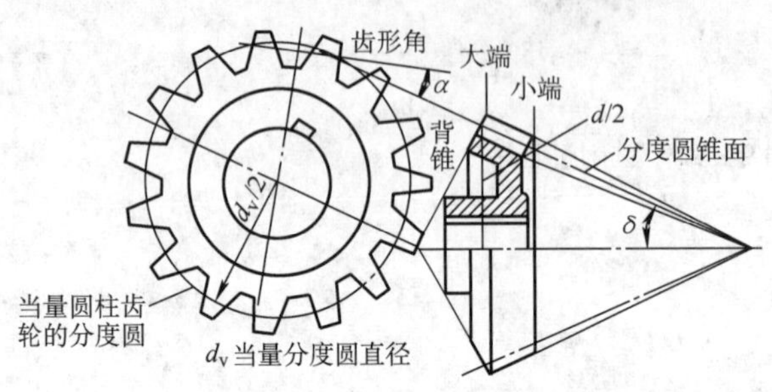

图 9－23　直齿锥齿轮的当量圆柱齿轮

图 9－24　直齿锥齿轮铣刀

在我国，齿轮的标准齿形角已确定为 20°，则直齿锥齿轮铣刀刀号的选择，主要按照其当量齿数 z_v 和模数 m 进行选择，参照表 9－5 即可选择合适的铣刀。

铣刀的安装，应按照逆铣时，由小端向大端铣削的齿向要求进行。

四、直齿锥齿轮的铣削

精度不高的单件或小批量的直齿锥齿轮可以在卧式铣床上进行铣削。在工件加工之前，应先熟悉锥齿轮的工件图样，做好准备工作，再进行锥齿轮的铣削（表 9－14）。

表 9－14　直齿锥齿轮的铣削

内容	简图及说明
齿坯的检查	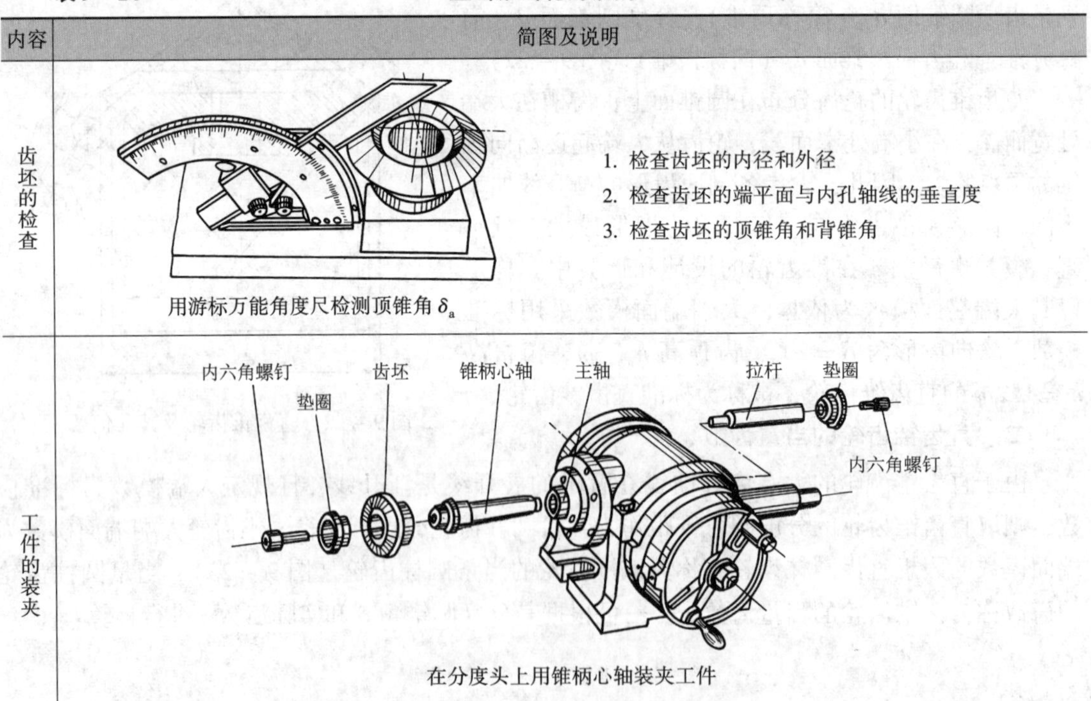 用游标万能角度尺检测顶锥角 δ_a 1. 检查齿坯的内径和外径 2. 检查齿坯的端平面与内孔轴线的垂直度 3. 检查齿坯的顶锥角和背锥角
工件的装夹	在分度头上用锥柄心轴装夹工件 先校正分度头主轴轴线与工作台面及其进给方向平行，再用心轴将齿坯装夹，并校正其大端和小端的径向圆跳动，然后选择分度盘，调整分度叉

续表

内容	简图及说明
调整分度头仰角	纵向进给铣削锥齿轮 垂直进给铣削锥齿轮 按照进给方向的要求，将分度头主轴仰起一个角度，使工作台的进给方向与锥齿轮的槽底面平行。齿坯尺寸太大时，则应采用垂直进给法铣直齿锥齿轮
划线	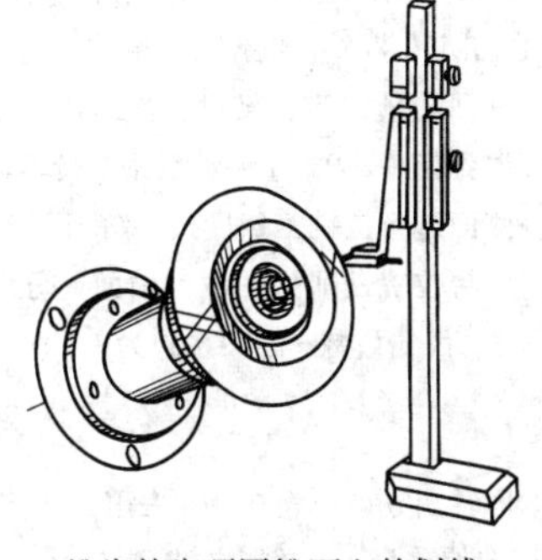 锥齿轮齿顶圆锥面上的划线 铣刀采用划线试切法对中心时，其划线操作如下： 1. 在齿坯锥面上涂色，并将工件装夹在分度头上 2. 将游标高度卡尺划线头对准锥面中部的中心位置 （1）在圆锥面的两侧各划一条直线 （2）将分度头转过180°后，再在其两侧圆锥面上各划一条直线 3. 将游标高度卡尺下降（或上升，视情况而定）约3 mm。按上述方法，依次在圆锥面两侧再各划两条直线，将齿顶圆锥面两侧对称地划成菱形线 4. 将分度头转过90°，使划出的菱形线处于最高位置
铣刀对中心并铣削齿槽中部	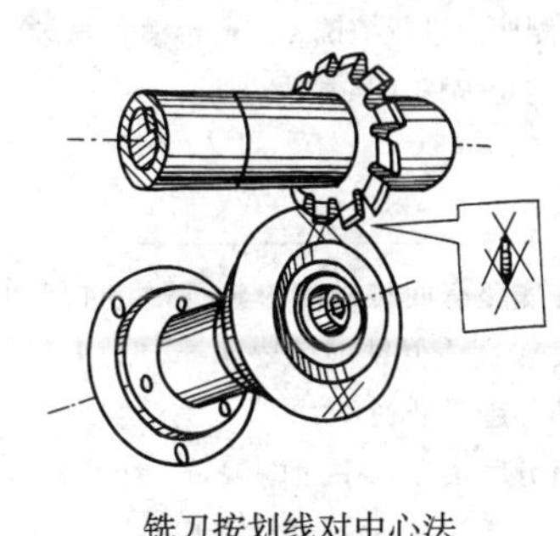 铣刀按划线对中心法 通常铣刀对中心有切痕对中心法和按划线对中心法。由于齿坯是圆锥面，通过目测进行的切痕对中心法不太准确，故常采用按划线对中心法进行对中心 采用按划线对中心法对中心时，先将划线划出的菱形转到最高位置（分度头转动90°），再调整铣床工作台，目测使铣刀对准菱形线的中央位置。开动铣床，逐渐升高工作台，将圆锥面切出一条刀痕。降下工作台观察，若切出的刀痕在菱形中央位置，则对刀已成；如有偏差，再适当调整工作台横向位置 铣刀对中心后，即可按齿高尺寸上刀铣削齿槽中部，然后扩铣齿槽两侧面

1. 根据锥齿轮的实际齿数 z 确定分度方法，通常采用简单分度法，并计算分度头手柄转数 n。

2. 按照锥齿轮的实际齿数 z 和分度圆锥角 δ 计算锥齿轮的当量齿数 z_v，并按当量齿数 z_v 选择铣刀。

3. 计算并确定齿厚的检测数据。锥齿轮的齿厚是指大端齿厚，齿厚的检测是检测其大端的分度圆弦齿厚，其计算方法与直齿轮一样，只是计算公式中的齿轮齿数应以当量齿数 z_v 进行计算。

4. 确定齿槽的扩铣方法，并计算扩铣的相关数据。锥齿轮的齿形铣削分两步进行，首先是完成其齿槽中部的铣削，完成齿槽深度的铣削。然后还要通过一定的方法，分别扩铣齿槽的两侧，亦称偏铣。

5. 选择合适的切削用量和切削液。

五、扩铣齿槽

直齿锥齿轮齿槽中部铣成后，其大端齿槽的宽度不够。因此，需要对齿槽进行扩铣。齿槽的扩铣可用回转分度头法和偏转分度头法两种方法，即分度头绕其主轴回转与工作台横向偏移相结合的方法，或分度头在水平面内偏转与工作台横向偏移相结合的方法（表 9 – 15）。

表 9 – 15　　直齿锥齿轮齿槽的扩铣

方法	简图及说明
回转分度头法扩铣齿槽	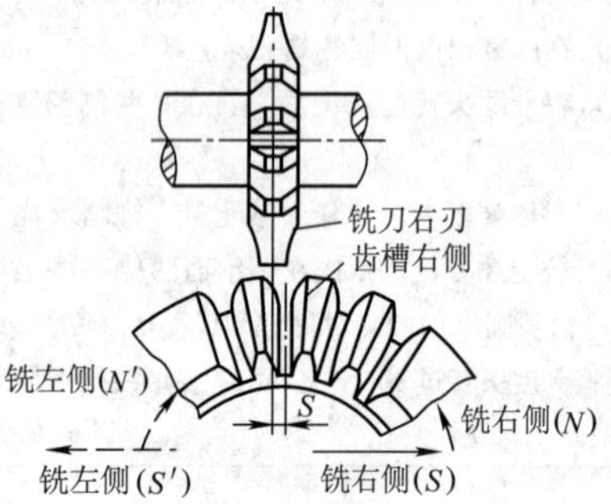 铣刀右刃 齿槽右侧 铣左侧(N') S 铣右侧(N) 铣左侧(S') 铣右侧(S) 采用这种方法可使锥齿轮小端的厚度比理论计算值薄一些。这种方法因计算和操作简单而普遍采用，但齿轮啮合的接触精度不高 1. 以分度头主轴回转量为基准扩铣齿侧 先将分度头按其回转量 N 进行转动，然后横向调整工作台（使铣刀切削刃刚好擦到齿槽小端的一个侧面，又不碰伤另一侧面），即可将齿槽同一侧面进行扩铣，然后按 $2N$ 的回转量反向转动分度头，重新调整工作台位置铣削另一侧齿槽面。分度头回转量 N 与齿坯基本回转角 θ、齿轮齿数 z 的关系式为： $$N=\frac{\theta}{540z}$$ 式中的齿坯基本回转角 θ 可由表 9 – 16 查出 2. 以工作台横向偏移量为基准扩铣齿侧 先将工作台按其横向偏移量 S 进行调整，然后转动分度头（使铣刀切削刃刚好擦到齿槽小端的一个侧面，而不会伤到另一侧面），分别对两侧槽面进行扩铣。工作台横向偏移量 S 与齿轮模数 m、齿宽 b 和外锥距 R 的关系式为： $$S=\frac{mb}{2R}$$
偏转分度头法扩铣齿槽	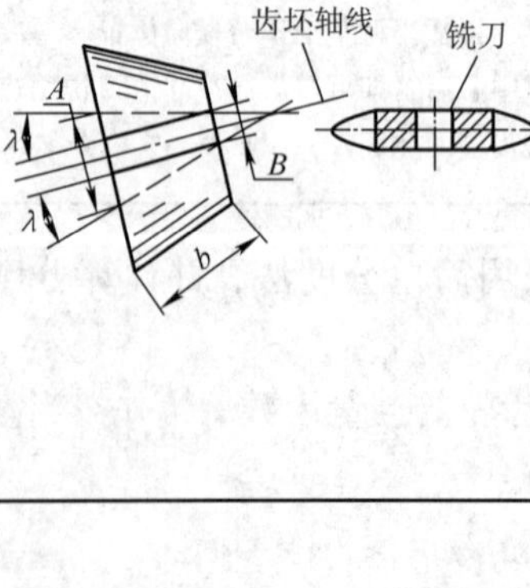 齿坯轴线 铣刀 A λ B λ b 这种方法是在底座有回转机构的分度头上进行的。铣削的齿轮啮合的接触精度较高，但铣削后要用锉刀对小端齿形进行修整，使小端齿形弯曲并趋于准确 铣削时，先将分度头在水平面内偏转一个角度 λ，然后横向调整工作台（与上述方法基本相同），依次扩铣齿槽的同一侧面，再按偏转角度 λ 反向调整分度头，重新调整工作台位置，完成所有齿槽另一侧面的扩铣。分度头在水平面的偏转角 λ 与其模数 m、外锥距 R 或大端齿槽宽 A、小端齿槽宽 B、齿宽 b 的关系式为： $$\tan\lambda=\frac{\pi m}{4R}$$ 或 $$\sin\lambda=\frac{A-B}{2b}$$

表 9－16　　齿坯基本回转角 θ　　(′)

刀号	比值 R/b									
	$2\frac{1}{2}$	$2\frac{3}{4}$	3	$3\frac{1}{3}$	$3\frac{2}{3}$	4	$4\frac{1}{2}$	5	6	8
1	1 950	1 885	1 835	1 770	1 725	1 695	1 650	1 610	1 560	1 500
2	2 005	1 955	1 915	1 860	1 820	1 795	1 755	1 725	1 680	1 625
3	2 060	2 020	1 990	1 950	1 920	1 900	1 865	1 840	1 805	1 765
4	2 125	2 095	2 070	2 035	2 010	1 995	1 970	1 950	1 920	1 880
5	2 170	2 145	2 125	2 095	2 075	2 065	2 045	2 030	2 010	1 980
6	2 220	2 205	2 190	2 175	2 160	2 150	2 130	2 115	2 100	2 080
7	2 285	2 270	2 260	2 250	2 240	2 235	2 225	2 220	2 200	2 180
8	2 340	2 335	2 330	2 320	2 315	2 310	2 305	2 300	2 280	2 260

六、直齿锥齿轮的检测

在铣床上用盘形锥齿轮铣刀铣制直齿锥齿轮，生产现场一般只检测齿厚，以保证要求的齿侧间隙，有时还要检测齿圈径向跳动量等，见表 9－17。

表 9－17　　直齿锥齿轮的检测

内容	简图及说明
检测齿厚	用游标齿厚卡尺检测锥齿轮的齿厚 锥齿轮齿厚的测量，一般在背锥处测量其大端分度圆弦齿厚 $\bar{s}$ 和弦齿高 $\bar{h}$ 锥齿轮的弦齿厚 $\bar{s}$ 和弦齿高 $\bar{h}$ 可按当量齿数 z_v 由表 9－3 查得 $\bar{s}^*$ 和 $\bar{h}^*$ 后，乘以模数 m 求得
检测齿圈径向跳动量	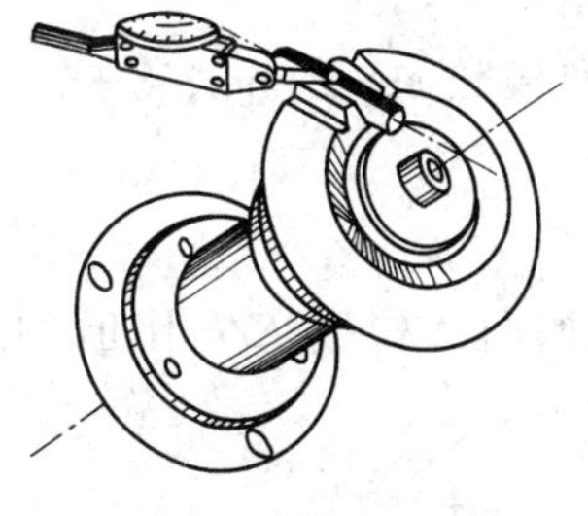 用百分表检测齿圈径向跳动量 当工件还在心轴上未拆卸时，在其齿槽中放入一根圆棒（圆棒与齿槽面相切，并高出齿顶圆锥面）。转动工件，分别记下百分表在圆棒上的检测数据。将圆棒在每个齿槽上检测数据的最大值和最小值的差值作为锥齿轮齿圈的径向跳动量

七、技能训练——铣削直齿锥齿轮（图 9－25）

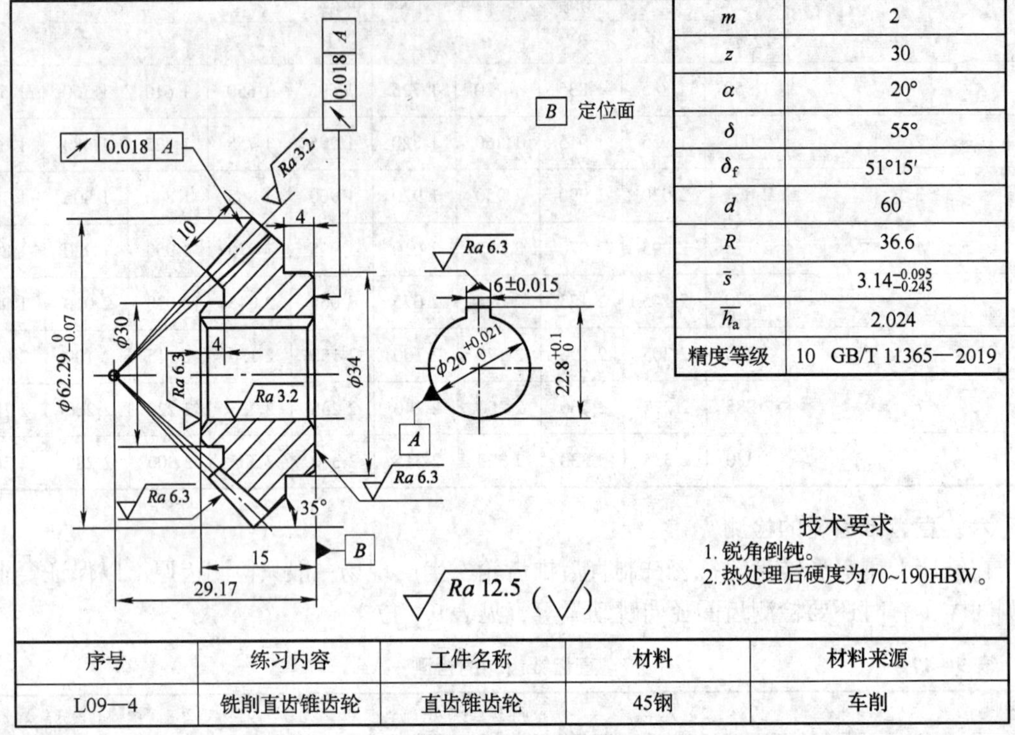

图 9－25　铣削直齿锥齿轮

1. 对照图样，检查工件毛坯。

2. 确定加工数据

（1）计算齿轮的当量齿数

$$z_v = \frac{z}{\cos\delta} = \frac{30}{\cos55^\circ} \approx 52.3$$

（2）计算分度手柄转数

$$n = \frac{40}{z} = \frac{40}{30} = 1\frac{10}{30}$$

（3）计算齿高

$$h = 2.2m = 2.2 \times 2\ \text{mm} = 4.4\ \text{mm}$$

（4）根据齿轮的模数、当量齿数数据，查表选取模数 $m=2$ mm、8 把一套的盘形锥齿轮铣刀的 6 号铣刀。

（5）计算扩铣齿侧时机床的调整量

1）若采用以分度头主轴回转量为基准扩铣齿槽时，根据 R/b 比值和刀号数据，查表 9－16得 $\theta=2\,160'$，则分度头回转量 N：

$$N = \frac{\theta}{540z} = \frac{2\,160}{540 \times 30} = \frac{4}{30}$$

2）若采用以工作台偏移量为基准扩铣齿槽时，则工作台横向偏移量 S：

$$S=\frac{mb}{2R}=\frac{2\times10}{2\times36.6}\text{ mm}\approx0.273\text{ mm}$$

3. 安装并校正分度头。选择带有 30 孔圈的分度盘，调整分度叉张开 10 个孔距。

4. 装夹并校正工件。按 51°15′将分度头主轴从水平位置仰起（$\delta_f=51°15'$）。

5. 安装铣刀。

6. 铣刀对中心，铣削齿槽中部。

7. 扩铣齿侧。采用分度头回转法扩铣齿侧，铣削锥齿轮至符合图样要求。

（1）按分度头回转量 $N=\frac{4}{30}$ 转动分度手柄。调整横向工作台，使铣刀侧刃刚擦到小端齿槽的一侧，开始扩铣所有齿槽的同一齿侧。然后反方向调整铣削位置，扩铣另一侧的槽面。

（2）也可先将工作台横向偏移 0. 273 mm，再按实际情况调整分度头，进行大端齿槽的扩铣。

注意：扩铣第一齿槽的一个齿侧时，大端应铣去余量的一半，以保证齿形与中心对称。

课题五　链轮的铣削

链传动属非共轭的啮合过程，故对链轮齿形要求不严，允许存在较大的误差。在铣床上用铣刀来加工链轮齿形，是制造链轮常用方法之一。特别是单件小批量地加工节距大、齿数少的链轮时，既经济又实用。

一、滚子链链轮的铣削

铣削精度要求较高、件数较多的链轮时，常采用专用的链轮铣刀加工。铣削同一节距和滚子直径的链轮铣刀，根据工件齿数的不同，分为五个号数，见表 9 - 18。其铣削方法和铣直齿圆柱齿轮基本相同。

表 9 - 18　　滚子链链轮铣刀号数

铣刀号数	1	2	3	4	5
铣齿范围	7 ~ 8	9 ~ 11	12 ~ 17	18 ~ 35	35 以上

1. 直线形齿面链轮的铣削

在没有专用铣刀的条件下，对直线形齿面链轮，可用通用铣刀加工，其加工步骤如下：

（1）用键槽铣刀或立铣刀、凸半圆铣刀铣齿沟圆弧，如图 9 - 26a 所示。铣刀直径（或凸半圆直径）d_0 和铣削深度 H 分别为：

$$d_0 = 1.005d_1 + 0.10$$

$$H = \frac{d_a - d_f}{2}$$

式中　d_a——齿顶圆直径，mm；

d_f——齿根圆直径，mm；

d_1——滚子直径，mm。

（2）用立铣刀或键槽铣刀铣削齿沟后，可用原来的铣刀铣削齿槽的两侧，如图 9－26b 所示。在铣齿沟圆弧时，铣刀轴心与工件中心的连线与进给方向（一般为纵向）是一致的，俗称是对准中心的。在铣完各齿的齿沟圆弧后，退出铣刀，把工件转过 $\theta/2$ 角度，并将工作台偏移（一般为横向）一个距离 S，铣去齿的一侧余量。偏移量 S 可按下式计算：

$$S = \frac{d}{2}\sin\frac{\theta}{2}$$

式中　d——分度圆直径，mm；

θ——齿槽角，（°）。

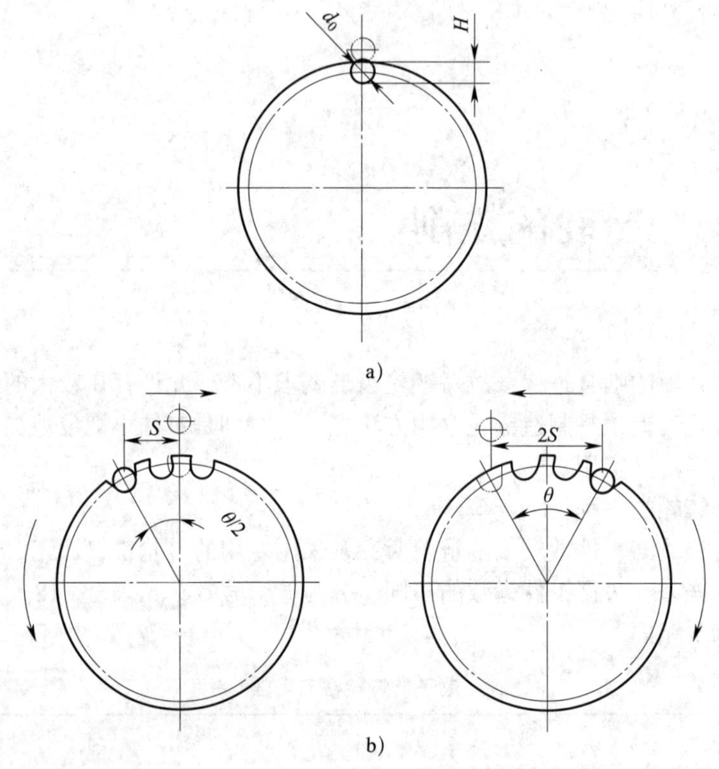

图 9－26　用通用铣刀铣链轮

a）铣齿沟圆弧　b）铣齿槽两侧

齿槽的一侧全部铣完后，把工件反向转 θ 角度，工作台反方向移动 $2S$ 距离，铣齿槽的另一侧。

在加工第二个工件及以后工件时，可把第一刀铣齿沟圆弧的步骤省去，如图 9－27 所示。铣削时，工件与铣刀的相对位置应与加工第一件时相同。若第一件就采用两次进给铣削，则在铣刀对准工件中心后，把工作台横向偏移 S，纵向移动 L，然后进行铣削。纵向移动量 L 应按下式计算：

$$L=\frac{d}{2}\cos\frac{\theta}{2}$$

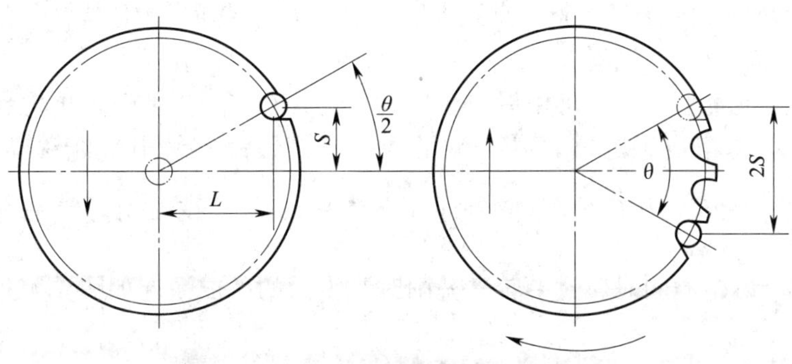

图 9－27　用两次进给铣削链轮齿槽

若用凸圆弧铣刀铣削齿沟圆弧后，可用三面刃铣刀铣削齿槽两侧，如图 9－28 所示。铣刀的宽度 B 不能大于滚子直径 d_1。铣削时，先使三面刃铣刀的侧刃对准工件中心，再把工件转过 $\theta/2$ 角度，工作台横向移动 S 距离。然后使铣刀擦到工件表面，再上升 H 进行铣削（见图 9－28 a）。S 和 H 可按下式计算：

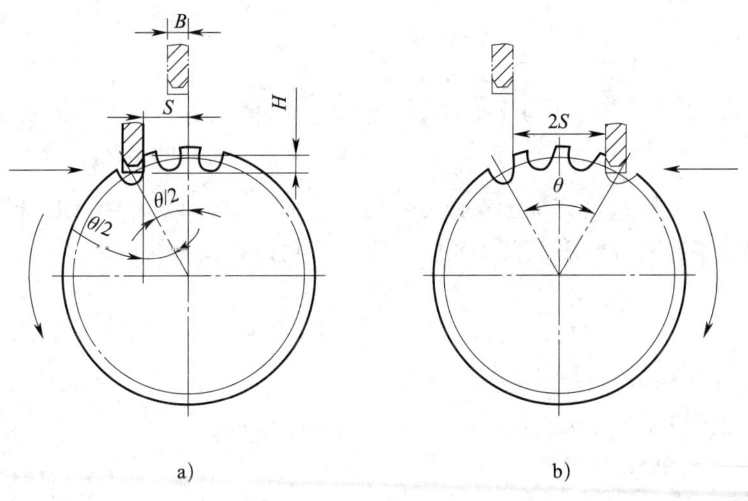

图 9－28　用三面刃铣刀铣削齿槽两侧

$$S=\frac{d}{2}\sin\frac{\theta}{2}-\frac{d_1}{2}$$

$$H\approx\frac{d_a-d}{2}\cos\frac{\theta}{2}$$

式中　d——分度圆直径，mm；

θ——齿槽角，(°)；

d_1——滚子直径，mm；

d_a——齿顶圆直径，mm。

铣削齿的另一侧时，把工件反向转 θ 角度，工作台在横向方向反向移动 $2S+B$ 的距离后，即可进行铣削（见图 9－28b）。

在加工过程中，要根据测量所得的实际 M（或 M_R）和 M_p 值（M_R 及 M_p 的含义下文有说明），对铣削深度做适当的调整，直到齿根圆直径 d_f 和节距 p 的值均在公差范围内。

2. 圆弧形齿面链轮的铣削

在单件和小批量生产时，可用展成法加工，尤其对节距大的链轮更为合适。其工作原理是把立铣刀看作相当于与链轮啮合的链条滚子，假设当铣刀直线移动一个链轮齿距 $\left(\frac{\pi d}{z}\right)$ 时，链轮（工件）相应地转过一个齿 $\left(\frac{1}{z}\text{转}\right)$。实际上铣刀的位置是不变的，即工件在直线移动一个齿距的同时转过 $\frac{1}{z}$ 转。铣削时，齿面的展成情况如图 9－29 所示。其加工步骤如下：

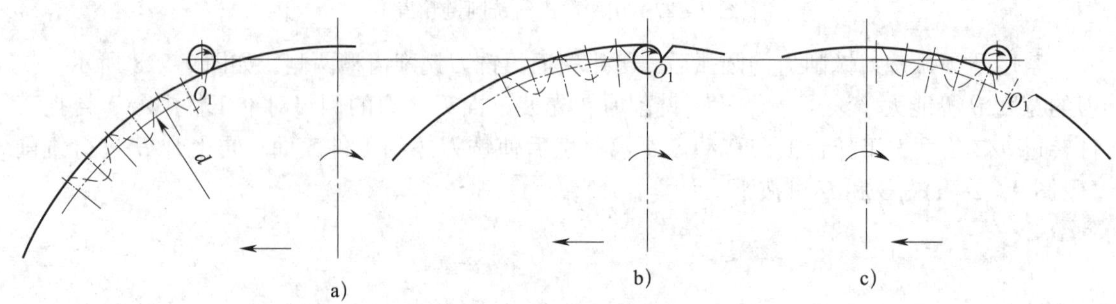

图 9－29　展成法铣削滚子链链轮原理

a）铣刀开始切入　b）铣至齿槽中部　c）铣刀切出工件

（1）用立铣刀或键槽铣刀加工，铣刀直径可按式 $d_0=1.005d_1+0.10$ 计算。

（2）用回转工作台或分度头装夹工件，交换齿轮齿数按下式计算：

$$i=\frac{z_1z_3}{z_2z_4}=\frac{kP_{丝}\,x}{\pi d}$$

式中　k——回转工作台或分度头定数；

$P_{丝}$——机床纵向丝杆螺距（一般 $P_{丝}=6$ mm），mm；

x——修正系数；

d——链轮分度圆直径，mm。

配置交换齿轮方法与铣螺旋槽（或面）时相同。式中采用修正系数 x，是为了将链轮齿顶部分略微多铣去一些，使链条滚子能更平稳地进入和退出。x 值与链轮齿数 z 有关：当 $z\leqslant 12$ 时，$x=1.05$；$z=14\sim16$ 时，$x=1.04$；$z\geqslant 17$ 时，$x=1.03$。

（3）铣刀与工件的相对位置，应保证铣刀与工件轴线间的距离在横向方向等于 $d/2$。铣削时，先使铣刀在纵向方向处于工件的外面，接着开动机床进行铣削，一直到铣刀切出工件为止，即铣好一个齿槽。然后把工作台退回到原处，并利用回转工作台或分度头进行分齿。每分一齿，做一次进给和铣削，一直到全部铣削完毕。

若在回转工作台上加工时，由于挂上了交换齿轮，故需在工件下面增加一块专用分度盘做直接分度，以利分齿。若在分度头上加工，则在侧轴上要装接长杆。

二、齿形链链轮的铣削

齿形链链轮在件数较多时，一般采用成形铣刀加工。用成形铣刀加工，一次进给可铣出一个齿槽，效率高，且易保证质量。在件数不太多及没有专用成形铣刀的时候，常采用单角铣刀或三面刃铣刀来加工。

1. 用两把单角铣刀组合铣削齿形链链轮

用两把单角铣刀组合铣削齿形链链轮的方法，仅适用于齿楔角 $\gamma = 60°$ 的齿形链链轮。用单角铣刀组合铣削齿形链链轮如图 9－30 所示。铣刀间的垫圈使两把单角铣刀刀尖（也可是端面切削刃）之间的尺寸等于 s（单位：mm），垫圈厚度 s 为：

$$s = 1.273p - 1.155$$

式中　p——链条节距，mm。

铣完各齿后，需用窄的三面刃铣刀切除槽底剩余部分。

2. 用三面刃铣刀铣削齿形链链轮

用三面刃铣刀铣削齿形链链轮如图 9－31 所示。在没有合适的且成对的单角铣刀时，可用一把三面刃铣刀加工。铣削时，先使铣刀像铣键槽一样对中心，然后把工作台横向移动一个距离 S，并上升一个高度 H。S 和 H 可按下式计算：

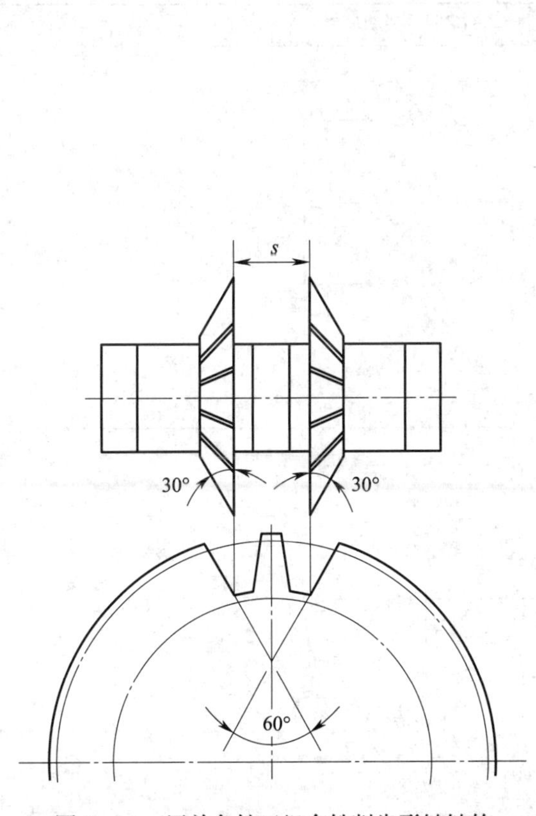

图 9－30　用单角铣刀组合铣削齿形链链轮

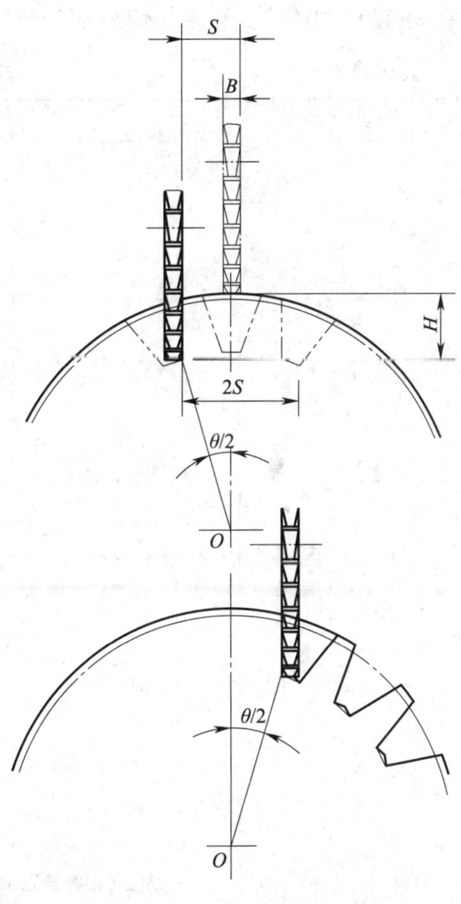

图 9－31　用三面刃铣刀铣削齿形链链轮

$$S=\frac{d_f}{2}\sin\theta+\frac{B}{2}$$

$$H=\frac{d_a}{2}-\frac{d_f}{2}\cos\frac{\theta}{2}$$

式中　d_f——齿根圆直径，mm；

d_a——齿顶圆直径，mm；

B——铣刀宽度，mm；

θ——齿槽角，(°)。

三面刃铣刀的宽度 B 不应大于槽底宽度，故一般比较窄。在没有合适的三面刃铣刀时，可用窄的键槽铣刀进行加工。铣完各个齿的一侧后，先将工件回转角度 θ，再将工作台在横向方向反向移动 $2S$ 的距离，铣削齿的另一侧。齿的两侧加工完毕，还需用原来的铣刀切除槽底的残留部分。

三、链轮的检测

1. 滚子链链轮的检测

滚子链链轮在铣床上铣齿后，主要检测齿根圆直径。测量方法有直接测量和用量棒间接测量两种，见表 9－19。对精度要求不高的链轮，可用游标卡尺直接测量齿根圆直径；对精度要求较高的链轮，则采用齿根圆千分尺测量。

表 9－19　　滚子链链轮检测

测量方法	简图及说明
直接测量法	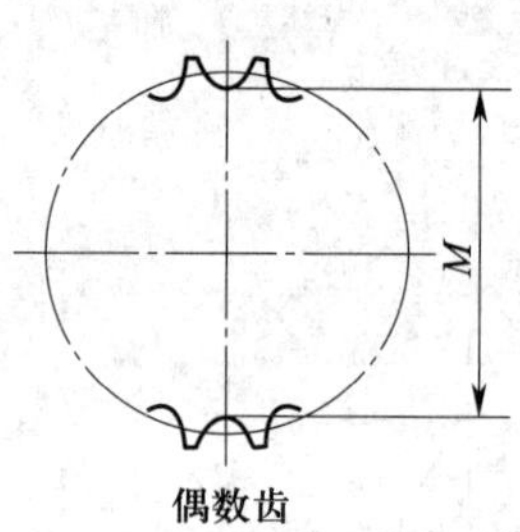 M 偶数齿 最大齿根测量距 $M=d_f$
	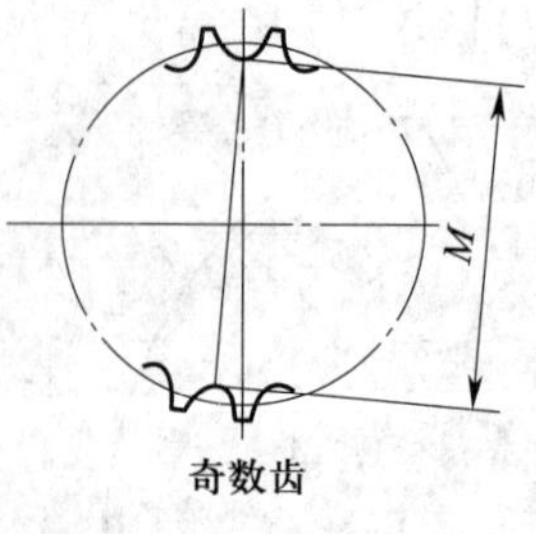 M 奇数齿 最大齿根测量距 $M=d_f\cos\frac{90°}{z}$

续表

测量方法	简图及说明
间接测量法	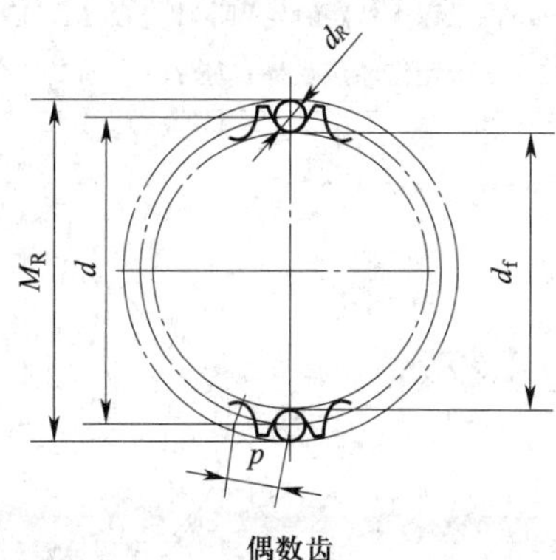 偶数齿 量棒直径 $d_R = d_1$，跨柱测量距 $M_R = d + d_{R\min}$ 测量时，把与链轮相配的两个量棒放在链轮直径方向上相对应的两个齿槽中进行测量
	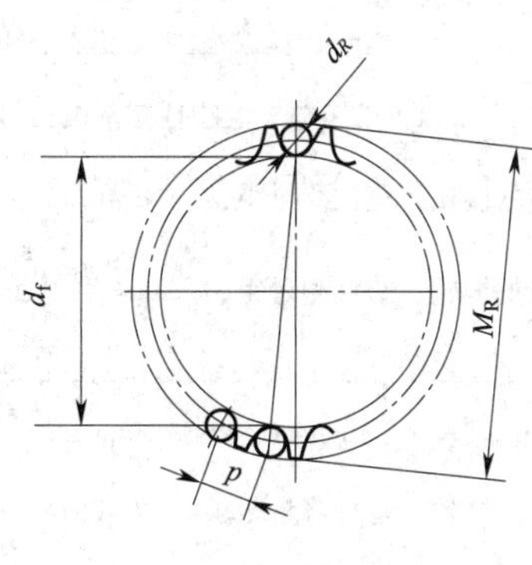 奇数齿 跨柱测量距 $M_R = d\cos\frac{90°}{z} + d_{R\min}$ 测量时，把与链轮相配的两个量棒放在最接近于链轮直径方向上相对应的两个齿槽中进行测量

量棒直径 d_R 的公差带为 $^{+0.01}_{0}$ mm。

跨柱测量距的极限偏差与相应齿根圆直径极限偏差（见表 9－20）相同。

表 9－20　　滚子链和套筒链链轮齿根圆直径极限偏差　　mm

齿根圆直径 d_f	极限偏差
$d_f \leqslant 127$	$^{0}_{-0.25}$
$127 < d_f \leqslant 250$	$^{0}_{-0.30}$
$d_f > 250$	h11

2. 齿形链链轮的检测

齿形链链轮在铣削时，一般都通过控制量棒测量距 M_R 来获得合适的切齿深度，以保证链轮和链条的节距公称值相等，以便符合啮合要求，测量方法见表 9－21。

表 9-21　齿形链链轮检测

<table>
<tr><th>内容</th><th>简图及说明</th></tr>
<tr><td>量棒直径 d_R</td><td>9.525 mm 及以上节距链轮用量棒直径 $d_R=0.625p$
4.762 mm 节距链轮用量棒直径 $d_R=0.667p$</td></tr>
<tr><td rowspan="2">跨柱测量距 M_R</td><td>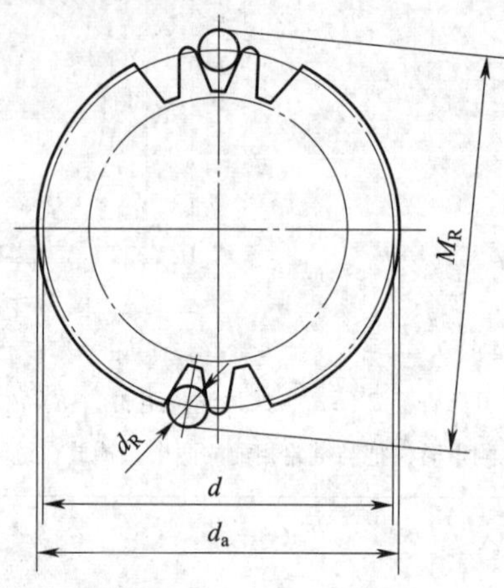

9.525 mm 及以上节距链轮的跨柱测量距 M_R：
偶数齿的链轮，跨柱测量距 $M_R=d-0.125p\csc\left(30°-\frac{180°}{z}\right)+0.625p$
奇数齿的链轮，跨柱测量距 $M_R=\cos\frac{90°}{z}\left[d-0.125p\csc\left(30°-\frac{180°}{z}\right)\right]+0.625p$</td></tr>
<tr><td>4.762 mm 节距链轮的跨柱测量距 M_R：
偶数齿的链轮，跨柱测量距 $M_R=d-0.160p\csc\left(35°-\frac{180°}{z}\right)+0.667p$
奇数齿的链轮，跨柱测量距 $M_R=\cos\frac{90°}{z}\left[d-0.160p\csc\left(35°-\frac{180°}{z}\right)\right]+0.667p$</td></tr>
</table>

量棒直径 d_R 的公差带为 $^{+0.01}_{0}$ mm。

9.525 mm 及以上节距链轮的跨柱测量距 M_R 的上偏差为 0，公差值（单位 mm）见表 9-22。

表 9-22　9.525 mm 及以上节距链轮跨柱测量距公差

节距	齿数									
	≤15	16~24	25~35	36~48	49~63	64~80	81~99	100~120	121~144	>144
9.525	0.13	0.13	0.13	0.15	0.15	0.18	0.18	0.18	0.20	0.20
12.70	0.13	0.15	0.15	0.18	0.18	0.20	0.20	0.23	0.23	0.25
15.875	0.15	0.15	0.18	0.20	0.23	0.25	0.25	0.25	0.28	0.30
19.05	0.15	0.18	0.20	0.23	0.25	0.28	0.28	0.30	0.33	0.36
25.40	0.18	0.20	0.23	0.25	0.28	0.30	0.33	0.36	0.38	0.40
31.75	0.20	0.23	0.25	0.28	0.33	0.36	0.38	0.43	0.46	0.48
38.10	0.20	0.25	0.28	0.33	0.36	0.40	0.43	0.48	0.51	0.56
50.80	0.25	0.30	0.36	0.40	0.46	0.51	0.56	0.61	0.66	0.71

4.762 mm 节距链轮的跨柱测量距 M_R 的上偏差为0，公差值（单位 mm）见表9-23。

表9-23　　4.762 mm 节距链轮跨柱测量距公差

节距	齿数									
	≤15	16～24	25～35	36～48	49～63	64～80	81～99	100～120	121～144	>144
4.762	0.1	0.1	0.1	0.1	0.1	0.13	0.13	0.13	0.13	0.13

3. 节距 p 的测量

节距一般都采用间接测量，测量距 $M_p = p + d_R$。

四、技能训练——铣削齿形链链轮（图9-32）

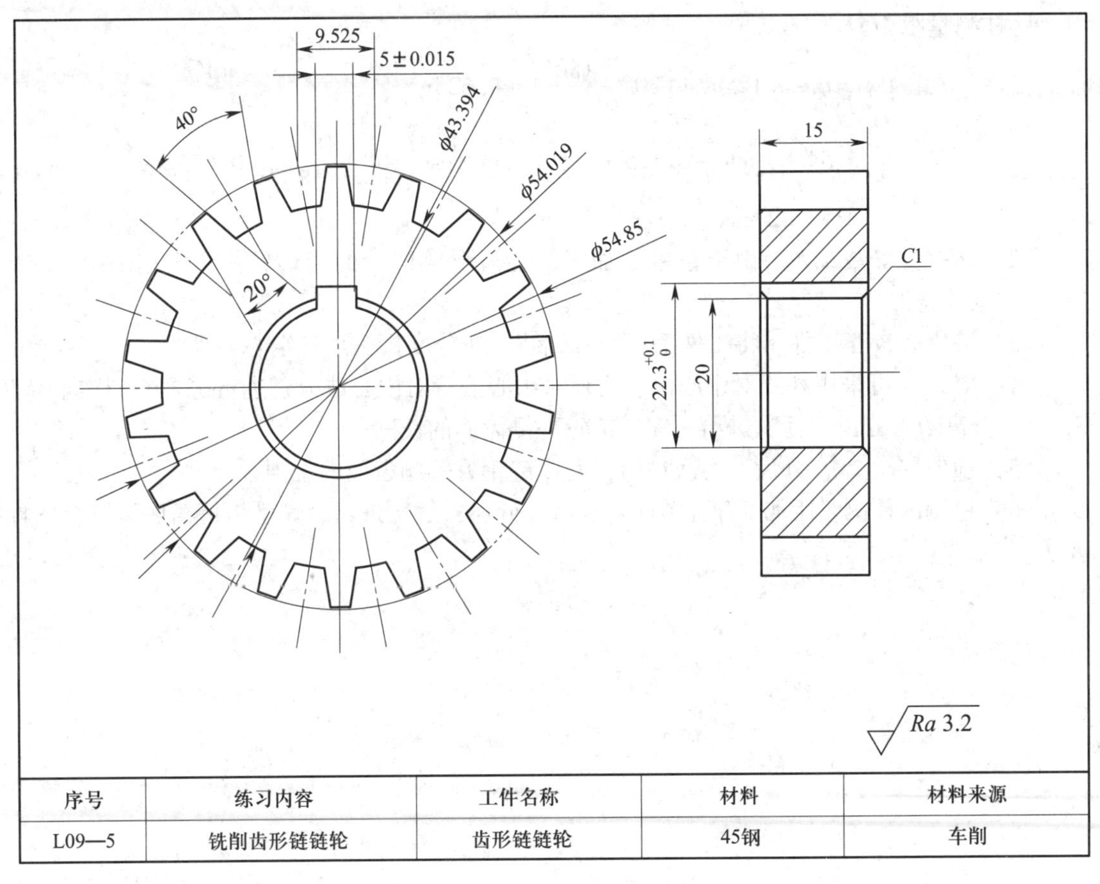

序号	练习内容	工件名称	材料	材料来源
L09—5	铣削齿形链链轮	齿形链链轮	45钢	车削

图9-32　铣削齿形链链轮

1. 教学建议

在铣削过程中，齿形链链轮的加工方法有多种，建议教师先组织学生进行分组讨论，然后制定出各自的加工工艺过程，再按讨论后修改过的加工工艺过程指导实际加工。

2. 加工步骤

（1）对照图样，检查工件毛坯并涂色。确定分齿分度转数及其他调整参数。

根据工件的齿数，采用简单分度法，每次分齿分度手柄的转数 n：

$$n=\frac{40}{z}=\frac{40}{18}=2\frac{4}{18}=2\frac{12}{54}$$

工作台横向移动距离 S：

根据图样，为了保证良好的工作，齿根圆直径 d_f 取 43 mm。

$$S=\frac{d_f}{2}\sin\theta+\frac{B}{2}=\left(\frac{43}{2}\sin40^\circ+\frac{3}{2}\right)\text{ mm}\approx15.32\text{ mm}$$

工作台垂向升高距离 H：

$$H=\frac{d_a}{2}-\frac{d_f}{2}\cos\frac{\theta}{2}=\left(\frac{54.019}{2}-\frac{43}{2}\cos\frac{40^\circ}{2}\right)\text{ mm}\approx6.806\text{ mm}$$

测量量棒直径 d_R：

$$d_R=0.625p=0.625\times9.525\text{ mm}=5.953\text{ mm}$$

跨柱测量距 M_R：

$$\begin{aligned}M_R&=d-0.125p\csc\left(30^\circ-\frac{180^\circ}{z}\right)+0.625p\\&=54.85\text{ mm}-0.125\times9.525\text{ mm}\times\csc\left(30^\circ-\frac{180^\circ}{18}\right)+0.625\times9.525\text{ mm}\\&\approx57.32\text{ mm}\end{aligned}$$

（2）选择并安装铣刀。由于是单件加工，且齿形链链轮的齿形较小，选用 $\phi80$ mm × 3 mm 的锯片铣刀。

（3）装夹并校正工件。将工件毛坯用心轴装夹在分度头三爪自定心卡盘中。

（4）对刀（可采用划线对中心法、切痕对中心法等对中心法分别进行练习），横向移动 S，垂向升高 H，分齿，逐次进给，完成链轮一侧齿面的铣削。

（5）横向移动 $2S$，分齿，逐次进给，完成链轮另一侧齿面的铣削。

（6）检测跨柱测量距 M_R 符合图样要求后，分齿，逐次进给，铣削齿槽槽底至符合图样要求。

第十单元

刀具齿槽的铣削

刀具齿槽的加工也可以在铣床上进行。钻头、铰刀以及铣刀等多刃刀具，都可以在铣床上加工成形。按照刀具齿槽在圆柱表面上的分布情况来划分，刀具齿槽的铣削主要分为圆柱面直齿刀具齿槽和圆柱面螺旋齿刀具齿槽两类刀具的铣削，本单元只介绍圆柱面直齿刀具齿槽的铣削。

课题一　圆柱面直齿刀具齿槽的铣削

常见的圆柱面直齿刀具有锯片铣刀、直齿三面刃铣刀、铲齿成形铣刀等。其齿槽可在铣床上用单角铣刀或不对称双角铣刀铣削。通过单角铣刀的端面齿刃，或不对称双角铣刀的小角度锥面齿刃铣削，形成工件（被加工刀具）的前面。

圆柱面直齿刀具的前角 γ_o 有三种：正前角（$\gamma_o>0°$）、零度前角（$\gamma_o=0°$）和负前角（$\gamma_o<0°$）。由于正前角和负前角的齿槽的铣削方法基本相同，下面仅介绍正前角和零度前角两种刀具齿槽的铣削方法。

一、用单角铣刀铣削圆柱面直齿刀具的齿槽（表 10－1）

表 10－1　　用单角铣刀铣削圆柱面直齿刀具的齿槽

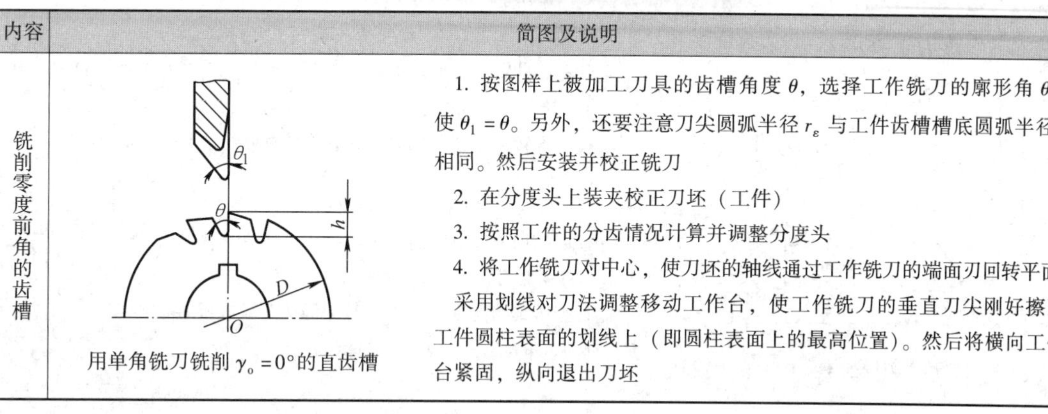

内容	简图及说明	
铣削零度前角的齿槽	用单角铣刀铣削 $\gamma_o=0°$的直齿槽	1. 按图样上被加工刀具的齿槽角度 θ，选择工作铣刀的廓形角 θ_1，使 $\theta_1=\theta$。另外，还要注意刀尖圆弧半径 r_ε 与工件齿槽槽底圆弧半径 r 相同。然后安装并校正铣刀 2. 在分度头上装夹校正刀坯（工件） 3. 按照工件的分齿情况计算并调整分度头 4. 将工作铣刀对中心，使刀坯的轴线通过工作铣刀的端面刃回转平面 采用划线对刀法调整移动工作台，使工作铣刀的垂直刀尖刚好擦到工件圆柱表面的划线上（即圆柱表面上的最高位置）。然后将横向工作台紧固，纵向退出刀坯

续表

内容	简图及说明
铣削零度前角的齿槽	5. 按照工件齿槽的深度尺寸 h 的大小，将铣床工作台升高 6. 选择合适的切削用量，采用纵向进给，试铣出一个齿槽 7. 检查试铣的工件齿槽是否符合图样要求 8. 若检查试铣的工件齿槽符合规定的要求，则打开切削液，逐齿完成所有圆柱面齿槽的铣削
铣削正前角的齿槽	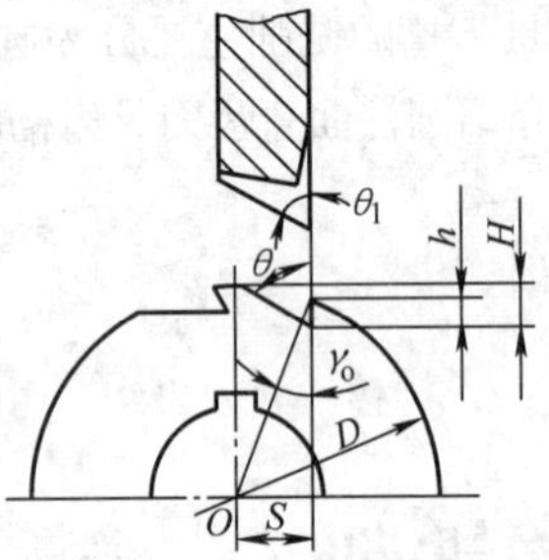 用单角铣刀铣削 $\gamma_o>0°$ 的直齿槽 1. 选择与工件齿槽廓形角 θ 相等的工作铣刀廓形角 $\theta_1=\theta$。安装并校正铣刀 2. 在分度头上装夹并校正刀坯（工件） 3. 按照工件的分齿情况计算并调整分度头 4. 调整工作台，使工作铣刀对中心后，再通过计算公式计算，或查表 10－2 调整工作台的加工位置 （1）工作台横向移动量 S 与被加工铣刀直径 D 及其前角 γ_o 之间的计算公式为： $S=\frac{D}{2}\sin\gamma_o$ （2）工作台垂直升高量 H 与被加工铣刀的前角 γ_o、齿槽深度 h 及其直径 D 之间的计算公式为： $H=\frac{D}{2}(1-\cos\gamma_o)+h$ 5. 工作台位置调整完毕，将横向工作台紧固。试铣一个齿槽后，进行检查 6. 若试铣的齿槽检查无误，则打开切削液，然后逐齿铣完所有圆柱面齿槽
铣削圆柱面直齿槽的齿背	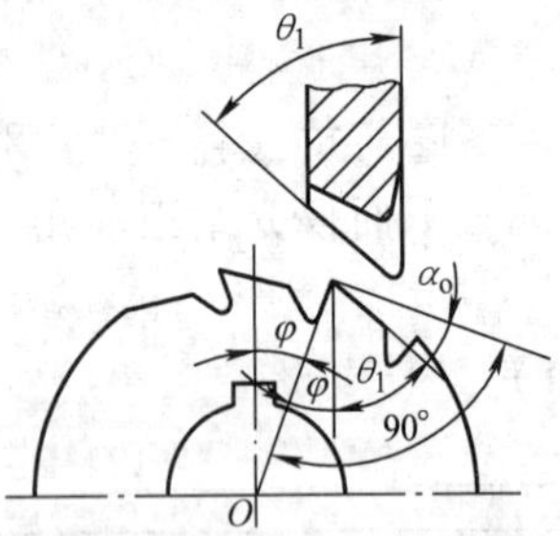 用单角铣刀铣削 $\gamma_o=0°$ 刀齿齿背 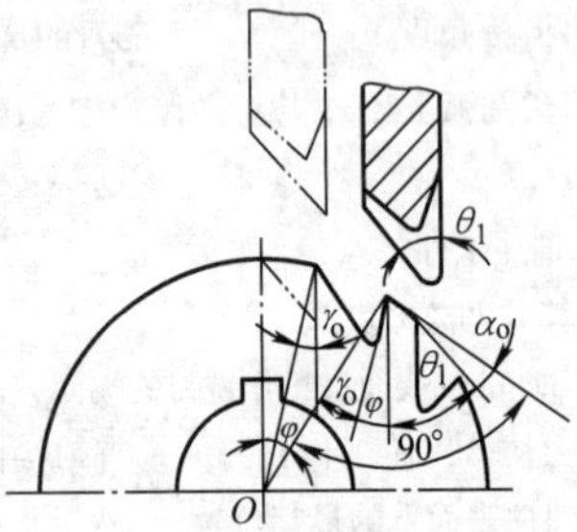 用单角铣刀铣削 $\gamma_o>0°$ 刀齿齿背 齿背由折线构成的刀齿，在完成其齿槽的铣削后，可用单角铣刀锥面的齿刃，按其齿背后角 α_o 铣齿背。方法是将工件转动一个角度 φ，再重新调整工作台，然后对齿背进行铣削 1. 工件转角 φ 的确定 （1）当前角 $\gamma_o=0°$ 时： $\varphi=90°-\theta_1-\alpha_o$ （2）当前角 $\gamma_o>0°$ 时： $\varphi=90°-\theta_1-\alpha_o-\gamma_o$ 应当注意的是，计算出来的 φ 若是负值，应向相反的方向转动分度头 2. 将工件转角 φ 按角度分度的方法计算分度手柄的调整转数 n_o： $n_o=\frac{\varphi}{9°}$ 3. 按照被加工铣刀后面的加工要求，重新调整工作台。然后紧固横向工作台，对齿背进行试铣削 4. 检查试铣的齿背符合要求时，仍按照铣削圆柱面齿槽时分度头手柄转数 n，依次对每一齿背进行铣削

表 10－2　　用单角铣刀铣圆柱面直齿槽时的 S 和 H 值　　mm

调整值	被开齿刀具前角 γ_o				
	0°	5°	10°	15°	20°
S	0	$0.0436D$	$0.0868D$	$0.129D$	$0.171D$
H	h	$0.0019D+h$	$0.0076D+h$	$0.017D+h$	$0.03D+h$

采用单角铣刀铣削刀具的齿槽，工作台调整方法及其计算较为简单。

二、用不对称双角铣刀铣削圆柱面直齿刀具的齿槽

采用不对称双角铣刀铣削圆柱面直齿刀具的齿槽时的操作方法与用单角铣刀铣削的方法基本相同，只是铣刀工作位置的调整（即对刀）、工作台横向偏移量和升高量的计算有所区别（表 10－3）。

表 10－3　　用不对称双角铣刀铣削圆柱面直齿刀具的齿槽

内容	简图及说明
零度前角齿槽的铣削	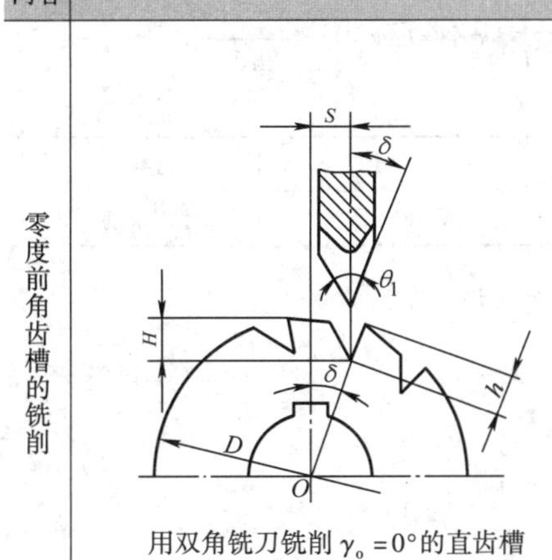 用双角铣刀铣削 $\gamma_o=0°$的直齿槽 若采用不对称双角铣刀铣削零度前角的圆柱面齿槽，在铣刀刀尖对准中心时，需要将工作台的横向和垂直方向的位置同时调整 1. 工作台横向偏移量 S 与双角铣刀小角度 δ、被铣工件直径 D 和齿槽深度 h 之间的计算公式为： $$S=\left(\frac{D}{2}-h\right)\sin\delta$$ 2. 工作台垂直升高量 H 与双角铣刀小角度 δ、被铣工件直径 D 和齿槽深度 h 之间的计算公式为： $$H=\frac{D}{2}-\left(\frac{D}{2}-h\right)\cos\delta$$
正前角齿槽的铣削	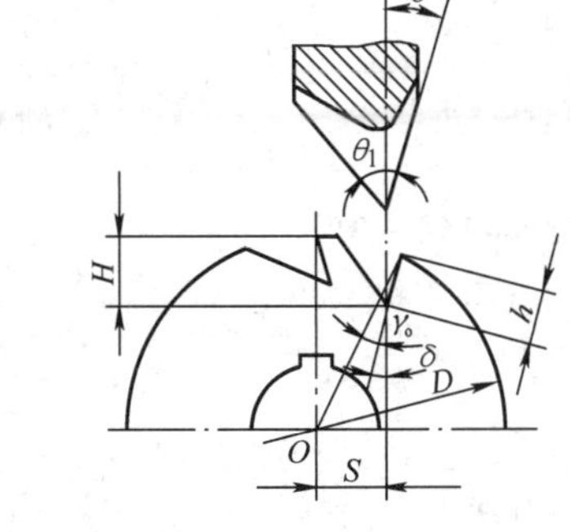 用双角铣刀铣削 $\gamma_o>0°$的直齿槽 采用不对称双角铣刀铣削正前角的圆柱面齿槽，与零度前角齿槽的铣削方法基本相同。不同之处在于对刀后，工作台在各方向调整量的计算方法： 1. 工作台横向偏移量 S 与双角铣刀小角度 δ、被加工铣刀的前角 γ_o、齿槽深度 h 以及直径 D 之间的计算公式为： $$S=\frac{D}{2}\sin(\delta+\gamma_o)-h\sin\delta$$ 2. 工作台垂直升高量 H 与双角铣刀小角度 δ、被加工铣刀的前角 γ_o、齿槽深度 h 以及直径 D 之间的计算公式为： $$H=\frac{D}{2}[1-\cos(\delta+\gamma_o)]+h\cos\delta$$

三、技能训练——铣圆柱面直齿刀具的圆周齿槽（图 10－1）

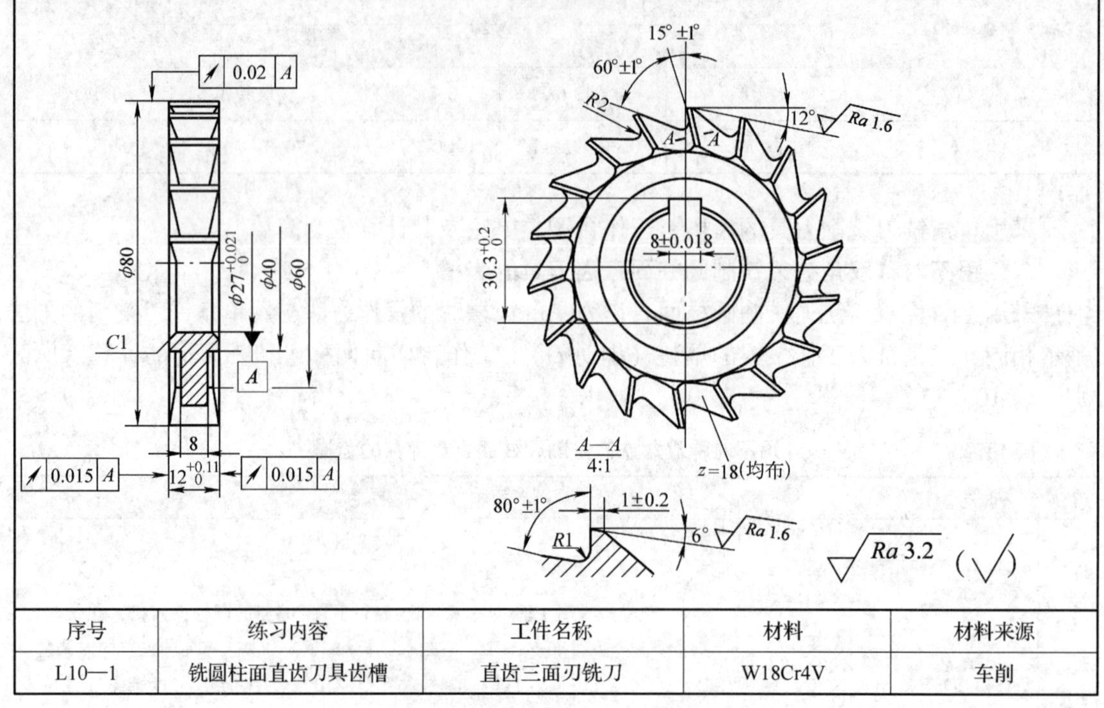

序号	练习内容	工件名称	材料	材料来源
L10—1	铣圆柱面直齿刀具齿槽	直齿三面刃铣刀	W18Cr4V	车削

图 10－1　铣圆柱面直齿刀具的齿槽

1. 对照图样，检查工件毛坯（图 10－2a）。
2. 确定加工数据

（1）计算铣圆柱面齿槽时工作台横向偏移量 S 和升高量 H：

$$S=\frac{D}{2}\sin\gamma_o=\frac{80}{2}\text{ mm}\times\sin15°\approx10.35\text{ mm}$$

$$H=\frac{D}{2}(1-\cos\gamma_o)+h=\frac{80}{2}\times(1-\cos15°)\text{ mm}+5.5\text{ mm}\approx6.86\text{ mm}$$

（2）分齿时，分度手柄转数 n：

$$n=\frac{40}{z}=\frac{40}{18}=2\frac{12}{54}$$

（3）铣齿背时，工件的偏转角度 φ：

$$\varphi=90°-\theta_1-\alpha_o-\gamma_o=90°-60°-12°-15°=3°$$

分度手柄转过的转数 n_o：

$$n_o=\frac{\varphi}{9°}=\frac{3°}{9°}=\frac{18}{54}$$

（4）铣端面齿槽时，分度头的仰起角度 α：

$$\cos\alpha=\tan\frac{360°}{z}\cot\theta_{端}=\tan\frac{360°}{18}\times\cot80°\approx0.0642$$

$$\alpha\approx86°19'$$

3. 安装并校正分度头、尾座。选用带有 54 孔圈的分度盘，并调整分度叉张开 12 个孔距。

4. 装夹并校正工件。

5. 选择、安装铣刀。选用廓形角 $\theta_1 = 60°$的单角铣刀铣削直齿槽。

6. 对刀，铣削圆柱面直齿槽

（1）按分度头中心高度在工件表面上划出中心线，并将划线转到最高位置。

（2）将铣刀的端面齿刃对准在工件最高位置的中心线上，然后纵向退出铣刀。

（3）分别按照计算好的 S 和 H 值调整工作台，使横向工作台向铣刀圆锥面一侧偏移 10. 35 mm，上升工作台 6. 86 mm。

（4）将工件试铣出一个齿槽，对照图样检查齿槽。

（5）若试铣的齿槽检查合格，则开始正式铣削齿槽。每铣一个齿槽，将分度手柄转过 2 周又 12 个孔距，依次铣完所有圆柱面齿槽。

7. 铣削齿背。按照铣削齿槽时分度头的转向，将分度手柄转过 18 个孔距。重新调整横向工作台位置铣齿背。逐渐上升工作台，直到工件切削刃棱边宽度铣到（1 ±0. 2 ）mm。每铣完一个齿背，将分度手柄转过 2 周又 12 个孔距，然后依次铣削下一齿的齿背，至符合图样要求（图 10 – 2b）。

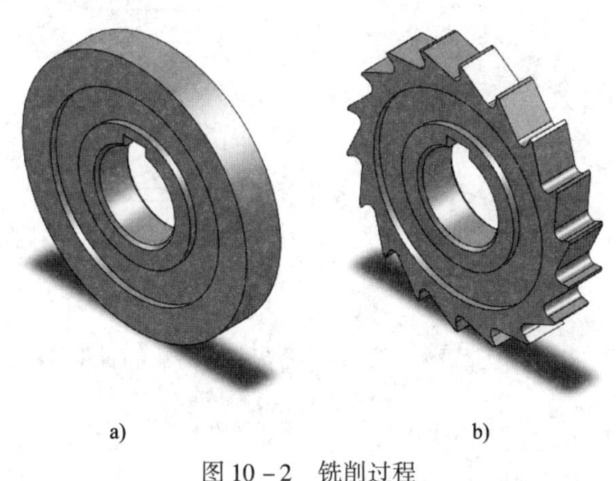

图 10 – 2　铣削过程

课题二　圆柱面直齿刀具端面齿槽的铣削

一、端面齿槽的铣削要求

许多圆柱面直齿刀具带有端面齿槽（如直齿三面刃铣刀）。在完成圆柱面齿槽和齿背的铣削后，还需要进行端面齿槽的铣削。由于端面齿槽的铣削是在其圆柱面齿槽铣削完成后进行的，这就要求工件的端面齿槽与其圆柱面齿槽处于同一个平面上，并达到规定的几何形状的要求。此外，还应保证端面齿刃棱边的宽度 f 在刃口全长上保持均匀一致，如图 10－3 所示。

二、端面齿槽的铣削过程

1. 选择工作铣刀

铣削圆柱面直齿刀具的端面齿槽时，工作铣刀应选择直径较小的单角铣刀，且铣刀廓形角 θ_1 应与被加工刀具端面齿槽角 $\theta_端$ 相等。当铣削两端面均有端面齿槽的刀具时，还应准备廓形角相等、切向相反的左切和右切单角铣刀各一把。

2. 装夹工件

由于在铣削端面齿槽时，长心轴会影响进刀，为了不铣到心轴要更换短的锥柄弹性心轴装夹工件。

3. 调整分度头仰角

为了能够铣出宽度一致的端面刃棱边 f，端面齿槽就要被铣削成外深内浅、外宽内窄的形状。因此，只要将被加工铣刀的端面倾斜一个角度 α（调整分度头仰角），即可达到铣削位置的调整要求，如图 10－4 所示。

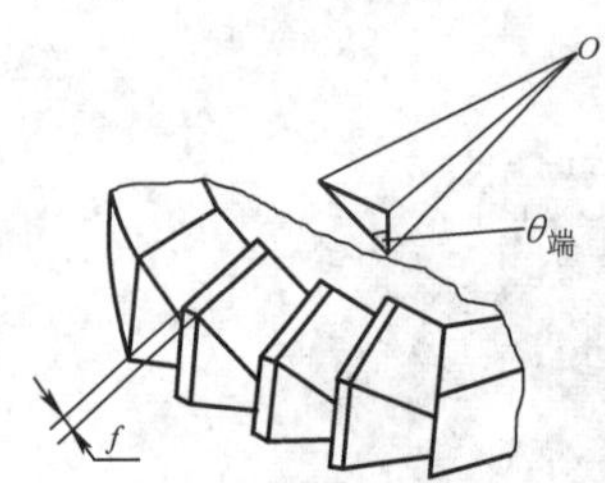

图 10－3　三面刃铣刀的端面齿槽

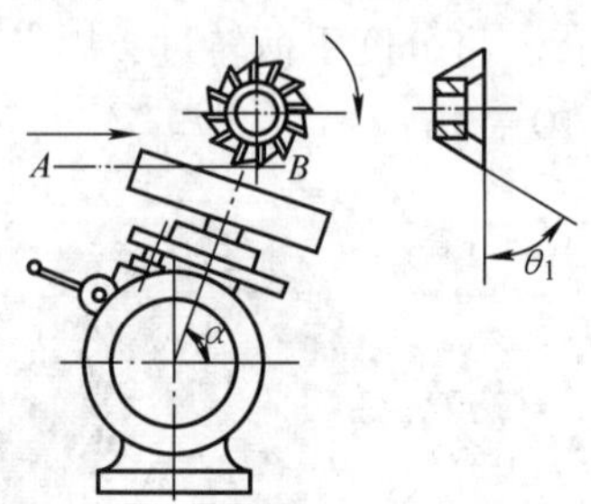

图 10－4　调整分度头仰角 α 铣削端面齿槽

分度头仰角 α 与所铣削的刀齿数 z 及其端面齿槽角 $\theta_端$ 的计算公式为：

$$\cos\alpha = \tan\frac{360°}{z}\cot\theta_端$$

分度头仰角 α 也可以查表 10－4 得到。

表 10－4　　铣端面齿槽时分度头仰角 α 值

工件齿数	工作铣刀廓形角 θ_1							
	85°	80°	75°	70°	65°	60°	55°	50°
5	74°23′	57°08′	34°27′	—	—	—	—	—
6	81°17′	72°13′	62°21′	50°55′	36°08′	—	—	—
8	84°59′	79°51′	74°27′	68°39′	62°12′	54°44′	45°33′	32°57′
10	86°21′	82°38′	78°46′	74°40′	70°12′	65°12′	59°25′	52°26′
12	87°06′	84°09′	81°06′	77°52′	74°23′	70°32′	66°09′	61°01′
14	87°35′	85°08′	82°35′	79°54′	77°01′	73°51′	70°18′	66°10′
16	87°55′	85°49′	83°38′	81°20′	78°52′	76°10′	73°08′	69°40′
18	88°10′	86°19′	84°24′	82°23′	80°14′	77°52′	75°14′	72°13′
20	88°22′	86°43′	85°00′	83°12′	81°17′	79°11′	76°51′	74°11′

续表

工件齿数	工作铣刀廓形角 θ_1							
	85°	80°	75°	70°	65°	60°	55°	50°
22	88°32′	87°02′	85°30′	83°52′	82°08′	80°14′	78°08′	75°44′
24	88°39′	87°18′	85°53′	84°24′	82°49′	81°06′	79°11′	77°00′
26	88°46′	87°30′	86°13′	84°51′	83°24′	81°49′	80°04′	78°04′
28	88°51′	87°42′	86°30′	85°14′	83°53′	82°26′	80°48′	78°58′
30	88°56′	87°51′	86°44′	85°34′	84°19′	82°57′	81°26′	79°44′
32	89°00′	87°59′	86°56′	85°51′	84°41′	83°24′	82°00′	80°24′
34	89°04′	88°07′	87°08′	86°06′	85°00′	83°48′	82°29′	80°59′
36	89°07′	88°13′	87°18′	86°19′	85°17′	84°10′	82°54′	81°29′
38	89°10′	88°19′	87°26′	86°31′	85°32′	84°28′	83°17′	81°57′
40	89°12′	88°24′	87°34′	86°42′	85°46′	84°45′	83°38′	82°22′

4. 铣削端面齿槽

在卧式铣床上，先按计算的分度头仰角 α，将分度头主轴由水平位置仰起，再根据被加工铣刀齿槽前角情况进行调整。

（1）前角 $\gamma_o=0°$时

1）将单角铣刀的端面齿刃对准工件中心。

2）转动分度头，使工件刀齿前面与进给方向平行（此时工作铣刀的端面齿刃与工件齿槽前面处于同一平面上）。

3）将工作台调整到合适的铣削深度，对其端面齿槽试铣一刀。

4）检查端面刃棱边 f 符合图样要求后，开始依次铣完同侧的端面齿槽。然后将工件调头装夹，完成另一侧端面齿槽的铣削。

（2）前角 $\gamma_o>0°$时　在铣刀的端面齿刃对准工件中心后，需按工作台横向偏移量 S 调整工作台，再按照端面刃棱边 f 的要求调整铣削深度来铣削端面齿槽，如图 10－5 所示。

$$S=\frac{D}{2}\sin\gamma_o$$

三、技能训练——铣端面齿槽（图 10－1）

1. 安装并校正分度头。

2. 装夹并校正工件。

3. 选择、安装铣刀。选用廓形角 $\theta_2=\theta_{端}=80°$、刀尖圆弧半径 $r_\varepsilon=1$ mm 的左切和右切单角铣刀各一把铣削端面齿槽。

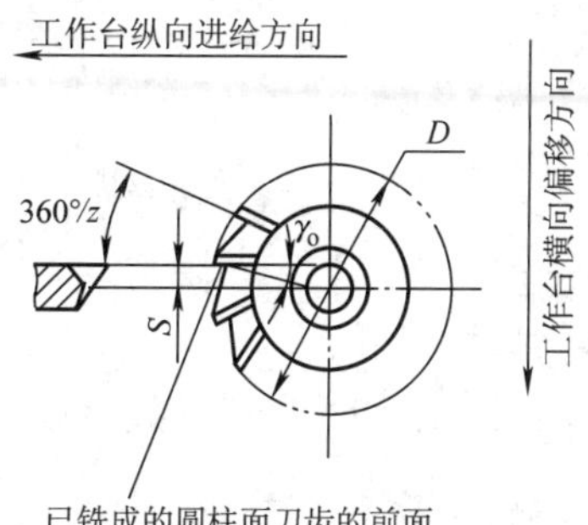

图 10－5　前角 $\gamma_o>0°$时端面齿槽的铣削

4. 扳转分度头仰角，调整铣削位置

（1）将分度头主轴从水平位置仰起 86°19′。

（2）横向调整工作台，将工作铣刀从工件中心向铣刀圆锥面一侧偏移 10.35 mm。

（3）转动分度手柄，使工作铣刀端面齿刃与工件圆柱面齿槽的前面对齐，然后纵向退出铣刀。

5. 对刀，试铣，检测合格后，依次分度铣削同端面其他各齿，至符合图样要求（图 10－6a）。

6. 将工件翻转，重新装夹并校正工件。

7. 换装另一把单角铣刀。

8. 对刀，试铣，检测合格后，依次分度铣削其他各齿，至符合图样要求（图 10－6b）。

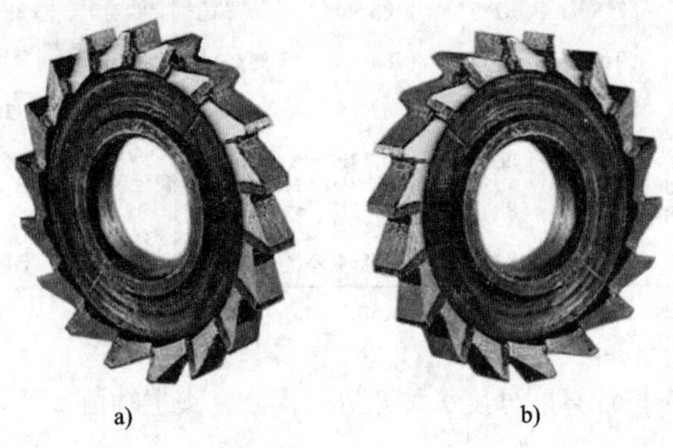

图 10－6　铣削过程

第十一单元

铣床的常规调整与一级保养

课题一 铣床的常规调整

铣床的常规调整是指在日常使用过程中，由于铣床的各运动部件的零件之间产生松动、位移以及磨损等原因，而对铣床进行的调整。常规调整主要包括：主轴轴承间隙的调整、纵向工作台丝杆轴向跳动间隙的调整、纵向工作台丝杆螺母间隙的调整和铣床各导轨间隙的调整。若不能对这些内容做及时的调整，铣床在日常工作中就无法满足各种铣削方式的需要和零件加工精度的要求。铣床常规调整的具体方法及步骤见表 11 – 1。

表 11 – 1 铣床的常规调整

内容	简图及说明
X6132 型卧式铣床主轴轴承间隙的调整	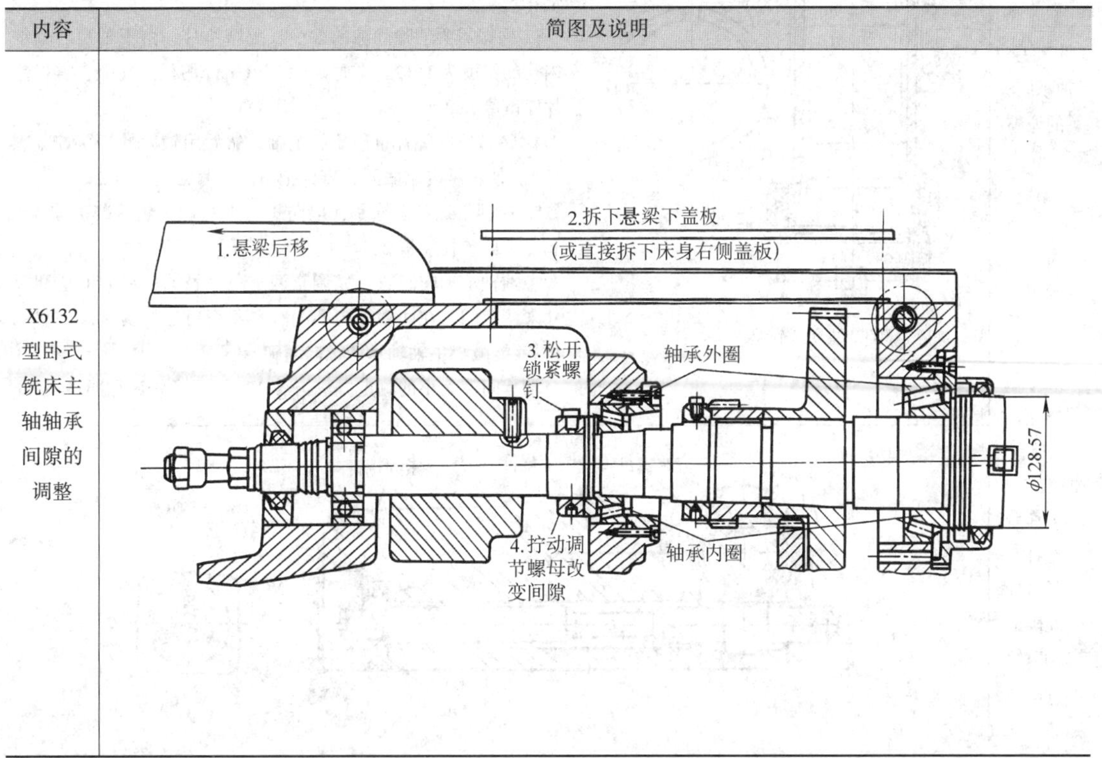

续表

内容	简图及说明
X6132型卧式铣床主轴轴承间隙的调整	如果铣床的主轴轴承间隙调整不当，则铣床主轴在运转时就会出现径向圆跳动和轴向圆跳动超差，导致铣削时出现振动、拖刀、让刀等现象，严重时甚至出现烧坏轴承、卡死主轴的故障，故在工作中发现主轴温升过高、转动声音不正常或跳动过大时，应及时进行调整。X6132 型卧式铣床主轴轴承间隙调整方法和要求如下： 1. 旋松悬梁的紧固螺栓，将悬梁移至床身后部，拆下悬梁下的盖板或直接拆下床身右侧的盖板 2. 松开主轴中部轴承后调节螺母上的紧固螺钉，拧动调节螺母以改变两轴承内外圈之间的距离，从而调整轴承内圈、滚柱和外圈之间的间隙 3. 轴承间隙调整好后，重新锁紧调节器螺母上的紧固螺钉、盖好盖板，并使悬梁复位（或将床身右侧盖板盖好） 主轴轴承间隙大小取决于铣床的工作性质。通常，检测时以 200 N 的力推、拉主轴，测得主轴轴向圆跳动在 0 ~ 0. 015 mm 范围内变动，再使机床主轴在 1 500 r/min 的转速下空车运转 1 h，轴承温度不超过 60℃，则说明轴承间隙合适
X5032型立式铣床主轴轴承间隙的调整	X5032 型立式铣床主轴结构 X5032 型立式铣床主轴轴承间隙的调整，可分为径向间隙的调整和轴向间隙的调整。其径向间隙的调整较简单，轴向间隙的调整必须拆卸主轴，须由多人配合完成 X5032 型立式铣床主轴结构如图所示，轴承径向间隙的调整方法如下： 1. 拆下铣头侧面的专用调整孔盖板 2，松开主轴上的锁紧螺钉 3，拧松调整螺母 1 2. 拆下主轴头部下面的端盖 6，取下由两个半圆环构成的垫片 5 3. 根据需要消除间隙的多少，配磨垫片，由于轴颈与轴承内孔的锥度为 1:12，即每消除 0. 01 mm 的径向间隙，需将垫片厚度磨去 0. 12 mm 4. 将磨后的垫片重新装回主轴，然后用较大的扭矩拧紧螺母 1，使轴承内圈胀开，直到把垫片压紧为止 5. 把锁紧螺钉 3 拧紧，以防螺母 1 松动，然后装上端盖 6 和专用调整孔盖板 2 主轴轴承轴向间隙是靠调整两个角接触球轴承间的垫圈尺寸来调节的。在两轴承内圈的距离不变时，只要减薄外垫圈 4，就能减小主轴轴承的轴向间隙 轴承间隙大小的测定方法与 X6132 型卧式铣床相同
工作台丝杆与螺母之间间隙的调整	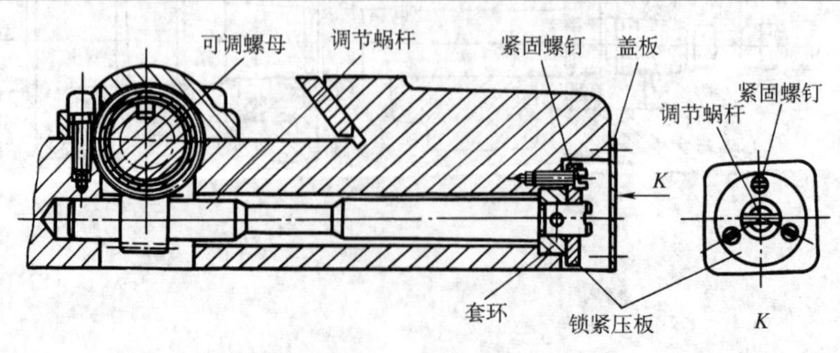

续表

<table>
<tr><th colspan="2">内容</th><th colspan="2">简图及说明</th></tr>
<tr><td colspan="2">工作台丝杆与螺母之间间隙的调整</td><td colspan="2">工作台丝杆与螺母之间的间隙随着使用时间的延长因螺纹之间的磨损量逐渐增加而增大。这样不但影响加工精度，还会在顺铣时，由于铣削力带动工作台窜动而损坏刀具，以及引起走刀不均匀、丝杆螺母运动副加速磨损等一系列问题。常用铣床（X6132、X5032）具有丝杆与螺母间隙调整机构，其调整方法如下：
1. 卸下工作台鞍座前面的盖板
2. 松开锁紧压板上的三个紧固螺钉，但无须取下或过松
3. 顺时针转动调节蜗杆，带动外圆部是蜗轮的可调螺母旋转，使可调螺母和主螺母的牙侧分别与丝杆齿牙的两个不同侧面靠紧时，丝杆与螺母之间的间隙即可消除
4. 摇动手轮，工作台移动时松紧适当，无卡住现象；反摇手轮时空转量小于刻度盘上的 3 格（0.15 mm），顺铣时空转量小于 2 格（0.10 mm）
5. 间隙调整好后，拧紧锁紧压板上的三个紧固螺钉，使锁紧压板压紧套环，固定调整好的位置，最后装好盖板</td></tr>
<tr><td rowspan="3">铣床各进给导轨间隙的调整</td><td>纵向</td><td>1
2
3
4
纵向导轨镶条的调整</td><td>首先松开螺母 2 和锁紧螺母 3，拧动调整螺杆 1 就能带动镶条 4 推进或拉出，达到间隙减小或增大的目的
间隙的大小以进给手轮用 147 N 力能摇动为宜</td></tr>
<tr><td>横向</td><td> 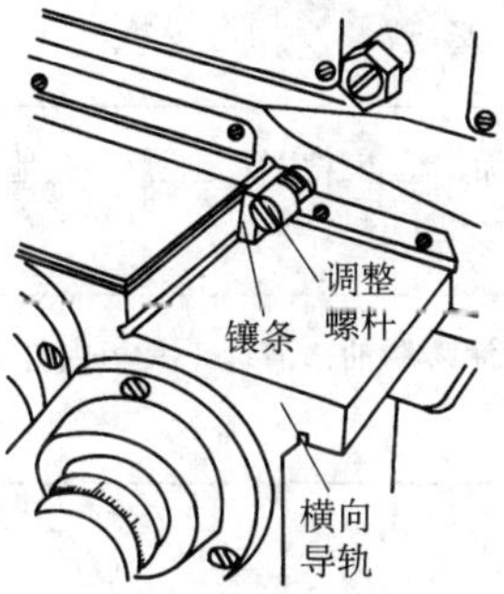调整螺杆
镶条
横向导轨
横向导轨镶条的调整</td><td rowspan="2">横向和升降导轨的间隙，直接旋动调整螺杆就可带动镶条进、退来调整间隙的大小
间隙大小仍用转动手轮的方法测试，横向以 147 N 力能摇动为宜，升降（上升）以 196 ~ 235 N 力能摇动为宜</td></tr>
<tr><td>升降</td><td> 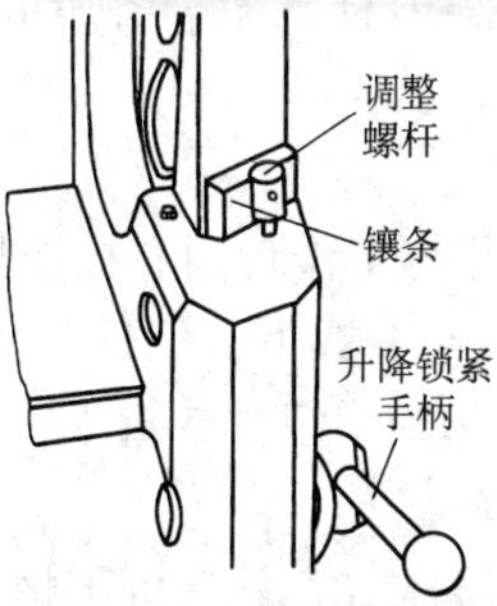调整螺杆
镶条
升降锁紧手柄
升降导轨镶条的调整</td></tr>
</table>

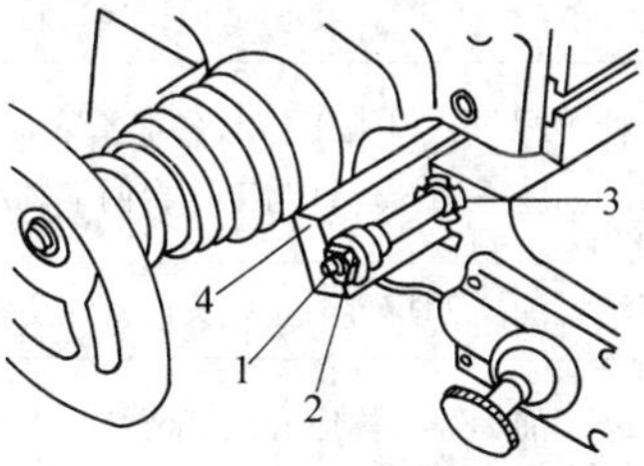

课题二 铣床的一级保养

一级保养是指以机床操作者为主，维修人员配合，对设备进行的较全面的维护和保养。铣床一般运转 500 h 左右应进行一次一级保养。

一、铣床一级保养的内容和要求

铣床一级保养的内容和要求见表 11－2。

表 11－2　　铣床一级保养的内容和要求

内容	要求
机床外观	擦洗铣床的各表面、防护罩及死角，使其清洁无油垢；检查铣床外部应无缺件，如手柄胶木球、紧固螺钉等，缺损应及时修配
进给系统	清洗工作台纵向丝杆、横向丝杆和升降台丝杆、螺母；保证工作台各润滑表面无毛刺、无划伤，且表面清洁；调整导轨镶条、丝杆和螺母，使其之间的间隙适当；丝杆与工作台两端轴承间隙适当
专用附件	清洗悬梁、刀杆支架、立铣头，使其表面清洁无油垢，并清洁立铣头内部、更换润滑脂
润滑系统	清洗并检查各油孔、油杯、油线、油毡、油路、油标等，均应齐全、清洁，油路畅通，油标醒目，油质、油量均符合要求
冷却系统	清洗并检查冷却泵、过滤网、切削液槽（箱）等，要清洁，无铁屑及沉淀的杂物，冷却管路应牢固、畅通、清洁、无泄漏
电气系统	断电清扫，使电动机、电气箱内外无积尘、油垢；检查蛇皮管无脱落，接地牢固、可靠，照明设备齐全、清洁
其他	清洗机用虎钳、分度头等附件，并进行润滑、涂防锈油；清理工具箱内外及机床周围环境，做到合理、整洁、有序

二、铣床一级保养的方法与步骤

1. 首先要切断铣床外接电源，以防触电或造成人身及设备事故。

2. 用棉纱或软布擦洗床身各部，包括悬梁、刀杆支架、各个导轨、主轴锥孔、主轴端面、拨块后尾等，并修光毛刺。

3. 拆卸工作台部分

（1）卸去工作台前面 T 形槽中的左撞块，并将工作台向右摇至极限位置。

（2）拆卸工作台左端（图 11－1），先将手轮 1 拆下，然后将紧固螺母 2、刻度盘 3 拆下，再将离合器 4、螺母 5、止退垫圈 6 和推力球轴承组件 7 拆下。

（3）拆卸纵向导轨镶条。

（4）拆卸工作台右端（图 11－2），先拆下端盖 1，然后拆下螺钉 3，再取下螺母 2 和推力球轴承 4，最后拆去支架 5 上的紧固螺钉和定位销，卸下支架 5。

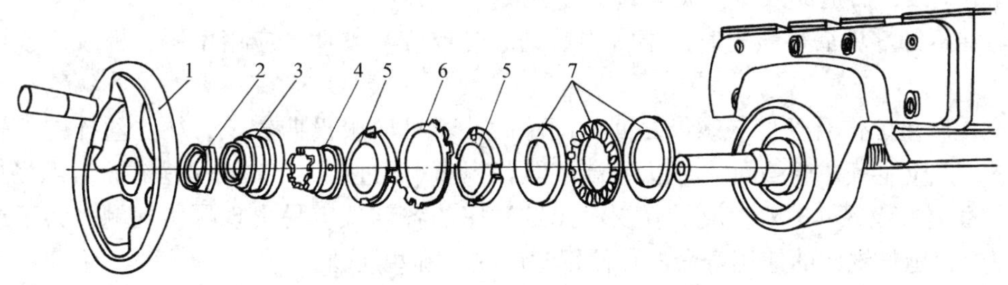

图 11－1　工作台左端拆卸示意图

1—手轮　2—紧固螺母　3—刻度盘　4—离合器　5—螺母　6—止退垫圈　7—推力球轴承组件

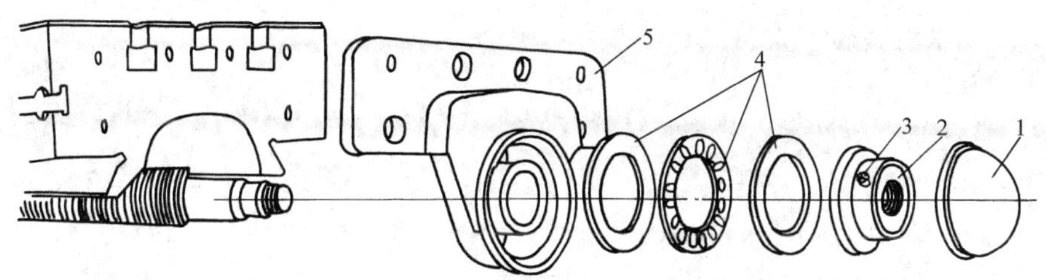

图 11－2　工作台右端拆卸示意图

1—端盖　2—螺母　3—螺钉　4—推力球轴承　5—支架

（5）拆去右撞块。

（6）用手转动丝杆至最右端，取下丝杆（注意：取下丝杆时应将丝杆的键槽向下，以防卡在离合器中的平键脱落，取下的丝杆应垂直悬挂，以免放置不当而造成变形、弯曲）。

（7）将工作台推至右端，调整升降台并利用滚杠、垫木将工作台小心取下，置于事先设置的专用架板之上。

4. 清洗卸下的各个零件，并修光毛刺。

5. 清洗工作台鞍座内部零件、油槽、油路、油管，并检查手拉油泵、油管等是否畅通。

6. 检查工作台各部无误后，按与拆卸时相反的步骤进行安装。

7. 调整镶条与导轨、推力球轴承与丝杆之间的间隙以及丝杆与螺母之间的间隙，使其运转正常。

8. 拆卸工作台鞍座上的油毡、横向导轨上的镶条、丝杆，并修光毛刺后涂油复位安装。调整镶条松紧使工作台横向移动时松紧适当、灵活正常。

9. 上、下移动升降台，清洗升降丝杆、垂直导轨和镶条，修光毛刺并涂油调整，使其移动正常。

10. 拆擦电动机防护罩，清扫电气箱、蛇皮管，并检查是否安全可靠。

11. 擦洗整机外观，检查各传动部分、润滑系统、冷却系统确实无误后，先手动后机动试车，使机床正常运转。

三、技能训练——铣床的一级保养

结合实际情况，在机修师傅和指导教师的指导下，按 4～6 人一组对所使用的铣床进行一次一级保养。

1. 分组操作时，组员之间应注意协调配合，分工协作，统一听从教师的指挥。千万不要配合不一致，而造成人身及设备的伤害事故。

2. 在拆卸零件需要敲击时，不得用铁锤敲击或旋具硬撬，应用木锤、橡胶锤或铜锤敲打。

3. 在调整工作台丝杆与螺母之间的间隙时，若机床服役期较长，往往丝杆中部较两端磨损严重，应注意在调整间隙时以两端为准，否则间隙过小，工作台无法在全程顺畅移动。

4. 根据一级保养时观察到的情况，总结铣床的各部位容易出现哪些问题，为了维护铣床的精度、延长铣床的使用寿命，在使用时应注意哪些问题。

第十二单元
综合技能训练与职业技能鉴定试题

课题一　综合技能训练

作业 1. 铣削 90°外圆车刀

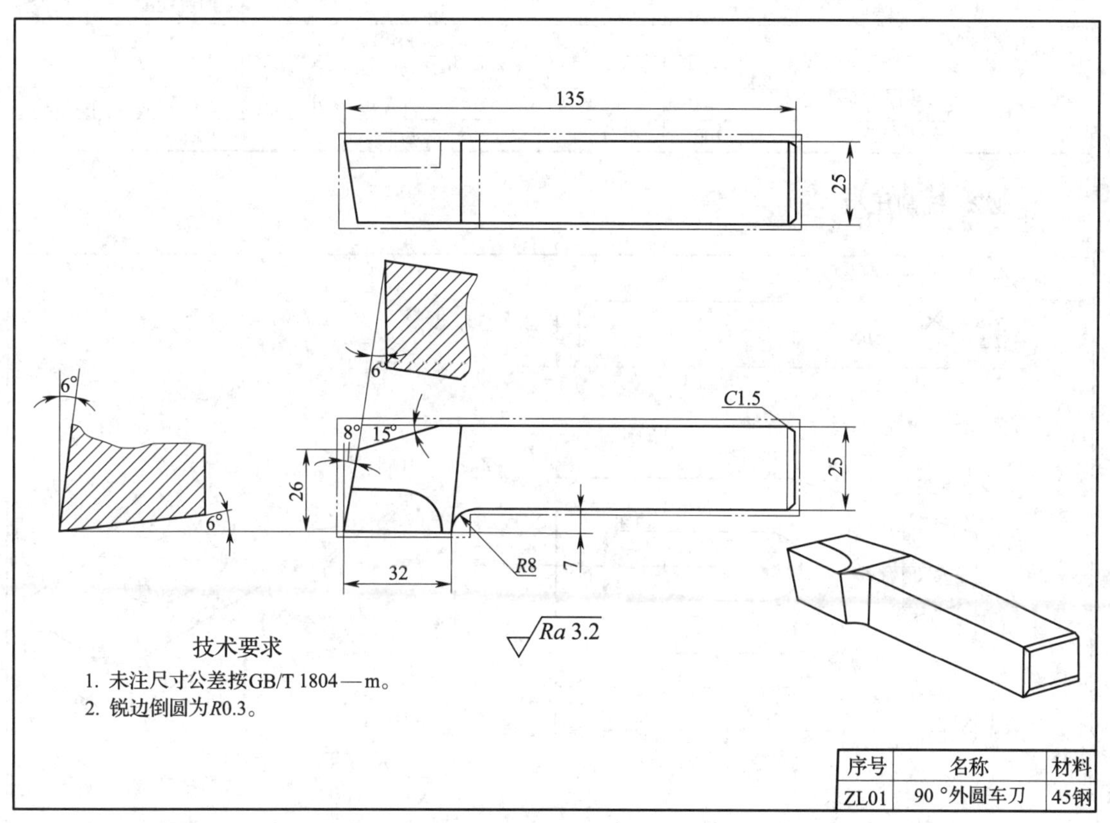

图 12－1　90°外圆车刀

表 12－1　　　　　　　　　　　　　　评分表

序号	考核要求	配分	评分标准			检测方法
		T/Ra	≤T　>Ra ≤2Ra	>T ≤2T　≤Ra	>T >Ra	
1	135 mm；Ra3.2 μm	10/2	10	2	0	用游标卡尺、表面粗糙度比较样块检测
2	32 mm	8	8	0	0	用游标卡尺检测
3	25 mm（2处）；Ra3.2 μm	20/4	20	4	0	用游标卡尺、表面粗糙度比较样块检测
4	26 mm	6	6	0	0	用游标卡尺检测
5	7 mm	6	6	0	0	用游标卡尺检测
6	C1.5 mm（4处）；Ra3.2 μm	8/4	8	4	0	用游标卡尺、表面粗糙度比较样块检测
7	15°	10	10	0	0	用游标万能角度尺检测
8	8°	10	10	0	0	用游标万能角度尺检测
9	6°（3处）	6	6	0	0	用游标万能角度尺检测
10	技术要求1	3	3	0	0	用游标卡尺检测
11	技术要求2	3	3	0	0	目测
12	未列入尺寸及 Ra		每超差一处扣1分			用游标卡尺、表面粗糙度比较样块检测
13	外观		毛刺、损伤、畸形等扣1～5分 未加工或严重畸形另扣5分			目测
14	安全文明生产		酌情扣1～5分，严重者扣10分			现场记录
合计		100	得分			

作业2. 铣削压板

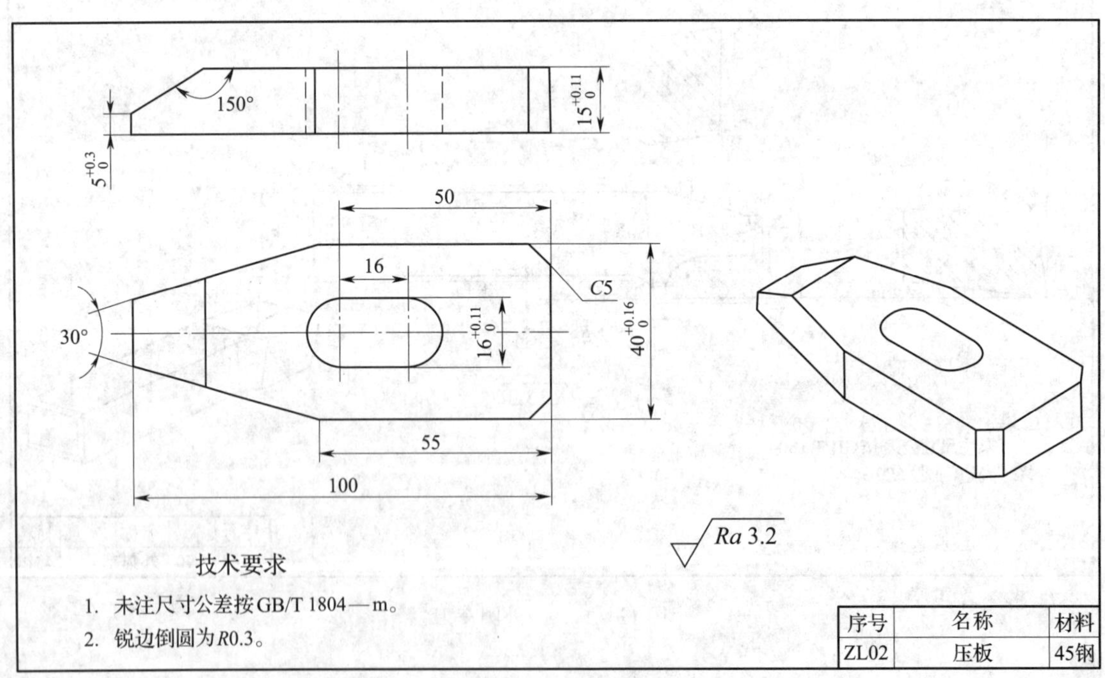

图 12－2　压板

表 12－2　　　　　　　　　　　　　　**评分表**

序号	考核要求	配分	评分标准			检测方法
		T/Ra	$\leqslant T$　$>Ra$　$\leqslant 2Ra$	$>T$　$\leqslant 2T$　$\leqslant Ra$	$>T$　$>Ra$	
1	100 mm；Ra3.2 μm	7/1	7	1	0	用游标卡尺、表面粗糙度比较样块检测
2	$15^{+0.11}_{0}$ mm；Ra3.2 μm	7/1	7	1	0	用游标卡尺、表面粗糙度比较样块检测
3	$40^{+0.16}_{0}$ mm；Ra3.2 μm	7/1	7	1	0	用游标卡尺、表面粗糙度比较样块检测
4	50 mm	6	6	0	0	用游标卡尺检测
5	16 mm	6	6	0	0	用游标卡尺检测
6	$16^{+0.11}_{0}$ mm；Ra3.2 μm	8/2	8	2	0	用塞规、表面粗糙度比较样块检测
7	C5 mm（2 处）；Ra3.2 μm	6/2	6	2	0	用游标卡尺、表面粗糙度比较样块检测
8	30°	10	10	0	0	用游标万能角度尺检测
9	150°	10	10	0	0	用游标万能角度尺检测
10	55 mm	6	6	0	0	用游标卡尺检测
11	$5^{+0.3}_{0}$ mm；Ra3.2 μm	7/1	7	1	0	用游标卡尺、表面粗糙度比较样块检测
12	技术要求 1	6	6	0	0	用游标卡尺检测
13	技术要求 2	6	6	0	0	目测
14	未列入尺寸及 Ra		每超差一处扣 1 分			用游标卡尺、表面粗糙度比较样块检测
15	外观		毛刺、损伤、畸形等扣 1～5 分			目测
			未加工或严重畸形另扣 5 分			
16	安全文明生产		酌情扣 1～5 分，严重者扣 10 分			现场记录
合计		100	得分			

作业3. 铣削V形架

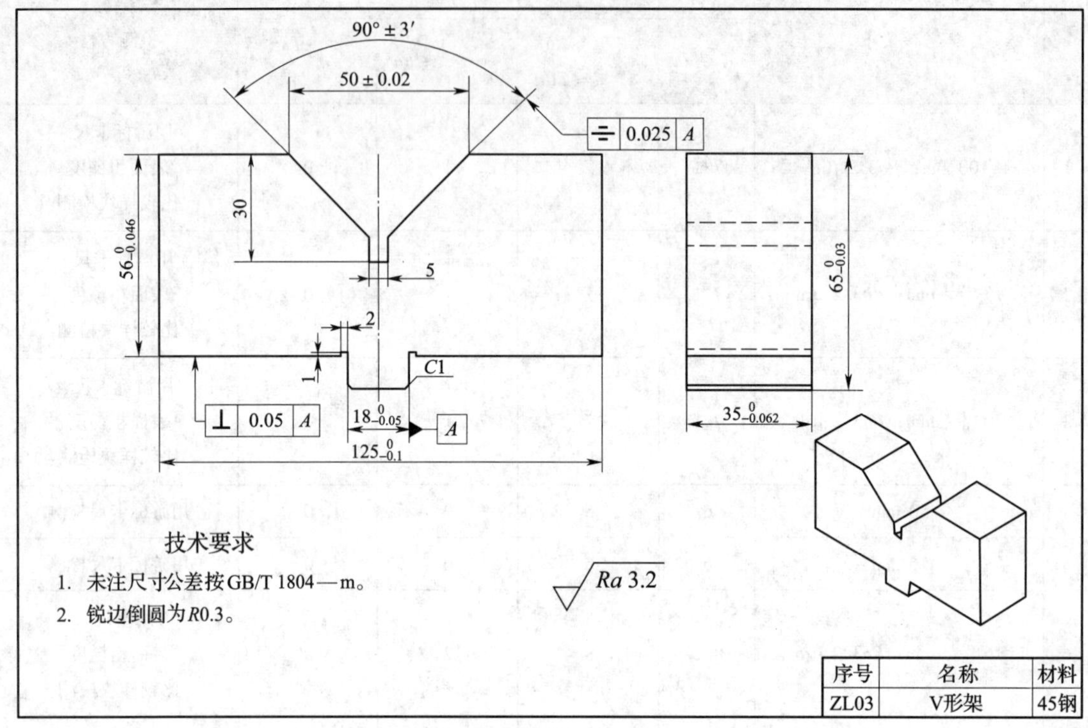

图12－3　V形架

表12－3　　**评分表**

序号	考核要求	配分	评分标准			检测方法
		T/Ra	$\leqslant T$　$>Ra$ $\leqslant 2Ra$	$>T$ $\leqslant 2T$　$\leqslant Ra$	$>T$ $>Ra$	
1	$125^{0}_{-0.1}$ mm；$Ra3.2$ μm	6/2	6	2	0	用游标卡尺、表面粗糙度比较样块检测
2	$35^{0}_{-0.062}$ mm；$Ra3.2$ μm	6/2	6	2	0	用游标卡尺、表面粗糙度比较样块检测
3	$65^{0}_{-0.03}$ mm；$Ra3.2$ μm	6/2	6	2	0	用外径千分尺、表面粗糙度比较样块检测
4	$56^{0}_{-0.046}$ mm；$Ra3.2$ μm	8/2	8	2	0	用外径千分尺、表面粗糙度比较样块检测
5	$18^{0}_{-0.05}$ mm；$Ra3.2$ μm	8/2	8	2	0	用外径千分尺、表面粗糙度比较样块检测
6	2 mm（2处）、1 mm（2处）	4	4	0	0	用游标卡尺检测
7	C1 mm（2处）	2	2	0	0	用游标卡尺检测
8	⊥ 0.05 A	8	8	0	0	用直角尺、塞尺检测

续表

序号	考核要求	配分	评分标准			检测方法
		T/Ra	≤T >Ra ≤2Ra	>T ≤2T ≤Ra	>T >Ra	
9	30 mm	4	4	0	0	用游标深度卡尺检测
10	5 mm	2	2	0	0	用游标深度卡尺检测
11	(50 ±0.02) mm; Ra3.2 μm	8/2	8	2	0	用量棒、深度千分尺、表面粗糙度比较样块检测
12	90° ±3′	8	8	0	0	用游标万能角度尺检测
13	⌯ 0.025 A	8	8	0	0	用百分表检测
14	技术要求 1	6	6	0	0	用游标卡尺检测
15	技术要求 2	4	4	0	0	目测
16	未列入尺寸及 Ra		每超差一处扣 1 分			用游标卡尺、表面粗糙度比较样块检测
17	外观		毛刺、损伤、畸形等扣 1 ~5 分			目测
			未加工或严重畸形另扣 5 分			
18	安全文明生产		酌情扣 1 ~5 分，严重者扣 10 分			现场记录
合计		100	得分			

作业 4. 铣削扇形板

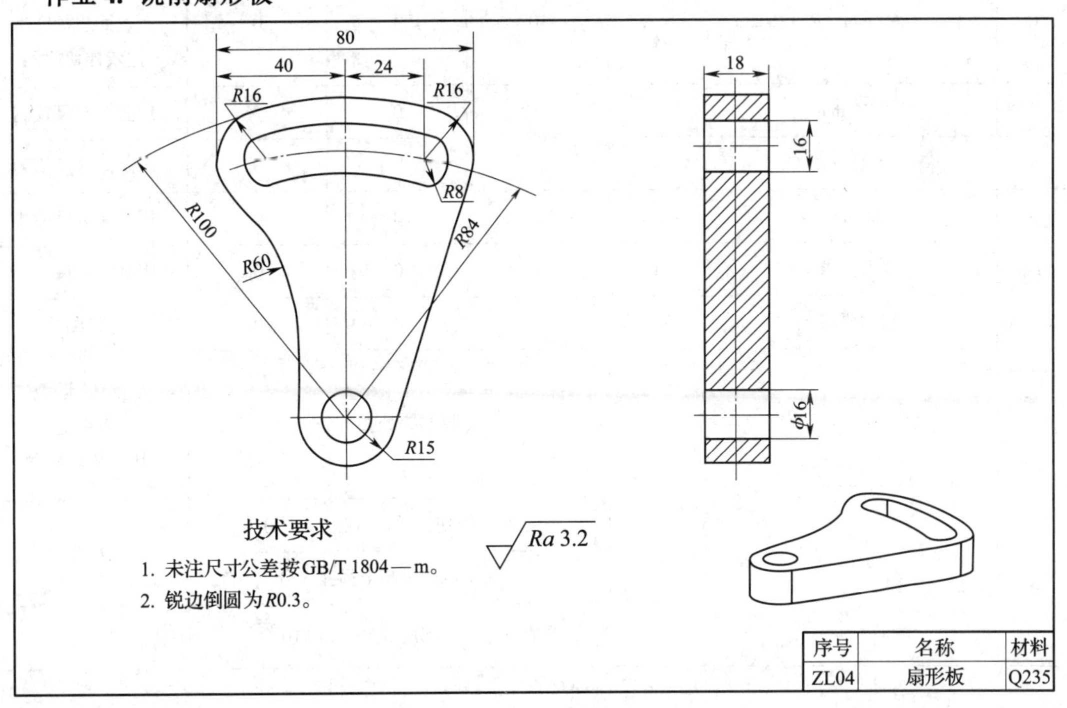

图 12 –4　扇形板

表 12－4　　　　　　　　　　评分表

<table>
<tr><th rowspan="2">序号</th><th rowspan="2">考核要求</th><th>配分</th><th colspan="3">评分标准</th><th rowspan="2">检测方法</th></tr>
<tr><th>T/Ra</th><th>≤T　>Ra ≤2Ra</th><th>>T ≤2T　≤Ra</th><th>>T >Ra</th></tr>
<tr><td>1</td><td>R15 mm；Ra3. 2 μm</td><td>10/3</td><td>10</td><td>3</td><td>0</td><td>用半径样板、表面粗糙度比较样块检测</td></tr>
<tr><td>2</td><td>40 mm</td><td>9</td><td>9</td><td>0</td><td>0</td><td>用游标卡尺检测</td></tr>
<tr><td>3</td><td>R100 mm；Ra3. 2 μm</td><td>10/3</td><td>10</td><td>3</td><td>0</td><td>用半径样板、表面粗糙度比较样块检测</td></tr>
<tr><td>4</td><td>R16 mm（2 处）；Ra3. 2 μm</td><td>10/3</td><td>10</td><td>3</td><td>0</td><td>用半径样板、表面粗糙度比较样块检测</td></tr>
<tr><td>5</td><td>R8 mm（2 处）；Ra3. 2 μm</td><td>10/3</td><td>10</td><td>3</td><td>0</td><td>用游标卡尺、表面粗糙度比较样块检测</td></tr>
<tr><td>6</td><td>R60 mm；Ra3. 2 μm</td><td>10/3</td><td>10</td><td>3</td><td>0</td><td>用半径样板、表面粗糙度比较样块检测</td></tr>
<tr><td>7</td><td>R84 mm</td><td>6</td><td>6</td><td>0</td><td>0</td><td>用游标卡尺检测</td></tr>
<tr><td>8</td><td>24 mm</td><td>6</td><td>6</td><td>0</td><td>0</td><td>用游标卡尺检测</td></tr>
<tr><td>9</td><td>80 mm</td><td>6</td><td>6</td><td>0</td><td>0</td><td>用游标卡尺检测</td></tr>
<tr><td>10</td><td>技术要求 1</td><td>4</td><td>4</td><td>0</td><td>0</td><td>用游标卡尺检测</td></tr>
<tr><td>11</td><td>技术要求 2</td><td>4</td><td>4</td><td>0</td><td>0</td><td>目测</td></tr>
<tr><td>12</td><td>未列入尺寸及 Ra</td><td rowspan="4"></td><td colspan="3">每超差一处扣 1 分</td><td>用游标卡尺、表面粗糙度比较样块检测</td></tr>
<tr><td rowspan="2">13</td><td rowspan="2">外观</td><td colspan="3">毛刺、损伤、畸形等扣 1～5 分</td><td rowspan="2">目测</td></tr>
<tr><td colspan="3">未加工或严重畸形另扣 5 分</td></tr>
<tr><td>14</td><td>安全文明生产</td><td colspan="3">酌情扣 1～5 分，严重者扣 10 分</td><td>现场记录</td></tr>
<tr><td colspan="2">合计</td><td>100</td><td>得分</td><td colspan="3"></td></tr>
</table>

作业 5. 铣削套筒离合器

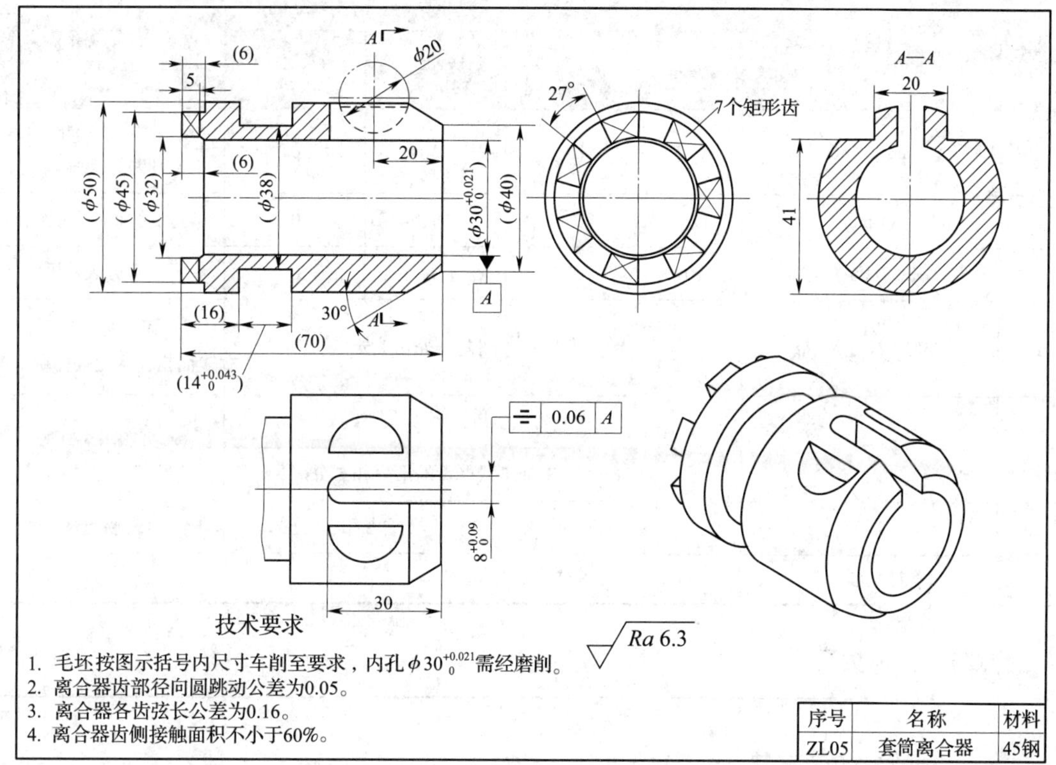

图 12－5　套筒离合器

表 12－5　　**评分表**

序号	考核要求	配分	评分标准			检测方法
		T/Ra	≤T >Ra ≤2Ra	>T ≤2T ≤Ra	>T >Ra	
1	z＝7；Ra6.3 μm	10/4	10	4	0	目测及用表面粗糙度比较样块检测
2	27°	10	10	0	0	用游标万能角度尺检测
3	5 mm；Ra6.3 μm	6/1	6	1	0	用游标深度卡尺、表面粗糙度比较样块检测
4	径向圆跳动公差 0.05 mm	10	10	0	0	用百分表检测
5	各齿弦长公差 0.16 mm	10	10	0	0	用游标卡尺检测
6	接触面积不小于 60%	10	10	0	0	用涂色法检测
7	φ20 mm	4	4	0	0	用半径样板检测
8	20 mm	2	2	0	0	用游标卡尺检测
9	20 mm；Ra6.3 μm	4/1	4	1	0	用游标卡尺、表面粗糙度比较样块检测
10	41 mm；Ra6.3 μm	3/1	3	1	0	用游标卡尺、表面粗糙度比较样块检测

续表

序号	考核要求	配分	评分标准			检测方法
		T/Ra	≤T >Ra ≤2Ra	>T ≤2T ≤Ra	>T >Ra	
11	$8^{+0.09}_{0}$ mm；Ra6.3 μm	10/2	10	2	0	用塞规、表面粗糙度比较样块检测
12	30 mm	2	2	0	0	用游标卡尺检测
13	⌯ 0.06 A	10	10	0	0	用百分表检测
14	未列入尺寸及 Ra		每超差一处扣 1 分			用游标卡尺、表面粗糙度比较样块检测
15	外观		毛刺、损伤、畸形等扣 1～5 分			目测
			未加工或严重畸形另扣 5 分			
16	安全文明生产		酌情扣 1～5 分，严重者扣 10 分			现场记录
合计		100	得分			

作业 6. 铣削拨叉

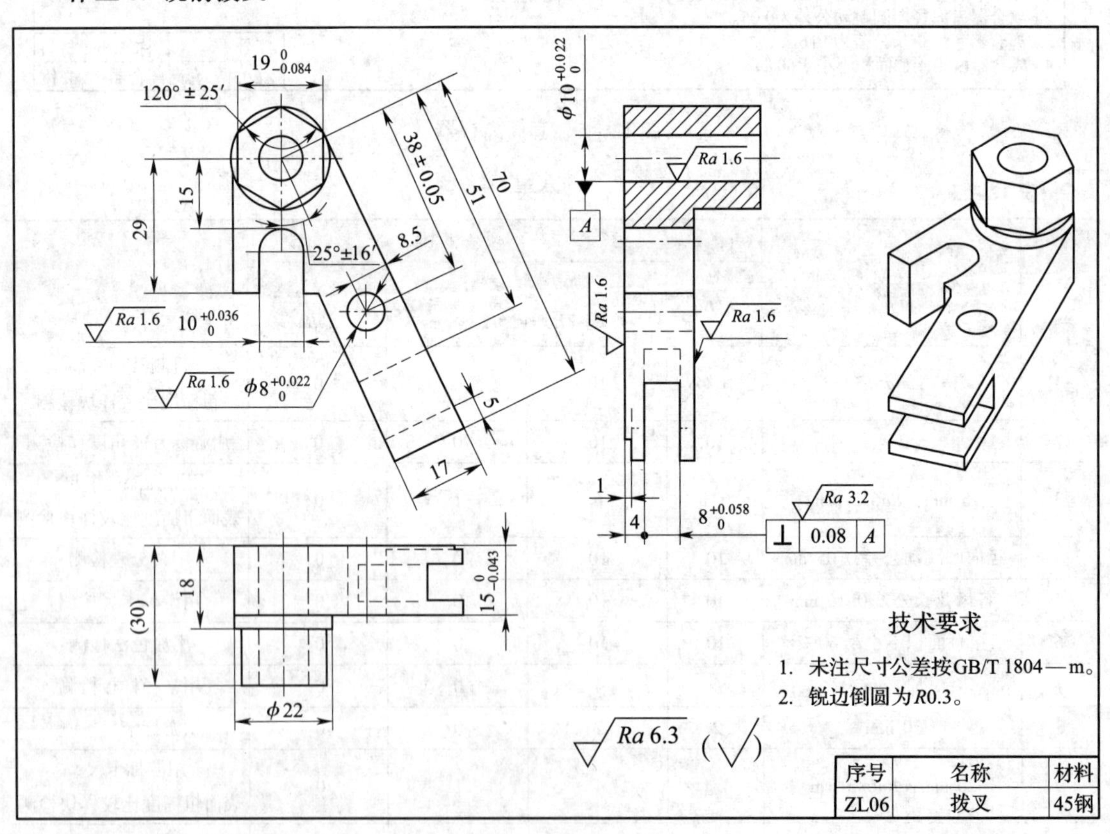

图 12－6 拨叉

表 12 - 6　　　　　　　　　　　　　评分表

序号	考核要求	配分	评分标准			检测方法
		T/Ra	$\leqslant T$　$>Ra$ $\leqslant 2Ra$	$>T$ $\leqslant 2T$　$\leqslant Ra$	$>T$ $>Ra$	
1	$\phi 10^{+0.022}_{0}$ mm；$Ra1.6$ μm	6/2	6	2	0	用塞规、表面粗糙度比较样块检测
2	$\phi 22$ mm	6	6	0	0	用游标卡尺、半径样板检测
3	$15^{0}_{-0.043}$ mm；$Ra6.3$ μm	8/2	8	2	0	用外径千分尺、表面粗糙度比较样块检测
4	（38 ±0.05） mm	6	6	0	0	用游标卡尺检测
5	8.5 mm	2	2	0	0	用游标卡尺检测
6	$\phi 8^{+0.022}_{0}$ mm；$Ra1.6$ μm	6/2	6	2	0	用塞规、表面粗糙度比较样块检测
7	15 mm	2	2	0	0	用游标卡尺检测
8	29 mm	2	2	0	0	用游标卡尺检测
9	$10^{+0.036}_{0}$ mm；$Ra1.6$ μm	8/2	8	2	0	用塞规、表面粗糙度比较样块检测
10	25° ±16′	6	6	0	0	用游标万能角度尺检测
11	17 mm	2	2	0	0	用游标卡尺检测
12	70 mm	2	2	0	0	用游标卡尺检测
13	51 mm	2	2	0	0	用游标卡尺检测
14	$8^{+0.058}_{0}$ mm；$Ra3.2$ μm	8/2	8	2	0	用塞规、表面粗糙度比较样块检测
15	4 mm	2	2	0	0	用游标卡尺检测
16	1 mm	2	2	0	0	用游标卡尺检测
17	18 mm	2	2	0	0	用游标卡尺检测
18	120° ±25′（6 处）	6	6	0	0	用游标万能角度尺检测

续表

序号	考核要求	配分	评分标准			检测方法
		T/Ra	$\leqslant T$ $>Ra$ $\leqslant 2Ra$	$>T$ $\leqslant 2T$ $\leqslant Ra$	$>T$ $>Ra$	
19	$19_{-0.084}^{\ 0}$ mm（3 处）	6	6	0	0	用百分表检测
20	⊥ 0.08 A（2 处）	6	6	0	0	用直角尺、塞尺检测
21	未列入尺寸及 Ra		每超差一处扣 1 分			用游标卡尺、表面粗糙度比较样块检测
22	外观		毛刺、损伤、畸形等扣 1～5 分 未加工或严重畸形另扣 5 分			目测
23	安全文明生产		酌情扣 1～5 分，严重者扣 10 分			现场记录
合计		100	得分			

作业 7. 铣削直槽双向组件

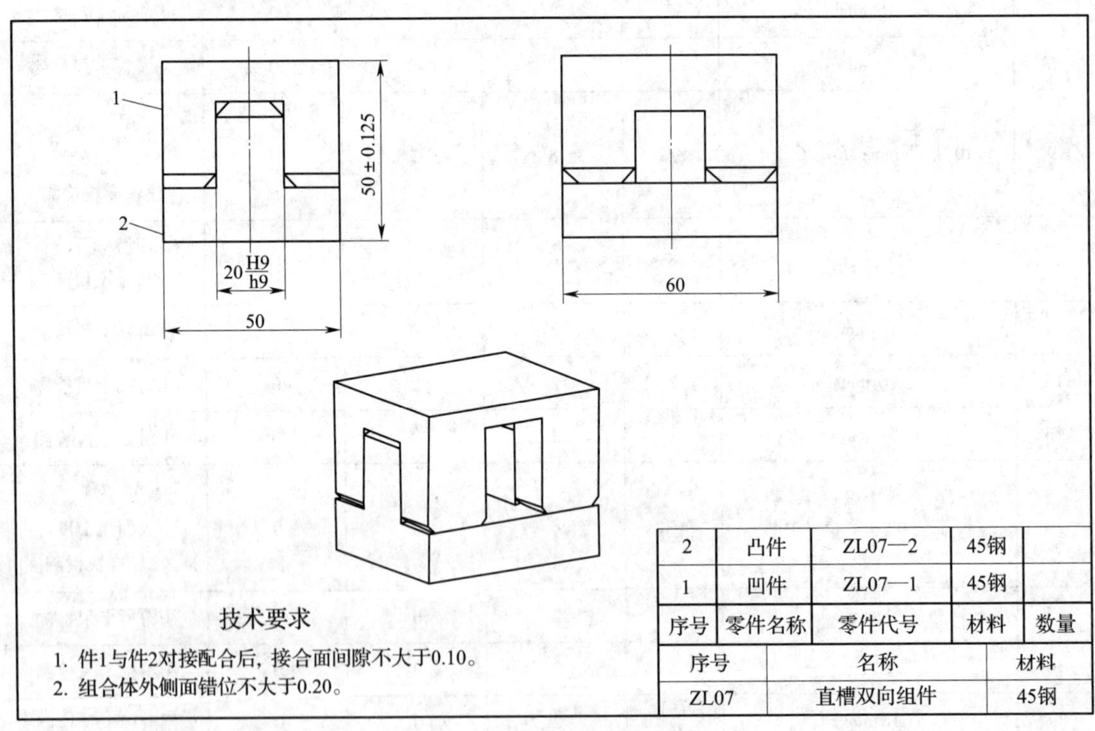

图 12－7　直槽双向组件

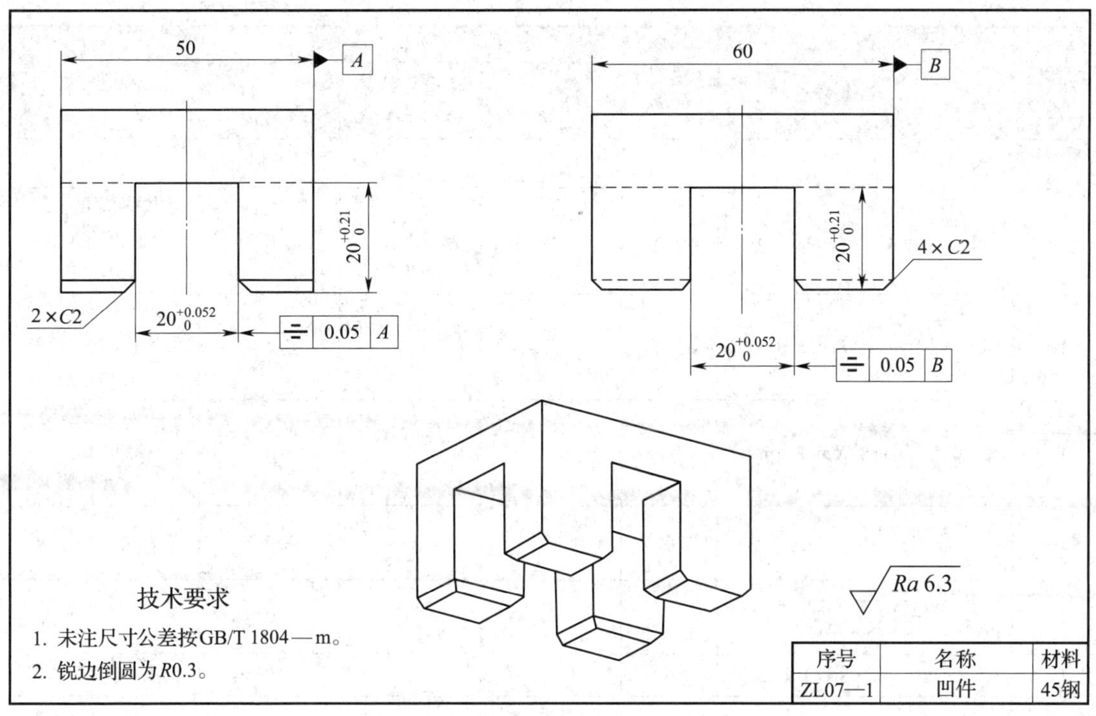

图 12－8　凹件

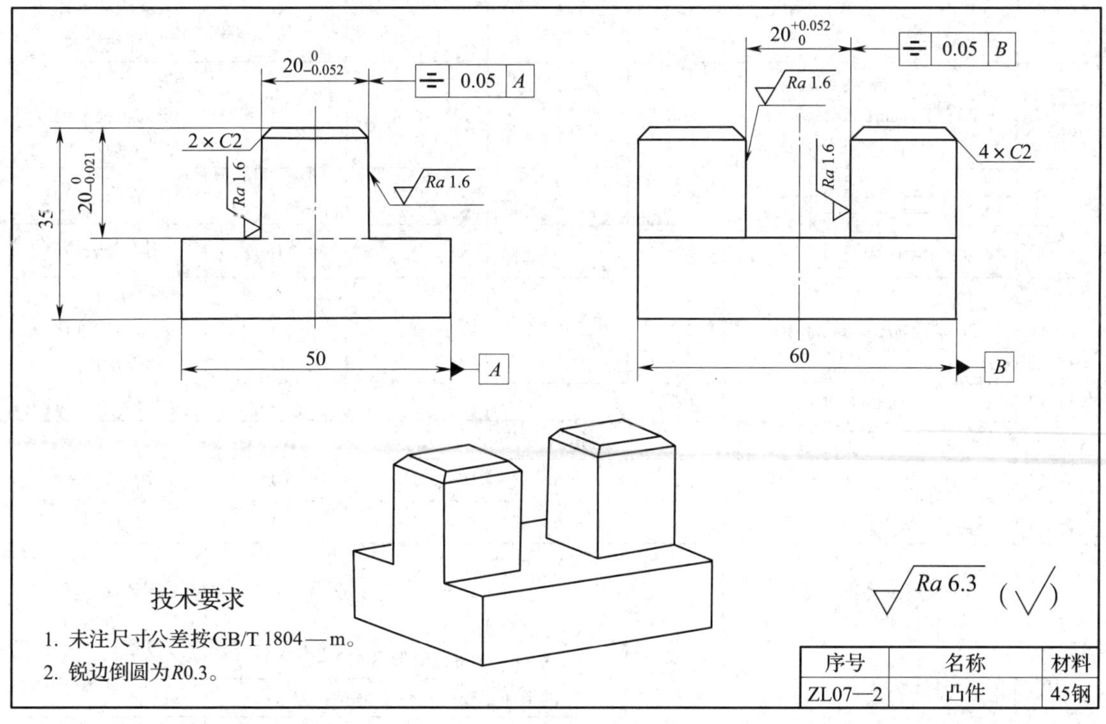

图 12－9　凸件

表 12－7　　　　　　　　　　　　评分表

序号	考核要求	配分	评分标准			检测方法
		T/Ra	≤T　>Ra ≤2Ra	>T ≤2T　≤Ra	>T >Ra	
件1　凸件						
1—1	$20^{+0.21}_{0}$ mm（2处）；Ra6.3 μm	6/1	6	1	0	用游标深度卡尺、表面粗糙度比较样块检测
1—2	$20^{+0.052}_{0}$ mm；Ra6.3 μm	7/2	7	2	0	用外径千分尺、表面粗糙度比较样块检测
1—3	$20^{+0.052}_{0}$ mm；Ra6.3 μm	7/2	7	2	0	用外径千分尺、表面粗糙度比较样块检测
1—4	⌯ 0.05 A	6	6	0	0	用百分表检测
1—5	⌯ 0.05 B	6	6	0	0	用百分表检测
1—6	C2 mm（8处）	6	6	0	0	用游标卡尺检测
件2　凸件						
2—7	$20^{0}_{-0.021}$ mm；Ra1.6 μm	6/1	6	1	0	用游标深度卡尺、表面粗糙度比较样块检测
2—8	$20^{0}_{-0.052}$ mm；Ra1.6 μm	7/2	7	2	0	用外径千分尺、表面粗糙度比较样块检测
2—9	⌯ 0.05 A	6	6	0	0	用百分表检测
2—10	⌯ 0.05 B	6	6	0	0	用百分表检测
2—11	$20^{+0.052}_{0}$ mm；Ra1.6 μm	7/2	7	2	0	用外径千分尺、表面粗糙度比较样块检测
2—12	C2 mm（8处）	6	6	0	0	用游标卡尺检测
直槽双向组件						
0—13	技术要求1	8	8	0	0	用塞尺检测
0—14	技术要求2	6	6	0	0	目测
15	未列入尺寸及 Ra		每超差一处扣1分			用游标卡尺、表面粗糙度比较样块检测
16	外观		毛刺、损伤、畸形等扣1～5分			目测
			未加工或严重畸形另扣5分			
17	安全文明生产		酌情扣1～5分，严重者扣10分			现场记录
	合计	100	得分			

作业 8. 铣削对接组件

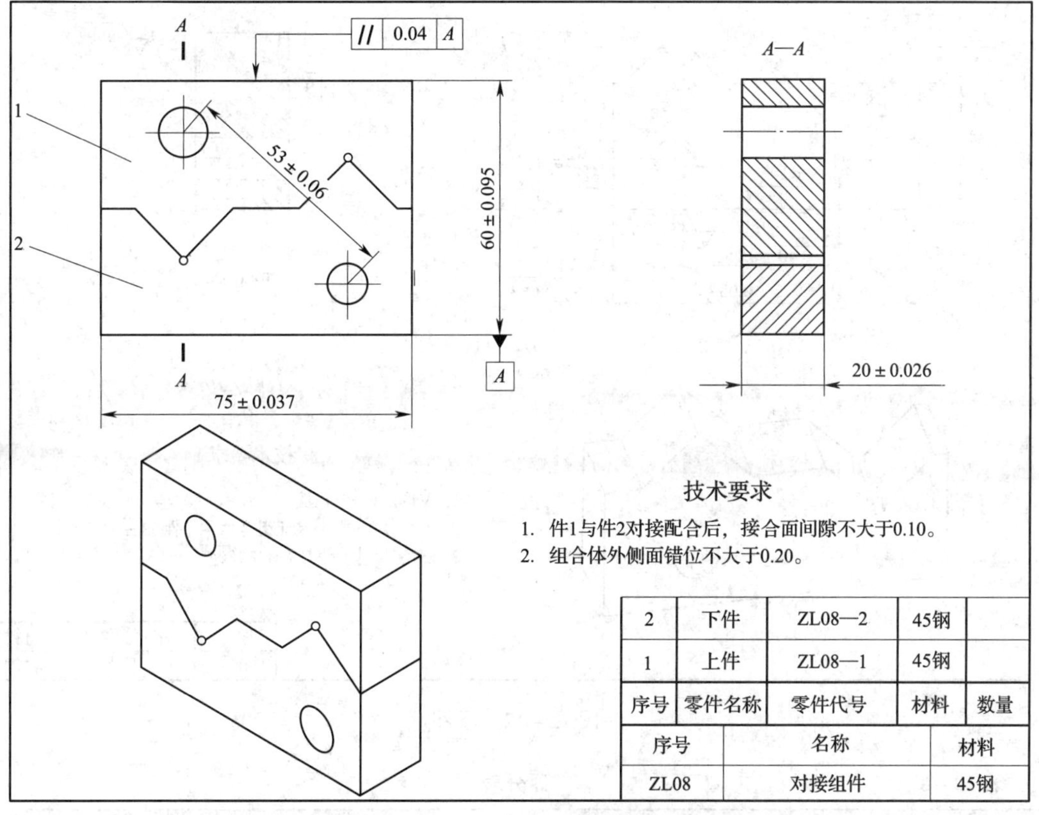

2	下件	ZL08—2	45钢	
1	上件	ZL08—1	45钢	
序号	零件名称	零件代号	材料	数量

序号	名称	材料
ZL08	对接组件	45钢

图 12－10 对接组件

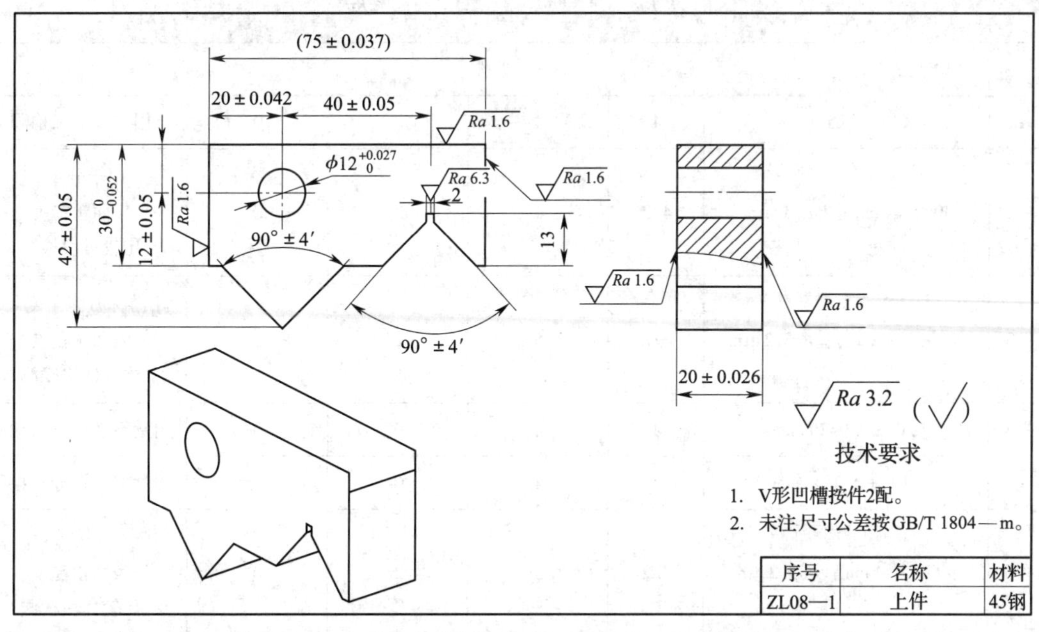

序号	名称	材料
ZL08—1	上件	45钢

图 12－11 上件

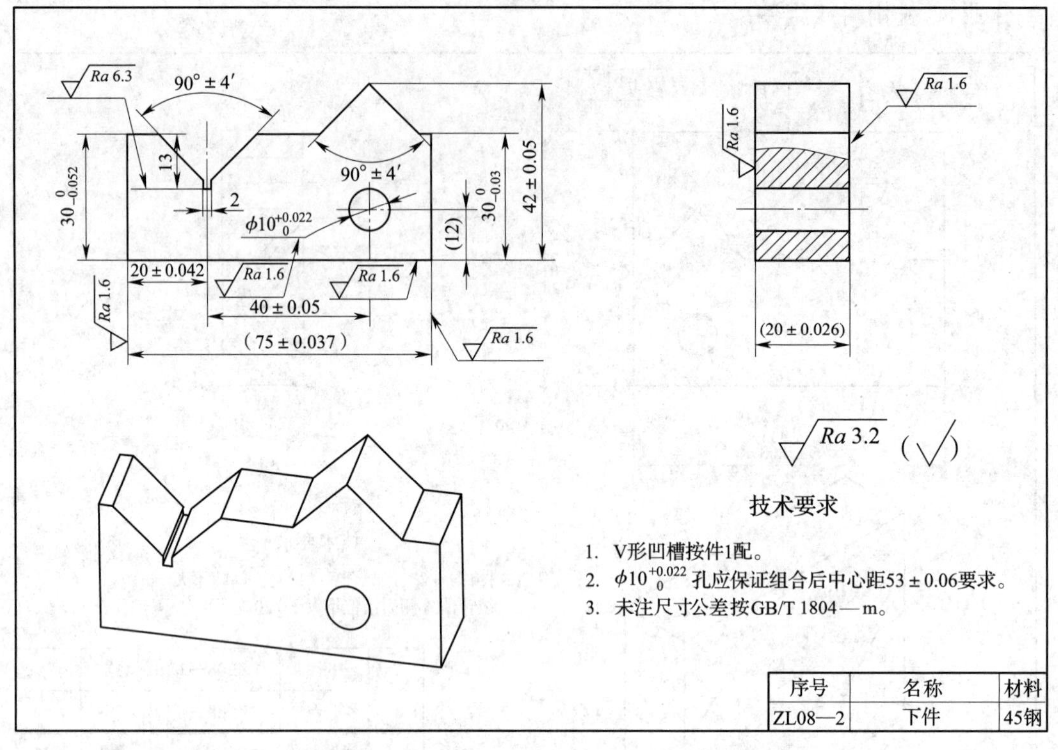

图 12 – 12　下件

表 12 – 8　　评分表

序号	考核要求	配分	评分标准			检测方法
		T/Ra	$\leqslant T$　$>Ra$ $\leqslant 2Ra$	$>T$ $\leqslant 2T$　$\leqslant Ra$	$>T$ $>Ra$	
件 1　上件						
1—1	(42 ±0.05) mm	4	4	0	0	用游标卡尺检测
1—2	$30_{-0.052}^{\ 0}$ mm；$Ra1.6$ μm	4/2	4	2	0	用千分尺、表面粗糙度比较样块检测
1—3	90° ±4′ (2 处)；$Ra3.2$ μm	6/2	6	2	0	用游标万能角度尺、表面粗糙度比较样块检测
1—4	(20 ±0.042) mm	4	4	0	0	用量棒、百分表检测
1—5	(12 ±0.05) mm	4	4	0	0	用量棒、百分表检测
1—6	$\phi 12_{\ 0}^{+0.027}$ mm；$Ra3.2$ μm	5/2	5	2	0	用塞规、表面粗糙度比较样块检测
1—7	(40 ±0.05) mm	4	4	0	0	用量棒、百分表检测

续表

序号	考核要求	配分	评分标准			检测方法
		T/Ra	$\leqslant T$ $>Ra$ $\leqslant 2Ra$	$>T$ $\leqslant 2T$ $\leqslant Ra$	$>T$ $>Ra$	
件2　下件						
2—8	(42 ±0.05) mm	4	4	0	0	用游标卡尺检测
2—9	$30_{-0.052}^{0}$ mm；$Ra3.2$ μm	4/2	4	2	0	用千分尺、表面粗糙度比较样块检测
2—10	90° ±4′ (2处)；$Ra3.2$ μm	6/2	6	2	0	用游标万能角度尺、表面粗糙度比较样块检测
2—11	(20 ±0.042) mm	4	4	0	0	用量棒、百分表检测
2—12	$\phi 10_{0}^{+0.022}$ mm；$Ra1.6$ μm	5/2	5	2	0	用塞规、表面粗糙度比较样块检测
2—13	(40 ±0.05) mm	4	4	0	0	用量棒、百分表检测
对接组件						
0—14	(53 ±0.06) mm	8	8	0	0	用量棒、外径千分尺检测
0—15	(60 ±0.095) mm	4	4	0	0	用游标卡尺检测
0—16	// 0.04 A	6	6	0	0	用百分表检测
0—17	技术要求1	6	6	0	0	用塞尺检测
0—18	技术要求2	6	6	0	0	用塞尺检测
19	未列入尺寸及 Ra		每超差一处扣1分			用游标卡尺、表面粗糙度比较样块检测
20	外观		毛刺、损伤、畸形等扣1~5分			目测
			未加工或严重畸形另扣5分			
21	安全文明生产		酌情扣1~5分，严重者扣10分			现场记录
合计		100	得分			

课题二 职业技能鉴定试题

作业 1. 铣削调节块

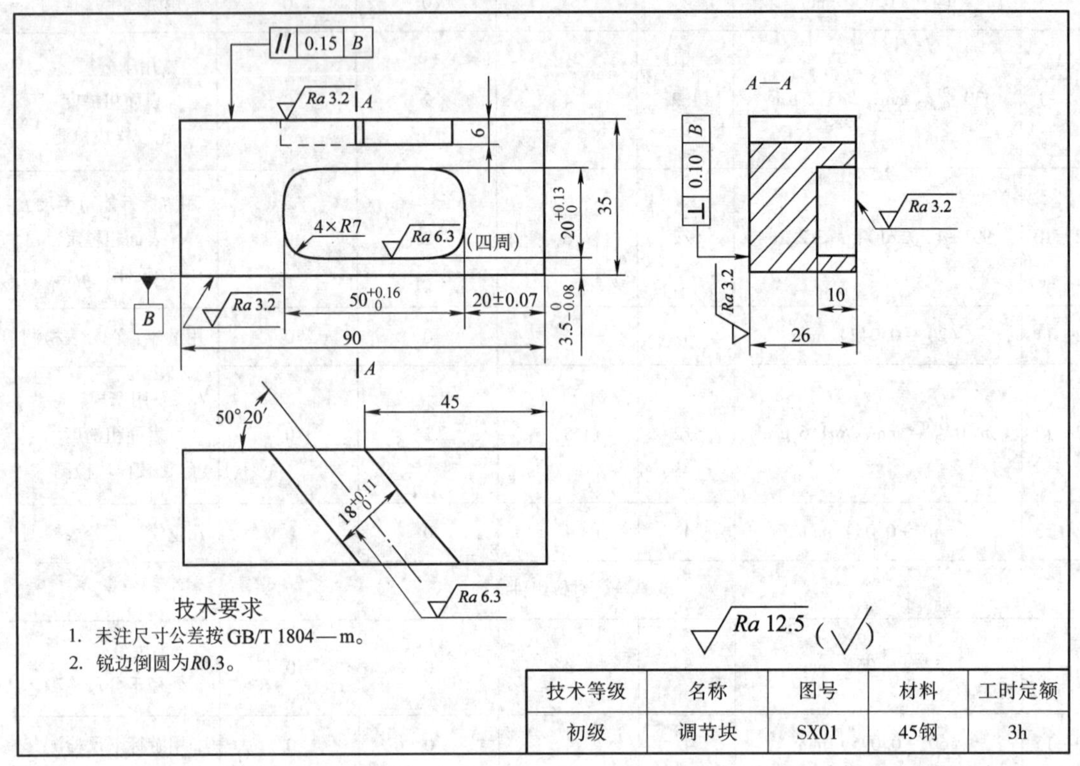

技术等级	名称	图号	材料	工时定额
初级	调节块	SX01	45钢	3h

图 12－13 调节块零件图

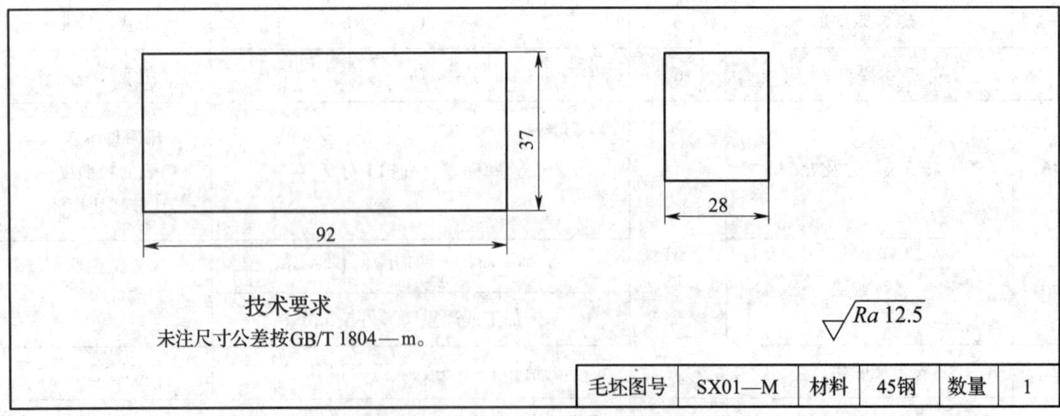

毛坯图号	SX01—M	材料	45钢	数量	1

图 12－14 调节块毛坯图

表 12－9　　铣削调节块工具、量具清单

工具、量具单	图号	零件名称	机床
	SX01	调节块	立式铣床
序号	名称	规格	数量
1	键槽铣刀	ϕ10 mm、ϕ12 mm	各 1
2	立铣刀	ϕ14 mm、ϕ16 mm、ϕ18 mm	各 1
3	游标卡尺	0～150 mm（0.02 mm）	1
4	游标万能角度尺	0°～320°（2′）	1
5	半径样板	1～6.5 mm、7～14.5 mm	各 1
6	直角尺	125 mm×80 mm（0 级）	1
7	杠杆百分表	0～0.8 mm（0.01 mm）	1
8	表架		1
9	游标高度卡尺	0～300 mm（0.02 mm）	1
10	塞尺	0.02～0.50 mm	1

表 12－10　　铣削调节块评分表

序号	考核要求	配分	评分标准			检测方法
		T/Ra	$\le T$	$>Ra$ $\le 2Ra$	$>T$ $\le 2T$	$\le Ra$	$>T$ $>Ra$	
1	90 mm	4	4	0	0	用游标卡尺检测
2	35 mm；Ra3.2 μm（2 处）	6/2	6	2	0	用游标卡尺、表面粗糙度比较样块检测
3	26 mm；Ra3.2 μm（2 处）	6/2	6	2	0	用游标卡尺、表面粗糙度比较样块检测
4	（20±0.07）mm	4	4	0	0	用游标卡尺检测
5	$50^{+0.16}_{0}$ mm；Ra6.3 μm（2 处）	10/2	10	2	0	用游标卡尺、表面粗糙度比较样块检测
6	$3.5^{0}_{-0.08}$ mm	4	4	0	0	用游标卡尺检测
7	$20^{+0.13}_{0}$ mm；Ra6.3 μm（2 处）	10/2	10	2	0	用游标卡尺、表面粗糙度比较样块检测
8	10 mm	3	3	0	0	用游标卡尺检测
9	45 mm	4	4	0	0	用游标卡尺检测
10	50°20′	10	10	0	0	用游标万能角度尺检测

续表

序号	考核要求	配分	评分标准			检测方法
		T/Ra	≤T　>Ra ≤2Ra	>T ≤2T　≤Ra	>T >Ra	
11	$18^{+0.11}_{0}$ mm；Ra6.3 μm（2处）	10/2	10	2	0	用游标卡尺、表面粗糙度比较样块检测
12	6 mm	3	3	0	0	用游标卡尺检测
13	⊥ 0.10 B	6	6	0	0	用直角尺检测
14	// 0.15 B	6	6	0	0	用杠杆百分表检测
15	R7 mm（4处）	4	4	0	0	用半径样板检测
16	未列入尺寸及 Ra		每超差一处扣1分			用游标卡尺、表面粗糙度比较样块检测
17	外观		毛刺、损伤、畸形等扣1~5分			目测
			未加工或严重畸形另扣5分			
18	安全文明生产		酌情扣1~5分，严重者扣10分			现场记录
	合计	100	得分			

作业2. 铣削限位轴

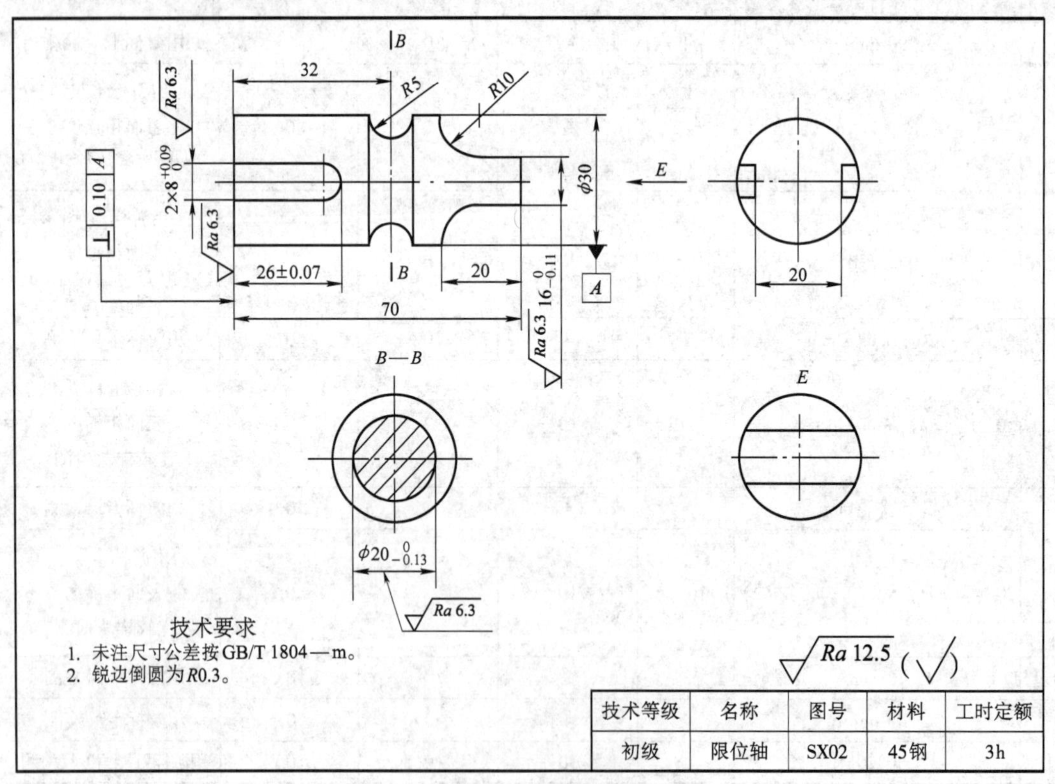

图 12-15　限位轴零件图

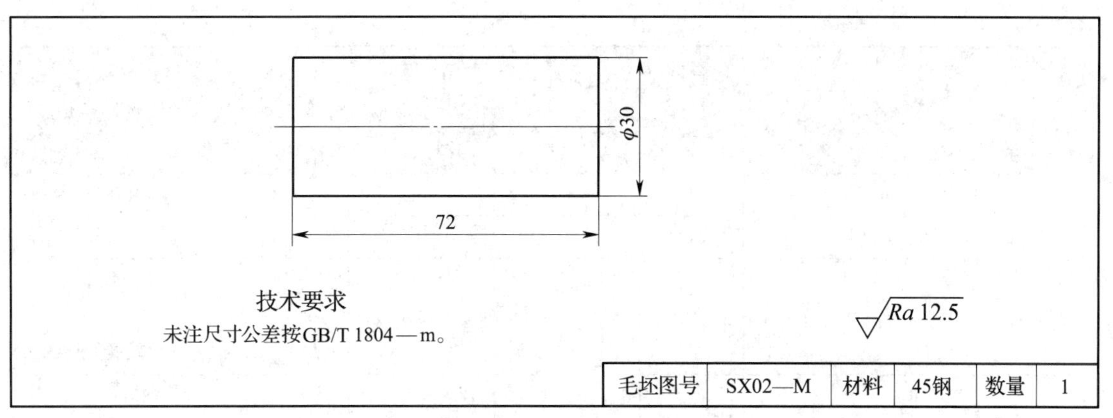

图 12－16　限位轴毛坯图

表 12－11　　铣削限位轴工具、量具清单

工具、量具单	图号	零件名称	机床
	SX02	限位轴	立式铣床
序号	名称	规格	数量
1	键槽铣刀	ϕ6 mm、ϕ8 mm	各 1
2	立铣刀	ϕ6 mm、ϕ8 mm、ϕ10 mm	各 1
3	立铣刀	ϕ20 mm	1
4	游标卡尺	0～150 mm（0.02 mm）	1
5	半径样板	1～6.5 mm、7～14.5 mm	各 1
6	直角尺	125 mm×80 mm（0 级）	1
7	塞尺	0.02～0.50 mm	1
8	杠杆百分表	0～0.8 mm（0.01 mm）	1
9	表架		1
10	游标高度卡尺	0～300 mm（0.02 mm）	1

表 12－12　　铣削限位轴评分表

序号	考核要求	配分	评分标准			检测方法
		T/Ra	$\leq T$	$>Ra$ $\leq 2Ra$	$>T$ $\leq 2T$ $\leq Ra$	$>T$ $>Ra$	
1	70 mm；Ra6.3 μm	4/1	4	1	0	用游标卡尺、表面粗糙度比较样块检测
2	$8^{+0.09}_{0}$ mm（2 处）；Ra6.3 μm（4 处）	20/4	20	4	0	用游标卡尺、表面粗糙度比较样块检测
3	（26±0.07）mm（2 处）	12	12	0	0	用游标卡尺检测
4	20 mm	6	6	0	0	用游标卡尺检测

续表

<table>
<tr><th rowspan="2">序号</th><th rowspan="2">考核要求</th><th>配分</th><th colspan="3">评分标准</th><th rowspan="2">检测方法</th></tr>
<tr><th>T/Ra</th><th>≤T >Ra ≤2Ra</th><th>>T ≤2T ≤Ra</th><th>>T >Ra</th></tr>
<tr><td>5</td><td>32 mm</td><td>4</td><td>4</td><td>0</td><td>0</td><td>用游标卡尺检测</td></tr>
<tr><td>6</td><td>R5 mm（2 处）</td><td>4</td><td>4</td><td>0</td><td>0</td><td>用半径样板检测</td></tr>
<tr><td>7</td><td>$\phi 20_{-0.13}^{\ 0}$ mm；Ra6.3 μm</td><td>12/2</td><td>12</td><td>2</td><td>0</td><td>用游标卡尺、表面粗糙度比较样块检测</td></tr>
<tr><td>8</td><td>$16_{-0.11}^{\ 0}$ mm；Ra6.3 μm</td><td>10/2</td><td>10</td><td>2</td><td>0</td><td>用游标卡尺、表面粗糙度比较样块检测</td></tr>
<tr><td>9</td><td>20 mm</td><td>6</td><td>6</td><td>0</td><td>0</td><td>用游标卡尺检测</td></tr>
<tr><td>10</td><td>R10 mm（2 处）</td><td>6</td><td>6</td><td>0</td><td>0</td><td>用半径样板检测</td></tr>
<tr><td>11</td><td>⊥ 0.10 A</td><td>7</td><td>7</td><td>0</td><td>0</td><td>用直角尺检测</td></tr>
<tr><td>12</td><td>未列尺寸及 Ra</td><td rowspan="4"></td><td colspan="3">每超差一处扣 1 分</td><td>用游标卡尺、表面粗糙度比较样块检测</td></tr>
<tr><td rowspan="2">13</td><td rowspan="2">外观</td><td colspan="3">毛刺、损伤、畸形等扣 1 ~ 5 分</td><td rowspan="2">目测</td></tr>
<tr><td colspan="3">未加工或严重畸形另扣 5 分</td></tr>
<tr><td>14</td><td>安全文明生产</td><td colspan="3">酌情扣 1 ~ 5 分，严重者扣 10 分</td><td>现场记录</td></tr>
<tr><td colspan="2">合计</td><td>100</td><td>得分</td><td colspan="3"></td></tr>
</table>

作业 3. 铣削止动块

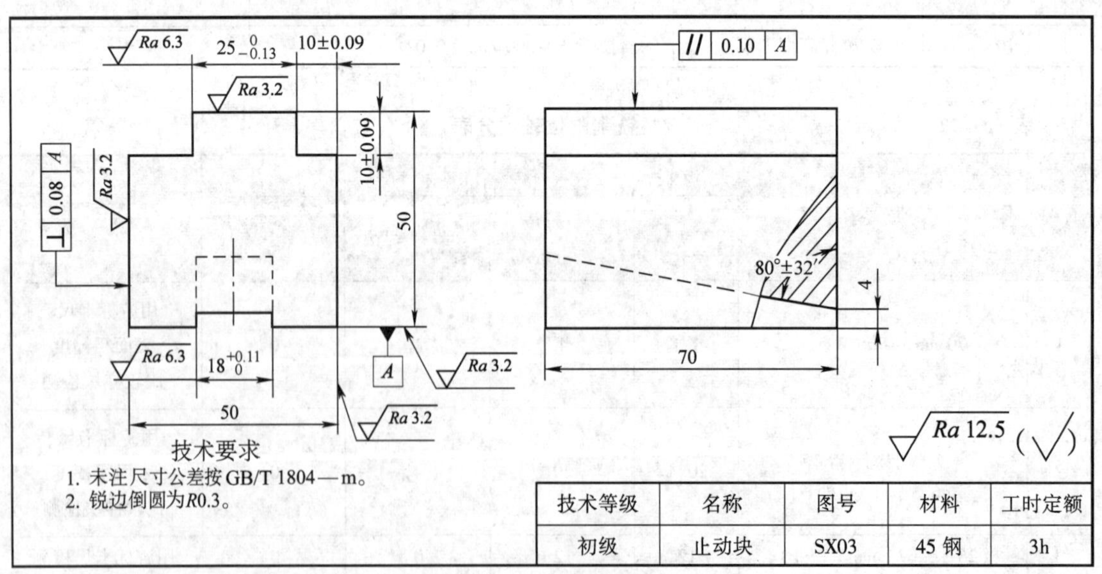

技术等级	名称	图号	材料	工时定额
初级	止动块	SX03	45 钢	3h

图 12－17　止动块零件图

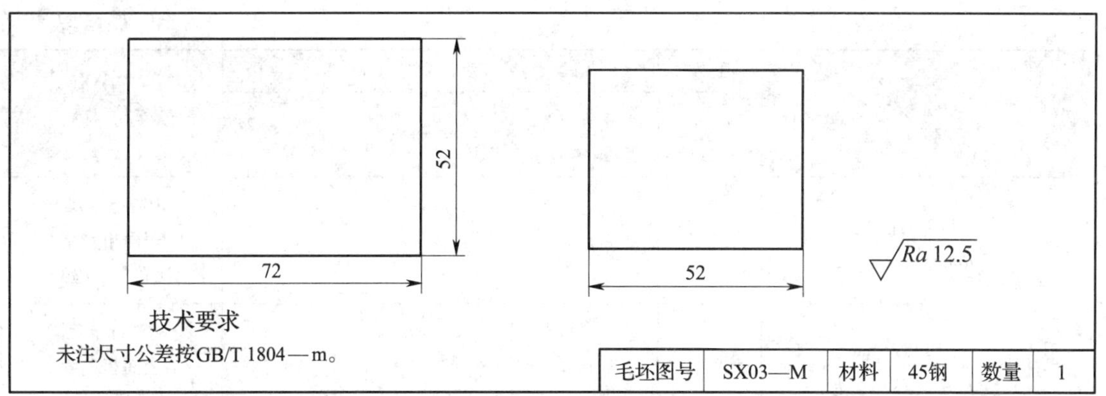

图 12－18　止动块毛坯图

表 12－13　　**铣削止动块工具、量具清单**

工具、量具单	图号	零件名称	机床
	SX03	止动块	卧式铣床
序号	名称	规格	数量
1	圆柱形铣刀	63 mm×63 mm×27 mm	1
2	三面刃铣刀	80 mm×16 mm×27 mm	1
3	游标卡尺	0～150 mm（0.02 mm）	1
4	游标万能角度尺	0°～320°（2′）	1
5	直角尺	125 mm×80 mm（0 级）	1
6	杠杆百分表	0～0.8 mm（0.01 mm）	1
7	表架		1
8	游标高度卡尺	0～300 mm（0.02 mm）	1
9	塞尺	0.02～0.50 mm	1

注：自备划线工具一套。

表 12－14　　**铣削止动块评分表**

序号	考核要求	配分	评分标准				检测方法
		T/Ra	$\leqslant T$	$>Ra$ $\leqslant 2Ra$	$>T$ $\leqslant 2T$	$\leqslant Ra$	$>T$ $>Ra$	
1	50 mm；Ra3.2 μm（2 处）	6/2	6		2		0	用游标卡尺、表面粗糙度比较样块检测
2	50 mm；Ra3.2 μm（2 处）	6/2	6		2		0	用游标卡尺、表面粗糙度比较样块检测
3	70 mm	6	6		0		0	用游标卡尺检测
4	（10±0.09）mm	6	6		0		0	用游标卡尺检测
5	（10±0.09）mm	6	6		0		0	用游标卡尺检测

续表

序号	考核要求	配分	评分标准			检测方法
		T/Ra	≤T　>Ra ≤2Ra	>T ≤2T　≤Ra	>T >Ra	
6	$25_{-0.13}^{\ 0}$ mm; Ra6.3 μm（2 处）	14/2	14	2	0	用游标卡尺、表面粗糙度比较样块检测
7	$18_{\ 0}^{+0.11}$ mm; Ra6.3 μm（2 处）	14/2	14	2	0	用游标卡尺、表面粗糙度比较样块检测
8	4 mm	4	4	0	0	用游标卡尺检测
9	80° ±32′	14	14	0	0	用游标万能角度尺检测
10	⊥ 0.08 A	8	8	0	0	用直角尺检测
11	// 0.10 A	8	8	0	0	用杠杆百分表检测
12	未列尺寸及 Ra		每超差一处扣 1 分			用游标卡尺、表面粗糙度比较样块检测
13	外观		毛刺、损伤、畸形等扣 1 ~5 分；未加工或严重畸形另扣 5 分			目测
14	安全文明生产		酌情扣 1 ~5 分，严重者扣 10 分			现场记录
合计		100	得分			

作业 4. 铣削接长转轴

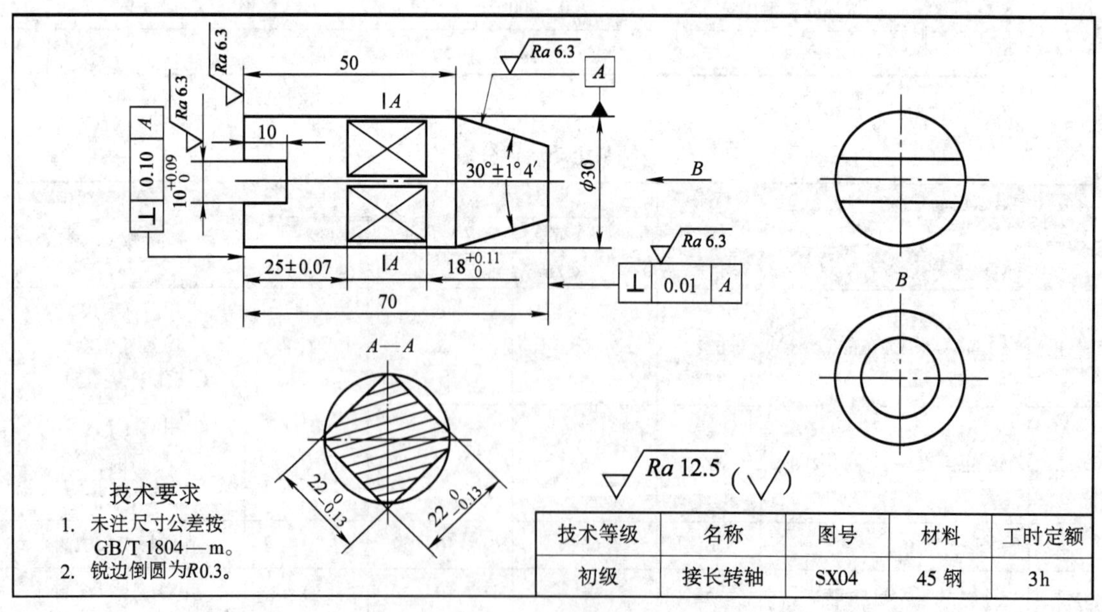

图 12－19　接长转轴零件图

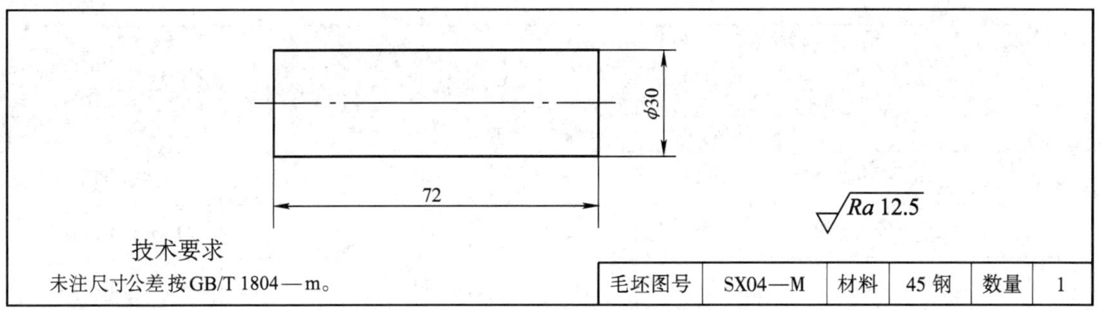

图 12－20 接长转轴毛坯图

表 12－15 **铣削接长转轴工具、量具清单**

工具、量具单	图号	零件名称	机床
	SX04	接长转轴	立式铣床
序号	名称	规格	数量
1	键槽铣刀	ϕ8 mm、ϕ10 mm	各 1
2	立铣刀	ϕ8 mm、ϕ10 mm	各 1
3	立铣刀	ϕ16 mm、ϕ18 mm	各 1
4	游标卡尺	0～150 mm（0.02 mm）	1
5	游标万能角度尺	0°～320°（2′）	1
6	直角尺	125 mm×80 mm（0 级）	1
7	塞尺	0.02～0.50 mm	1
8	杠杆百分表	0～0.8 mm（0.01 mm）	1
9	表架		1
10	游标高度卡尺	0～300 mm（0.02 mm）	1

表 12－16 **铣削接长转轴评分表**

序号	考核要求	配分	评分标准			检测方法
		T/Ra	$\leqslant T$ $>Ra$ $\leqslant 2Ra$	$>T$ $\leqslant 2T$ $\leqslant Ra$	$>T$ $>Ra$	
1	70 mm；Ra6.3 μm（2 处）	6/4	6	4	0	用游标卡尺、表面粗糙度比较样块检测
2	$10^{+0.09}_{0}$ mm；Ra6.3 μm（2 处）	12/4	12	4	0	用游标卡尺、表面粗糙度比较样块检测
3	10 mm	6	6	0	0	用游标卡尺检测
4	（25±0.07）mm	6	6	0	0	用游标卡尺检测

续表

序号	考核要求	配分	评分标准			检测方法
		T/Ra	$\leqslant T$ $>Ra$ $\leqslant 2Ra$	$>T$ $\leqslant 2T$ $\leqslant Ra$	$>T$ $>Ra$	
5	$18^{+0.11}_{0}$ mm	6	6	0	0	用游标卡尺检测
6	$22^{0}_{-0.13}$ mm（2 处）	24	24	0	0	用游标卡尺检测
7	50 mm	4	4	0	0	用游标卡尺检测
8	30° ±1°4′；*Ra*6. 3 μm	12/2	12	2	0	用游标万能角度尺、表面粗糙度比较样块检测
9	⊥ 0.10 *A*（2 处）	14	14	0	0	用直角尺检测
10	未列尺寸及 *Ra*		每超差一处扣 1 分			用游标卡尺、表面粗糙度比较样块检测
11	外观		毛刺、损伤、畸形等扣 1 ~5 分			目测
			未加工或严重畸形另扣 5 分			
12	安全文明生产		酌情扣 1 ~5 分，严重者扣 10 分			现场记录
合计		100	得分			

作业 5. 铣削 V 形定位块

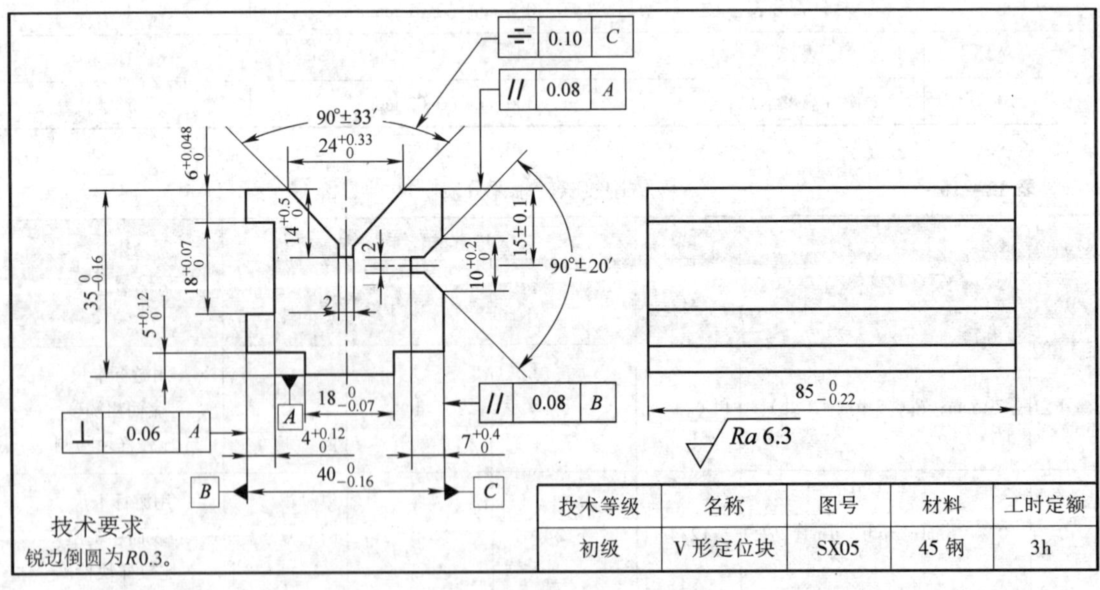

图 12 –21　V 形定位块零件图

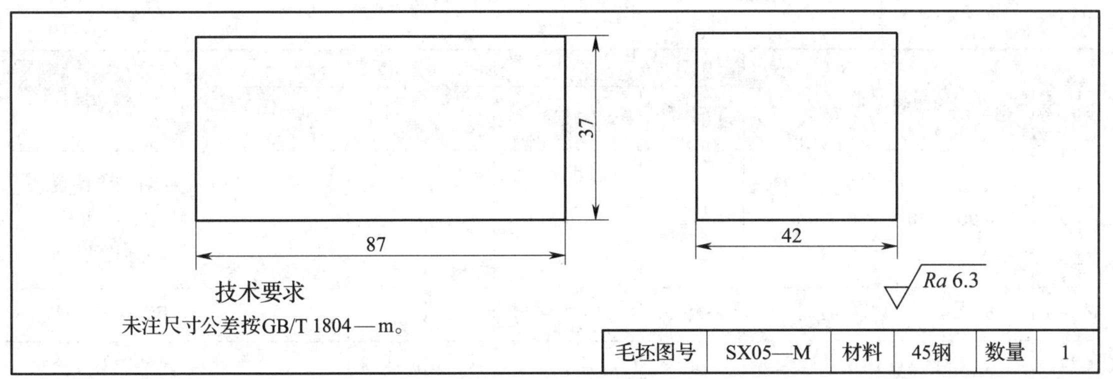

图 12－22　V 形定位块毛坯图

表 12－17　　**铣削 V 形定位块工具、量具清单**

工具、量具单	图号	零件名称	机床
	SX05	V 形定位块	卧式铣床
序号	名称	规格	数量
1	圆柱形铣刀	63 mm×63 mm×27 mm	1
2	三面刃铣刀	80 mm×12 mm×27 mm	1
3	锯片铣刀	100 mm×2 mm×27 mm	1
4	对称双角铣刀	100 mm×32 mm×32 mm×90°	1
5	游标卡尺	0～150 mm（0.02 mm）	1
6	游标万能角度尺	0°～320°（2′）	1
7	外径千分尺	0～25 mm（0.01 mm）	1
8	直角尺	125 mm×80 mm（0 级）	1
9	杠杆百分表	0～0.8 mm（0.01 mm）	1
10	表架		1
11	游标高度卡尺	0～300 mm（0.02 mm）	1

注：自备划线工具一套。

表 12－18　　**铣削 V 形定位块评分表**

序号	考核要求	配分	评分标准			检测方法
		T/Ra	≤T　>Ra ≤2Ra	>T ≤2T　≤Ra	>T >Ra	
1	$85_{-0.22}^{0}$ mm	6	6	0		用游标卡尺检测
2	$40_{-0.16}^{0}$ mm；*Ra*6.3 μm	6/2	6	2	0	用游标卡尺、表面粗糙度比较样块检测
3	$35_{-0.16}^{0}$ mm；*Ra*6.3 μm	6/2	6	2	0	用游标卡尺、表面粗糙度比较样块检测
4	$24_{0}^{+0.33}$ mm	2	2	0	0	用游标卡尺检测

续表

序号	考核要求	配分	评分标准			检测方法
		T/Ra	≤T　>Ra ≤2Ra	>T ≤2T　≤Ra	>T >Ra	
5	90°±20′；Ra6.3 μm	4/2	4	2	0	用游标万能角度尺、表面粗糙度比较样块检测
6	2 mm、$14^{+0.5}_{0}$ mm	2	2	0	0	用游标卡尺检测
7	(15±0.1) mm	4	4	0	0	用游标卡尺检测
8	$10^{+0.2}_{0}$ mm	2	2	0	0	用游标卡尺检测
9	90°±33′	4	4	0	0	用游标万能角度尺检测
10	2 mm、$7^{+0.4}_{0}$ mm	2	2	0	0	用游标卡尺检测
11	$18^{0}_{-0.07}$ mm；Ra6.3 μm	8/2	8	2	0	用外径千分尺、表面粗糙度比较样块检测
12	$5^{+0.12}_{0}$ mm	2	2	0	0	用游标卡尺检测
13	$6^{+0.048}_{0}$ mm	8	8	0	0	用外径千分尺检测
14	$18^{+0.07}_{0}$ mm；Ra6.3 μm	8/2	8	2	0	用游标卡尺、表面粗糙度比较样块检测
15	$4^{+0.12}_{0}$ mm	2	2	0	0	用游标卡尺检测
16	⊥ 0.06 A	6	6	0	0	用直角尺检测
17	// 0.08 A	6	6	0	0	用杠杆百分表检测
18	// 0.08 B	6	6	0	0	用杠杆百分表检测
19	⌯ 0.10 C	6	6	0	0	用杠杆百分表检测
20	未列尺寸及 Ra		每超差一处扣 1 分			用游标卡尺、表面粗糙度比较样块检测
21	外观		毛刺、损伤、畸形等扣 1~5 分			目测
			未加工或严重畸形另扣 5 分			
22	安全文明生产		酌情扣 1~5 分，严重者扣 10 分			现场记录
合计		100	得分			

作业 6. 铣削十字槽底板

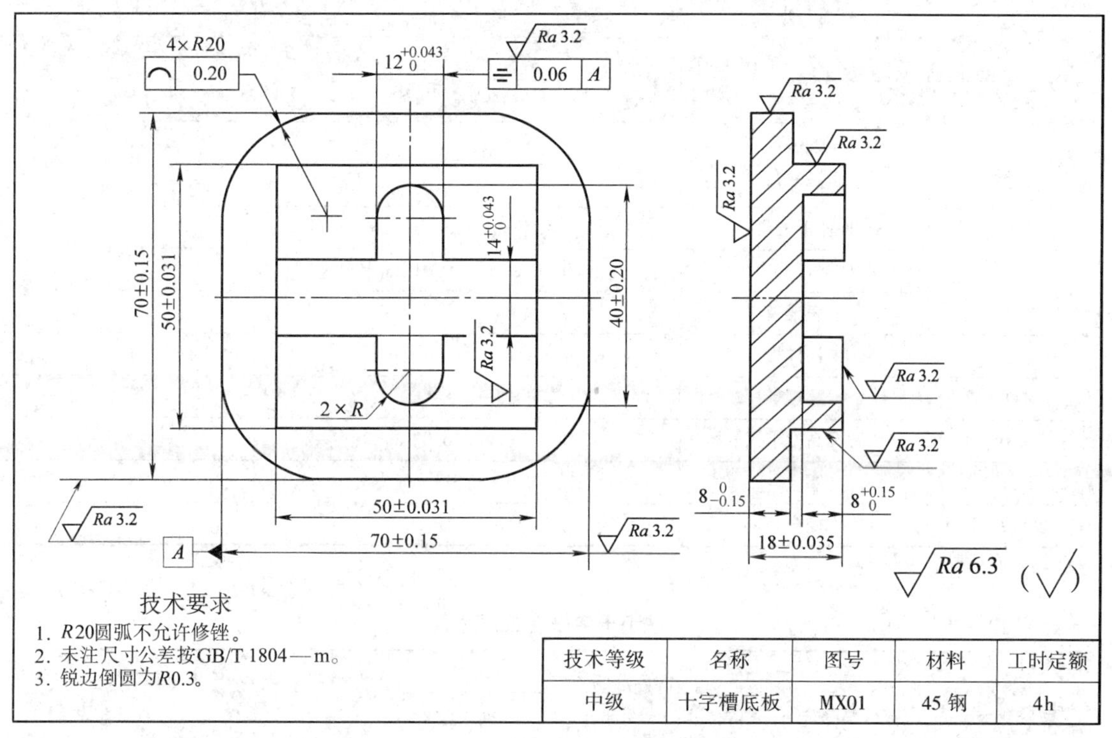

图 12－23　十字槽底板零件图

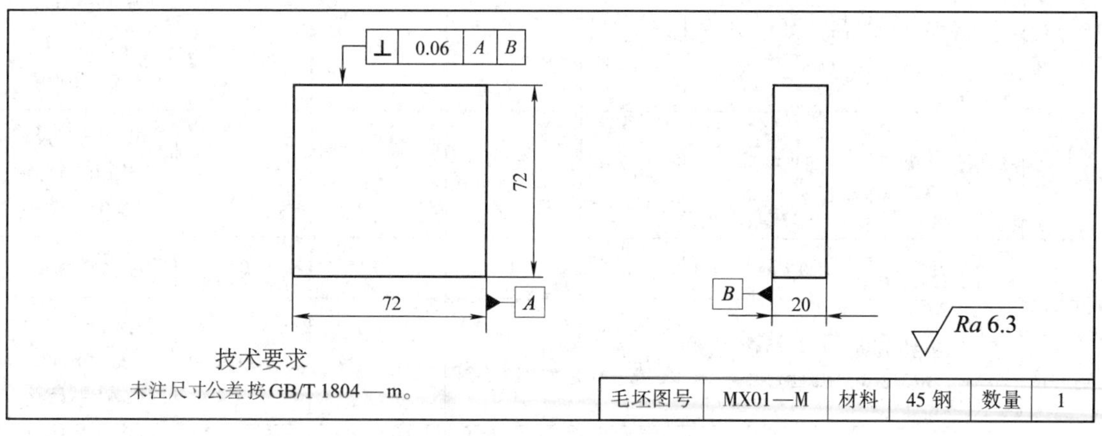

图 12－24　十字槽底板毛坯图

表 12－19　　**铣削十字槽底板工具、量具清单**

工具、量具单	图号	零件名称	机床
	MX01	十字槽底板	立式铣床
序号	名称	规格	数量
1	立铣刀	ϕ20 mm、ϕ30 mm	各 1
2	键槽铣刀	ϕ10 mm、ϕ12 mm、ϕ14 mm	各 1

续表

工具、量具单	图号	零件名称	机床
	MX01	十字槽底板	立式铣床
序号	名称	规格	数量
3	立铣刀	ϕ10 mm	1
4	游标卡尺	0 ~ 150 mm（0.02 mm）	1
5	外径千分尺	0 ~ 25 mm、25 ~ 50 mm	各 1
6	杠杆百分表	0 ~ 0.8 mm（0.01 mm）	1
7	表架		1
8	半径样板	15 ~ 25 mm	1
9	塞规	ϕ12H9、ϕ14H9	各 1
10	游标高度卡尺	0 ~ 300 mm（0.02 mm）	1
11	塞尺	0.02 ~ 0.50 mm	1
12	半径样板	1 ~ 6.5 mm	1

注：自备划线工具一套。

表 12 - 20　　铣削十字槽底板评分表

序号	考核要求	配分	评分标准			检测方法
		T/Ra	$\leqslant T$　$>Ra$ $\leqslant 2Ra$	$>T$ $\leqslant 2T$　$\leqslant Ra$	$>T$ $>Ra$	
1	(70 ± 0.15) mm(2 处)； Ra3.2 μm（4 处）	8/2	8	2	0	用游标卡尺、表面粗糙度比较样块检测
2	(18 ± 0.035) mm； Ra3.2 μm（2 处）	10/2	10	2	0	用外径千分尺、表面粗糙度比较样块检测
3	[⌒ | 0.20]（4 处）、R20 mm（4 处）	12	12	0	0	用半径样板检测
4	(50 ± 0.031) mm(2 处)； Ra3.2 μm（2 处）	16/4	16	4	0	用外径千分尺、表面粗糙度比较样块检测
5	$8_{-0.15}^{0}$ mm	5	5	0	0	用游标卡尺检测
6	$12_{0}^{+0.043}$ mm（2 处）； Ra3.2 μm（2 处）	10/2	10	2	0	用塞规、表面粗糙度比较样块检测
7	$14_{0}^{+0.043}$ mm（2 处）；Ra3.2 μm	10/2	10	2	0	用塞规、表面粗糙度比较样块检测
8	(40 ± 0.20) mm	4	4	0	0	用游标卡尺检测

续表

序号	考核要求	配分	评分标准			检测方法
		T/Ra	$\leqslant T$ / $>Ra$ $\leqslant 2Ra$	$>T$ $\leqslant 2T$ / $\leqslant Ra$	$>T$ / $>Ra$	
9	$8^{+0.15}_{0}$ mm	5	5	0	0	用游标卡尺检测
10	$2\times R$	2	2	0	0	用半径样板检测
11	⌯ 0.06 A	6	6	0	0	用杠杆百分表检测
12	未列尺寸及 Ra		每超差一处扣 1 分			用游标卡尺、表面粗糙度比较样块检测
13	外观		毛刺、损伤、畸形等扣 1 ~5 分			目测
			未加工或严重畸形另扣 5 分			
14	安全文明生产		酌情扣 1 ~5 分，严重者扣 10 分			现场记录
合计		100	得分			

作业 7. 铣削配油盘

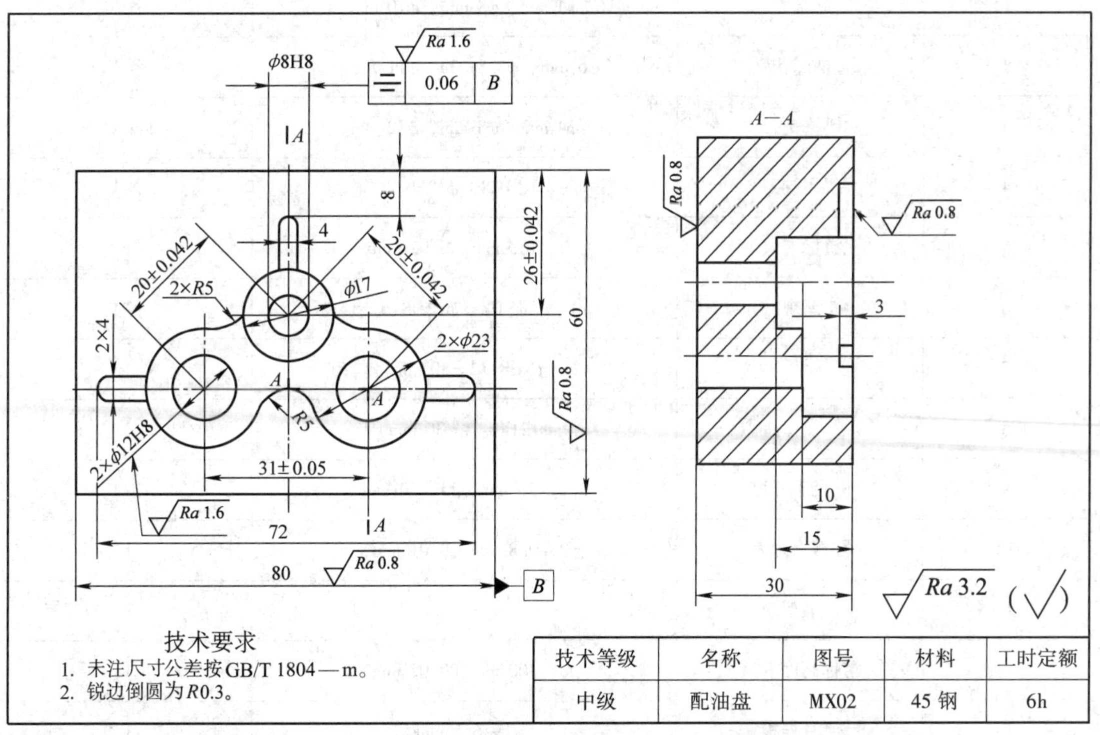

图 12 – 25　配油盘零件图

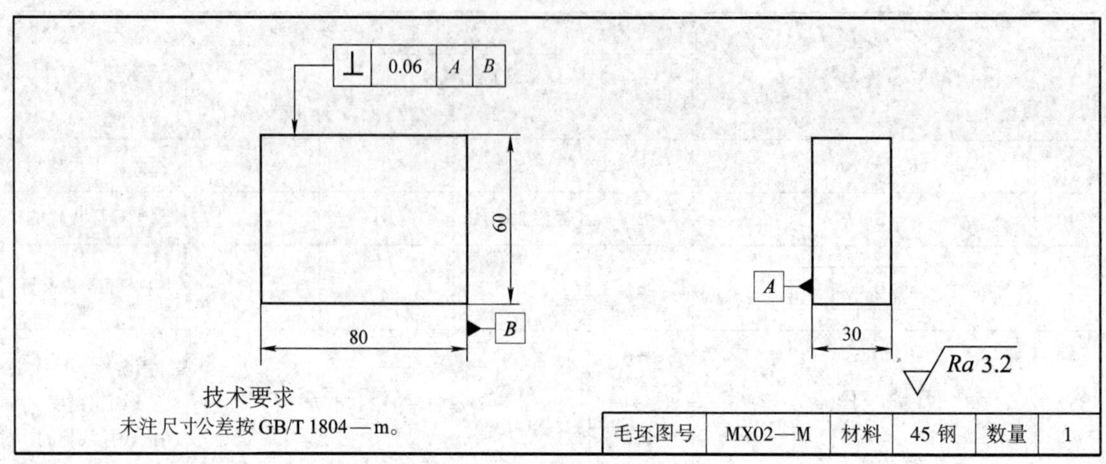

图 12-26 配油盘毛坯图

表 12-21　　　　铣削配油盘工具、量具清单

工具、量具单	图号	零件名称	机床
	MX02	配油盘	立式铣床
序号	名称	规格	数量
1	立铣刀	ϕ4 mm、ϕ8 mm、ϕ10 mm	各 1
2	直柄麻花钻	ϕ6 mm、ϕ7.8 mm、ϕ11.8 mm	各 1
3	键槽铣刀	ϕ4 mm、ϕ8 mm、ϕ12 mm	各 1
4	机用铰刀	ϕ8H8、ϕ12H8	各 1
5	游标卡尺	0 ~ 150 mm（0.02 mm）	1
6	塞规	ϕ8H8、ϕ12H8	各 1
7	量棒	ϕ8H8（l = 30 mm）	1
8	量棒	ϕ12H8（l = 30 mm）	2
9	外径千分尺	0 ~ 25 mm、25 ~ 50 mm	各 1
10	杠杆百分表	0 ~ 0.8 mm（0.01 mm）	1
11	表架		1
12	游标高度卡尺	0 ~ 300 mm（0.02 mm）	1
13	半径样板	1 ~ 6.5 mm	1

表 12－22　　　　配油盘评分表

序号	考核要求	配分	评分标准			检测方法
		T/Ra	≤T　>Ra ≤2Ra	>T ≤2T　≤Ra	>T >Ra	
1	(26±0.042) mm	8	8	0	0	用外径千分尺检测
2	φ8H8，Ra1.6 μm	6/4	6	4	0	用塞规、表面粗糙度比较样块检测
3	φ17 mm	6	6	0	0	用游标卡尺检测
4	4 mm、8 mm	3	3	0	0	用游标卡尺检测
5	3 mm、15 mm	2	2	0	0	用游标卡尺检测
6	(20±0.042) mm (2 处)	16	16	0	0	用外径千分尺、量棒检测
7	(31±0.05) mm	8	8	0	0	用外径千分尺、量棒检测
8	φ12H8 (2 处)；Ra1.6 μm (2 处)	12/8	12	8	0	用塞规、表面粗糙度比较样块检测
9	φ23 mm (2 处)	12	12	0	0	用游标卡尺检测
10	10 mm	2	2	0	0	用游标卡尺检测
11	4 mm (2 处)	2	2	0	0	用游标卡尺检测
12	72 mm	2	2	0	0	用游标卡尺检测
13	R5 mm (3 处)	3	3	0	0	用半径样板检测
14	⌯ 0.06 B	6	6	0	0	用杠杆百分表检测
15	未列尺寸及 Ra		每超差一处扣 1 分			用游标卡尺、表面粗糙度比较样块检测
16	外观		毛刺、损伤、畸形等扣 1～5 分 未加工或严重畸形另扣 5 分			目测
17	安全文明生产		酌情扣 1～5 分，严重者扣 10 分			现场记录
合计		100	得分			

作业 8. 铣削升降 V 形支座

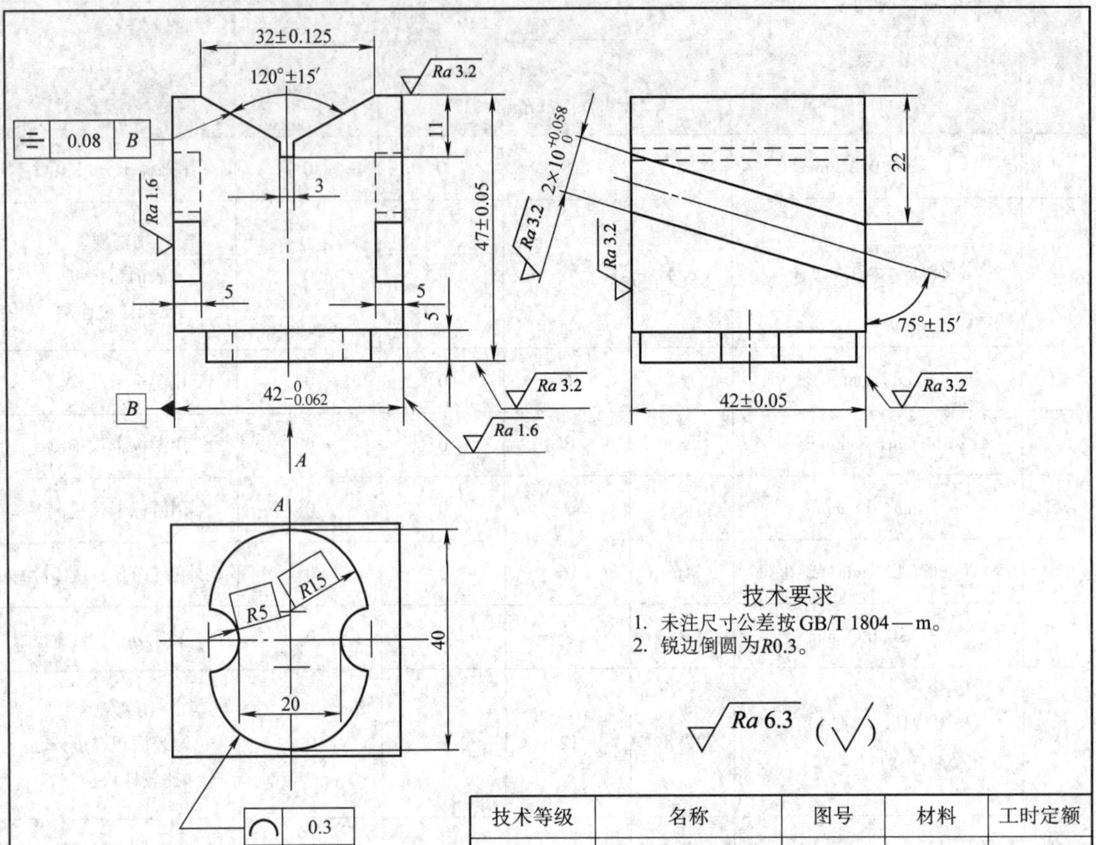

技术要求

1. 未注尺寸公差按 GB/T 1804—m。
2. 锐边倒圆为 $R0.3$。

$\sqrt{Ra\ 6.3}$ (√)

技术等级	名称	图号	材料	工时定额
中级	升降 V 形支座	MX03	45 钢	4h

图 12-27　升降 V 形支座零件图

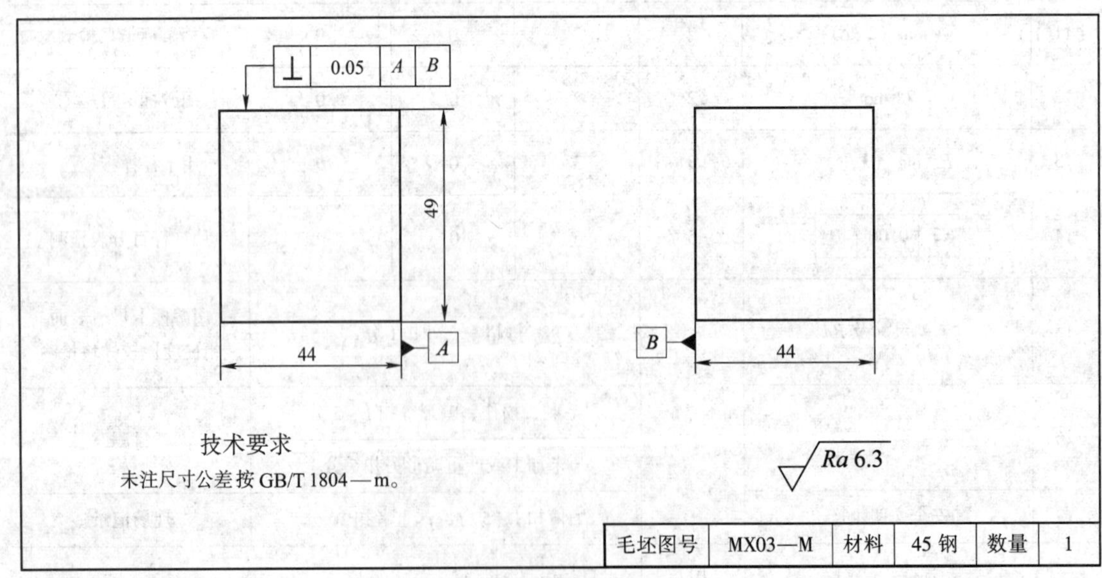

毛坯图号	MX03—M	材料	45 钢	数量	1

图 12-28　升降 V 形支座毛坯图

表 12－23　　铣削升降 V 形支座工具、量具清单

工具、量具单	图号	零件名称	机床
	MX03	升降 V 形支座	立式铣床
序号	名称	规格	数量
1	面铣刀		1
2	立铣刀	ϕ8 mm、ϕ10 mm、ϕ16 mm	各 1
3	键槽铣刀	ϕ3 mm、ϕ8 mm、ϕ10 mm	各 1
4	游标卡尺	0～150 mm（0.02 mm）	1
5	外径千分尺	25～50 mm（0.01 mm）	1
6	游标万能角度尺	0°～320°（2′）	1
7	半径样板	1～6.5 mm、7～14.5 mm、15～25 mm	各 1
8	杠杆百分表	0～0.8 mm（0.01 mm）	1
9	表架		1
10	游标高度卡尺	0～300 mm（0.02 mm）	1
11	塞规	ϕ10H10	1

注：自备划线工具一套。

表 12－24　　铣削升降 V 形支座评分表

序号	考核要求	配分	评分标准			检测方法
		T/Ra	≤T　>Ra ≤2Ra	>T ≤2T　≤Ra	>T >Ra	
1	（42±0.05）mm； Ra3.2 μm（2 处）	6/2	6	2	0	用游标卡尺、 表面粗糙度 比较样块检测
2	$42_{-0.062}^{\ 0}$ mm； Ra1.6 μm（2 处）	10/2	10	2	0	用外径千分尺、 表面粗糙度 比较样块检测
3	（47±0.05）mm； Ra3.2 μm（2 处）	6/2	6	2	0	用游标卡尺、 表面粗糙度 比较样块检测
4	（32±0.125）mm	4	4	0	0	用游标卡尺检测
5	120°±15′	8	8	0	0	用游标万能角度尺检测
6	11 mm、3 mm	4	4	0	0	用游标卡尺检测
7	22 mm（2 处）	4	4	0	0	用游标卡尺检测
8	75°±15′（2 处）	10	10	0	0	用游标万能 角度尺检测

续表

序号	考核要求	配分	评分标准			检测方法
		T/Ra	$\leqslant T$ $>Ra$ $\leqslant 2Ra$	$>T$ $\leqslant 2T$ $\leqslant Ra$	$>T$ $>Ra$	
9	$10^{+0.058}_{0}$ mm（2处）；Ra3.2 μm	12/2	12	2	0	用塞规、表面粗糙度比较样块检测
10	5 mm（3处）	3	3	0	0	用游标卡尺检测
11	20 mm	5	5	0	0	用游标卡尺检测
12	40 mm	4	4	0	0	用游标卡尺检测
13	$R5$　$R15$　⌒ 0.3	10	10	0	0	用半径样板检测
14	⌯ 0.08 B	6	6	0	0	用杠杆百分表检测
15	未列尺寸及 Ra		每超差一处扣1分			用游标卡尺、表面粗糙度比较样块检测
16	外观		毛刺、损伤、畸形等扣1~5分			目测
			未加工或严重畸形另扣5分			
17	安全文明生产		酌情扣1~5分，严重者扣10分			现场记录
	合计	100	得分			

作业9. 铣削凸耳柱塞组件

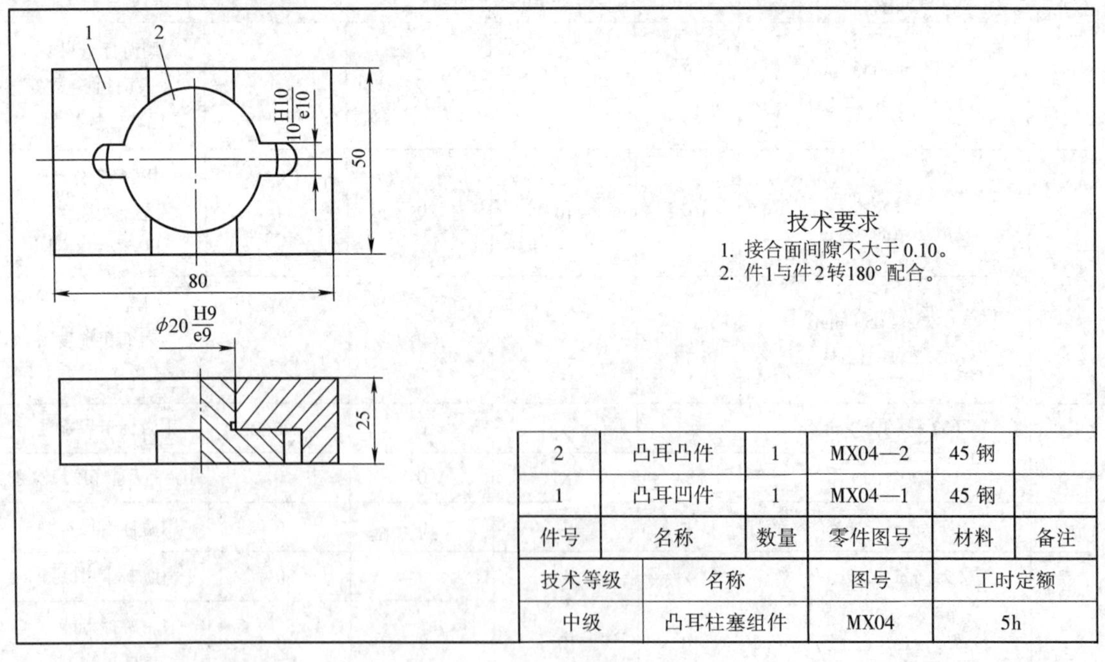

图12-29　凸耳柱塞组件装配图

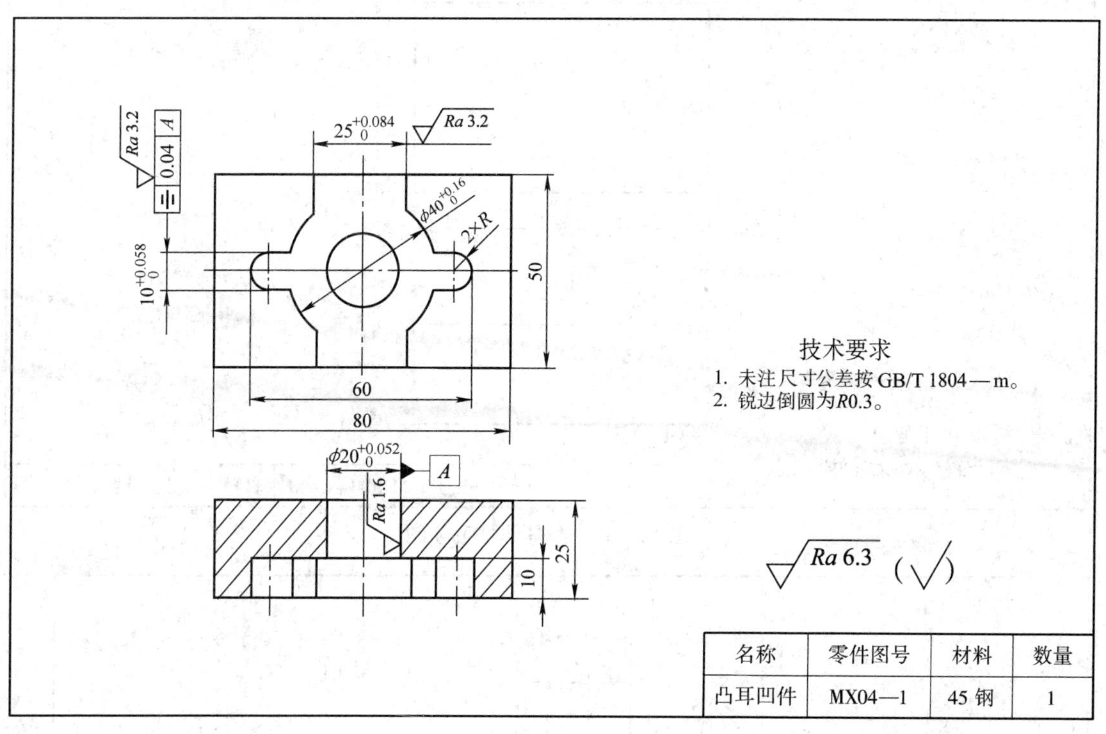

名称	零件图号	材料	数量
凸耳凹件	MX04—1	45 钢	1

图 12－30　凸耳凹件零件图

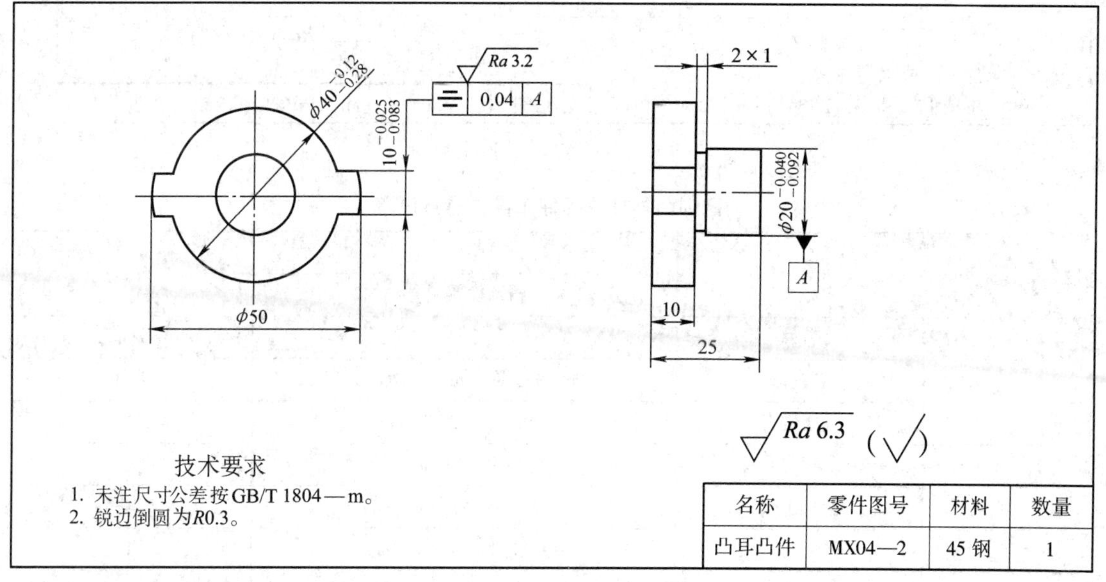

名称	零件图号	材料	数量
凸耳凸件	MX04—2	45 钢	1

图 12－31　凸耳凸件零件图

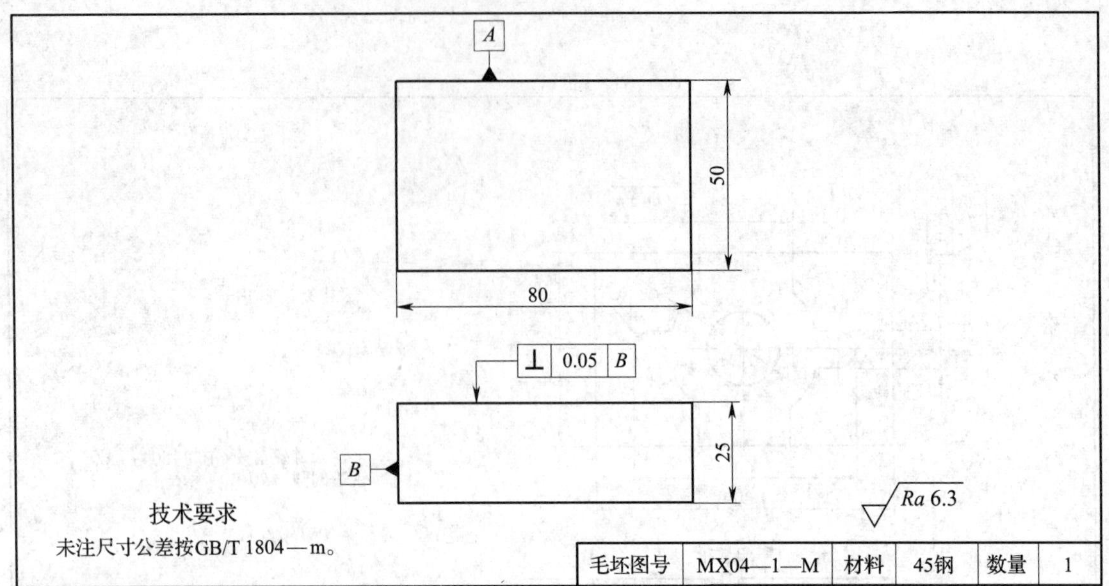

图 12－32　凸耳凹件毛坯图

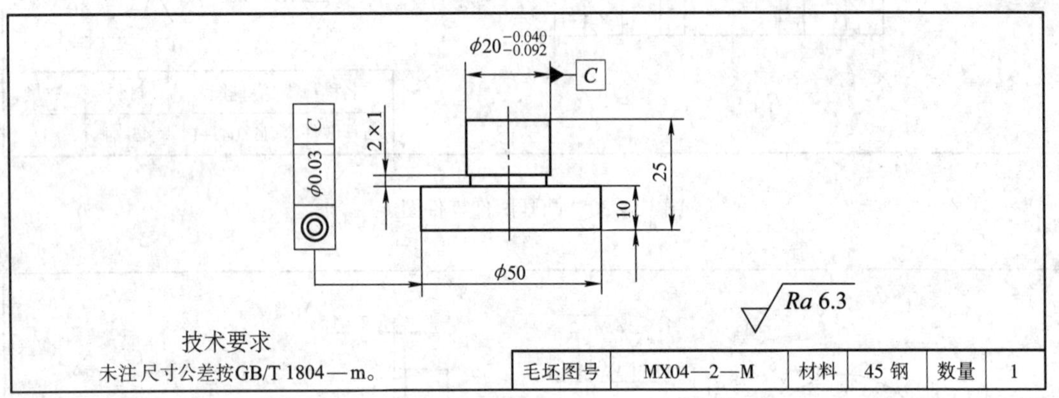

图 12－33　凸耳凸件毛坯图

表 12－25　　铣削凸耳柱塞组件工具、量具清单

工具、量具单	图号	名称	机床
	MX04	凸耳柱塞组件	立式铣床
序号	名称	规格	数量
1	立铣刀	ϕ8 mm、ϕ10 mm、ϕ16 mm	各 1
2	键槽铣刀	ϕ8 mm、ϕ10 mm	各 1
3	镗刀	ϕ19 ~ 40 mm	1
4	游标卡尺	0 ~ 150 mm（0. 02 mm）	1
5	外径千分尺	0 ~ 25 mm（0. 01 mm）	1
6	塞规	ϕ10H10	1
7	半径样板	1 ~ 6. 5 mm、15 ~ 25 mm	各 1
8	塞尺	0. 02 ~ 0. 50 mm	1

续表

工具、量具单	图号	名称	机床
	MX04	凸耳柱塞组件	立式铣床
序号	名称	规格	数量
9	杠杆百分表	0～0.8 mm（0.01 mm）	1
10	表架		1
11	游标高度卡尺	0～300 mm（0.02 mm）	1
12	内径百分表	10～18 mm（0.01 mm）	1
13	心棒	ϕ20H6（l=100 mm）	1

注：1. 自备划线工具一套。

2. 选用 F11125 型分度头。

表 12－26　　铣削凸耳柱塞组件评分表

序号	考核要求	配分	评分标准				检测方法
		T/Ra	$\leqslant T$	$>Ra$ $\leqslant 2Ra$	$>T$ $\leqslant 2T$	$\leqslant Ra$	$>T$ $>Ra$	
件1　凸耳凹件						
1—1	$\phi 20^{+0.052}_{0}$ mm；$Ra1.6$ μm	10/2	10	2	0	用内径百分表、表面粗糙度比较样块检测
1—2	$\phi 40^{+0.16}_{0}$ mm	8	8	0	0	用游标卡尺检测
1—3	$25^{+0.084}_{0}$ mm；$Ra3.2$ μm（2 处）	8/2	8	2	0	用游标卡尺、表面粗糙度比较样块检测
1—4	$10^{+0.058}_{0}$ mm；$Ra3.2$ μm	10/2	10	2	0	用塞规、表面粗糙度比较样块检测
1—5	60 mm	4	4	0	0	用游标卡尺检测
1—6	2×R	2	2	0	0	用半径样板检测
1—7	10 mm	2	2	0	0	用游标卡尺检测
1—8	⌯ 0.04 A	8	8	0	0	用杠杆百分表检测
件2　凸耳凸件						
2—9	$10^{-0.025}_{-0.083}$ mm（2 处）；$Ra3.2$ μm（2 处）	12/2	12	2	0	用外径千分尺、表面粗糙度比较样块检测
2—10	$\phi 40^{-0.12}_{-0.28}$ mm	8	8	0	0	用游标卡尺、半径样板检测
2—11	⌯ 0.04 A	8	8	0	0	用杠杆百分表检测
凸耳柱塞组件						
0—12	技术要求 1	8	8	0	0	用塞尺检测

续表

序号	考核要求	配分	评分标准			检测方法
		T/Ra	≤T　>Ra ≤2Ra	>T ≤2T　≤Ra	>T >Ra	
0—13	技术要求 2	4	4	0	0	手感
14	未列尺寸及 Ra		每超差一处扣 1 分			用游标卡尺、表面粗糙度比较样块检测
15	外观		毛刺、损伤、畸形等扣 1～5 分			目测
			未加工或严重畸形另扣 5 分			
16	安全文明生产		酌情扣 1～5 分，严重者扣 10 分			现场记录
	合计	100	得分			

作业 10. 铣削 T 形组合

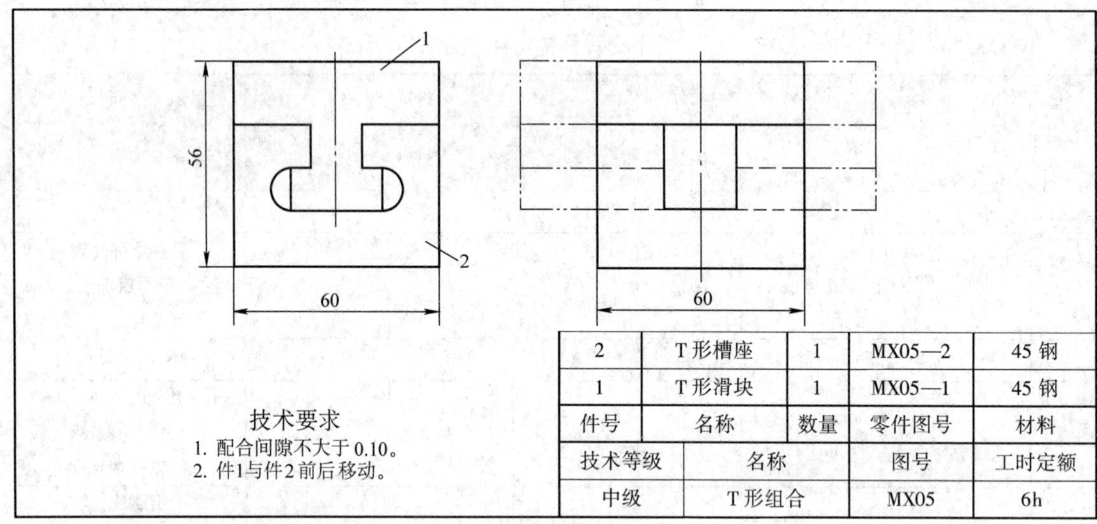

图 12－34　T 形组合装配图

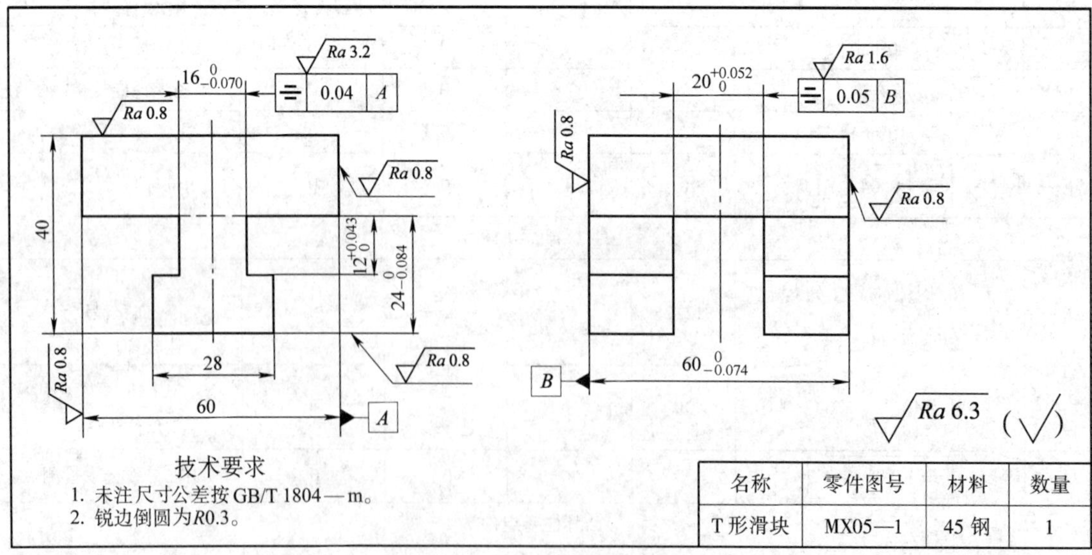

图 12－35　T 形滑块零件图

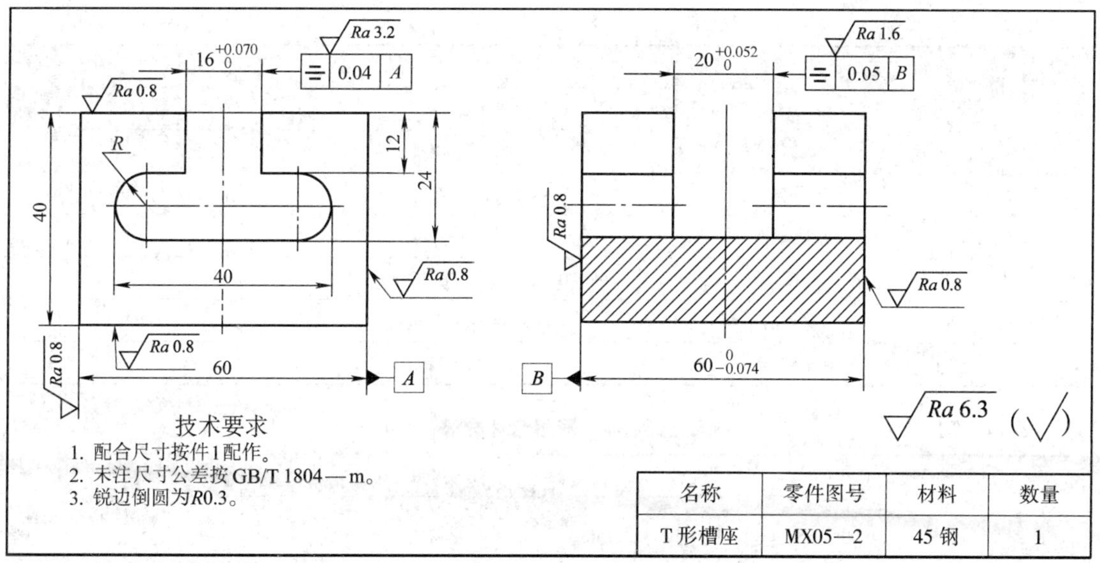

图 12－36　T形槽座零件图

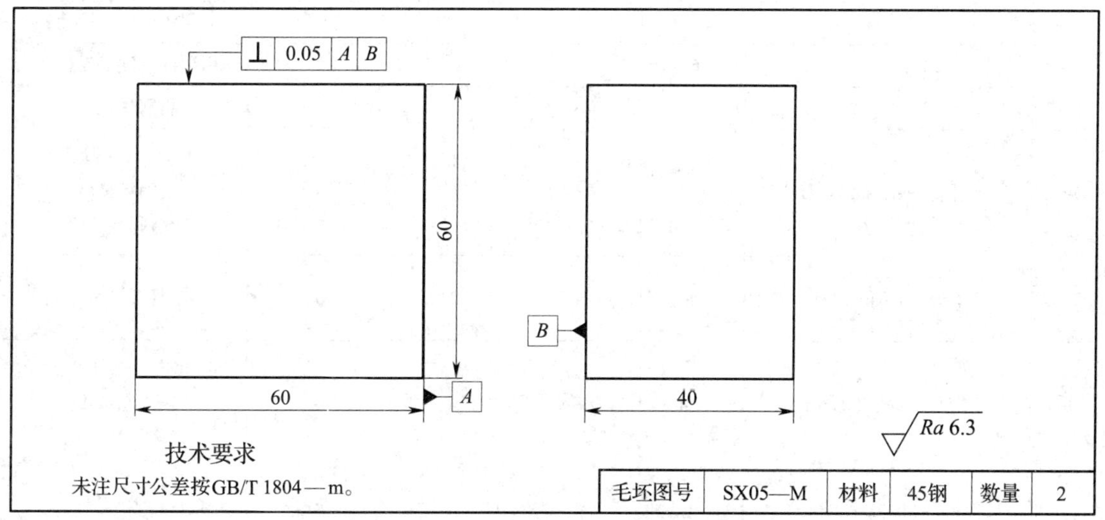

图 12－37　T形组合（滑块、槽座）毛坯图

表 12－27　　铣削 T 形组合工具、量具清单

工具、量具单	图号	名称	机床
	MX05	T形组合	立式铣床
序号	名称	规格	数量
1	立铣刀	ϕ10 mm、ϕ14 mm、ϕ18 mm	各1
2	键槽铣刀	ϕ12 mm	1
3	游标卡尺	0～150 mm（0.02 mm）	1
4	游标深度卡尺	0～200 mm（0.02 mm）	1
5	塞规	ϕ12H9	1
6	内径百分表	10～18 mm、18～35 mm（0.01 mm）	各1
7	外径千分尺	0～25 mm、25～50 mm（0.01 mm）	各1

续表

工具、量具单	图号	名称	机床
	MX05	T形组合	立式铣床
序号	名称	规格	数量
8	杠杆百分表	0～0.8 mm（0.01 mm）	1
9	磁性表架		1
10	游标高度卡尺	0～300 mm（0.02 mm）	1
11	塞尺	0.02～0.50 mm	1
12	半径样板	1～6.5 mm	1

表 12－28　　铣削 T 形组合评分表

序号	考核要求	配分	评分标准			检测方法
		T/Ra	≤T　>Ra ≤2Ra	>T ≤2T　≤Ra	>T >Ra	
件1　T形滑块						
1—1	28 mm	2	2	0	0	用游标卡尺检测
1—2	$24_{-0.084}^{0}$ mm	6	6	0	0	用游标深度卡尺检测
1—3	$12_{0}^{+0.043}$ mm	6	6	0	0	用塞规检测
1—4	$16_{-0.070}^{0}$ mm；Ra3.2 μm	8/2	8	2	0	用外径千分尺、表面粗糙度比较样块检测
1—5	⌯ 0.04 A	4	4	0	0	用杠杆百分表检测
1—6	$20_{0}^{+0.052}$ mm；Ra1.6 μm	8/4	8	4	0	用内径百分表、表面粗糙度比较样块检测
1—7	⌯ 0.05 B	4	4	0	0	用杠杆百分表检测
件2　T形槽座						
2—8	40 mm、R（2处）	4	4	0	0	用游标卡尺、半径样板检测
2—9	24 mm	4	4	0	0	用游标深度卡尺检测
2—10	12 mm（配作）	4	4	0	0	用外径千分尺检测
2—11	$16_{0}^{+0.070}$ mm；Ra3.2 μm	6/2	6	2	0	用内径百分表、表面粗糙度比较样块检测
2—12	⌯ 0.04 A	4	4	0	0	用杠杆百分表检测

续表

<table>
<tr><th rowspan="2">序号</th><th rowspan="2">考核要求</th><th>配分</th><th colspan="3">评分标准</th><th rowspan="2">检测方法</th></tr>
<tr><th>T/Ra</th><th>$\leqslant T$　$>Ra$　$\leqslant 2Ra$</th><th>$>T$　$\leqslant 2T$　$\leqslant Ra$</th><th>$>T$　$>Ra$</th></tr>
<tr><td>2—13</td><td>$20^{+0.052}_{0}$ mm；Ra1.6 μm</td><td>8/4</td><td>8</td><td>4</td><td>0</td><td>用内径百分表、表面粗糙度比较样块检测</td></tr>
<tr><td>2—14</td><td>⌯ 0.05 B</td><td>4</td><td>4</td><td>0</td><td>0</td><td>用杠杆百分表检测</td></tr>
<tr><td colspan="7">T形组合</td></tr>
<tr><td>0—15</td><td>技术要求1</td><td>12</td><td>12</td><td>0</td><td>0</td><td>用塞尺检测</td></tr>
<tr><td>0—16</td><td>技术要求2</td><td>4</td><td>4</td><td>0</td><td>0</td><td>手感</td></tr>
<tr><td>17</td><td>未列尺寸及 Ra</td><td rowspan="4"></td><td colspan="3">每超差一处扣1分</td><td>用游标卡尺、表面粗糙度比较样块检测</td></tr>
<tr><td rowspan="2">18</td><td rowspan="2">外观</td><td colspan="3">毛刺、损伤、畸形等扣1~5分</td><td rowspan="2">目测</td></tr>
<tr><td colspan="3">未加工或严重畸形另扣5分</td></tr>
<tr><td>19</td><td>安全文明生产</td><td colspan="3">酌情扣1~5分，严重者扣10分</td><td>现场记录</td></tr>
<tr><td colspan="2">合计</td><td>100</td><td>得分</td><td colspan="3"></td></tr>
</table>